齿形零件的塑性成形加工技术

伍太宾　著
任广升　主审

北　京
冶　金　工　业　出　版　社
2024

内 容 提 要

本书较系统地介绍了齿形零件的塑性成形加工工艺过程和实用方法。全书内容包含齿形零件概述、金属塑性成形加工方法、齿形零件的冷轧成形、齿形零件的热轧成形、齿形零件的冷挤压成形、齿形零件的冷镦挤成形、齿形零件的精密热模锻成形、齿形零件的冷摆辗成形、齿形零件的复合成形。

本书可供从事金属材料、材料成形加工方面的工程技术人员、科研人员参考，也可作为大专院校机械制造、材料成型与控制、金属材料等相关专业的选修课教材。

图书在版编目(CIP)数据

齿形零件的塑性成形加工技术 / 伍太宾著. -- 北京 ：冶金工业出版社，2024. 9. -- ISBN 978-7-5024-9974-7

Ⅰ. TH132. 41

中国国家版本馆 CIP 数据核字第 20244P0Q68 号

齿形零件的塑性成形加工技术

出版发行	冶金工业出版社	**电　　话**	(010)64027926
地　　址	北京市东城区嵩祝院北巷 39 号	**邮　　编**	100009
网　　址	www. mip1953. com	**电子信箱**	service@ mip1953. com

责任编辑　于昕蕾　卢　蕊　美术编辑　彭子赫　版式设计　郑小利

责任校对　梁江凤　责任印制　禹　蕊

北京建宏印刷有限公司印刷

2024 年 9 月第 1 版，2024 年 9 月第 1 次印刷

787mm×1092mm　1/16；23. 75 印张；577 千字；369 页

定价 152. 00 元

投稿电话　(010)64027932　投稿信箱　tougao@cnmip. com. cn

营销中心电话　(010)64044283

冶金工业出版社天猫旗舰店　yjgycbs. tmall. com

(本书如有印装质量问题，本社营销中心负责退换)

前　言

齿形零件大量应用于汽车、农业机械、摩托车、通用机械、工程机械、机床及国防军事装备等行业。随着国民经济的迅猛发展，对齿形零件的需求量也越来越大。金属切削加工的齿形零件不仅满足不了国民经济发展的需要，而且生产效率和材料利用率都很低。因此，广泛采用既能提高生产效率，又能提高材料利用率和减轻劳动强度的塑性成形加工技术加工齿形零件已是势所必然。

齿形零件的塑性成形加工技术是一种少无切削加工工艺，它是指齿形零件成形后仅需少量后续切削加工或不再进行后续切削加工就可以满足齿形零件技术要求的成形加工技术。由于该工艺直接成形出齿形零件的齿形且公差控制严格，所以其后续机械加工余量小，材料利用率大大提高；它与切削加工工艺相比，工序简化，工时减少；而且由于塑性成形加工的齿形零件轮齿金属流线未被切断，故其力学性能较佳，从而提高了齿形零件的使用寿命。因此，齿形零件的塑性成形加工技术具有高产、优质和低消耗的特点。

齿形零件的塑性成形加工技术仍处于发展阶段。目前国内尚缺少较全面和系统地介绍齿形零件塑性成形加工技术方面的书籍，鉴于此，作者较详细地收集了国内外有关齿形零件塑性成形技术的资料，并结合作者长期积累的实践和见解，编写了这本《齿形零件的塑性成形加工技术》。此书若能为广大从事金属加工、锻造加工的工程技术人员提供借鉴和参考，那就是作者最大的欣慰。

在本书编写过程中，本着理论与实际相结合的原则，通过典型生产实例，着重讨论并介绍了齿形零件成形工艺方案的确定、锻件图的制订、成形工艺过程、模具结构和模具零部件设计等，介绍了矩形花键零件的塑性成形、梯形花键零件的塑性成形、渐开线花键零件的塑性成形、渐开线直齿圆柱齿轮的塑性成形、渐开线直齿锥齿轮的塑性成形、锯齿形零件的塑性成形、双螺旋面齿形零件的塑性成形、异型齿形零件的塑性成形、端面齿形零件的塑性成形，提供了各类齿形零件塑性成形工艺和模具设计的必要技术知识。

本书分为9章：第1章为齿形零件概述；第2章讲述了金属塑性成形加工方法；第3~9章分别介绍了齿形零件的冷轧成形、齿形零件的热轧成形、齿形零件的冷挤压成形、齿形零件的冷镦挤成形、齿形零件的精密热模锻成形、齿形零件的冷摆辗成形、齿形零件的复合成形。

本书得到了有关单位的大力协助，并承蒙我国著名的金属锻造成形专家、机械科学研究总院北京机电研究所任广升教授认真审阅。

由于作者水平有限，书中难免存在不妥之处，恳请读者朋友批评指正。

伍太宾
于重庆文理学院
2024年1月30日

目　　录

1 齿形零件概述

齿形零件是机械传动中的重要组成部分，在机械工程中获得了广泛的应用[1-2]。齿形零件包括齿轮、蜗轮和蜗杆、花键轴、链轮和带轮、棘轮和槽轮等。齿形零件及其传动如图 1-1 所示。

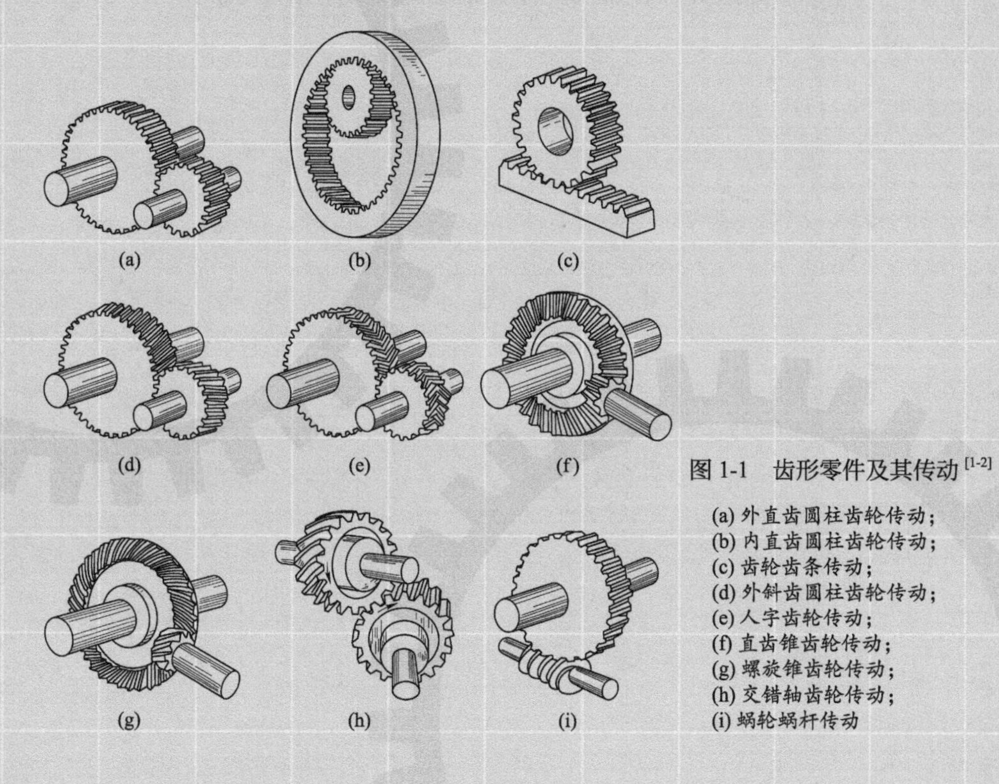

图 1-1　齿形零件及其传动[1-2]

(a) 外直齿圆柱齿轮传动；
(b) 内直齿圆柱齿轮传动；
(c) 齿轮齿条传动；
(d) 外斜齿圆柱齿轮传动；
(e) 人字齿轮传动；
(f) 直齿锥齿轮传动；
(g) 螺旋锥齿轮传动；
(h) 交错轴齿轮传动；
(i) 蜗轮蜗杆传动

齿轮包括标准直齿圆柱齿轮、标准斜齿圆柱齿轮、变位圆柱齿轮、直齿锥齿轮、螺旋锥齿轮等。齿轮传动是应用最广泛的传动机构之一，其主要优点是：适用的圆周速度和功率范围广、传动效率高、传动臂稳定、使用寿命长、工作可靠性较高、可实现平行轴和任意角相交轴和任意角交错轴之间的传动。其缺点是：制造精度和安装精度要求较高、制造成本较高、不适宜于远距离两轴之间的传动。

蜗轮和蜗杆组成蜗杆传动，它用于传递交错轴之间的回转运动和动力，通常两轴交错角为 90°。蜗杆传动的主要优点是：能得到很大的传动比、结构紧凑、传动平稳和噪声小。其缺点是：传动效率较低、制造成本较高。

链轮和带轮用于链传动和带传动中。带传动和链传动都是利用中间绕形件（带或链）将主动轴的运动和动力传递给从动轴。带传动可适用于两轴中心距较大的传动。

棘轮和槽轮用于棘轮机构和槽轮机构中，是间歇运动机构中应用最多的。棘轮包括锯齿形内棘齿、锯齿形外棘齿和端面棘齿等。

1.1 齿形零件轮齿的齿形曲线

如图 1-1（a）所示的外直齿圆柱齿轮传动，它是靠主动轮的轮齿依次拨动被动轮的轮齿实现的。为了传递动力，轮齿上就要承受很大的作用力，所以齿轮及其轮齿要有合理的结构尺寸；而为了传递等速的转动，就要求轮齿有正确的齿形[3]。

1.1.1 齿形曲线

1.1.1.1 直线齿形

对于齿轮转速很低、对传动的平稳性要求不高的齿轮传动机构（如带有齿轮传动的水车），其齿形曲线采用直线齿形（如图 1-2 所示）即可。

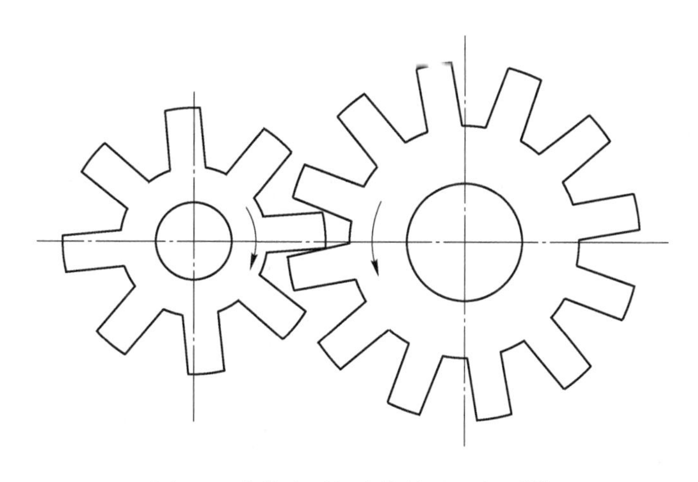

图 1-2 直线齿形的齿轮传动示意图[3]

1.1.1.2 渐开线齿形

对于齿轮转速高、对传动的平稳性要求高的齿轮传动机构，其齿形曲线大多采用渐开线齿形（如图 1-3 所示）。若采用直线齿形的齿轮传动，则齿轮转动时会互相碰撞，并且被动轮的转动很不平稳。

1.1.1.3 其他齿形曲线

对于齿轮转速高、对传动的平稳性要求高的齿轮传动机构，其齿形曲线除用渐开线外，还可采用其他的曲线（如长幅外摆线和圆弧等）。

由于渐开线齿形容易制造，便于安装，目前大多数的齿轮齿形还是采用渐开线的。

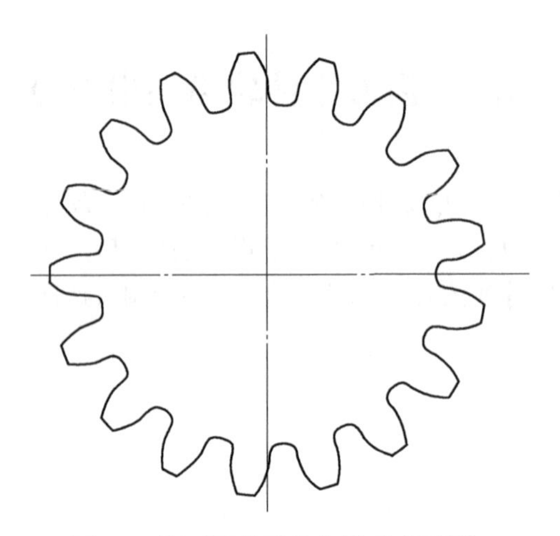

图 1-3 渐开线齿形的齿轮示意图[3]

1.1.2 渐开线的特点

1.1.2.1 渐开线的形成

如图 1-4 所示，在圆盘的圆周上围绕一根棉线，棉线头 A 上拴一支铅笔；拉紧线头 A，逐渐展开，铅笔尖在纸上画出来的曲线就是渐开线；其中的圆盘就是基圆。

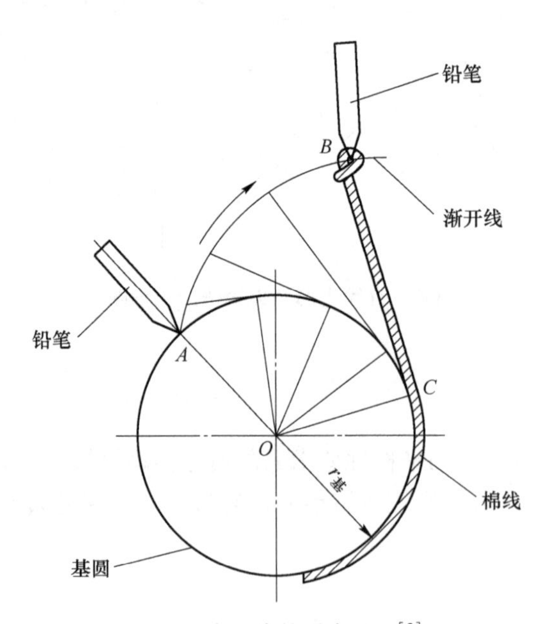

图 1-4 渐开线的形成过程[3]

在棉线的展开过程中，棉线总是和基圆相切。现任意选择一个位置 B，这时棉线和基圆相切在 C 点，即 C 点是切点，所以 BC 垂直于基圆半径 OC（如图 1-4 所示）。

1.1.2.2 渐开线的特性

由渐开线的形成过程可知，它具有如下特性：

(1) 弧长 $\overset{\frown}{AC}$ 等于线段 $\overline{BC}$ 的长度。

(2) BC 是渐开线上 B 点的法线。

(3) 渐开线的形状取决于基圆的大小。

(4) 基圆以内无渐开线。

齿轮的渐开线齿形，就是渐开线上的一段（如图 1-3 所示）。

1.1.3 直线齿形齿轮的传动特性

直线齿形的齿轮传动，其瞬时速比是不平稳的。

如图 1-5 所示为一对直线齿形齿轮传动过程示意图。其中 1 轮主动，2 轮被动；假定主动轮 1 是等速回转，当 1 轮从位置 Ⅰ 转到位置 Ⅱ 时，转过 φ_1 角，2 轮相应地转过 φ_2 角；在相等的时间内又从位置 Ⅱ 转到位置 Ⅲ 时，1 轮同样地转过 φ_1' 角，2 轮又相应地转过 φ_2' 角；这时 2 轮在相同的时间内转过的角度是 φ_2 和 φ_2'。由图 1-5 可知，φ_2 比 φ_2' 小，也就是说 2 轮的瞬时速度是变化的，而且先慢后快。

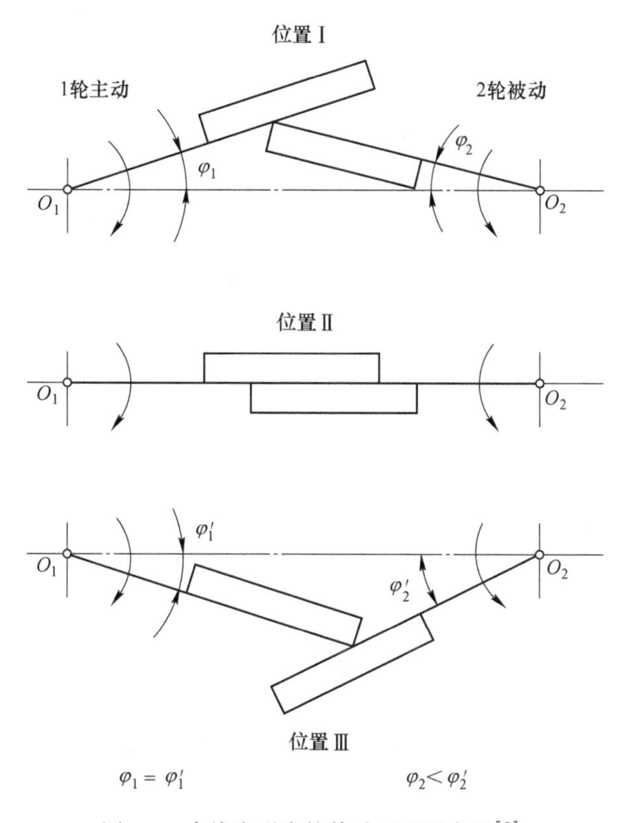

图 1-5 直线齿形齿轮传动过程示意图[3]

一对轮齿传动完毕后，第二对轮齿又是这样，即被动轮 2 先慢后快；如此一对接一对地连续传动下去，2 轮的转速就是一会儿快，一会儿慢。

虽然直线齿形的齿轮传动的速比 i 等于主动轮齿数 Z_1 与被动轮齿数 Z_2 之比，即

$$i = \frac{Z_1}{Z_2} \tag{1-1}$$

但是，这个速比 i 只是平均速比 $i_{平}$。例如 $Z_1 = 40$ 和 $Z_2 = 20$ 的齿轮传动，平均速比 $i_{平} = 2.0$。实际上在齿轮传动过程中，速比 i 不一定等于 2.0，有时 $i>2.0$，有时 $i<2.0$，这种现象称为瞬时速比不平稳。

这种现象，在齿轮低速传动时对齿轮传动的平稳性影响不大，可是在齿轮高速传动时就会产生撞击，甚至把轮齿打断。

1.1.4　渐开线齿轮的传动特性

渐开线齿形的齿轮传动，其瞬时速比稳定不变。

1.1.4.1　理想摩擦轮传动的瞬时速比

如图 1-6 所示为一对理想摩擦轮传动过程示意图。其中 1 轮主动，2 轮被动。

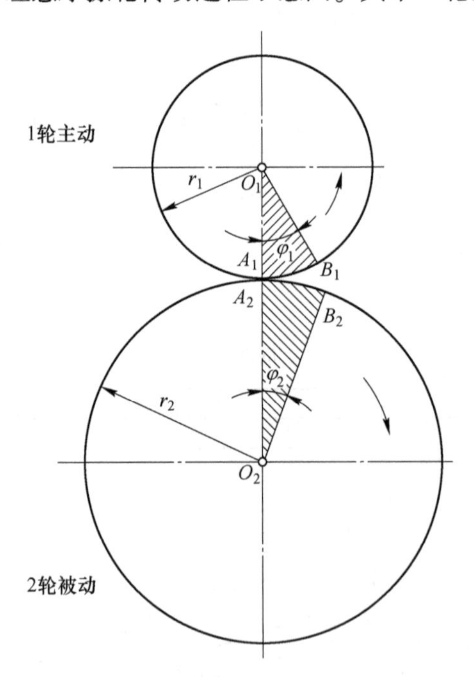

图 1-6　理想摩擦轮传动过程示意图[3]

摩擦轮靠表面接触传动，而且两个轮子的外圆表面做无滑动的纯滚动，即主动轮 1 转过一段弧长，被动轮 2 也随之转过同样的弧长。如在单位时间内主动轮 1 上的 A_1 点转过一个 φ_1 角到 B_1 点，被动轮 2 上的 A_2 点就相应地转过一个 φ_2 角到 B_2 点，而且弧长 $\overset{\frown}{A_1B_1}$

一定等于弧长 $\overset{\frown}{A_2B_2}$，即

$$\overset{\frown}{A_1B_1} = \overset{\frown}{A_2B_2} \tag{1-2}$$

由图 1-6 中的两个扇形 $O_2A_2B_2$ 和 $O_1A_1B_1$ 可知，圆弧长度等于它所对应的角度与半径之乘积，即

$$\overset{\frown}{A_2B_2} = \varphi_2 r_2 \tag{1-3}$$

$$\overset{\frown}{A_1B_1} = \varphi_1 r_1 \tag{1-4}$$

由于 $\overset{\frown}{A_1B_1} = \overset{\frown}{A_2B_2}$，所以有

$$\varphi_1 r_1 = \varphi_2 r_2 \tag{1-5}$$

或

$$\frac{\varphi_2}{\varphi_1} = \frac{r_1}{r_2} \tag{1-6}$$

式中 r_1——主动轮半径；

r_2——被动轮半径。

$\frac{\varphi_2}{\varphi_1}$ 为瞬时速比，也就是单位时间内被动轮的转角 φ_2 与主动轮的转角 φ_1 之比，即

$$i = \frac{\varphi_2}{\varphi_1} = \frac{r_1}{r_2} \tag{1-7}$$

由此可知，在摩擦轮传动过程中，主动轮与被动轮不管在哪一点接触，只要主动轮的半径 r_1 和被动轮的半径 r_2 不变，瞬时速比 i 都是稳定不变的。

1.1.4.2 渐开线齿轮传动的瞬时速比

渐开线齿轮传动的显著特点是在传动过程中，各对轮齿的接触点总是落在两基圆的内公切线上（如图 1-7 和图 1-8 所示）。

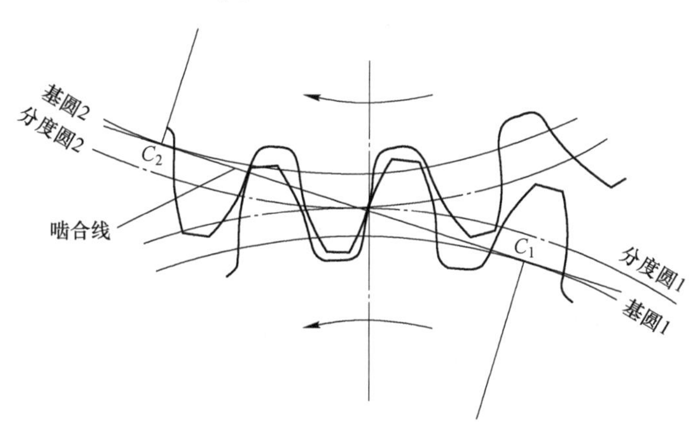

图 1-7 渐开线齿轮传动时啮合线与基圆和分度圆的关系[3]

在渐开线齿轮传动过程中，由于各对轮齿的所有接触点在啮合时总是沿着这条内公切线 C_1C_2 一点一点地依次前进，所以又称 C_1C_2 为啮合线。同时从渐开线的形成过程可知，C_1C_2 又是这些接触点的公法线（如图 1-8 所示）。

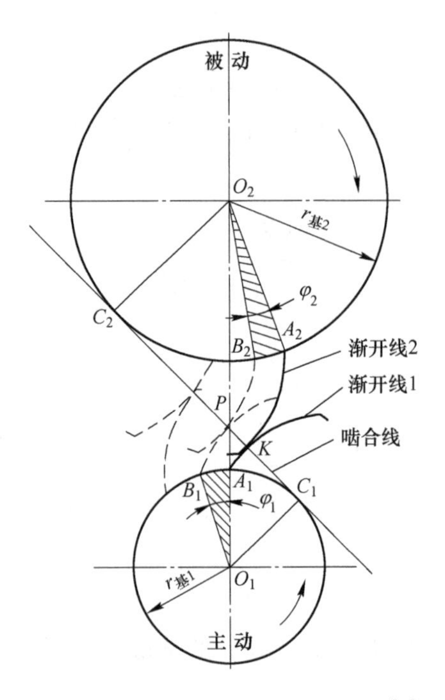

图 1-8　渐开线齿轮传动的啮合线[3]

由图 1-8 可知，当主动齿轮 1 在很短的时间里转过一个角度 φ_1，渐开线 1 就由位置 A_1 转到位置 B_1，渐开线的接触点由 K 移到 P 。根据渐开线的形成过程可知，弧长 $\overset{\frown}{A_1B_1}$ 等于线段 $\overline{KP}$ 长度，即

$$\overset{\frown}{A_1B_1} = \overline{KP} \tag{1-8}$$

同时，被动齿轮 2 上的渐开线 2 被推动转过角度 φ_2，由位置 A_2 转到位置 B_2。由于弧长 $\overset{\frown}{A_2B_2}$ 也等于线段 $\overline{KP}$ 长度，即

$$\overset{\frown}{A_2B_2} = \overline{KP} \tag{1-9}$$

因此有

$$\overset{\frown}{A_1B_1} = \overset{\frown}{A_2B_2} \tag{1-10}$$

由此可见，渐开线齿轮传动时，在任何一段时间里主动轮基圆转过的弧长总是和被动轮基圆转过的弧长相等。

一对渐开线齿轮传动时，速比 i 的关系就和理想摩擦轮传动时的情况一样，不论渐开线在什么位置接触，只要主动齿轮的基圆半径 $r_{基1}$ 与被动齿轮的基圆半径 $r_{基2}$ 不变，任何一个瞬间的速比 i 总是

$$i = \frac{r_{基1}}{r_{基2}} \tag{1-11}$$

因此，理想的渐开线齿形的齿轮传动瞬时速比 i 是平稳的。

1.2 标准直齿圆柱齿轮的基本参数

标准直齿圆柱齿轮的基本参数包括模数 m 、压力角 α 及基圆直径 $d_{基}$。

1.2.1 模数

1.2.1.1 标准直齿圆柱齿轮的主要尺寸

标准直齿圆柱齿轮的主要尺寸（见图 1-9）计算公式如下：

（1）分度圆直径 $d_{分}$：

$$d_{分} = mZ \tag{1-12}$$

式中 m——模数；

Z——齿数。

（2）齿顶高 $h_{顶}$：

$$h_{顶} = m \tag{1-13}$$

（3）齿顶圆直径 $d_{顶}$：

$$d_{顶} = d_{分} + 2h_{顶} = m(Z + 2) \tag{1-14}$$

（4）齿根高 $h_{根}$：

$$h_{根} = 1.25m \tag{1-15}$$

（5）全齿高 h：

$$h = h_{顶} + h_{根} = 2.25m \tag{1-16}$$

（6）周节 t：

$$t = \pi m \tag{1-17}$$

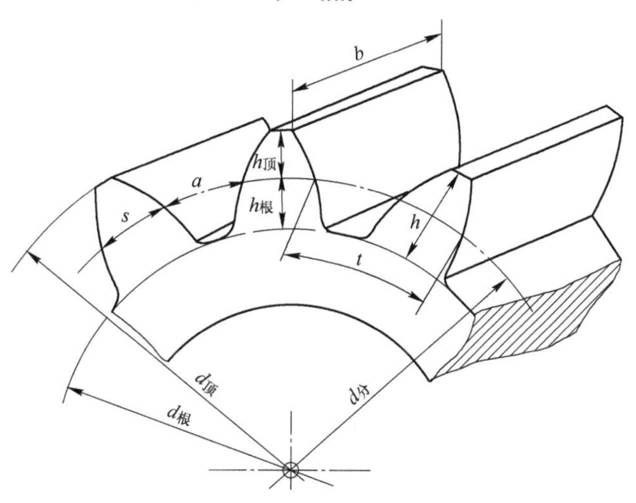

图 1-9 标准直齿圆柱齿轮的尺寸[3]

从上述计算公式可以看出，所有的尺寸都是通过模数 m 来计算的。

1.2.1.2　模数 m

A　齿轮模数 m 的产生

采用周节 t 作为齿轮标准化的基本参数时，齿轮各部分尺寸的计算公式如下：

（1）分度圆直径 $d_{分}$：由于圆周长 $\pi d_{分} = Zt$，所以有

$$d_{分} = \frac{Zt}{\pi} \tag{1-18}$$

（2）齿顶高 $h_{顶}$：

$$h_{顶} = \frac{t}{\pi} \tag{1-19}$$

（3）齿顶圆直径 $d_{顶}$：

$$d_{顶} = d_{分} + 2h_{顶} = \frac{t}{\pi}(Z + 2) \tag{1-20}$$

（4）齿根高 $h_{根}$：

$$h_{根} = 1.25 \times \frac{t}{\pi} \tag{1-21}$$

（5）全齿高 h：

$$h = h_{顶} + h_{根} = 2.25 \times \frac{t}{\pi} \tag{1-22}$$

由于 π 是一个无理数（即 $\pi = 3.14159\cdots$），所以齿轮的分度圆直径 $d_{分}$、齿顶圆直径 $d_{顶}$、中心距 A 等各部分尺寸都成了除不尽的无理数（如图 1-10 所示），这样就不便于齿轮各尺寸的计算和标准化。

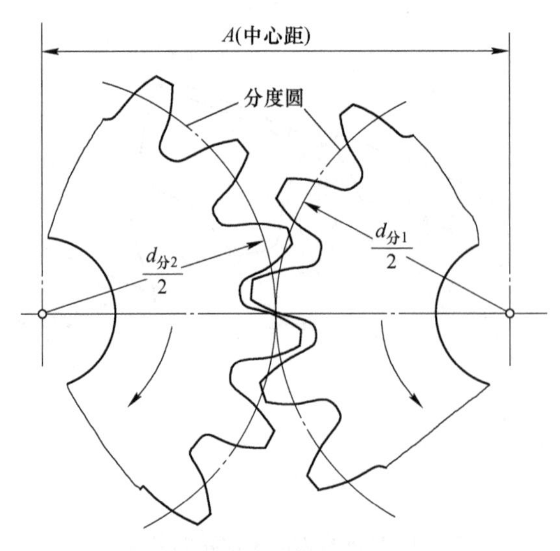

图 1-10　标准直齿圆柱齿轮传动的中心距 A [3]

从齿轮分度圆直径$d_{分}$的计算公式（1-18）可知，若将式中的$\frac{t}{\pi}$取为基本参数，并用符号m来代表，即

$$m=\frac{t}{\pi} \tag{1-23}$$

那么，齿轮分度圆直径$d_{分}$的计算公式变为

$$d_{分}=mZ \tag{1-24}$$

因此，模数m是反映齿轮周节t的一个参数，要用mm作单位；同时模数m又是为了计算和标准化工作的方便而人为规定出来的一个计算用的参数。

B 齿轮模数m的标准化

模数m是齿轮尺寸计算的一个基本参数。模数m已经标准化，表1-1为机械工业通用标准（JB 111—60）中规定的标准模数系列。模数m的标准化，为齿轮的加工、设计刀具和量具等带来了很多方便。

表1-1 齿轮标准模数系列（JB 111—60） （mm）

0.1	1.0	3.5	9.0	22.0
0.15	1.25	(3.75)	10.0	25.0
0.20	1.5	4.0	(11.0)	28.0
0.25	1.75	4.5	12.0	30.0
0.3	2.0	5.0	(13.0)	33.0
0.4	2.25	(5.5)	14.0	36.0
0.5	2.5	6.0	(15.0)	40.0
0.6	(2.75)	(6.5)	16.0	45.0
0.7	3.0	7.0	18.0	50.0
0.8	(3.25)	8.0	20.0	

注：在选择模数时，括号内的模数尽量不采用。

C 模数m的工程意义

模数m越大，齿轮各部分尺寸都随着成比例地增大，轮齿上能承受的力也就越大。

1.2.2 压力角

1.2.2.1 压力角的概念

如图1-11所示，将拖板沿着导轨推过一个位置，只有平推最省力（即力的方向与运动方向一致）；如果力的方向与运动方向不一致（如图1-11所示，力的方向斜着向下，与

运动方向成一定的角度)，那么推动拖板就很困难。

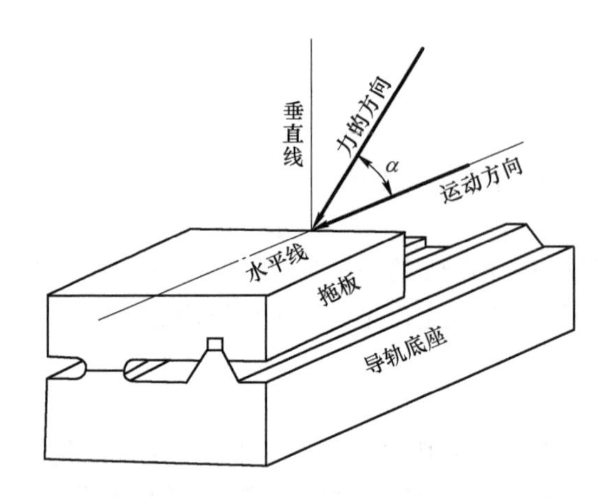

图 1-11　拖板沿导轨运动时的受力方向与运动方向[3]

力的方向和运动方向之间的夹角就是压力角 α 。

如图 1-12 所示为铣床滑枕的齿条传动机构。其滑枕向前移动是靠齿轮给齿条的推力，力的方向是沿着接触点公法线方向的，和运动方向的夹角是 20°，这个角度就是齿条的压力角 α 。若将齿条加工成 45° 的压力角，这种齿条传动就很困难。

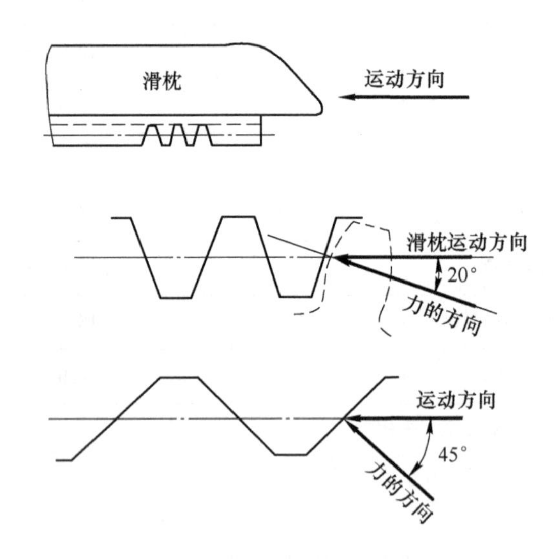

图 1-12　铣床滑枕的齿条传动机构[3]

1.2.2.2　压力角的种类

A　分度圆上的压力角

图 1-13 显示了两个渐开线标准圆柱齿轮的传动情况。

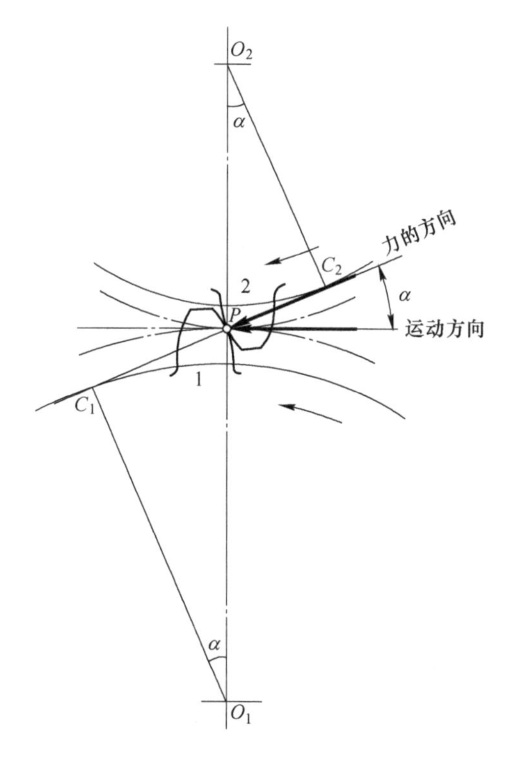

图 1-13 两个渐开线标准圆柱齿轮传动示意图[3]

当一对轮齿在啮合线 C_1C_2 和中心线 O_1O_2 的交点 P 接触时，轮齿 1 对轮齿 2 的压力方向正好是沿着 C_1C_2 的方向（因为 C_1C_2 是两轮齿接触点的公法线），而轮齿 2 上 P 点的运动方向是沿着分度圆的公切线方向，轮齿 2 上力的方向和运动方向之间的夹角就是渐开线在分度圆上的压力角 α。α 的大小，在我国齿轮标准中规定为 $\alpha = 20°$ 。

B 齿顶圆、齿根圆上的压力角

如图 1-14 所示，在渐开线上 B 点受到一个压力，而压力的方向应该沿着接触点 B 的法线方向，也就是沿着 BC 的方向。B 点受力后，要推动渐开线绕 O 点转动，所以 B 点的运动方向是和 BO 方向垂直的。因此，力的方向和运动方向的夹角 α 就是渐开线上 B 点的压力角 α 。

在同一条渐开线上，各点的位置不同，其压力角 α 就不一样。由图 1-14 可知，接近基圆的 B 点，其压力角 α 较小；离基圆较远的 B_1 点，其压力角 α_1 较大；越接近渐开线的起点 A ，压力角 α 越小；A 点的渐开线压力角 $\alpha = 0°$ 。

因此，当分度圆上的压力角 $\alpha = 20°$ 时，在轮齿上分度圆以外渐开线的压力角 $\alpha > 20°$ ，而在分度圆以内渐开线的压力角 $\alpha < 20°$ 。

C 分度圆标准压力角的制定

从齿轮传动省力可知，齿轮的分度圆压力角 α 越小越好。

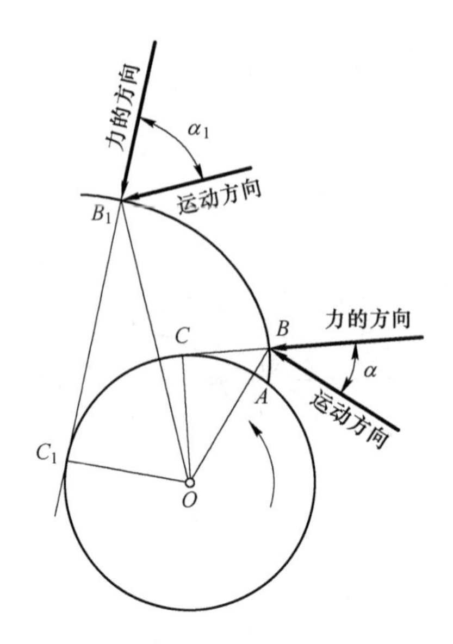

图 1-14 渐开线上任意一点的压力角 α[3]

如图 1-15（a）所示，如果分度圆压力角 $\alpha < 20°$，其基圆离分度圆较近，此时不但齿轮轮齿的齿根部分渐开线较短（因为基圆以内没有渐开线），而且齿根很瘦，轮齿所能承受的力较小。

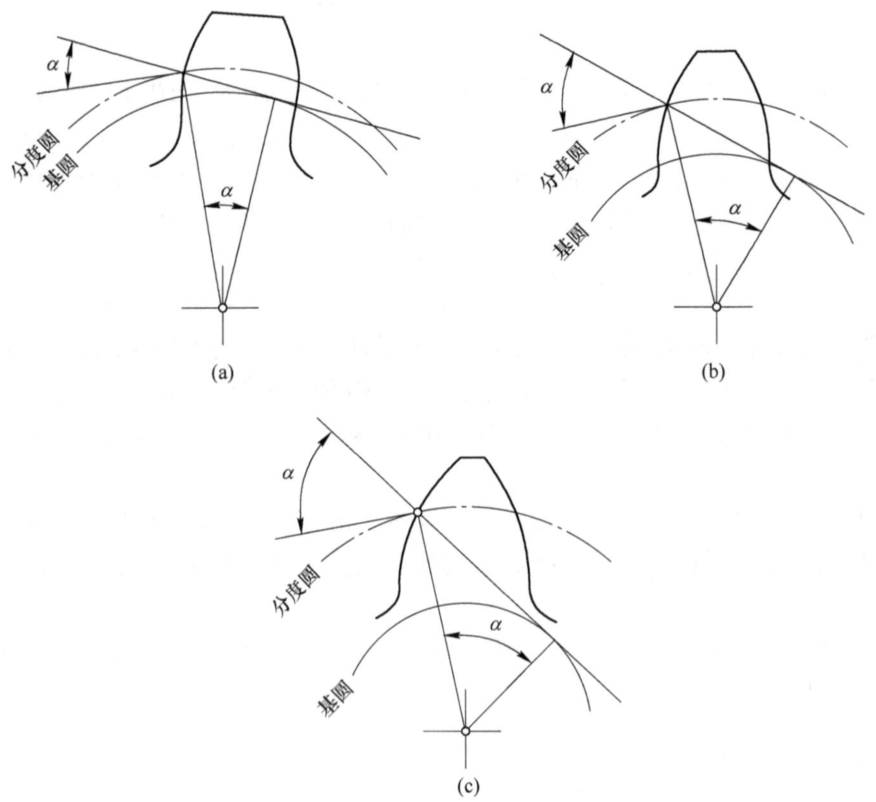

图 1-15 分度圆压力角 α 的大小对齿轮轮齿形状及承载能力的影响[3]

（a）$\alpha<20°$；（b）$\alpha=20°$；（c）$\alpha>20°$

如图 1-15（c）所示，如果分度圆压力角 $\alpha > 20°$，其基圆离分度圆较远，此时虽然齿轮轮齿的齿根也变厚，轮齿的承载能力较大，但是由于轮齿的齿顶变尖，其传动也很困难。

因此，我国规定分度圆标准压力角 $\alpha = 20°$。

1.2.3 基圆直径

1.2.3.1 基圆的绘制

分度圆压力角 α 确定后，可以用作图的方法绘制出基圆（如图 1-16 所示）。

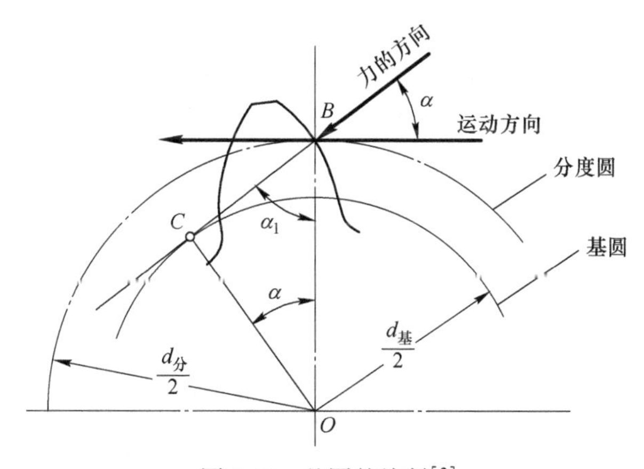

图 1-16 基圆的绘制[3]

其绘制步骤如下：

（1）先画出分度圆，它的直径 $d_{分} = mZ$。

（2）画中心线 OB 和分度圆交于 B 点。

（3）过圆心 O 作与 OB 夹角 $\alpha = 20°$ 的直线 OC，再从 B 点作 OC 线的垂直线，交于 C 点。

（4）以 OC 为半径画圆，这个圆就是基圆。

1.2.3.2 基圆的形成过程

由图 1-16 可知，由于运动方向是垂直于 OB 的，如果 C 点在基圆上，则 OB 与运动方向的夹角应当等于压力角 α，即

$$\alpha_1 + \alpha = 90° \tag{1-25}$$

从直角三角形 OCB 中可得

$$\alpha_1 + \angle BOC = 90° \tag{1-26}$$

而在绘制基圆时可保证 $\angle BOC = \alpha$，这样就满足了 $\alpha_1 + \alpha = 90°$ 的要求，由此说明绘制基圆时所得的 C 点是基圆上的一点，即以 OC 为半径画出的圆就是基圆。

1.2.3.3 基圆直径

若已知分度圆直径 $d_{分}$ 和分度圆压力角 α，就能计算出基圆直径 $d_{基}$。

由图 1-16 可知，从直角三角形 OCB 可得到基圆半径（$\overline{OC}$）和分度圆半径（$\overline{OB}$）的关系：

$$\frac{d_{基}}{2}=\frac{d_{分}}{2}\cos\alpha \tag{1-27}$$

我国标准规定渐开线齿轮的分度圆压力角 $\alpha=20°$，所以有

$$d_{基}=d_{分}\cos20° \tag{1-28}$$

查三角函数表，$\cos20°=0.93969$，因此有

$$d_{基}\approx0.94d_{分} \tag{1-29}$$

1.2.4 标准直齿圆柱齿轮传动的啮合特点

一对渐开线标准圆柱齿轮能够正确啮合（即保证传动平稳），是有条件的、相对的。除每个齿轮的齿形采用渐开线和轮齿分布均匀之外，其正确啮合的条件是模数 m 相同、压力角 α 相同。

如图 1-17 所示为一对标准直齿圆柱齿轮的啮合过程。

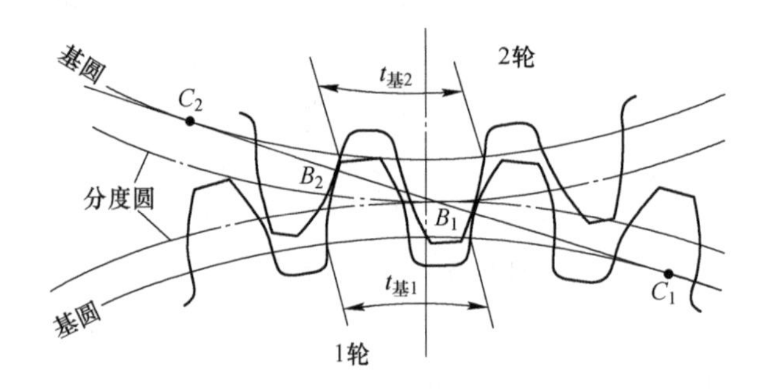

图 1-17 标准直齿圆柱齿轮的啮合过程[3]

由图 1-17 可知，一对渐开线标准圆柱齿轮啮合时，所有轮齿的接触点（如图 1-17 中的 B_1 和 B_2）始终不离啮合线（C_1C_2）。如果第一对轮齿在 B_1 点接触，而第二对轮齿不接触，则在第一对轮齿啮合完毕时，第二对轮齿还不能马上啮合，再继续运转下去就会在轮齿间产生一次冲击，也就是传动不平稳。因此，一对标准齿轮要正确啮合，就必须满足两对轮齿同时在 B_1 和 B_2 点接触。从渐开线形成过程（如图 1-4 所示）可知，1 轮上的 $\overline{B_1B_2}$ 等于 1 轮的基节 $t_{基1}$；2 轮上的 $\overline{B_1B_2}$ 等于 2 轮的基节 $t_{基2}$。只有 $t_{基1}=t_{基2}$ 才能保证各对轮齿同时在啮合线上（B_1 和 B_2 点）接触。

因此，一对渐开线标准圆柱齿轮的正确啮合条件是它们的基节必须相等，即 $t_{基1}=t_{基2}$。

由于 $t_{基}=\pi m\cos\alpha$，而且模数 m 和压力角 α 都已标准化，所以只有两个齿轮的模数 m 和压力角 α 都相同，才能满足 $t_{基1}=t_{基2}$ 的条件，也就能正确啮合。

在齿轮切削加工时，刀具的模数 m 和压力角 α 必须和该齿轮的模数 m、压力角 α 都相同。

1.2.5　标准直齿圆柱齿轮的基圆柱

在渐开线齿轮的形成过程（如图 1-4 所示）中只讨论了齿轮端面的情况，也就是将齿轮看成一个薄片，这时齿形曲线就是渐开线，而齿轮啮合的每一瞬间轮齿只在一个点上接触。

工程实际中使用的齿轮是有一定宽度的。当考虑到齿轮的宽度时，基圆就成为一个圆柱了（如图 1-18 所示），通常称为基圆柱。在基圆柱上纯滚的直棍，就不只是一根了，而是并列的一排直棍，组成一块长方形的平板，齿轮有多宽，这块平板就有多宽。

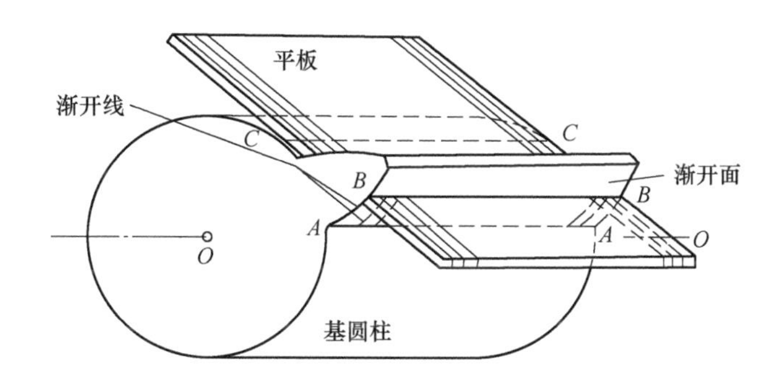

图 1-18　标准直齿圆柱齿轮的基圆柱[3]

由图 1-18 可知，当平板沿基圆柱做纯滚动时，若从 *AA* 开始纯滚至 *CC*，平板上平行于轴线 *OO* 的直线 *BB*（也平行于平板在基圆柱上的切点连线 *CC*）就扫出了渐开面 *AABB*，所以直齿圆柱齿轮的齿面是由许多起点（连成一直线 *AA*）的渐开线拼成的渐开面。

一对标准直齿圆柱齿轮啮合时，每个瞬间轮齿都沿着渐开面上平行于轴线的直线（如图 1-18 中的 *BB*）顺序地进行接触，如图 1-19（a）所示。直齿圆柱齿轮渐开面上的

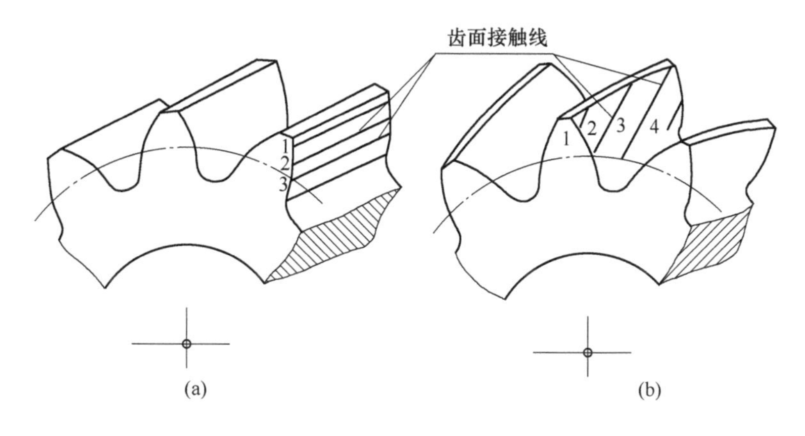

图 1-19　齿面接触线[3]

（a）直齿圆柱齿轮齿面接触线；（b）斜齿圆柱齿轮齿面接触线

这些平行线通常称为接触线。由此可知，标准直齿圆柱齿轮传动时，一对轮齿啮合的开始和终止都是突然地沿整个齿宽接触和分开的，即轮齿上受力也是突然加载和突然卸载的。由于齿轮加工误差的存在，如周节误差、齿形误差、齿向误差等，标准直齿圆柱齿轮高速传动时容易产生冲击和噪声。

1.3 标准斜齿圆柱齿轮的基本参数

随着机器传递速度的提高以及传递功率的增大，出现了斜齿圆柱齿轮传动。斜齿圆柱齿轮传动是由直齿圆柱齿轮传动发展而来的。

1.3.1 标准斜齿圆柱齿轮的齿面形成

若将标准直齿圆柱齿轮沿着其轴线扭转一定角度，此时的标准直齿圆柱齿轮就变成了标准斜齿圆柱齿轮，其轮齿就变成螺旋线形状。与标准直齿圆柱齿轮相比，标准斜齿圆柱齿轮不仅在齿形形状上有所改变，更重要的是在传动性能上也有了很大的改善；而且在齿面上的接触线是一条条的斜直线，如图 1-19（b）所示，并且不再和齿轮的轴线平行。

标准斜齿圆柱齿轮齿面形成的原理和标准直齿圆柱齿轮一样，也是在基圆柱上放一块长方形的平板（如图 1-20 所示）。与标准直齿圆柱齿轮不同的是需要在平板上画出一条和基圆柱的轴线方向成一倾斜角 $\beta_{基}$ 的直线 BB（也和平板在基圆柱上的切点连线 CC 成一斜角 $\beta_{基}$）。当平板沿基圆柱做纯滚动时，直线 BB 上的每一点都画出一条渐开线，这些渐开线合并在一起就成为斜齿轮的齿面。

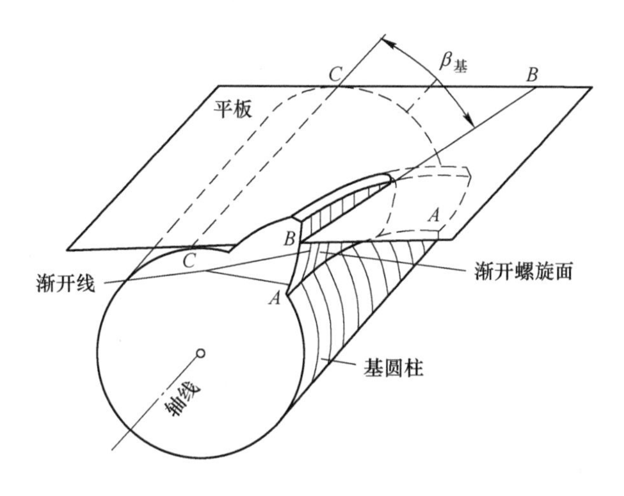

图 1-20 标准斜齿圆柱齿轮的齿面形成过程[3]

由于这些渐开线是在同一个基圆柱上产生的，所以形状是一样的，但起点却不同（如图 1-20 所示）。因为平板纯滚时，BB 是依次和基圆柱相切的，并形成了基圆柱上的一条由各渐开线起点组成的起点螺旋线 AA，BB 直线所扫出的齿面就是渐开螺旋面。起点螺旋线 AA 的螺旋角就是 BB 直线和平板在基圆上的切点连线 CC 的夹角 $\beta_{基}$。$\beta_{基}$ 越大，轮齿的倾斜程度越大；如果 $\beta_{基}=0$，就是标准直齿圆柱齿轮。

1.3.2　标准斜齿圆柱齿轮的啮合特点

与标准直齿圆柱齿轮传动一样，一对标准斜齿圆柱齿轮啮合时（平行轴传动），必须模数 m 相等、压力角 α 相等。

1.3.2.1　齿面接触线的变化

图 1-21 显示了一对标准斜齿圆柱齿轮的齿面（渐开螺旋面）啮合情况。由图 1-21 可知，两个齿轮齿面上的接触线 BB 在啮合面（即两基圆的内公切面）上，并且接触线 BB 是倾斜的，即不和两轮的轴线平行。

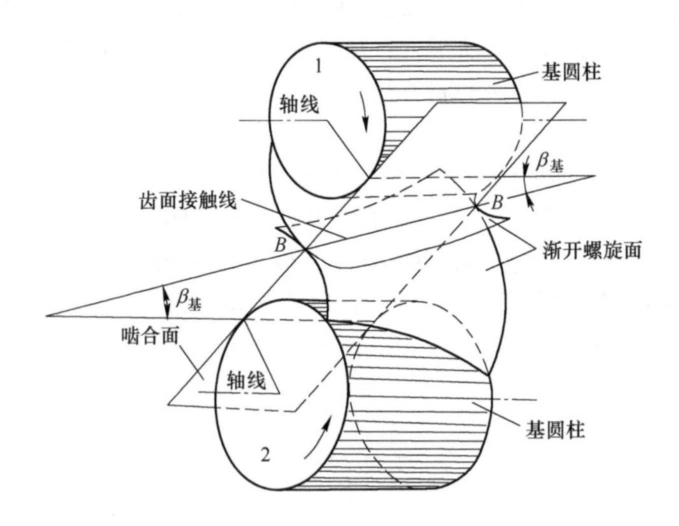

图 1-21　标准斜齿圆柱齿轮的齿面（渐开螺旋面）啮合[3]

由图 1-21 可知，如果 1 轮主动、2 轮被动，则从一对轮齿开始接触到终了，在被动轮 2 的齿面上所形成的一连串接触线［与图 1-19（b）情形一样，即由齿顶的一端渐渐进入啮合］开始由短变长，以后又逐渐缩短，直到脱开啮合为止；因此轮齿上所承受的力也是先由小到大，然后又逐渐减小的；此外在标准斜齿圆柱齿轮啮合过程中，由于轮齿是斜的，所以同时啮合的轮齿比标准直齿圆柱齿轮的轮齿多。

在标准斜齿圆柱齿轮的传动过程中，轮齿在开始接触和脱开时，都不会引起冲击，运转也较为平稳。因此，在高速大功率的齿轮传动中，标准斜齿圆柱齿轮获得了广泛的应用。

1.3.2.2　轴向推力的产生

在标准斜齿圆柱齿轮传动中，由于一对轮齿是斜着接触的，所以在运转时会产生轴向推力（如图 1-22 所示）。因此，在标准斜齿圆柱齿轮传动系统中需要采用推力轴承；若载荷很大时，可以用人字齿轮或用两个螺旋角相反的斜齿轮重叠起来以消除轴向推力。

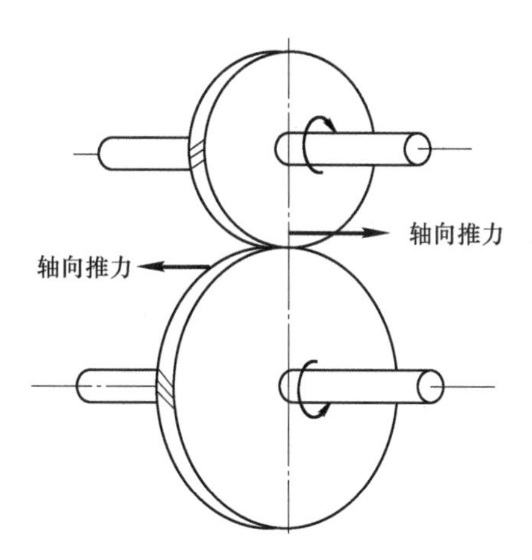

图 1-22 标准斜齿圆柱齿轮传动中的轴向推力[3]

1.3.2.3 齿轮分度圆上螺旋角 β 及轮齿旋向

在标准斜齿圆柱齿轮啮合时，两齿轮分度圆上的螺旋角 β 必须大小相等且方向相反，即一个是左旋方向，而另一个是右旋方向（如图 1-23 所示）。

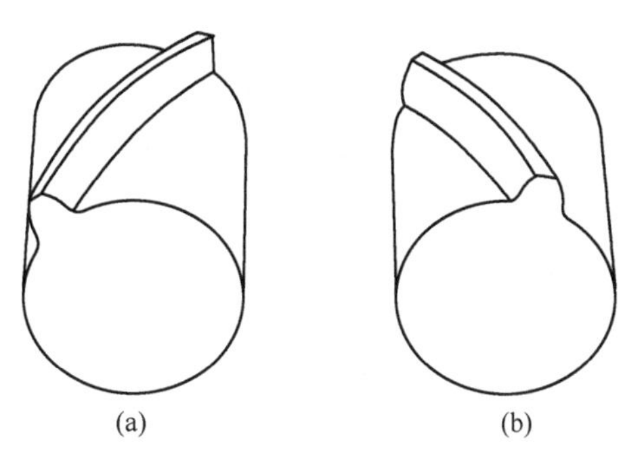

图 1-23 标准斜齿圆柱齿轮的旋向[3]
（a）左旋；（b）右旋

标准斜齿圆柱齿轮的螺旋方向判别方法如下：把标准斜齿圆柱齿轮平放，看该齿轮的轮齿向哪个方向倾斜，如果向左上方倾斜，便是左旋齿轮；如果向右上方倾斜，便是右旋齿轮。

在标准斜齿圆柱齿轮的工作图上，必须正确标出轮齿的方向。

1.3.3 标准斜齿圆柱齿轮的当量齿数

在万能铣床上铣削加工标准斜齿圆柱齿轮时，一定要选择合适的铣刀。在选择铣刀时，除根据模数 m 和压力角 α 外，还要考虑齿数；但是这个齿数并不是实际齿数 Z，而是比实际齿数 Z 还要多。在铣削加工时由于铣刀是沿着螺旋齿槽方向进刀的，所以铣刀的齿形应当和标准斜齿圆柱齿轮的法面上的齿形一样。

1.3.3.1　标准斜齿圆柱齿轮的法面齿形

用刀具斜切（不和轴线垂直）一个圆柱体，所得到的断面形状不是圆的，而是椭圆的。同样，由于标准斜齿圆柱齿轮的轮齿为螺旋形，它的法面方向不和分度圆柱的轴线垂直，所以铣削加工的分度圆柱的剖面形状也不是圆的，而是椭圆的（如图 1-24 所示）。

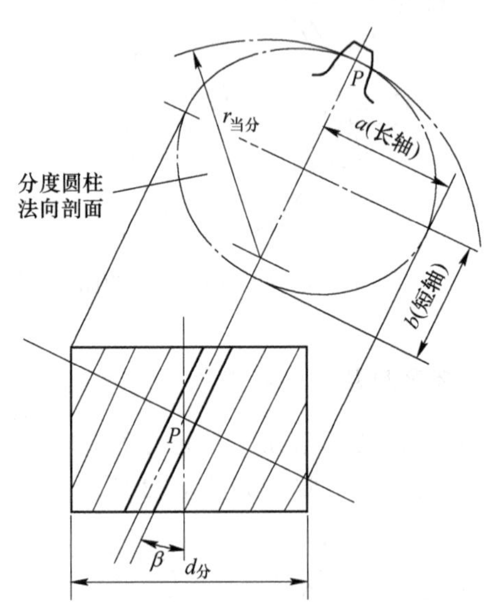

图 1-24　斜齿圆柱齿轮的法面齿形[3]

如图 1-24 所示，在这一椭圆上，P 点附近的齿形就可认为是标准斜齿圆柱齿轮的法面齿形，它不是渐开线。

1.3.3.2　标准斜齿圆柱齿轮的当量齿数

用渐开线齿形铣刀加工标准斜齿圆柱齿轮就是要用渐开线齿形铣刀加工出标准斜齿圆柱齿轮 P 点（如图 1-24 所示）附近的法面齿形，也就是要找出一条与这一法面齿形最近似的渐开线齿形。

由于标准斜齿圆柱齿轮的法面齿形是在椭圆上 P 点（如图 1-24 所示）附近，所以可以用一个形状（指弯曲程度）上和 P 点附近的椭圆形状最近似的圆来代替此处的椭圆，以该圆为分度圆的齿轮渐开线齿形就和法面齿形相近似。这样的齿轮一般称为当量齿轮（也称假想齿轮）。

实践证明，选用当量齿轮的渐开线齿形铣刀来加工标准斜齿圆柱齿轮的法面齿形所产生的齿形误差很小，对精度不高的标准斜齿圆柱齿轮是可行的。

渐开线齿形铣刀的选择应根据当量齿轮的齿数（即当量齿数 $Z_{当}$）来确定。当量齿数 $Z_{当}$ 为

$$Z_{当} = \frac{Z}{\cos^3\beta} \tag{1-30}$$

由于 $\frac{1}{\cos^3\beta} > 1.0$，所以当量齿数 $Z_{当}$ 总是大于实际齿数 Z，而且不一定是整数。

1.4 变位圆柱齿轮的基本参数

随着工业生产的不断发展以及各种机器使用条件的多样化，只采用标准圆柱齿轮（标准直齿圆柱齿轮和标准斜齿圆柱齿轮）已不能完全满足有些机器部件的特殊使用要求，此时为满足其使用要求应采用非标准圆柱齿轮。变位圆柱齿轮就是非标准圆柱齿轮的一种。

1.4.1 正变位和负变位圆柱齿轮

如图 1-25 所示的 C-WJ620 车床进给箱齿轮传动系统中，其主要要求为结构简单、制造和维修方便；因此为了提高该车床的传动刚性，采用五对齿轮传动的滑移齿轮机构。

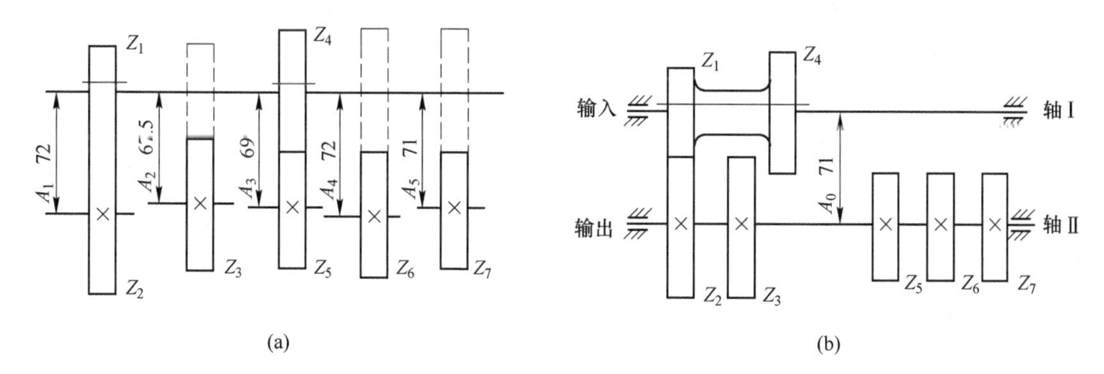

图 1-25 C-WJ620 车床进给箱齿轮传动示意图[3]

（a）五对齿轮、六根轴的齿轮传动；（b）五对齿轮、两根轴的齿轮传动

根据各对齿轮的速比 i 要求和已选定的模数 m，若采用标准直齿圆柱齿轮，则其中心距 $A_1 \sim A_5$ 各不相同：

（1）第一对：$A_1 = 72$ mm，$Z_1 = 18$，$Z_2 = 30$，$m = 3.0$ mm。

（2）第二对：$A_2 = 67.5$ mm，$Z_1 = 18$，$Z_3 = 27$，$m = 3.0$ mm。

（3）第三对：$A_3 = 69$ mm，$Z_4 = 36$，$Z_5 = 33$，$m = 2.0$ mm。

（4）第四对：$A_4 = 72$ mm，$Z_4 = 36$，$Z_6 = 36$，$m = 2.0$ mm。

（5）第五对：$A_5 = 71$ mm，$Z_4 = 36$，$Z_7 = 35$，$m = 2.0$ mm。

$A_1 \sim A_5$ 为五对齿轮的中心距，其值按 $\frac{m}{2}(Z_{主} + Z_{从})$ 计算；$Z_{主}$ 为主动齿轮的齿数；$Z_{从}$ 为从动齿轮的齿数。

因此，采用标准直齿圆柱齿轮传动的该进给箱结构非常复杂（需要五对齿轮、六根轴），其制造、使用及维修均不方便，如图 1-25（a）所示。

为了简化进给箱的结构，可改成如图 1-25（b）所示的五对齿轮、两根轴的齿轮传动系统，其中心距取为 71 mm；此时若采用标准的直齿圆柱齿轮，则中心距大于 71 mm 的一对齿轮其齿面间会相互顶住，而中心距小于 71 mm 的一对齿轮其齿面间的齿侧间隙又过大，从而使四对齿轮都无法正常运转。

为了使五对齿轮、两根轴的齿轮传动系统能正常运转，需要将齿面间相互顶住的齿轮齿厚减小，并将其齿顶圆相应地减小（即负变位）；而将齿面间产生过大齿侧间隙的齿轮齿厚加大，并将其齿顶圆相应地加大（即正变位）。也就是中心距大于 71 mm 的一对齿轮应采用负变位圆柱齿轮，而中心距小于 71 mm 的一对齿轮应采用正变位圆柱齿轮。

1.4.2　变位圆柱齿轮的形成

由图 1-25（b）可知，变位圆柱齿轮切削加工时，其齿轮毛坯外圆要适当地加大或减小；而切削加工机床的调整与切削加工标准圆柱齿轮相同，只是把刀具的位置做适当的改变以加大或减小齿轮的齿厚，即根据加大或减小齿轮毛坯外圆来对刀，其进刀量基本上为 $2.25m$，这样切削加工的圆柱齿轮就是变位圆柱齿轮。

变位圆柱齿轮能在加大或减小的中心距上工作而不会出现齿面间齿侧间隙过大或齿面间互顶的现象。

1.4.3　变位圆柱齿轮的特点

当变位圆柱齿轮的外径增大或减小以及刀具位置改变以后，会对轮齿的齿厚、齿高以及公法线长度等产生影响。

1.4.3.1　标准圆柱齿轮的齿厚与齿高

如图 1-26（a）所示为标准圆柱齿轮的滚切加工示意图。当滚切标准圆柱齿轮时，先根据齿轮毛坯外圆对刀，然后总进刀量为 $2.25m$；这时滚刀中心线（即齿厚和齿槽相等的线，$\overline{A_1B_1}=\overline{B_1C_1}$）$NN$ 和齿轮毛坯的分度圆相切，并且做纯滚动，此时加工的齿轮在其分度圆上有如下关系：

$$\overline{A_1B_1}=\overline{B_1C_1} \tag{1-31}$$

$$\overset{\frown}{AB}=\overset{\frown}{BC} \tag{1-32}$$

即标准圆柱齿轮在分度圆上的齿厚和齿槽宽相等，而且标准圆柱齿轮的齿顶高 $h_{顶}=m$、齿根高 $h_{根}=1.25m$。

1.4.3.2　正变位圆柱齿轮的特点

如图 1-26（b）所示为正变位圆柱齿轮的滚切加工示意图。正变位圆柱齿轮的分度圆大小与图 1-26（a）标准圆柱齿轮相同，只是将齿轮毛坯外圆尺寸加大，仍按外圆对刀，进刀量仍为 $2.25m$；此时刀具中心线 NN 就不再与齿轮毛坯外圆的分度圆相切，而是另一条 $N'N'$ 线与分度圆相切并做纯滚动。

相对于分度圆（或 $N'N'$），刀具退后了距离 X：

$$X=\xi m \tag{1-33}$$

式中 ξ——刀具位移系数或齿轮的变位系数。

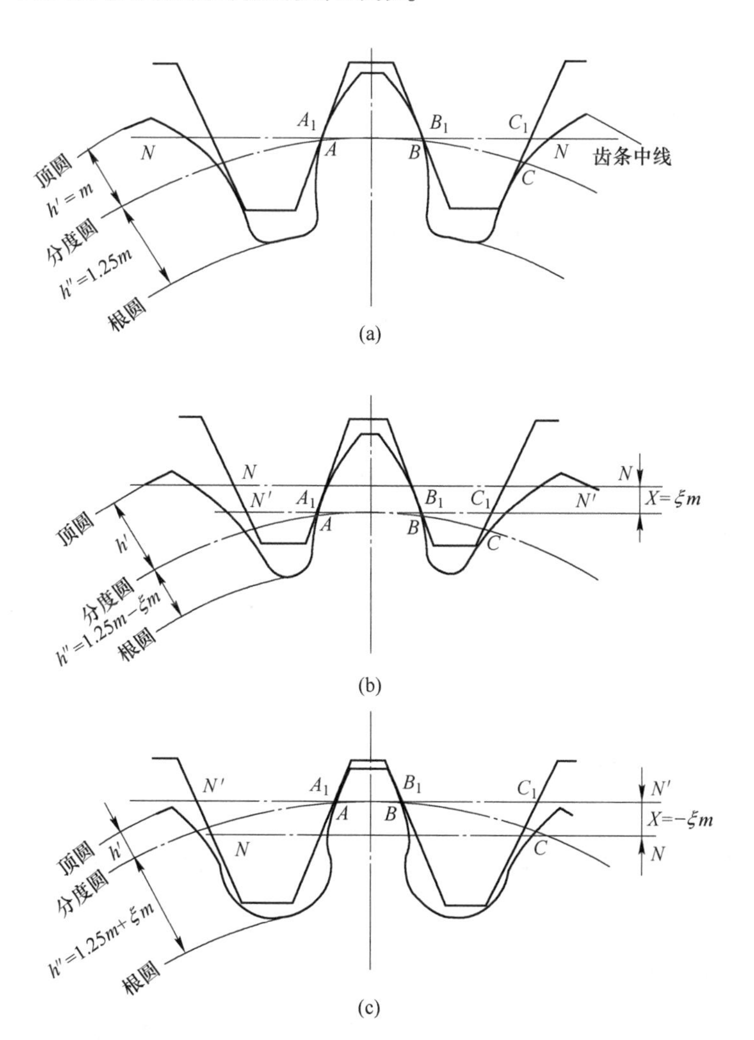

图 1-26 圆柱齿轮的滚切加工示意图[3]

（$h' = h_{顶}$，$h'' = h_{根}$）

（a）标准圆柱齿轮的滚切加工；（b）正变位圆柱齿轮的滚切加工；（c）负变位圆柱齿轮的滚切加工

则滚切加工的正变位圆柱齿轮在分度圆上有如下关系：

$$\overline{A_1B_1} > \overline{B_1C_1} \tag{1-34}$$

$$\overset{\frown}{AB} > \overset{\frown}{BC} \tag{1-35}$$

因此，正变位圆柱齿轮的特点如下：

（1）分度圆上齿厚加大、齿槽减小。

（2）由于齿轮毛坯齿顶圆直径加大和刀具退后了距离 $X = \xi m$，所以其齿顶高 $h_{顶} = (1.0 + \xi)m$、齿根高 $h_{根} = (1.25 - \xi)m$。

（3）公法线长度因轮齿加厚而变长。

1.4.3.3　负变位圆柱齿轮的特点

如图 1-26（c）所示为负变位圆柱齿轮的滚切加工示意图。负变位圆柱齿轮的分度圆大小与图 1-26（a）标准圆柱齿轮相同，而将齿轮毛坯外圆尺寸减小，仍按外圆对刀，进刀量仍为 2.25m；此时刀具中心线 NN 就不再与齿轮毛坯外圆的分度圆相切，而是另一条 $N'N'$ 线与分度圆相切并做纯滚动。

相对于分度圆（或 $N'N'$），刀具前进了距离 X：

$$X = -\xi m \tag{1-36}$$

式中　ξ——刀具位移系数或齿轮的变位系数。

则滚切加工的负变位圆柱齿轮在分度圆上有如下关系：

$$\overline{A_1B_1} < \overline{B_1C_1} \tag{1-37}$$

$$\overset{\frown}{AB} < \overset{\frown}{BC} \tag{1-38}$$

因此，负变位圆柱齿轮的特点如下：

（1）分度圆上齿厚减小、齿槽加厚。

（2）由于齿轮毛坯齿顶圆直径减小和刀具前进了距离 $X = -\xi m$，所以其齿顶高 $h_{顶} = (1.0 - \xi)m$、齿根高 $h_{根} = (1.25 + \xi)m$。

（3）公法线长度因轮齿减薄而变短。

1.4.3.4　变位圆柱齿轮的主要特点

变位圆柱齿轮的主要特点是刀具位移系数 ξ（或刀具位移量 X）不为零，即 $\xi \neq 0$。

若将刀具位移系数取为零，即 $\xi = 0$，则滚切加工出的齿轮就是标准圆柱齿轮。标准圆柱齿轮是变位圆柱齿轮的一个特例。

1.4.3.5　变位圆柱齿轮与标准圆柱齿轮的主要区别

（1）由于齿轮的模数 m、压力角 α、齿数 Z 相同，分度圆直径和基圆直径不变，所以变位圆柱齿轮的加工方法与标准圆柱齿轮相同，可以用同样的刀具和机床调整方法来加工变位圆柱齿轮；不同的是将刀具位置做适当改变，使得切削加工的齿轮齿厚和齿顶高有所变化。

（2）对于正变位圆柱齿轮，刀具相对于标准圆柱齿轮的位置离开距离 $X = \xi m$，齿顶圆直径相应地加大，齿形根部变大，齿顶易变尖，公法线长度增大。

（3）对于负变位圆柱齿轮，刀具相对于标准圆柱齿轮的位置前进距离 $X = -\xi m$，齿顶圆直径相应地减小，齿形根部变小，公法线长度减小。

（4）由于刀具位移和齿顶圆直径的变化，齿顶高和齿根高受到影响也发生相应变化，全齿高却基本不变。

1.4.4　变位圆柱齿轮的啮合特点

变位圆柱齿轮尺寸上的变化对齿轮啮合的影响如图 1-27 所示。

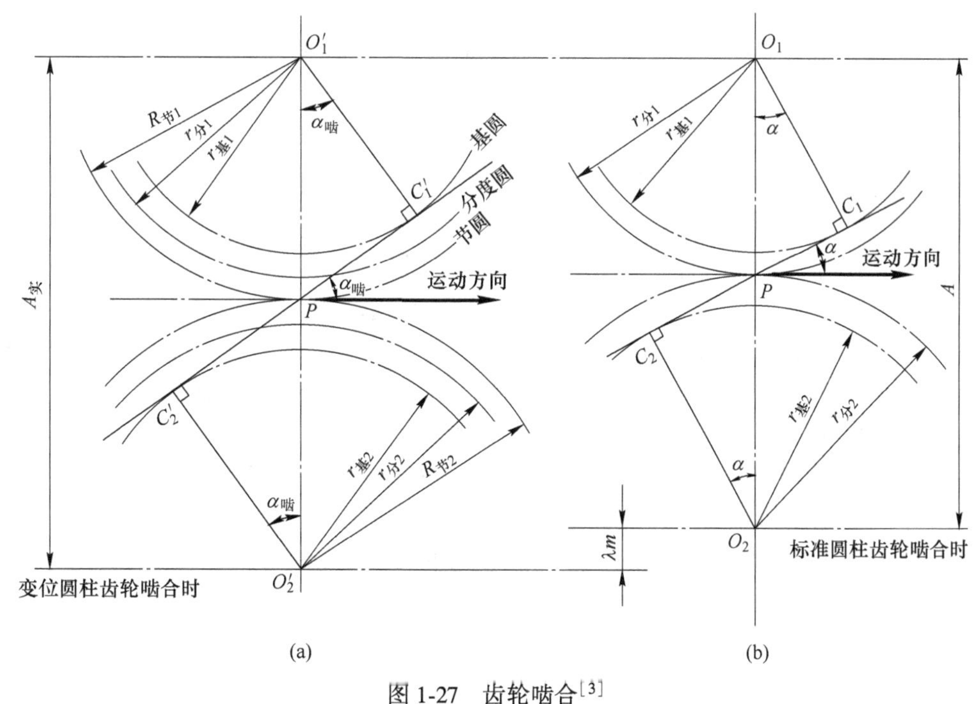

图 1-27 齿轮啮合[3]

（a）变位圆柱齿轮啮合；（b）标准圆柱齿轮啮合

（1）分离系数 λ。用 A 表示一对标准圆柱齿轮啮合的中心距，$A_{实}$ 表示根据使用要求确定的一对变位圆柱齿轮啮合的实际中心距。λ 为一对变位圆柱齿轮与一对标准圆柱齿轮之间中心距的差别程度（即分离系数）：

$$\lambda = \frac{A_{实} - A}{m} \tag{1-39}$$

（2）变位圆柱齿轮啮合时节圆与分度圆不一定重合。一对标准圆柱齿轮啮合时，其分度圆相切，啮合点始终不离啮合线，瞬时速比 i 是稳定的（如图 1-8 所示），并且有

$$i = \frac{d_{基1}}{d_{基2}} = \frac{d_{分1}}{d_{分2}} \tag{1-40}$$

而变位圆柱齿轮的分度圆与基圆的大小都不变，只是当中心距 A 变化后，一对变位圆柱齿轮的分度圆位置也随着变化而不再相切了，如图 1-27（a）所示。但是由于渐开线的特性，决定了它们的啮合点还是始终不离两基圆的内切线，即啮合线［如图 1-27（a）中的 $C_1'C_2'$］；这对变位圆柱齿轮的瞬时速比 i 也仍然是两基圆的直径之比，即

$$i = \frac{d_{基1}}{d_{基2}} \tag{1-41}$$

因此，它的瞬时速比 i 不变。不同的只是基圆的位置随着中心距 A 的变化而变化了，啮合线的位置也变化了［如图 1-27（a）所示］。这时通过啮合线 $C_1'C_2'$ 与两齿轮的中心线 $O_1'O_2'$ 的交点 P，称为节点；作这对变位圆柱齿轮的两个相切的圆（称为节圆）的半径 $R_{节1}$ 和 $R_{节2}$。从图 1-27（a）可知，$\triangle O_1'C_1'P$ 与 $\triangle O_2'C_2'P$ 相似，所以

$$\frac{R_{节1}}{R_{节2}} = \frac{r_{基1}}{r_{基2}} = i \tag{1-42}$$

也就是一对变位圆柱齿轮的瞬时速比 i 又等于它们的节圆直径之比，说明它们的啮合相当于这样的两个节圆在节点 P 上做纯滚动。由图 1-27（b）可知，变位圆柱齿轮的啮合与标准圆柱齿轮的啮合不一样，标准圆柱齿轮的啮合相当于它们的分度圆在节点 P 上做纯滚动。

标准圆柱齿轮啮合时节圆与分度圆是重合的，而变位圆柱齿轮啮合时其节圆与分度圆不一定重合。

（3）变位圆柱齿轮的啮合角 $\alpha_{啮}$ 与压力角 α 不同。如图 1-27（b）所示，标准圆柱齿轮啮合时，齿面受力方向是通过啮合线 C_1C_2 的，而运动方向是垂直于两齿轮的中心线 O_1O_2 的，它们之间的夹角就是啮合角 $\alpha_{啮}$，并等于标准压力角 α 。而变位圆柱齿轮啮合时，由于基圆位置随着中心距 A 的变化而改变，所以啮合线 $C_1'C_2'$ 的倾斜度变化了，它与运动方向的夹角即啮合角 $\alpha_{啮}$ 与标准压力角 α 不同。

将啮合角 $\alpha_{啮}$ 与压力角 α 不同（或变位圆柱齿轮的实际中心距 $A_{实}$ 与标准圆柱齿轮的中心距 A 不同）的变位形式称为角度变位。

如果确定了变位圆柱齿轮的实际中心距 $A_{实}$ 和标准圆柱齿轮的中心距 A ，由图 1-27 可求出 $\alpha_{啮}$：

$$\cos\alpha_{啮} = \frac{r_{基1}}{R_{节1}} = \frac{r_{分1}\cos\alpha}{R_{节1}} \tag{1-43}$$

即

$$R_{节1}\cos\alpha_{啮} = r_{分1}\cos\alpha \tag{1-44}$$

由直角三角形 $O_2'C_2'P$ 可知：

$$\cos\alpha_{啮} = \frac{r_{基2}}{R_{节2}} = \frac{r_{分2}\cos\alpha}{R_{节2}} \tag{1-45}$$

即

$$R_{节2}\cos\alpha_{啮} = r_{分2}\cos\alpha \tag{1-46}$$

将上述式（1-44）和式（1-46）相加得

$$(R_{节1} + R_{节2})\cos\alpha_{啮} = (r_{分1} + r_{分2})\cos\alpha \tag{1-47}$$

而

$$A_{实} = R_{节1} + R_{节2}\ ;\ A = r_{分1} + r_{分2} \tag{1-48}$$

所以有

$$\cos\alpha_{啮} = \frac{A}{A_{实}}\cos\alpha \tag{1-49}$$

从式（1-49）可知，若变位圆柱齿轮的实际中心距 $A_{实}$ 和标准圆柱齿轮的中心距 A 不同，啮合角 $\alpha_{啮}$ 就不等于压力角 α 。

啮合角 $\alpha_{啮}$ 确定以后，可按下式计算出一对变位圆柱齿轮（在实际中心距 $A_{实}$ 的情况下）啮合时总的变位系数 $\xi_{总}$，即两变位圆柱齿轮的变位系数之和 $\xi_1 + \xi_2$：

$$\xi_{总} = \xi_1 + \xi_2 = \frac{Z_1 + Z_2}{2\tan\alpha}(\mathrm{inv}\alpha_{啮} - \mathrm{inv}\alpha) \tag{1-50}$$

式中　Z_1，Z_2——两变位圆柱齿轮的齿数。

1.5 直齿圆锥齿轮的基本参数

1.5.1 直齿圆锥齿轮的主要特点

直齿圆锥齿轮与直齿圆柱齿轮的比较：

（1）直齿圆柱齿轮用来传递两平行轴之间的回转运动，而直齿圆锥齿轮用来传递两相交轴（一般交角为90°）之间的回转运动（如图1-28所示）。

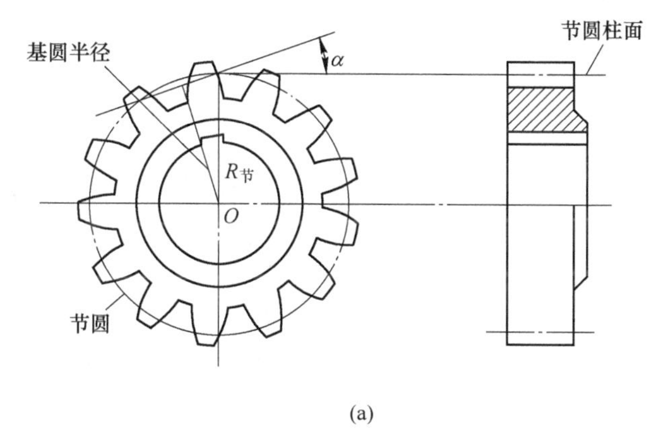

(a)

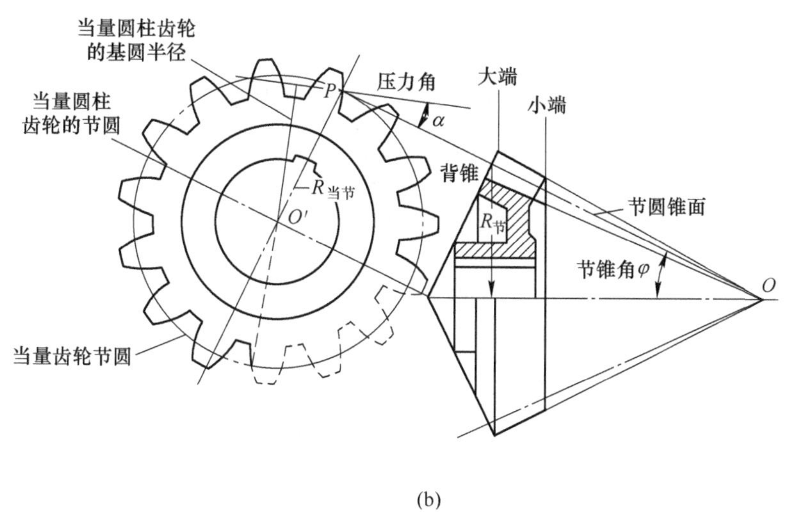

(b)

图1-28　直齿圆柱齿轮（a）与直齿圆锥齿轮（b）[3]

由图1-28可知：直齿圆柱齿轮的轮齿分布在一个圆柱面上，而直齿圆锥齿轮的轮齿却分布在一个节锥角为 φ 的圆锥面上。

（2）直齿圆柱齿轮和直齿圆锥齿轮都是靠渐开线齿形啮合来保证传动平稳的。直齿圆柱齿轮的渐开线齿形是在垂直于分度圆柱的截面上展成的；而直齿圆锥齿轮的渐开线齿形与直齿圆柱齿轮的渐开线齿形相仿，是在垂直于节圆锥（即分度圆锥，不变位时节圆锥和分度圆锥是重合的）的背锥展开面上展成的（如图 1-28 所示）。直齿圆锥齿轮在大端背锥上的各个参数和尺寸的含义以及它们之间的关系与直齿圆柱齿轮类同。

直齿圆锥齿轮的主要特点：节圆是一个圆锥面。

1.5.2　直齿圆锥齿轮的当量齿数

一个节锥角为 φ 的直齿圆锥齿轮，如果将它的大端上垂直于节圆锥的背锥展开成平面，就得到如图 1-28 所示的扇形平面（实线部分）；再将该扇形平面补足成为一个完整的圆（见图 1-28 中的虚线部分），则该圆的半径 $\overline{O'P}$ 与直齿圆锥齿轮的大端节圆半径 $R_{节}$有如下关系：

$$\overline{O'P} = \frac{R_{节}}{\cos\varphi} \tag{1-51}$$

现以 $\overline{O'P} = \frac{R_{节}}{\cos\varphi}$ 为半径作一个分度圆，并按选定的直齿圆锥齿轮模数 m 、压力角 α ，作出该圆的渐开线齿形（如图 1-28 所示），则该齿形就是该直齿圆锥齿轮在大端背锥上的渐开线齿形，而以 $\overline{O'P}$ 为分度圆半径的直齿圆柱齿轮称为该直齿圆锥齿轮的当量圆柱齿轮；$\overline{O'P}$ 半径称为当量圆柱齿轮的节圆半径（直齿圆锥齿轮的分度圆一般称为节圆），并以 $R_{当节}$ 表示：

$$R_{当节} = \overline{O'P} = \frac{R_{节}}{\cos\varphi} \tag{1-52}$$

该直齿圆锥齿轮节圆半径 $R_{节}$与模数 m 、齿数 Z 的关系为

$$R_{节} = \frac{mZ}{2} \tag{1-53}$$

它的当量圆柱齿轮的齿数 $Z_{当}$（又称直齿圆锥齿轮的当量齿数）和 $R_{当节}$ 的关系为

$$R_{当节} = \frac{mZ_{当}}{2} \tag{1-54}$$

因此有

$$\frac{mZ_{当}}{2} = R_{当节} = \frac{R_{节}}{\cos\varphi} = \frac{mZ}{2\cos\varphi} \tag{1-55}$$

$$Z_{当} = \frac{Z}{\cos\varphi} \tag{1-56}$$

由此可见，当量圆柱齿轮的齿数 $Z_{当}$比直齿圆锥齿轮的实际齿数 Z 要多一些。

1.5.3　直齿圆锥齿轮的啮合特点

如图 1-29 所示，一对直齿圆锥齿轮啮合时，通过啮合点 P 的两个背锥展开面上就是一对当量圆柱齿轮的啮合。

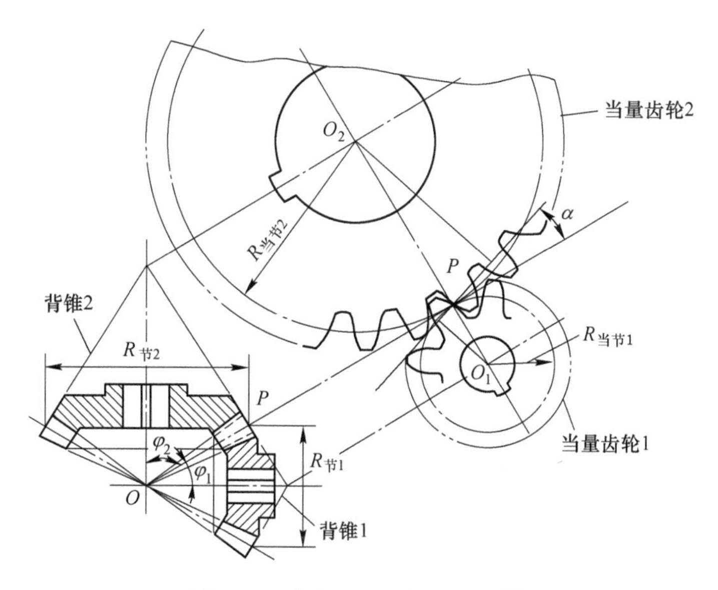

图 1-29 直齿圆锥齿轮的啮合[3]

直齿圆锥齿轮的传动比 $i_{锥}$ 为

$$i_{锥} = \frac{R_{节2}}{R_{节1}} = \frac{Z_2}{Z_1} \tag{1-57}$$

因为

$$R_{节2} = \overline{OP}\sin\varphi_2 \tag{1-58}$$

$$R_{节1} = \overline{OP}\sin\varphi_1 \tag{1-59}$$

所以

$$i_{锥} = \frac{\overline{OP}\sin\varphi_2}{\overline{OP}\sin\varphi_1} = \frac{\sin\varphi_2}{\sin\varphi_1} \tag{1-60}$$

由图 1-29 可知，当量圆柱齿轮正确啮合的条件与一对直齿圆柱齿轮的正常啮合条件一样（保证传动的平稳性），即它们的模数 m 、压力角 α 必须分别相等（但对于直齿圆锥齿轮，各参数应以大端为标准）。

直齿圆锥齿轮不发生根切的最少实际齿数可用下式计算：

$$Z_{最少} = Z_{当} \cos\varphi \tag{1-61}$$

对于压力角 $\alpha = 20°$ 的直齿圆柱齿轮，不发生根切的最少齿数 $Z_{最少} = 17$；所以当量圆柱齿轮不发生根切的最少齿数 $Z_{当量最少} = 17$，而对节锥角 $\varphi = 45°$ 的直齿圆锥齿轮不发生根切的最少实际齿数为

$$Z_{最少} = 17 \times \cos 45° \approx 12 \tag{1-62}$$

2 金属塑性成形加工方法

金属的塑性成形又称金属压力加工，它是指在外力作用下使金属材料产生预期的塑性变形以获得所需形状、尺寸和力学性能的成形件或零件的一种加工工艺。

金属塑性成形的基本条件：一是成形的金属必须具备可塑性；二是外力的作用。

金属塑性成形加工方法包括轧制成形工艺、挤压成形工艺、拉拔成形工艺、锻造成形工艺、板料冲压成形工艺等。

2.1 轧制成形工艺

轧制成形工艺是将金属坯料通过轧机上两个相对回转轧辊之间的空隙进行压延变形的塑性成形加工方法，如图 2-1 所示[4-6]。

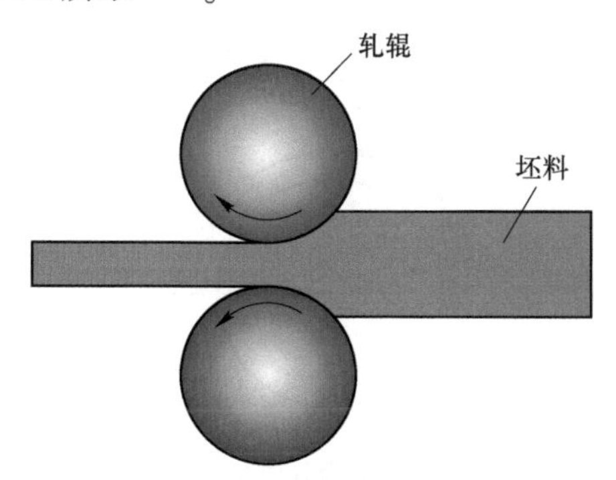

图 2-1 轧制成形工艺

轧制成形工艺除了可生产型材、板材和管材外，还可生产各类零件，它在机械制造业中的应用越来越广泛。

2.1.1 轧制成形工艺的特点

（1）轧制成形过程中，在坯件连续局部变形的每一个瞬间，模具只与坯件的一部分接触，所以轧制成形所需的成形设备结构简单，成形设备的吨位小，相关的资产投资少。

（2）轧制成形是一个连续静压成形过程，没有冲击和振动，因此其振动小、噪声低，劳动条件好，生产效率高，易于实现机械化与自动化。

（3）轧制成形后，轧制成形件的金属纤维组织连续且金属纤维流线沿轧制成形件的外轮廓分布，未被切断，因此轧制成形件的力学性能好。

（4）材料利用率高，可达 90%以上。

2.1.2 轧制成形工艺的类型

2.1.2.1 纵轧成形工艺

纵轧成形工艺是轧辊轴线与坯料轴线互相垂直的轧制方法，如辊锻轧制成形工艺、辗环轧制成形工艺等。

A 辊锻轧制成形工艺

辊锻轧制成形工艺是把轧制成形工艺应用到锻造生产中的一种新工艺，它是使坯料通过装有扇形模块的一对相对旋转的轧辊时受压而变形的一种成形加工工艺，如图 2-2 所示。它既可以作为模锻前的制坯工序，也可直接辊锻锻件。目前，辊锻轧制成形工艺适用于如扳手、活动扳手等扁截面的长杆件、汽轮机叶片及连杆类零件的生产。

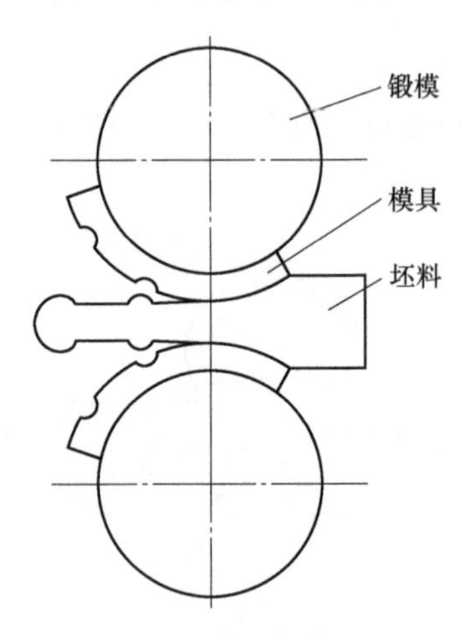

图 2-2　辊锻轧制成形工艺

B　辗环轧制成形工艺

辗环轧制成形工艺是用来扩大环形坯料的外径和内径，从而获得各种无接缝环状零件的轧制成形工艺，如图 2-3 所示。

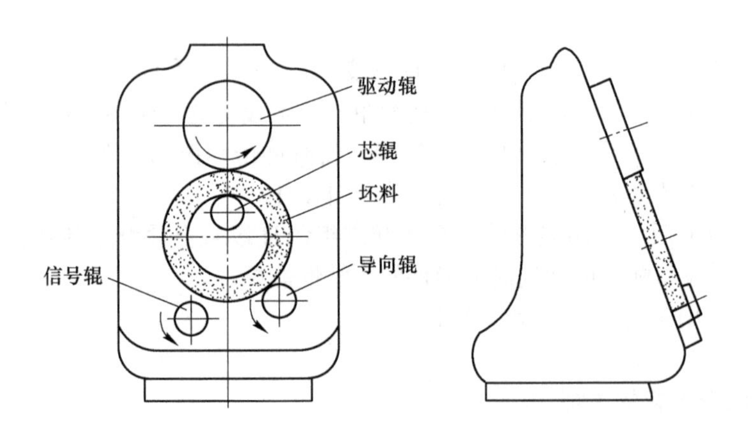

图 2-3　辗环轧制成形工艺

其驱动辊由电动机带动旋转，利用摩擦力使坯料在驱动辊和芯辊之间受压变形。驱动辊还可由油缸推动做上下移动，改变它与芯辊之间的距离，使坯料厚度减小、直径增大。导向辊用以保障坯料正确运送，信号辊用来控制环坯直径。

只需采用不同的驱动辊、芯辊的截面形状，即可生产各种横截面的环类零件，如火车轮箍、轴承座圈、齿轮及法兰等。

2.1.2.2 横轧成形工艺

横轧成形工艺是轧辊轴线与坯料轴线互相平行的轧制成形工艺，如齿轮轧制成形工艺等。

齿轮轧制成形工艺是一种少无切削加工齿轮的新工艺，如图 2-4 所示。直齿轮和斜齿轮均可用热轧制造，在轧制前将毛坯外缘加热，然后将带齿形的轧轮做径向进给，迫使轧轮与毛坯对辗；在对辗过程中，坯料上一部分金属受压形成齿谷，相邻部分的金属被轧轮齿部“反挤”而上升，形成齿顶。

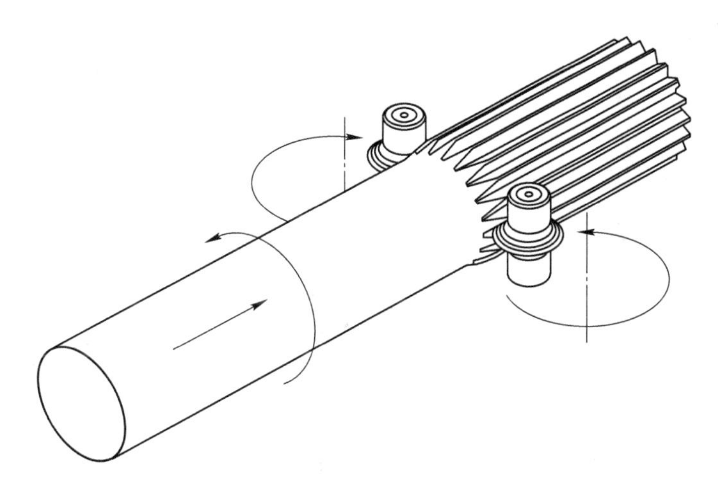

图 2-4 齿轮轧制成形工艺

2.1.2.3 斜轧成形工艺

斜轧成形工艺又称螺旋斜轧成形工艺，它是轧辊轴线与坯料轴线相交一定角度的轧制成形工艺，如图 2-5 所示的钢球斜轧。

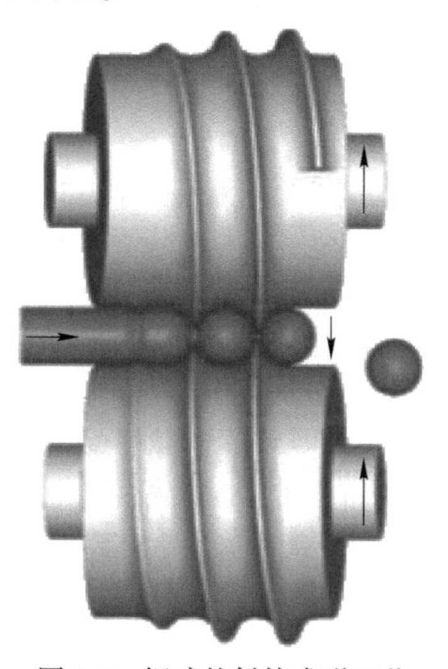

图 2-5 钢球的斜轧成形工艺

螺旋斜轧钢球的成形工艺是使棒料在轧辊间螺旋形槽里受到轧制并分离成单个球，轧辊每转一周即可轧制出一个钢球，其轧制成形加工过程是连续的。

2.1.2.4　楔横轧成形工艺

利用轧件轴线与轧辊轴线平行，轧辊的辊面上镶有楔形凸棱，并做同向旋转的平行轧辊对沿轧辊轴向送进的坯料进行轧制的成形工艺称为楔横轧成形工艺，如图 2-6 所示。该成形工艺适用于成形高径比不小于 1 的回转体轧件。

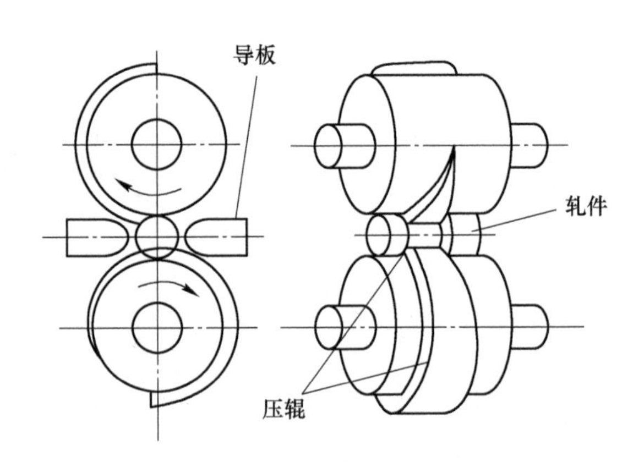

图 2-6　楔横轧成形工艺

在楔横轧成形过程中，坯料的变形过程主要是靠两个楔形凸棱压缩坯料，使坯料的径向尺寸减小、轴向尺寸增大。

楔横轧成形工艺适合轧制各种实心、空心台阶轴，如汽车、摩托车、电动机上的各种台阶轴，以及凸轮轴等。

2.2 挤压成形工艺

挤压成形工艺是施加强大压力作用于模具，迫使放在模具内的金属坯料产生定向塑性变形并从模孔中挤出，从而获得所需挤压件的塑性成形加工方法[4-6]。

2.2.1 挤压成形工艺的特点

（1）挤压成形时金属坯件在三向受压状态下变形，因此它可提高金属的塑性。

（2）可以挤压出各种形状复杂、深孔、薄壁、异型截面的挤压件。

（3）挤压件的尺寸精度高、表面粗糙度低。一般地，挤压件的尺寸精度可达 IT6~IT7 级、表面粗糙度可达 Ra 0.4~3.2 μm。

（4）挤压变形得到的挤压件内部的金属纤维组织是连续的，其纤维流线沿挤压件外轮廓分布而不被切断，从而提高了挤压件的力学性能。

（5）材料利用率可达 70%。

（6）生产效率比其他成形方法提高了几倍。

2.2.2 正挤压成形工艺

在挤压成形过程中金属的流动方向与凸模的运动方向一致的挤压成形工艺为正挤压成形工艺，如图 2-7 所示。正挤压成形工艺适用于制造横截面是圆形、椭圆形、扇形、矩形等的零件，也可是等截面的不对称零件。

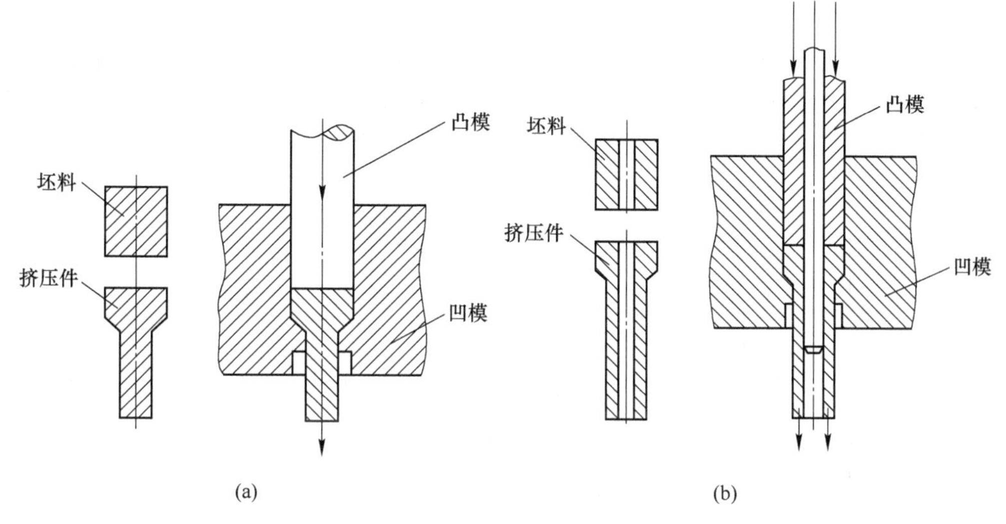

图 2-7 正挤压成形工艺

（a）实心件正挤压；（b）空心件正挤压

2.2.3　反挤压成形工艺

在挤压成形过程中金属的流动方向与凸模的运动方向相反的挤压成形工艺为反挤压成形工艺，如图 2-8 所示。反挤压成形工艺适用于制造横截面是圆形、矩形、多层圆形、多格盒形的空心件。

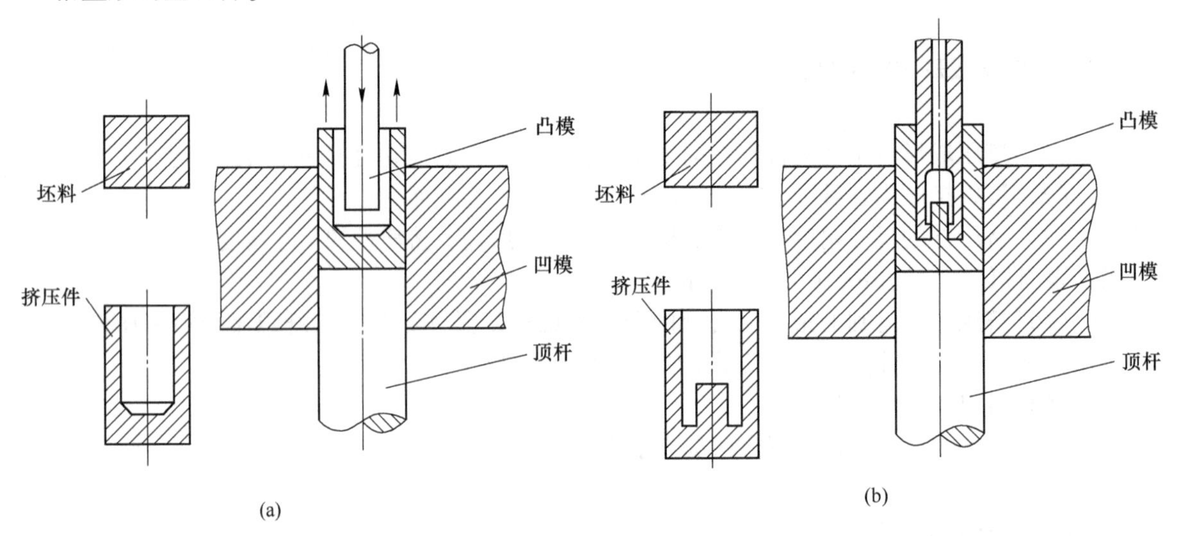

图 2-8　反挤压成形工艺
（a）实心件反挤压；（b）空心件反挤压

2.2.4　复合挤压成形工艺

在挤压成形过程中坯料的一部分金属流动方向与凸模运动方向一致，而另一部分金属流动方向与凸模运动方向相反的挤压成形工艺为复合挤压成形工艺，如图 2-9 所示。复合挤压成形工艺适用于制造截面是圆形、矩形、六角形、齿形、花瓣形的双杯类、杯杆类零件。

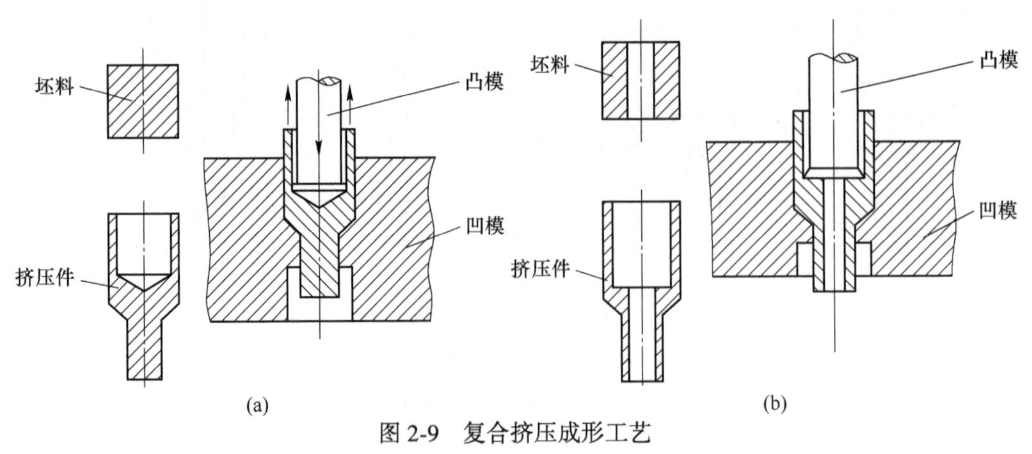

图 2-9　复合挤压成形工艺
（a）实心坯料复合挤压；（b）空心坯料复合挤压

2.2.5 径向挤压成形工艺

在挤压成形过程中金属的流动方向与凸模的运动方向垂直的挤压成形工艺为径向挤压成形工艺，如图 2-10 所示。径向挤压成形工艺可制造十字轴类零件，也可制造花键轴的齿形部分、齿轮的齿形部分等。

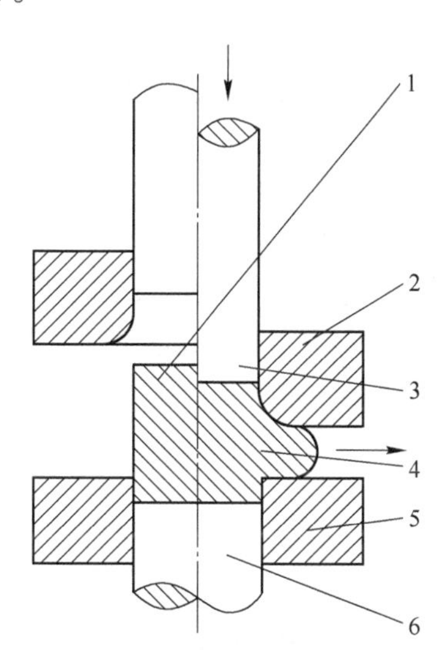

图 2-10 径向挤压成形工艺

1—坯料；2—上模；3—凸模；4—挤压件；5—凹模；6—顶杆

2.2.6 冷挤压成形工艺

金属材料在再结晶温度以下进行的挤压成形工艺为冷挤压成形工艺。对于大多数金属而言，其在室温下的挤压成形加工即为冷挤压成形加工。

冷挤压成形工艺的主要优点如下：

（1）由于冷挤压成形过程中金属材料受三向压应力作用，挤压变形后材料的晶粒组织更加致密，金属流线沿挤压轮廓连续分布，加之挤压变形的加工硬化特性，使挤压件的强度、硬度及耐疲劳性能显著提高。

（2）挤压件的精度和表面品质较高，一般尺寸精度可达 IT6~IT7 级，表面粗糙度可达 *Ra* 0.2~1.6 μm。故冷挤压成形工艺是一种净形或近似净形的成形加工方法，且能挤压出薄壁、深孔、异型截面等一些较难进行机加工的零件。

（3）材料利用率高，生产率也高。

目前，冷挤压成形工艺已在机械、仪表、电器、轻工、宇航、军工等行业部门得到广泛的工业应用。

但是，冷挤压成形工艺的变形力相当大，特别是对较硬金属材料进行挤压成形加工时，所需的变形力更大，这就限制了冷挤压件的尺寸和质量；冷挤压成形工艺对模具材料的材质要求高，常用材料为 W6Mo5Cr4V2、Cr12MoV 等高碳高合金工具钢；而且，冷挤压成形要求成形加工设备为大吨位。为了降低冷挤压成形过程中的变形力，减少模具的磨损，提高冷挤压件的表面品质，在冷挤压成形加工以前必须对金属坯料进行软化处理，而后清除其表面氧化皮，再进行特殊的润滑处理。

2.2.7　热挤压成形工艺

把坯料加热到金属坯料再结晶温度以上的温度范围进行挤压成形加工的挤压成形工艺称为热挤压成形工艺。

热挤压成形加工时，由于金属坯料加热温度高，使得金属坯料的变形抗力大为降低；但由于其加热温度高，存在氧化、脱碳及热胀冷缩等工艺问题，这将会大大降低挤压件的尺寸精度和表面品质，因此热挤压成形工艺一般都是用于高强（硬）度金属材料如高碳钢、高强度结构钢、高速钢、耐热钢等的坯件成形加工，如热挤压成形发动机气阀坯件、汽轮机叶片坯件、机床花键轴坯件等。

2.2.8　温挤压成形工艺

把坯料加热到强度较低、氧化程度较轻的温度范围进行挤压成形加工的挤压成形工艺称为温挤压成形工艺。温挤压成形工艺兼有冷挤压成形工艺、热挤压成形工艺的优点，又克服了冷挤压成形工艺、热挤压成形工艺的某些不足。对于一些冷挤压成形加工难以成形的金属材料如不锈钢、中高碳钢、耐热合金、镁合金、钛合金等，均可用温挤压成形工艺进行成形加工；而且，在温挤压成形过程中金属坯料可不进行预先软化处理和中间退火，也可不进行表面的特殊润滑处理，这将有利于实现机械化、自动化的大批量工业生产。另外，温挤压成形工艺可进行大变形量的成形加工，这将会减少加工工序、降低模具费用，且不一定需要使用大吨位的专用挤压成形加工设备。

但温挤压成形加工的挤压件精度和表面品质不如冷挤压成形加工的冷挤压件。

2.3 拉拔成形工艺

拉拔成形工艺是将金属坯料拉过拉拔模模孔而使金属拔长，其断面与模孔相同的塑性成形加工方法，如图 2-11 所示[4-6]。

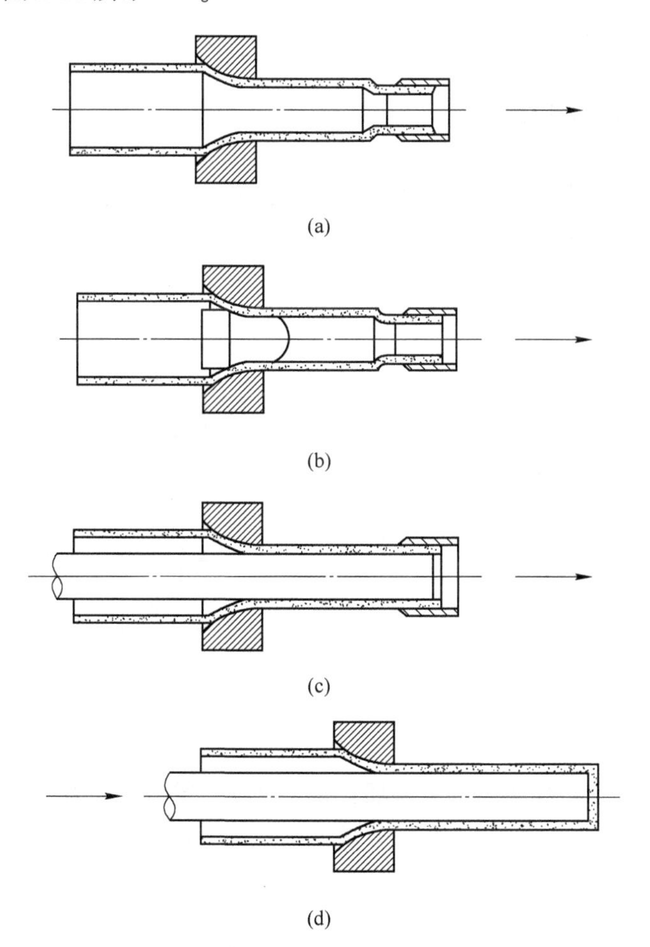

图 2-11 空心件的拉拔成形工艺

(a) 无芯拉拔；(b) 游动芯头拉拔；(c) 长芯杆拉拔；(d) 顶管拉拔

2.4 锻造成形工艺

锻造成形工艺是金属塑性成形加工的重要分支。它是利用金属材料的可塑性，借助外力的作用产生塑性变形，获得所需形状、尺寸和一定组织性能的锻件。锻造成形加工属于二次塑性加工，其变形方式为体积成形[4-6]。

2.4.1 锻造成形工艺的分类

锻造成形工艺分为自由锻造成形工艺和模锻成形工艺两大类。

自由锻造成形工艺是指将加热后的金属坯料置于上下砧铁之间受冲击力或压力而变形的塑性成形加工方法，如图 2-12 所示。

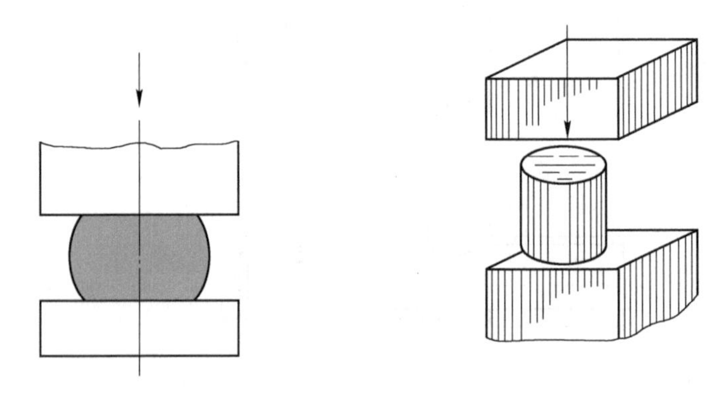

图 2-12　自由锻造成形工艺

模锻成形工艺是指将加热后的金属坯料置于具有一定形状的锻造模具模膛内，金属坯料受冲击力或压力的作用而变形的塑性成形加工方法，如图 2-13 所示。

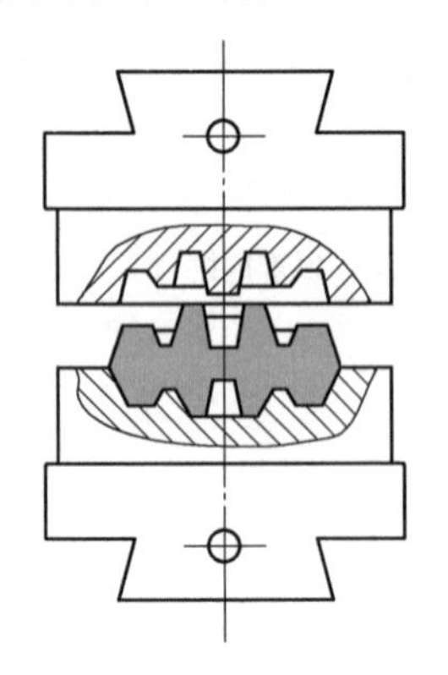

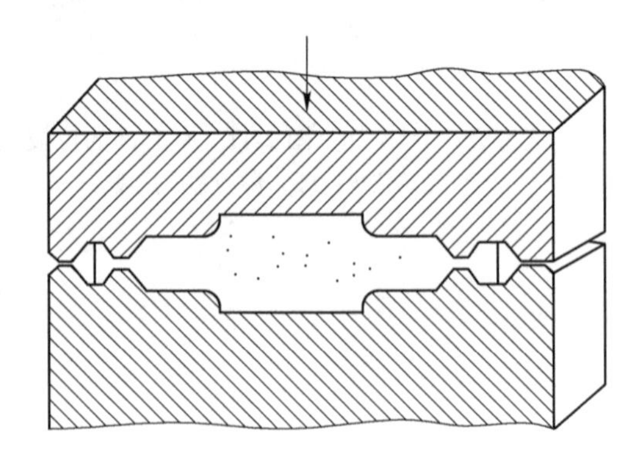

图 2-13　模锻成形工艺

2.4.2 锻造用金属材料

锻造成形用金属材料涉及面很宽，既有多种牌号的钢及高温合金，又有铝、镁、钛、铜等有色金属；既有经过一次加工成不同尺寸的棒材和型材，又有多种规格的锭料。

2.4.3 锻造成形前的准备

2.4.3.1 算料与下料

算料与下料是提高材料利用率、实现锻件精化的重要环节之一。过多的坯料不仅造成了金属材料的浪费，而且会加剧能量消耗等。下料若不稍留余量，将会增加锻造成形工艺调整的难度，从而增加锻件的废品率。此外，下料端面质量对锻造成形工艺和锻件质量也有影响。

2.4.3.2 金属坯料的加热

A 金属加热的目的

自由锻造成形加工和模锻成形加工前进行金属坯料加热的目的是提高金属的塑性，降低变形抗力，以利于金属的变形和获得良好的锻后组织。因此金属加热是锻造成形工艺中的重要工序之一。

B 热锻成形过程中锻造温度范围的确定

锻造温度范围是指始锻温度和终锻温度之间的一段温度间隔。始锻温度主要受到金属材料过热和过烧的限制，它一般应低于熔点 100~200 ℃。

对于碳素钢，由铁-碳合金相图可看出，其始锻温度应该随金属材料碳含量的增加而降低。对于合金钢，通常其始锻温度随金属材料碳含量的增加降低得更多。

对于钢锭，由于在液态凝固时得到的原始组织比较稳定，过热的倾向小，因此钢锭的始锻温度可比同种钢的钢坯和钢材高 20~50 ℃。

终锻温度主要应保证在结束锻造之前金属还具有足够的塑性以及锻件在锻后获得再结晶组织。但过高的终锻温度也会使锻件在冷却过程中晶粒继续长大，从而降低力学性能，尤其是冲击韧度。

2.4.4 模锻成形工艺

模锻成形工艺是用模具使金属坯料产生变形而获得锻件的塑性成形方法。在模锻成形过程中，金属坯料是在锻模的模膛内成形的。

模锻成形工艺的种类很多，根据使用的设备分为锤上模锻、机械压力机上模锻、平锻机上模锻等。

2.4.4.1　模锻成形工艺规程

模锻成形工艺规程内容包括锻件图的制订、坯料的计算、工序的确定、模锻模膛的设计、设备吨位选择、坯料的加热规范、后续处理等。

A　模锻件图的制订

模锻件图是根据产品零件图，结合技术条件和实际工艺而制订的；它是用于设计及制造锻模、计算坯料及作为验收合格锻件的依据，是指导生产的重要技术文件。

在制订模锻件图时，需要正确选择分模面，选定机械加工余量及公差，确定模锻斜度与圆角半径、冲孔连皮，并在技术条件内说明在锻件图上不能标明的技术要求与允许偏差。

模锻件图中锻件轮廓线用粗实线绘制，锻件分模线用点画线绘制，锻件尺寸数字标注在尺寸线的中上方，零件相应部分尺寸数字标注在该尺寸线的中下方括号内。

a　分模面的选择

所谓分模面是指上、下（或左、右）锻模在锻件上的分界面。它的位置直接影响模锻工艺过程、锻模结构及锻件质量等。因此，分模面的选择是锻件图设计中的一项重要工作，需要从技术和经济角度综合分析确定。

选择分模面时首先必须保证模锻后锻件能完整且方便地从模膛中取出（如图 2-14 所示），还应考虑以下几点要求：

（1）最佳的金属充满模膛条件。

（2）简化模具制造，尽量选择平面。

（3）容易检查上、下模膛的相对错移。

（4）有利于干净地切除飞边。

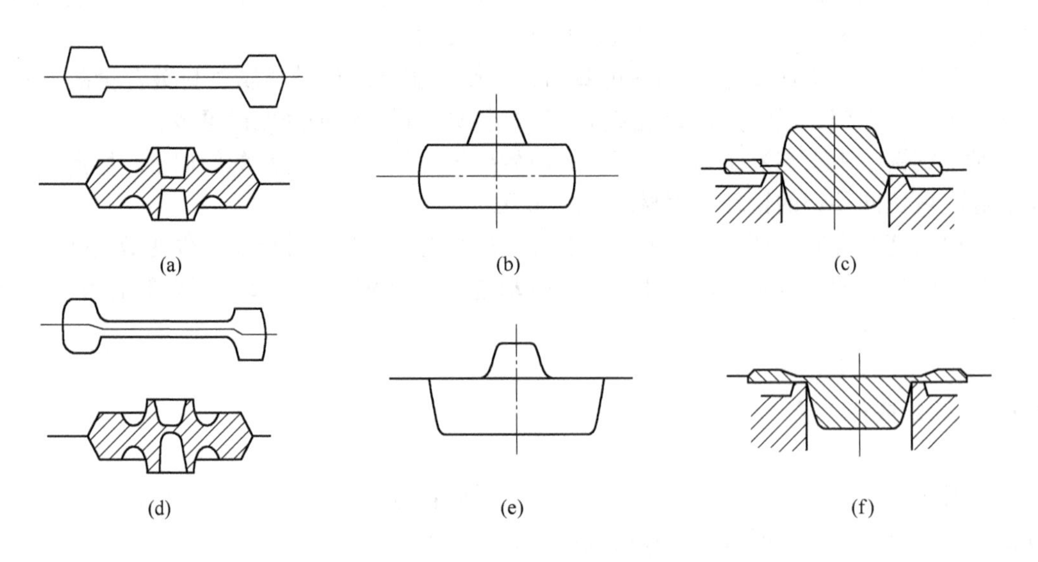

图 2-14　合理选择分模面
(a)～(c) 合理；(d)～(f) 不合理

b 机械加工余量和锻件公差

模锻件的加工余量和公差都较小，其加工余量一般取为 1~4 mm，锻造公差一般取为 0.3~3 mm，具体数值可查阅 JB/Z 75—60《锤上模锻件机械加工余量和公差》。

c 确定模锻斜度

模锻件上与分模面垂直的表面附加的斜度称为模锻斜度，如图 2-15 所示。模锻斜度的作用是使锻件很容易从模膛中取出，同时使金属更好地充满模膛。

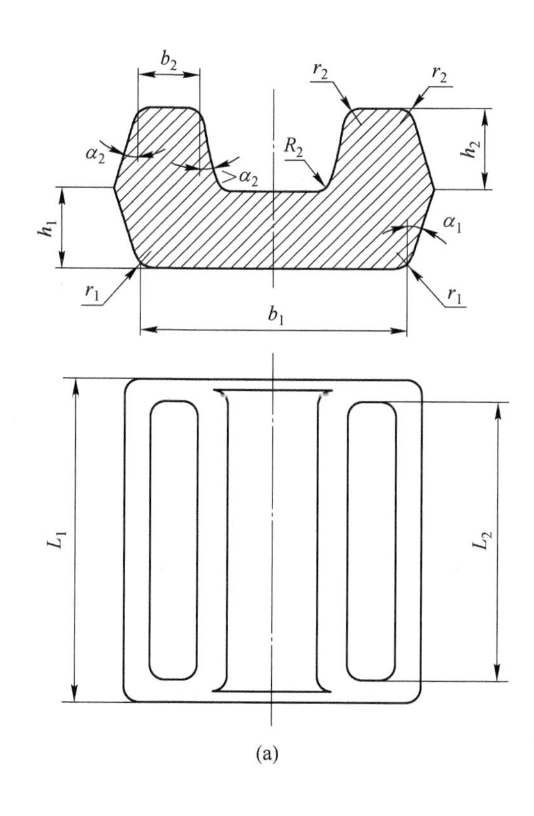

(a)

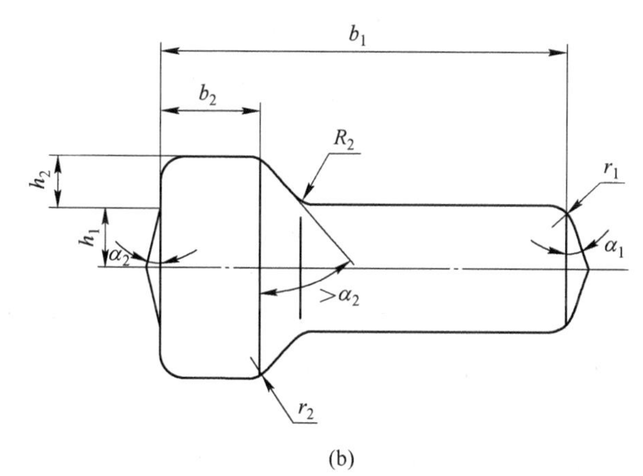

(b)

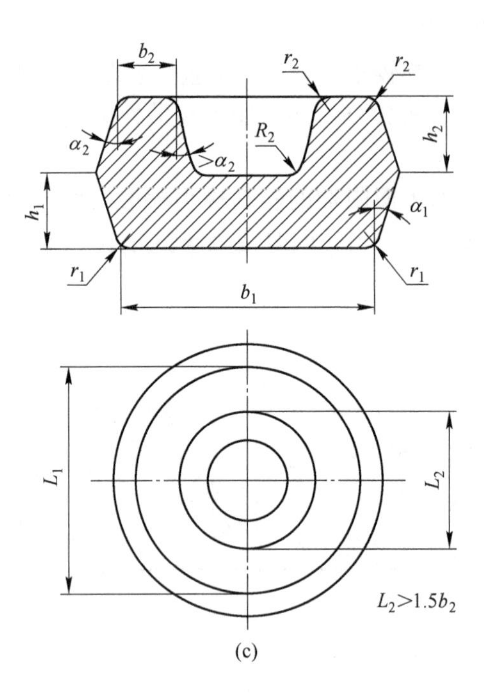

(c)

图 2-15　模锻斜度

（a）矩形锻件；（b）轴锻件；（c）圆形锻件

模锻斜度分外斜度和内斜度。锤上模锻的锻件外斜度值根据锻件各部分的高度与宽度比值 H/B 及长度与宽度比值 L/B 查相关手册及资料确定。内斜度一般要比外斜度增大 2°或 3°。

d　圆角半径的确定

模锻件上凡是面与面相交的地方都不允许有尖角，必须以适当的圆弧光滑地连接起来，这个半径称为圆角半径，如图 2-16 所示。

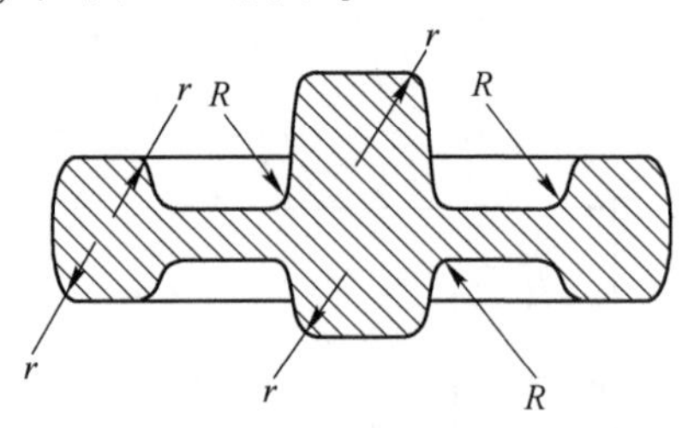

图 2-16　圆角半径

锻件上的凸角圆角半径为外圆角半径 r，凹角圆角半径为内圆角半径 R。

外圆角的作用是便于金属充满模膛，并避免锻模的相应部分在热处理和模锻时因产生应力集中而造成开裂；内圆角的作用是使金属易于流动充满模膛，避免产生折叠，防止模膛压塌变形，如图 2-17 所示。圆角半径 R 和 r 的数值根据锻件各部分的高度与宽度比值 H/B 查相关手册确定。

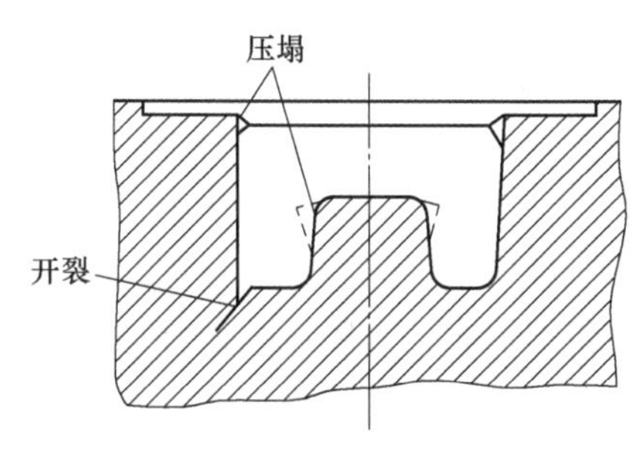

图 2-17 圆角被压塌

e 冲孔连皮的选择

模锻成形时，不能直接锻出透通孔，仅能锻出一个盲孔，盲孔内还留有一层具有一定厚度的金属称为冲孔连皮。

冲孔连皮可以在切边压力机上冲掉或在机械加工时切除。模锻成形时锻出盲孔，为的是使锻件更接近零件形状，减少金属的浪费，缩短机械加工时间，同时可以使孔壁的金属组织更致密。

冲孔连皮可以减轻锻模的刚性接触，起到缓冲作用，以免损坏锻模。

冲孔连皮有 3 种形式，如图 2-18 所示；冲孔连皮应有适当的厚度，在生产中按锻件的外形轮廓、尺寸大小来选择冲孔连皮的形式及其厚度。

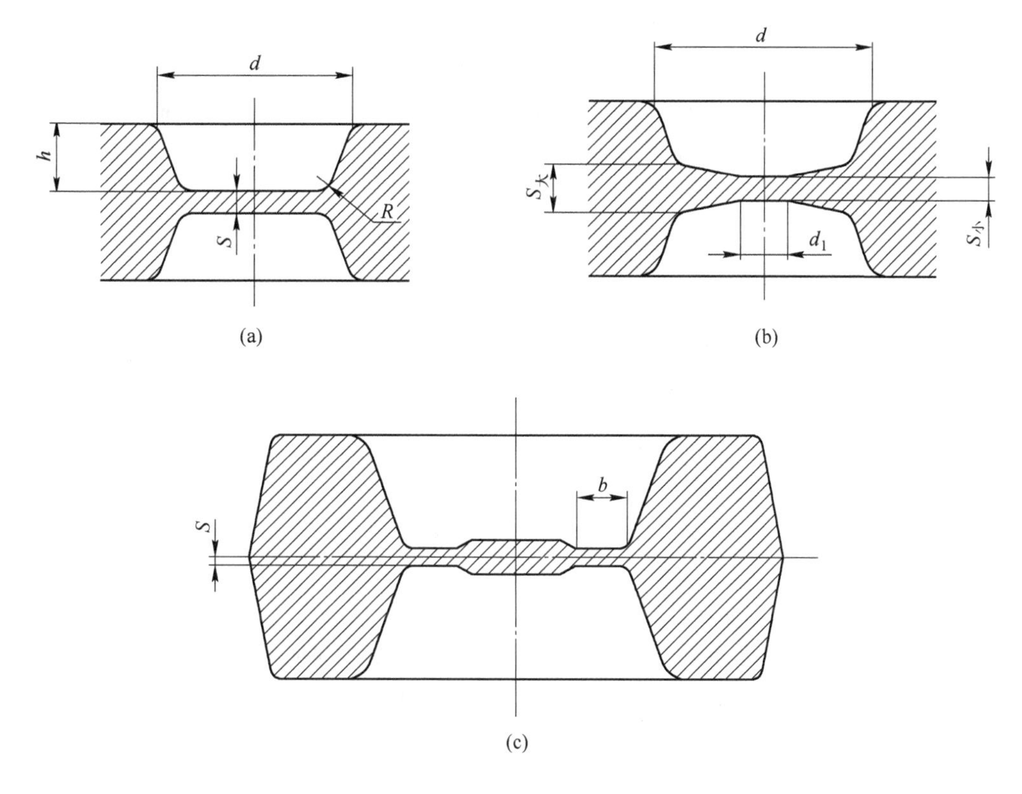

图 2-18 冲孔连皮形式

(a) 平底连皮；(b) 斜底连皮；(c) 带仓连皮

B　坯料的质量和尺寸计算

模锻件坯料的计算涉及因素较多，只能作粗略估算。

模锻件坯料质量=模锻件质量+飞边质量+氧化烧损。

根据模锻件的基本尺寸来计算质量，当有冲孔连皮时，应包括连皮量；飞边质量的多少与锻件的形状和大小有关，差别较大，一般可按锻件质量的20%~25%计算；氧化烧损按锻件质量和飞边质量总和的3%~4%计算。

模锻件坯料的尺寸与锻件的形状和所选的模锻种类有关。

（1）盘形锻件。这类锻件的变形主要属于镦粗过程，因此坯料尺寸可按下式计算，防止镦弯：

$$1.25<\frac{\text{坯料高度}}{\text{坯料直径}}<2.5 \tag{2-1}$$

（2）长轴类锻件。这类锻件沿轴线各处截面积相差不多，坯料的尺寸可按下式计算：

$$\text{坯料截面积} = (1.05 \sim 1.3) \times \frac{\text{坯料体积}}{\text{锻件长度}} \tag{2-2}$$

（3）复杂锻件。对于形状复杂而各处截面积相差较大的锻件，金属的变形过程主要有拔长、滚压过程，使金属有积聚变形。其坯料尺寸可按下式粗略计算：

$$\text{坯料面积} = (0.7 \sim 0.85) \times \text{锻件最大部分的截面积(包含飞边)} \tag{2-3}$$

2.4.4.2　模锻件的分类

模锻件可以根据锻件的分模线的形状、主轴线的形状及模锻件形状等进行分类。

（1）直长轴类锻件。常见的长轴类锻件有各种轴，如主轴、传动轴和机车轴等；其分模线和主轴线都是直线，如图2-19所示。

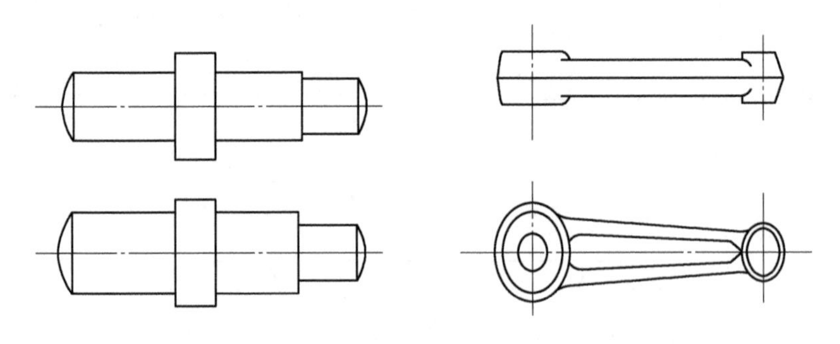

图2-19　直长轴类锻件

（2）短轴类锻件（方圆类锻件）。常见的短轴类锻件有齿轮、法兰盘、十字轴和万向节叉等，这类锻件在平面图上两个相互垂直方向的尺寸大约相等，如图2-20所示。

（3）弯曲类锻件。这类模锻件（如图2-21所示）的主轴线是弯曲的，而分模线是直线；或分模线是弯曲的，主轴线是直线；或者主轴线和分模线都是弯曲的。

（4）叉类锻件。这类模锻件（如图2-22所示）主轴线仅通过锻件主体的一部分，而且在一定的地方主轴线通过锻件两个部分之间。

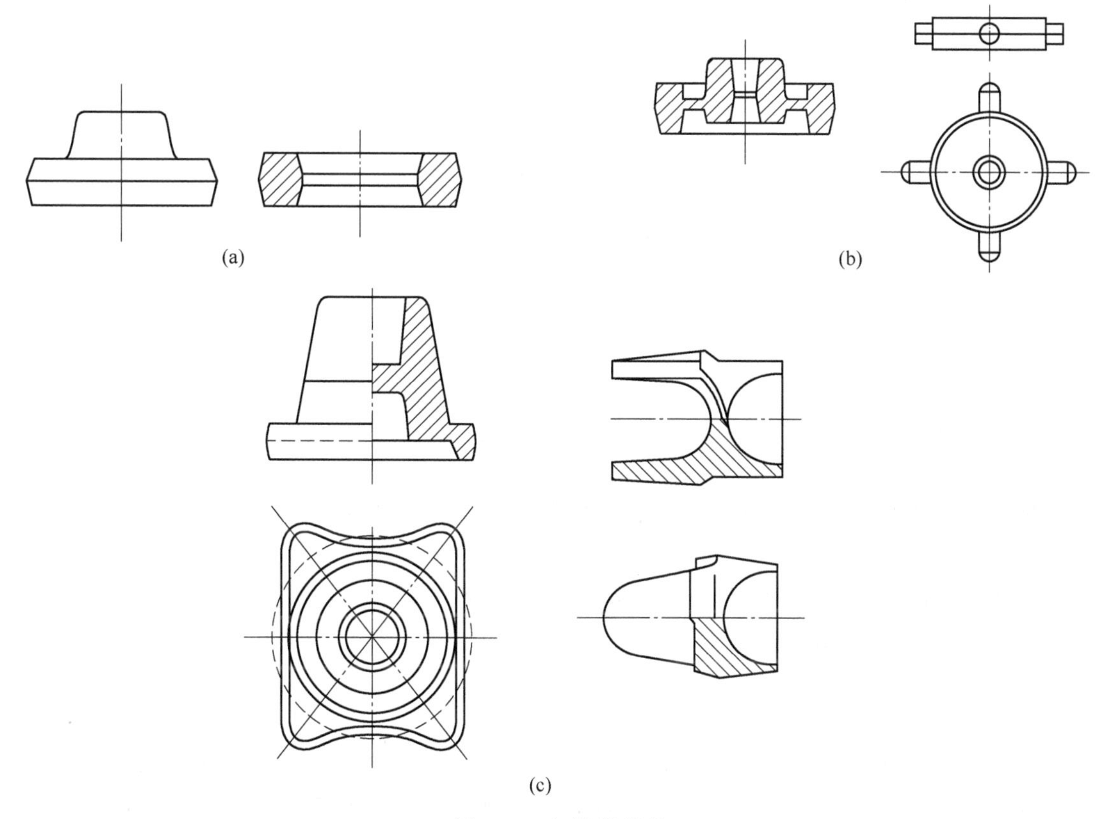

图 2-20 短轴类锻件

（a）简单形状；（b）较复杂形状；（c）复杂形状

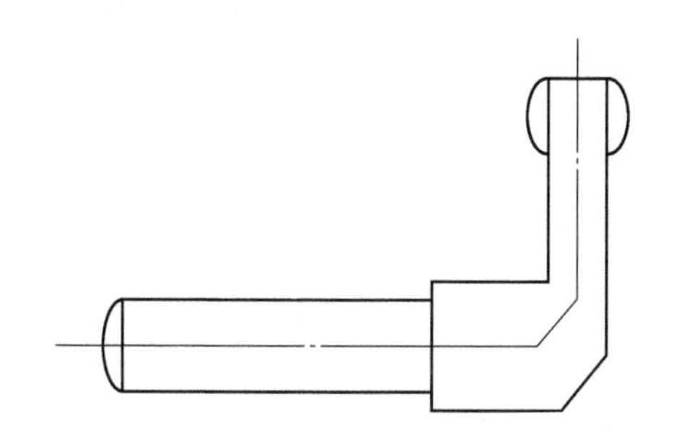

图 2-21 弯曲类锻件

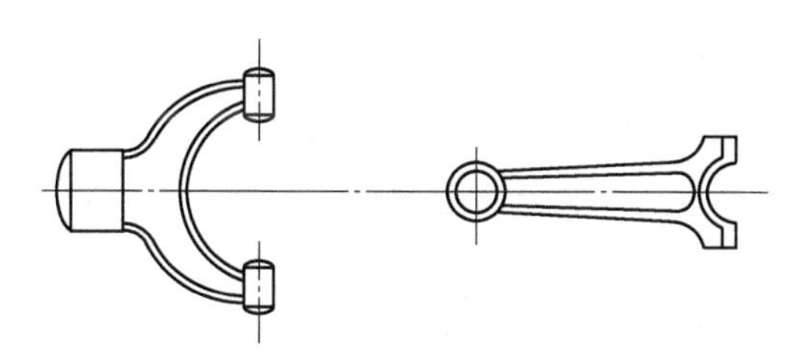

图 2-22 叉类锻件

（5）枝丫类锻件。这类模锻件（如图 2-23 所示）的主轴线是直线或曲线，而且在局部有圆滑的弯曲或急弯凸起部分，凸起的部分称为枝丫。

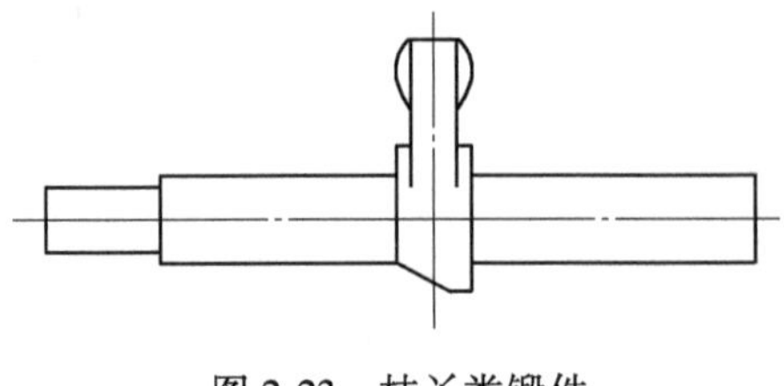

图 2-23 枝丫类锻件

2.4.5 精密模锻成形工艺

精密模锻成形工艺是在锻造设备上锻造出形状复杂、高精度的锻件的一种锻造成形工艺。

模锻件的精度达到精密级公差和余量标准（GB/T 12362—1990）规定的锻造成形工艺称为精密锻造成形工艺。

2.4.5.1 精密模锻成形工艺过程

一般精密模锻成形的工艺过程大致如下：首先将原始坯料用普通模锻工艺制成中间坯料；接着对中间坯料进行严格清理，除去氧化皮和缺陷；最后在无氧化皮或少氧化皮气氛中加热，再进行精锻。为了最大限度地减少氧化皮，提高精锻件的品质，精锻过程的加热温度应较低一些。

对于碳钢锻件，锻造温度在 450～900 ℃的精密锻造成形工艺也称为温锻成形工艺。精锻时，需要在中间坯料上涂敷润滑剂，以减少摩擦，延长锻模使用寿命，降低设备的功率消耗。

2.4.5.2 精密模锻成形工艺的特点

（1）需要精确计算原始坯料的尺寸，严格按坯料质量下料，否则会增大锻件尺寸公差，降低精度。

（2）需要细致清理坯料表面，除净坯料表面的氧化皮、脱碳层等。

（3）为提高锻件的尺寸精度和降低表面粗糙度，应采用无氧化或少氧化加热法，尽量减少坯料表面形成的氧化皮。

（4）精密模锻成形的锻件精度在很大程度上取决于锻模的加工精度，因此精锻模膛的精度必须很高，一般要比锻件精度高两级；精锻模具一定要有导柱导套结构，以保证合模准确；为排除模膛中的气体，减少金属流动阻力，使金属更好地充满模膛，在凹模上应开有排气小孔。

（5）模锻成形时要很好地润滑和冷却锻模。

（6）精密模锻成形一般都是在刚度大、精确度高的模锻设备上进行，如曲柄压力机、摩擦压力机或高速锤等。

2.4.5.3 精密模锻成形工艺的优点

(1) 锻件尺寸精度较高和表面粗糙度较低，可不经或只需少量机械加工，一般精密锻件的公差余量约为普通锻件的1/3，表面粗糙度为 Ra 2.5~3.2 μm。

(2) 节约金属，提高生产率。

(3) 具有良好的金属组织和流线，提高了零件的力学性能。

(4) 零件生产成本低。

2.4.5.4 精密模锻成形工艺的分类

精密模锻成形工艺一般是在锤、摩擦压力机及曲柄压力机等普通锻压设备上进行精密模锻成形加工。

目前已用于生产的精密模锻工艺很多，包括小飞边开式模锻、闭式模锻、闭塞式锻造、等温锻造、超塑成形等。

其中精密模锻常用的成形方法有小飞边开式模锻、闭式模锻、闭塞式锻造等。

A 小飞边开式模锻

小飞边开式模锻是一种常用的精密模锻成形工艺，如图2-24所示。其成形过程可分为自由镦锻、模膛充满和打靠三个阶段，如图2-25所示。

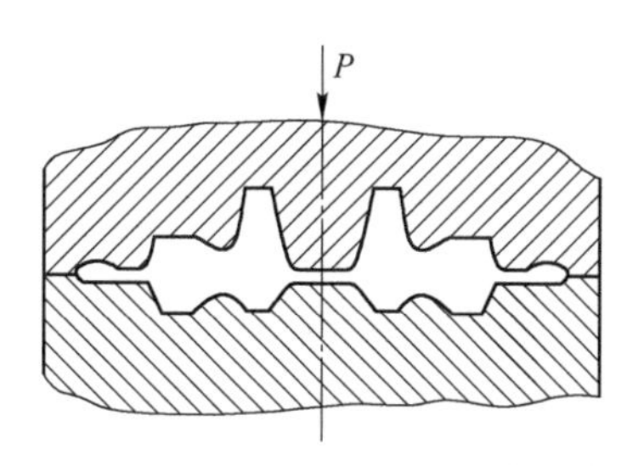

图2-24 小飞边开式模锻

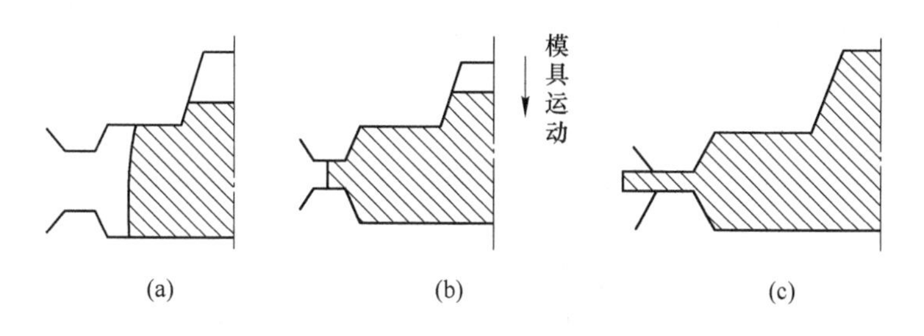

图2-25 小飞边开式模锻的成形过程
(a) 自由镦锻；(b) 模膛充满；(c) 打靠

小飞边开式模锻模具的分模面与模具运动方向垂直，模锻过程中分模面之间的距离逐渐减小，在模锻的第二阶段（模膛充满阶段）形成横向飞边，依靠飞边的阻力使金属充满模膛。

B　闭式模锻

闭式模锻（如图 2-26 所示）也称无飞边模锻。其成形过程可以分为三个阶段，如图 2-27 所示。

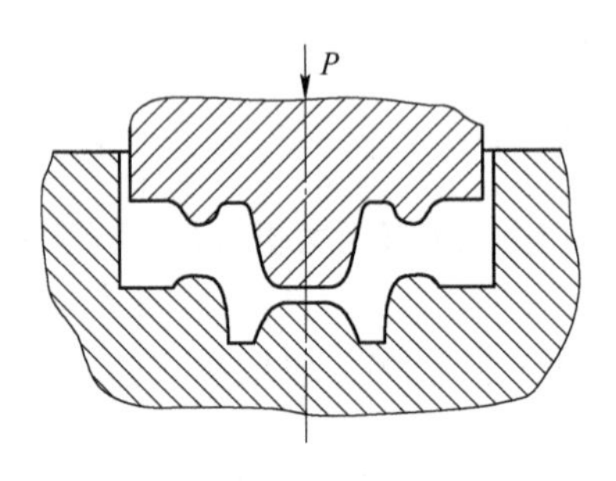

图 2-26　闭式模锻

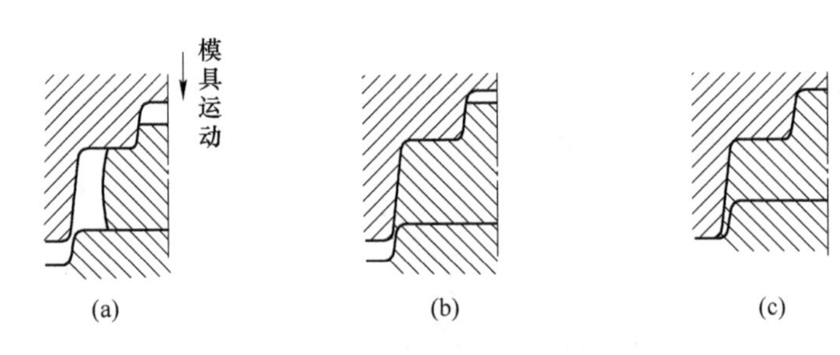

图 2-27　闭式模锻的成形过程
（a）自由镦锻；（b）模膛充满；（c）形成纵向飞刺

（1）自由镦锻阶段。自由镦锻阶段即从毛坯与上模模膛表面（或冲头表面）接触开始到坯料金属与模膛最宽处侧壁接触为止的阶段。在这一阶段，金属充满模膛中某些容易充满的部分。

（2）模膛充满阶段。充满阶段即从毛坯金属与模膛最宽处侧壁接触开始到金属完全充满模膛为止的阶段。在这一阶段，坯料金属的流动受到模壁阻碍，毛坯各个部分处于不同的三向压应力状态。随着坯料变形的增大，模壁的侧向压力也逐渐增大，直到模膛完全充满。

（3）结束阶段—形成纵向飞刺阶段。结束阶段即多余金属被挤出到上模和下模的间隙中形成少量纵向毛刺，锻件达到预定高度的阶段。

闭式模锻模具的分模面与模具运动方向平行，在模锻成形过程中分模面之间的间隙保持不变，在模锻的第二阶段（即充满阶段）不形成飞边，即模膛的充填不需要依靠飞边的阻力。如果毛坯体积过大，则在模锻的第三阶段会出现少量的纵向毛刺。

由成形过程可以看出，闭式模锻时要求毛坯体积比较精确。如果毛坯体积过大，在锤上模锻时上模和下模的承击面不能接触（打靠），不但会使锻件高度尺寸达不到要求，而且会使模膛压力急剧上升，导致模具迅速破坏；在曲柄压力机上模锻时，轻则造成闷车，重则导致模具和锻造设备损坏。

闭式模锻与小飞边开式模锻相比，除了没有飞边外，还有如下特点：

（1）小飞边开式模锻时模壁对变形金属的侧向压力较闭式模锻时小，虽然两者的坯料金属都处于三向受压状态，但剧烈程度不同。从应力状态对金属塑性的影响来看，闭式模锻比小飞边开式模锻好，它适用于低塑性金属的锻造。

（2）小飞边开式模锻时金属流线在飞边附近汇集。锻件切边后，流线末端外露，会使锻件的力学性能降低。采用闭式模锻可使锻件有良好的力学性能。因此，对应力腐蚀敏感的材料如高强度铝合金和各向异性对力学性能有较大影响的材料如非真空熔炼的高强度钢，采用闭式模锻更能保证锻件的质量。

C 闭塞式锻造

闭塞式锻造如图 2-28 所示，也称为闭模挤压、可分凹模锻造、多向模锻等。

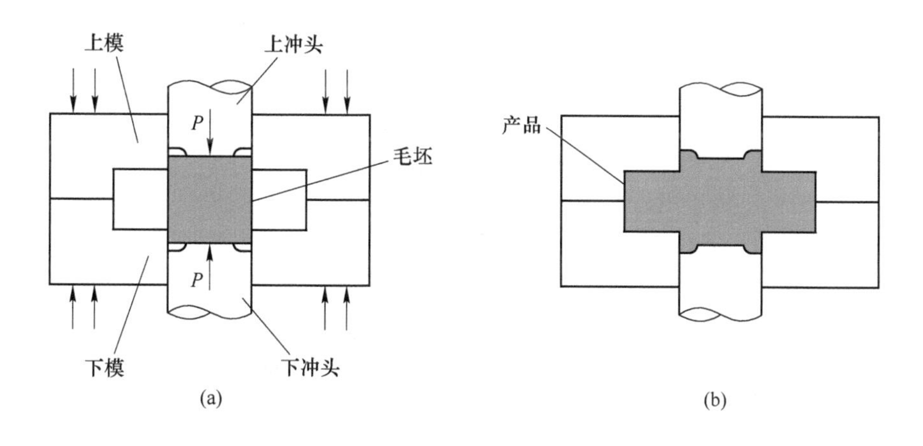

图 2-28 闭塞式锻造
（a）成形前；（b）成形后

闭塞式锻造是在封闭模膛内进行的挤压成形，是传统闭式模锻的一个新发展。

闭塞式锻造的变形过程：先将可分凹模闭合形成一个封闭模膛，同时对闭合的凹模施加足够的压力，然后用一个冲头或多个冲头从一个方向或多个方向对模膛内的坯料进行挤压成形。

2.4.6 摆动辗压成形工艺

2.4.6.1 摆动辗压成形工艺的成形原理

摆动辗压成形工艺简称摆辗，其成形原理如图 2-29 所示。锥体模（上模）的轴线与放在下模的坯料轴线呈 γ 角度，上模做交变频率的圆周摆动，即一面绕轴心旋转，一面对坯体的顶端进行辗压；液压柱塞推动下模使坯料不断向上移动，摆头每一瞬间能辗压坯料顶面的某一部分，使其产生塑性变形；当液压柱塞到达顶点位置时，即可获得所需的摆辗件[7]。

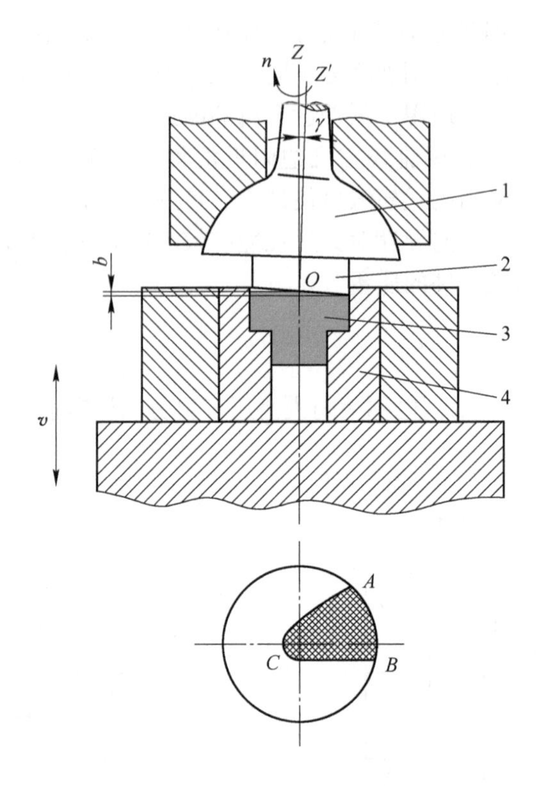

图 2-29　摆动辗压成形工艺的成形原理图

1—球头；2—摆头；3—坯料；4—摆辗凹模

2.4.6.2　摆动辗压成形工艺的类型

A　按变形温度分类

按摆辗成形时的变形温度分为冷摆辗成形工艺（变形温度低于 $T_{再}$）、温摆辗成形工艺（变形温度等于 $T_{再}$）及热摆辗成形工艺（变形温度高于 $T_{再}$）。

B　按摆头的结构形式分类

按摆头的结构大体可将摆动辗压分为两大类：一类是液体静压球头型；另一类是球（或滚子）轴承型。液体静压球头型摆头的摆辗力由在球面上形成的一层静压油膜承受，而球（或滚子）轴承型摆头的摆辗力由安装在摆头内的滚动轴承来承受。下面首先介绍球（或滚子）轴承结构的摆头，然后介绍液体静压支承球头结构的摆头。

a　球（或滚子）轴承结构

球（或滚子）轴承结构的摆头示意图如图 2-30 所示，传动部分带动轴 1 转动时，斜盘 3 也一起旋转，从而使摆头绕 O 点不断地摆动；摆头的摆角可通过转动斜盘 3 来改变。这种结构的摆头，加工制造容易，液压系统比较简单。

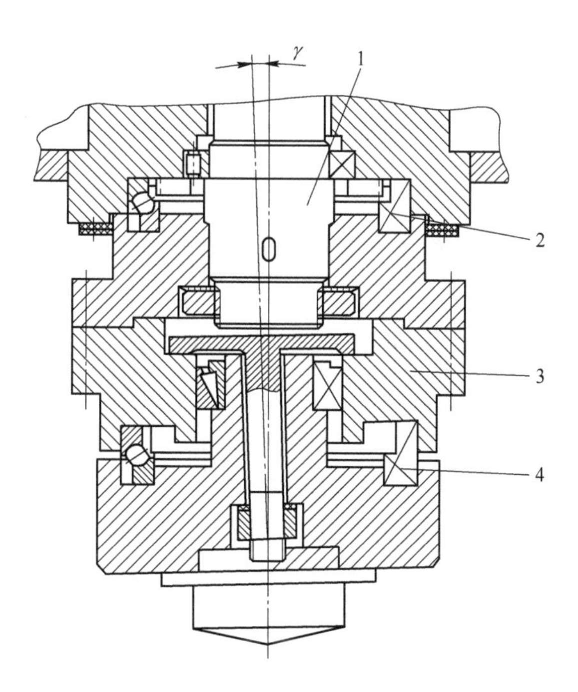

图 2-30 球（或滚子）轴承结构的摆头示意图
1—轴；2，4—轴承；3—斜盘

具有这种结构的摆头，其缺点如下：

（1）摆头的尺寸链多。

（2）结构较庞大。

（3）刚性较差。

（4）轴承容易损坏。摆头工作时的摆辗成形力由轴承 2 和轴承 4 来承受，摆辗时摆头又处于偏载状态，因而使轴承 4 的外圈和球（或滚子）都较容易损坏。

（5）不宜成形上端面为非回转面的零件。由于摆动模为浮动形式，在摆头轴线绕机身轴线旋转的同时，摆头有可能绕本身的轴线自转；因此在摆辗成形时，模具对工件之间必然发生相对位移，不利于上端面为非回转面形状零件的摆辗成形。

b 液体静压支承球头结构

液体静压支承球头结构的摆头示意图如图 2-31 所示。球头杆 1 装在偏心套 3 的内孔中，与机身中心线倾斜 γ 角；偏心套 3 又安装在圆锥滚子轴承 4 上，5 是球头壳体，6 是与球头相配合的凹型球座；在球座的内壁上，均匀、对称地分布着若干静压油腔，在油腔之间以及上下都开设回油槽；当传动系统使球头杆 1 绕机身轴线（中心线）回转时，半球即绕中心点（球心）O 摆动；同时，来自静压系统节流器的高压油通过下回油口 7 进入静压油腔；油腔内充满了具有一定压力的油液，促使两个球面之间形成一层只有 0.1 mm 以下厚度的油膜；油腔里的高压油经过具有一定宽度的封油面不断地流入回油槽；最后经上回油口 11 流回油箱。

由于静压的建立，在球头和球座的球面之间形成了一层油膜，在承受工作压力时也能保证两者不直接接触，从而实现了液体摩擦。摩擦系数的减小，使球头摆动轻巧灵活、摆

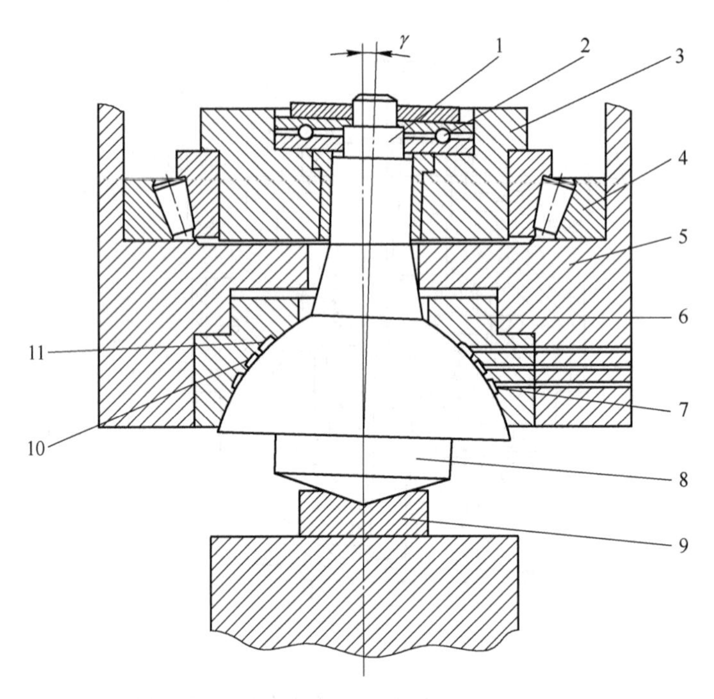

图 2-31　液体静压支承球头结构的摆头示意图

1—球头杆；2—平面轴承；3—偏心套；4—轴承；5—球头壳体；6—球座；
7—下回油口；8—摆头；9—坯料；10—进油口；11—上回油口

头驱动电机的功率降低、机身摇晃小，球头和球面之间没有磨损，因而摆头使用寿命长。

具有这种结构的摆头，其优点如下：

（1）摆头结构简单、紧凑、刚度大。

（2）摆头精度高、使用寿命长。

（3）传动效率高。

（4）轴承的寿命长。

（5）机身受力情况比较合理。

（6）可承受大的载荷。

但是，具有这种结构的摆头也存在着如下的缺点：

（1）液压系统比较复杂。

（2）球头和球座的球面几何精度和表面粗糙度要求高。

（3）对液压油的质量有很高的要求。

所使用的液压油必须具有较好的黏性（即黏度受温度变化的影响小），同时油液必须经过仔细的过滤，以免因油液中存在的坚硬杂质而破坏静压球头的表面。

C　按摆头的运动轨迹分类

对于具有如图 2-31 所示的摆头结构的摆动辗压机，它可以通过控制内、外两层偏心套的转动速度和转动方向，从而获得圆、直线、螺旋线和多叶玫瑰线等四种运动轨迹，以适应复杂零件的需要。

2.4.6.3 冷摆辗成形工艺的特点及应用

（1）坯料接触面积小，故所需成形压力小，设备吨位仅为一般冷锻设备吨位的5%～10%。

（2）冷摆辗成形工艺属于冷变形过程，其变形速度较慢，且是逐步进行的；因此，冷摆辗成形件的表面光滑，其表面粗糙度为 Ra 0.4 ～1.6 μm；尺寸精度高，其尺寸误差为0.025 mm。

（3）能成形高径比很小、一般锻造方法不能成形的薄圆盘件，如厚度为0.2 mm的薄圆片。

（4）设备占地面积小，周期短，投资少，易于机械化、自动化。

目前，冷摆辗除用来制造铆钉外，还用来冷摆辗成形各种形状复杂的轴对称件，如汽车和拖拉机的伞齿轮、齿环、推力轴承圈、端面凸轮、十字头、轴套、千斤顶、棘轮等。

2.4.7 液态模锻成形工艺

液态模锻成形工艺的实质是把金属液直接浇入金属模具内，然后在一定时间内以一定的压力作用于液态（或半液态）金属上使之成形，并在此压力下结晶和产生局部塑性变形。它是类似挤压铸造成形工艺的一种先进成形加工工艺[4-5]。

液态模锻成形工艺实际上是铸造成形工艺+锻造成形工艺的组合成形工艺，它既有铸造成形工艺的工序简单、成本低廉的优点，又有锻造成形工艺的锻件性能好、品质可靠的优点。因此，在生产形状较复杂而在性能上又有一定要求的锻件时，液态模锻成形工艺更能发挥优越性。

2.4.7.1 液态模锻成形工艺过程

液态模锻成形工艺过程是把一定量的金属液浇入下模（凹模）型腔中，然后在金属液还处在熔融或半熔融状态（固相加液相）时便施加压力，迫使金属液充满型腔的各个部位而成形，如图2-32所示。液态模锻成形工艺流程：原材料配制→熔炼→浇铸→加压成形→脱模→放入灰坑冷却→热处理→检验→入库。

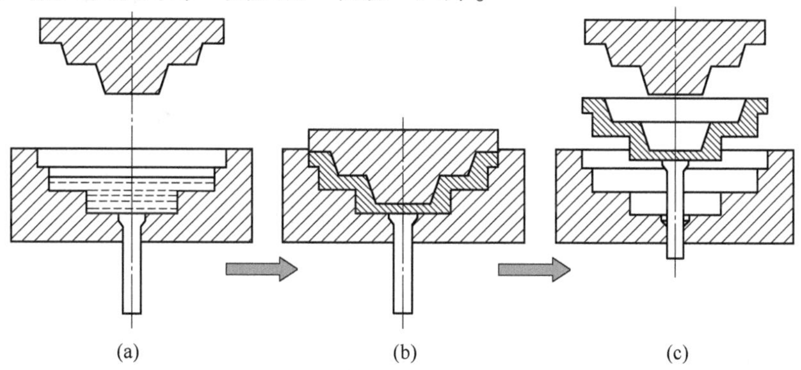

图2-32 液态模锻成形工艺过程

（a）浇铸；（b）合模加压；（c）卸料

2.4.7.2 液态模锻成形工艺的主要特点

（1）在成形过程中，金属液在压力下完成结晶凝固，改善了锻件的组织和性能。

（2）已凝固的金属在压力作用下产生局部塑性变形，使锻件外侧壁紧贴模膛壁，金属液自始至终处于等静压状态。但是，由于已凝固层产生塑性变形要消耗一部分能量，因此金属液承受的等静压不是定值，而是随着凝固层的增厚而下降的。

（3）液态模锻对材料的适应范围很宽，不仅适用于铸造合金，而且适用于变形合金，也适用于非金属材料（如塑料等）。铝、铜等非铁金属以及钢铁金属的液态模锻已大量用于实际生产中。

2.4.8 粉末锻造成形工艺

2.4.8.1 粉末锻造成形工艺的成形原理

粉末锻造成形工艺是粉末冶金成形工艺和锻造成形工艺相结合的一种金属成形加工方法。普通的粉末冶金成形工艺所得到的粉末冶金件的尺寸精度高，但塑性与冲击韧度差；而锻造成形工艺所得到的锻件力学性能好，但精度低；将这两种成形加工方法取长补短，就形成了粉末锻造成形工艺[4-5]。

粉末锻造成形工艺流程如图 2-33 所示，是将粉末预压成形后，在充满保护气体的炉子中烧结，得到烧结坯件，再将烧结坯件加热至锻造温度后进行模锻成形加工。

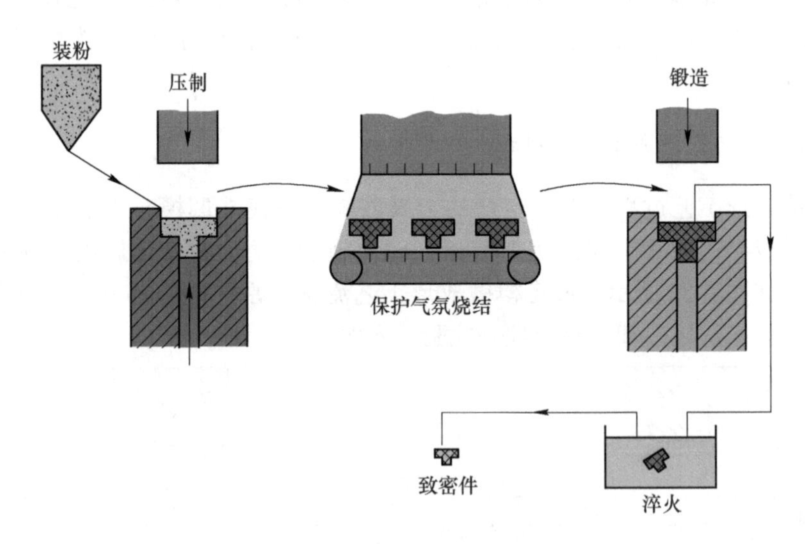

图 2-33 粉末锻造成形工艺流程

2.4.8.2 粉末锻造成形工艺的优点

（1）材料利用率高，可达 90%，而模锻的材料利用率只有 50%左右。

（2）力学性能好，材质均匀，无各向异性，强度、塑性和冲击韧度都很高。

（3）锻件精度高，表面光洁，可实现无切削或少切削加工。

（4）生产率高，每小时产量可达500~1000件。

（5）锻造压力小，如130汽车差速器行星齿轮，钢坯锻造需用2500~3000 kN的压力机，粉末锻造只需800 kN的压力机。

（6）可以加工热塑性差的材料，如难以变形的高温铸造合金；可以锻出形状复杂的零件，如差速器齿轮、柴油机连杆、链轮、衬套等。

2.5　板料冲压成形工艺

板料冲压成形工艺是将金属板料在冲压模之间受压产生分离或变形而形成产品的塑性成形加工方法[4-5]，如图 2-34 所示。

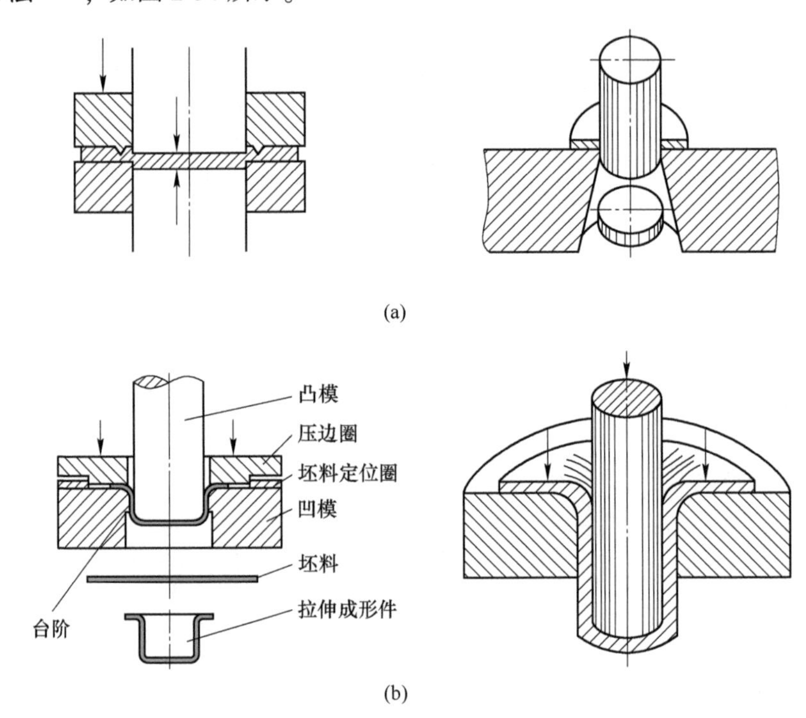

图 2-34　板料冲压成形工艺
（a）冲裁；（b）拉伸

2.5.1　板料分离成形工艺

板料分离成形工艺是使坯料一部分相对于另一部分产生分离而得到成形件或者零件的一种金属塑性成形工艺，它包括落料、冲孔等。

落料与冲孔统称为冲裁。在落料和冲孔过程中，坯料的变形过程和模具结构均相似，只是材料的取舍不同。落料是被分离的部分为成品，而留下的部分是废料；冲孔是被分离的部分为废料，而留下的部分是成品。

2.5.1.1　金属板料冲裁成形工艺过程

冲裁件质量、冲裁模结构与冲裁时板料的变形过程密切相关。当凸模、凹模的间隙正常时，冲裁变形的过程可分为三个阶段，如图 2-35 所示。

（1）弹性变形阶段（第一阶段）。在凸模压力下，板料产生弹性压缩、拉伸和弯曲变

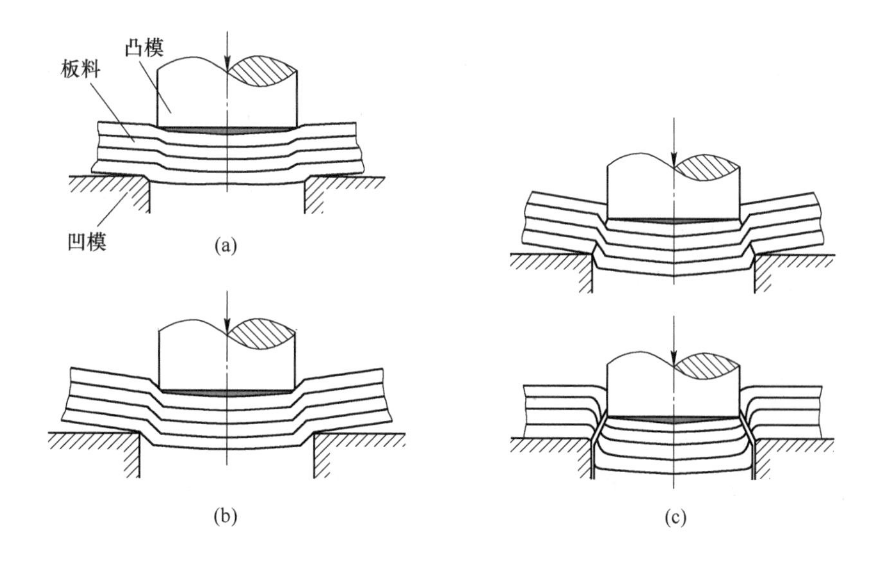

图 2-35 冲裁变形过程
(a) 第一阶段；(b) 第二阶段；(c) 第三阶段

形并向上翘曲，凸模、凹模的间隙越大，板料弯曲和上翘越严重；同时，凸模挤入板料上部，板料的下部则略挤入凹模孔口，但板料的内应力未超过材料的弹性极限。

(2) 塑性变形阶段 (第二阶段)。凸模继续压入，板料内的应力达到屈服点时，便开始产生塑性变形。随凸模挤入板料深度的增大，塑性变形程度增大，变形区板料加工硬化加剧，冲裁变形力不断增大，直到刃口附近侧面的板料由于拉应力的作用出现微裂纹时，塑性变形阶段结束。

(3) 断裂分离阶段 (第三阶段)。随凸模继续压入，已形成的上下微裂纹沿最大剪应力方向不断向板料内部扩展，当上下裂纹重合时，板料便被剪断分离。

2.5.1.2 冲裁的剪切面特征带

冲裁件的切断面不很光滑，并有一定锥度。与冲裁过程各变形阶段相对应，冲出的工件断面具有明显的特征带即圆角带、光亮带、断裂带和毛刺，如图 2-36 所示。

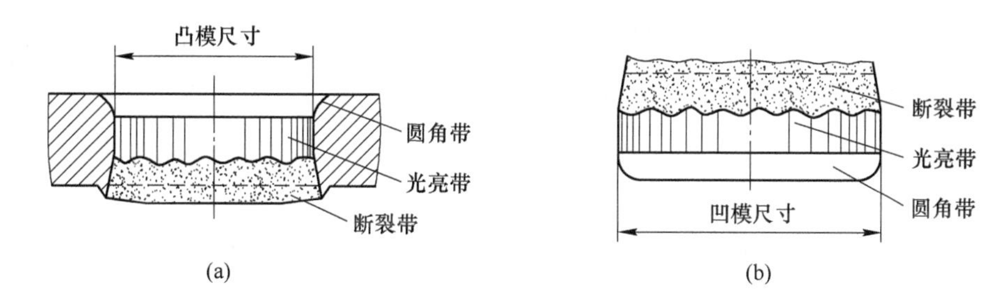

图 2-36 剪切面特征
(a) 冲孔件；(b) 落料件

圆角带是冲裁过程中刃口附近的材料产生弯曲和拉伸变形的结果。在大间隙和软材料冲裁时，圆角带尤为明显。

光亮带是塑性变形阶段刃口切入板料后，材料被模具侧面挤压而形成的表面。光亮带光滑、垂直，是剪切面上精度和质量最高的部分，通常光亮带占全断面的1/3~1/2。塑性好的材料，其光亮带大。

断裂带是由于刃口处的微裂纹在拉应力作用下不断扩展而形成的撕裂面，表面粗糙无光泽，略呈锥度。塑性差的材料，断裂带大。

毛刺是伴随裂纹的出现而产生的。当凸模和凹模的间隙不合适或刃口变钝时，会产生较大的毛刺。

2.5.1.3　冲裁间隙

冲裁间隙是一个重要的工艺参数，它不仅对冲裁件的断面质量有极重要的影响，而且还影响模具寿命、卸料力、推件力、冲裁力和冲裁件的尺寸精度等。

A　冲裁间隙过小

当冲裁间隙过小时，如图2-37（a）所示，凸模刃口裂纹相对于凹模刃口裂纹向外错开，两裂纹之间的材料随着冲裁的进行将被第二次剪切，在断面上形成第二光亮带；因冲裁间隙过小，凸模、凹模受到金属的挤压作用增大，从而增加了材料与凸模、凹模之间的摩擦力；这不仅增大了冲裁力、卸料力和推件力，还加剧了凸模、凹模的磨损，缩短了模具的寿命。但是冲裁间隙小，冲裁件的光亮带增加，圆角带、断裂带和斜度都有所减小；只要中间撕裂不是很严重，冲裁件仍然可以使用。

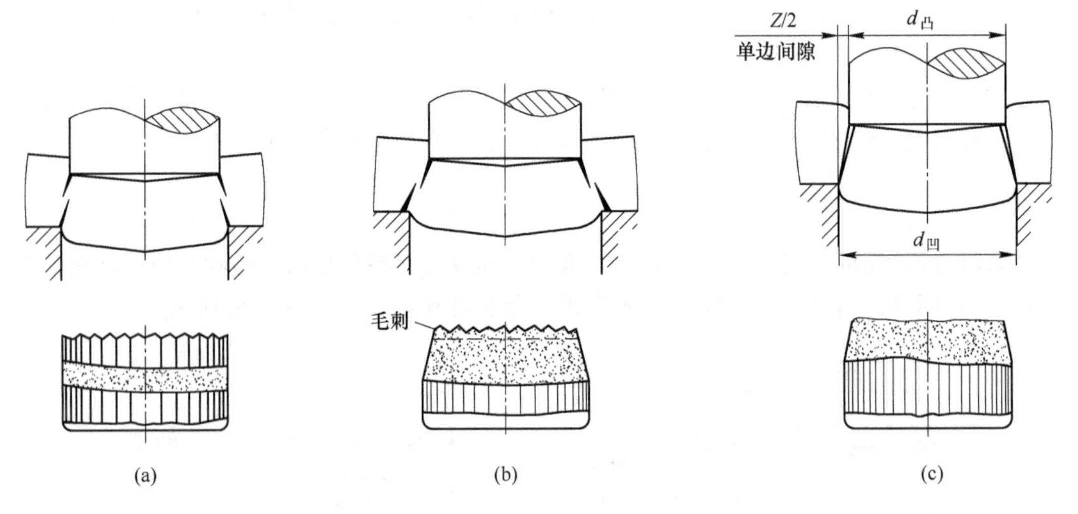

图2-37　冲裁间隙对断面质量的影响

（a）冲裁间隙过小；（b）冲裁间隙过大；（c）冲裁间隙合理

B　冲裁间隙过大

当冲裁间隙过大时，如图2-37（b）所示，凸模刃口裂纹相对于凹模刃口裂纹向内错开，板料的弯曲与拉伸加大，易产生剪切裂纹，塑性变形阶段较早结束，致使切断面光亮带减小，圆角带与锥度增大，形成厚而大的拉长毛刺，且难以去除；同时冲裁件的翘曲现象严重。另外，因为冲裁间隙大，使冲裁成形后的推件力和卸料力大为减小，材料对凸模、凹模的摩擦作用大大减弱，所以模具寿命较长。因此，对于生产批量较大而公差又无特殊要求的冲裁件，可适当采用大间隙冲裁。

C 冲裁间隙合理

当冲裁间隙合理时，如图 2-37（c）所示，上下裂纹重合一线，冲裁力、卸料力和推件力适中，模具有足够长的寿命；这时光亮带占板厚的 1/3~1/2，圆角带、断裂带和锥度均很小。

合理的冲裁间隙值可按表 2-1 选取，对冲裁件品质要求较高时，可将表中数据减小 1/3。

表 2-1 冲裁模合理的间隙值 （mm）

板料种类	板料厚度 δ				
	0~0.4	0.4~1.2	1.2~2.5	2.5~4.0	4.0~6.0
钢（软态）、黄铜	0.01~0.02	(0.07~0.10) δ	(0.09~0.12) δ	(0.12~0.14) δ	(0.15~0.18) δ
钢（硬态）	0.01~0.05	(0.10~0.17) δ	(0.18~0.25) δ	(0.25~0.27) δ	(0.27~0.29) δ
铝及铝合金（软态）	0.01~0.03	(0.08~0.12) δ	(0.11~0.12) δ	(0.11~0.12) δ	(0.11~0.12) δ
铝及铝合金（硬态）	0.01~0.03	(0.10~0.14) δ	(0.13~0.14) δ	(0.13~0.14) δ	(0.13~0.14) δ

2.5.1.4 凹模、凸模刃口尺寸的确定

设计落料模时，以凹模作为设计基准，使落料模的凹模刃口尺寸等于落料件的尺寸，而凸模的刃口尺寸等于凹模刃口尺寸减去双边间隙值。

设计冲孔模时，以凸模作为设计基准，使冲孔模的凸模刃口尺寸等于被冲孔径尺寸，而凹模的刃口尺寸等于凸模刃口尺寸加上双边间隙值。

2.5.2 板料成形工艺

板料成形工艺是使金属板料发生塑性变形而形成一定形状和尺寸的成形件或零件的一种金属塑性成形工艺，它包括拉伸、弯曲、翻边和成形等。

2.5.2.1　拉伸

拉伸是利用拉伸模使板料变成开口空心件的板料成形工序，如图 2-38 所示。拉伸可以制成筒形、阶梯形、盒形、球形、锥形及其他复杂形状的薄壁零件。

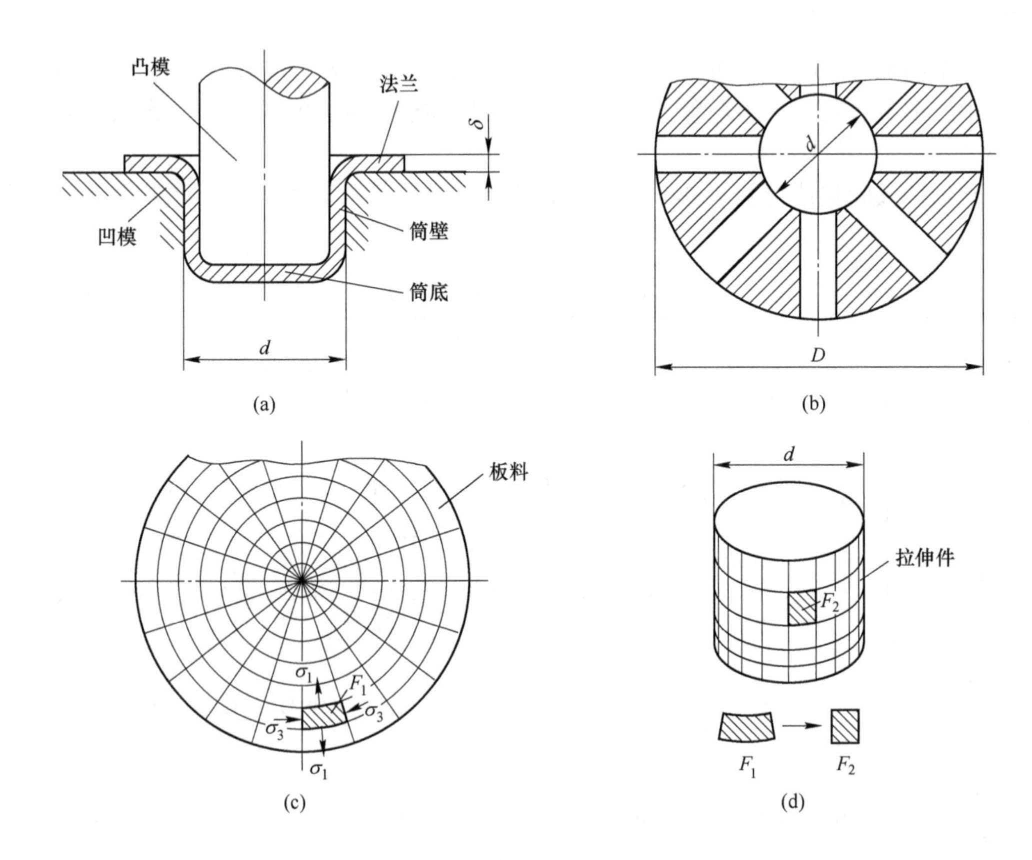

图 2-38　拉伸变形过程

(a) 拉伸成形；(b) 拉伸成形时金属的流动情况；

(c) 拉伸成形前坯料的网格状态；(d) 拉伸成形后拉伸件的网格状态

与冲裁模不同，拉伸凸模、凹模都具有一定的圆角而不具有锋利的刃口，它们之间的单边间隙一般稍大于板料厚度。

A　拉伸系数

拉伸件直径 d 与坯料直径 D 的比值称为拉伸系数，记为 m，即 $m=d/D$，拉伸系数是衡量拉伸变形程度的指标。

拉伸系数 m 越小，变形程度越大，板料被拉入凹模越困难，因此越容易产生拉裂。

一般情况下，拉伸系数 m 取 0.5～0.8，塑性差的板料取上限值，塑性好的板料取下限值。如果拉伸系数 m 过小，不能一次拉伸成形时，可采用多次拉伸工艺。

B 拉伸中常见的废品及其防止措施

(1) 拉裂。在拉伸过程中，拉伸件最危险的部位是直壁与底部的过渡圆角处，当拉应力超过材料的屈服点时，此处将被拉裂；应采用减少拉应力的措施防止拉裂。

(2) 起皱。在拉伸过程中，毛坯法兰部分由于失稳而产生波浪形称为起皱，如图 2-39（a)所示；可以采用压边圈等工艺措施来防止起皱，如图 2-39（b）所示。

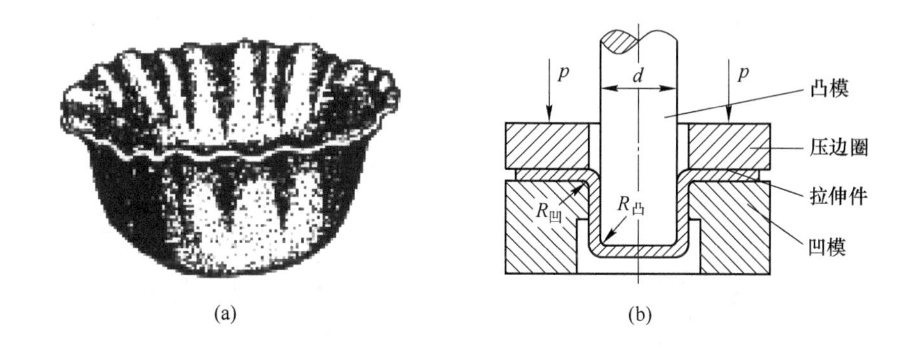

图 2-39 拉伸件起皱及其防止措施
（a）起皱的拉伸件；（b）采用压边圈防止拉伸件起皱

2.5.2.2 弯曲

弯曲是利用弯曲模具将金属板料弯成一定角度、一定曲率而形成一定形状成形件或零件的一种金属塑性成形工艺，如图 2-40 所示。

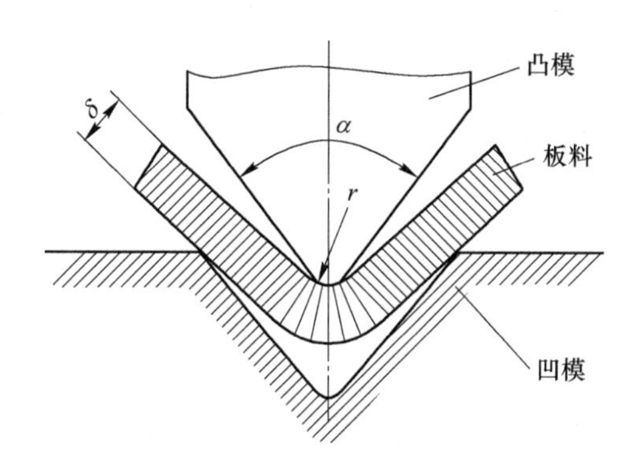

图 2-40 弯曲成形

弯曲成形工艺具有如下特点：

(1) 板料的内侧受压缩短，外侧受拉伸长，中性层长度不变。

(2) 板料的外侧会因受拉而开裂，因此要控制最小弯曲半径。

(3) 中性层长度不变可以用来计算弯曲毛坯的长度。

在弯曲变形过程中存在回弹现象。

2.5.2.3　其他板料成形工艺

板料成形工艺除弯曲和拉伸以外，还包括胀形、翻边、缩口和旋压等；这些成形工艺的共同特点是金属板料只有局部变形。

A　胀形

胀形主要用于板料的局部胀形（或称起伏成形），如压制凹坑、加强筋、起伏性的花纹及标记等。另外，管形料的胀形（如波纹管）、板料的拉形等，均属胀形工艺，如图2-41所示。

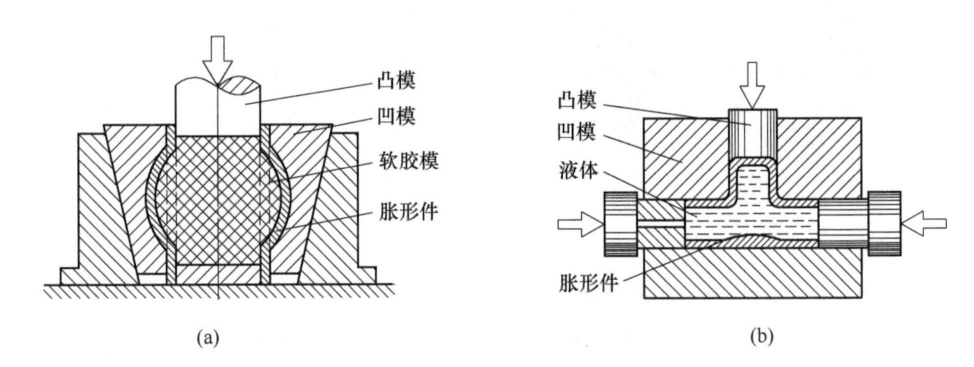

图 2-41　软凸模胀形

（a）软介质胀形；（b）液压胀形

胀形时，板料的塑性变形局限于一个固定的变形区之内，通常没有外来的材料进入变形区内。变形区内板料的变形主要是通过减薄壁厚、增大局部表面积来实现的。

由于胀形使板料处于两向拉应力状态，变形区的坯料不会产生失稳现象，因此冲压成形的零件表面光滑、品质好。胀形所用的模具可分为钢模和软模两类。软模胀形使板料的变形比较均匀，容易保证零件的精度，便于成形复杂的空心零件，所以在生产中应用广泛。

B　翻边

翻边是使板料的平面部分或曲面部分上沿一定的曲率翻成竖立边缘的一种板料成形工艺，在生产中应用较广。

根据零件边缘的性质和应力状态的不同，翻边可分为内孔翻边（如图 2-42 所示）和外缘翻边。

内孔翻边的主要变形是坯料的切向和径向拉伸，越接近孔边缘变形越大。因此，内孔翻边的缺陷往往是边缘拉裂。

翻边破裂的条件取决于变形程度的大小。

内孔翻边的变形程度可用下式表示：

$$K_0 = d_0/d \tag{2-4}$$

式中　K_0——翻边系数；

d_0——翻边前孔径，mm；

d——翻边后孔径，mm。

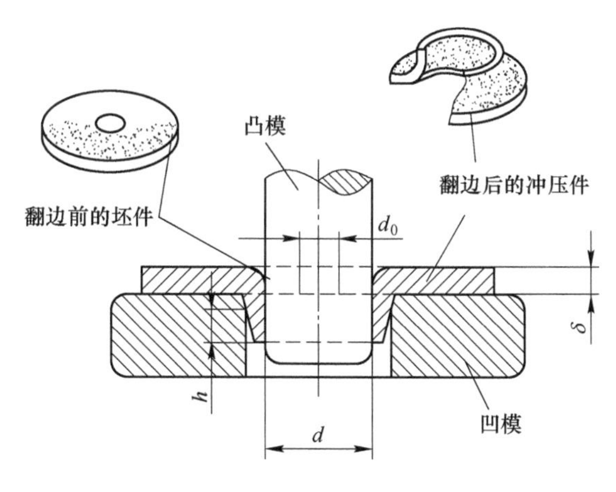

图 2-42 内孔翻边

显然，K_0值越小，变形程度越大。

翻边时孔边不破裂所能达到的最小 K_0值称为极限翻边系数。

对于镀锡铁板，其极限翻边系数 K_0取值 0.65~0.7 较为合理；对于酸洗钢板，其极限翻边系数 K_0取值 0.68~0.72 较为合理。

当零件所需的凸缘较高，一次翻边成形有困难时，可采用先拉伸、后冲孔（按 K_0计算得到的容许孔径)、再翻边的工艺来实现。

3

齿形零件的冷轧成形

3.1 齿形零件的轧制成形工艺概述

齿形零件的轧制成形可分为冷轧、热轧和特殊滚轧成形三类。

齿形零件的轧制成形类似机械加工时所常用的滚轧工艺。其基本原理如图 3-1 所示，做成齿形形状的滚轧工具紧紧地压在转动的齿坯上，既使齿坯外圆产生塑性变形，同时又逐渐轧入齿坯；随着轧入量的增加，齿坯外圆部分的金属相应凸起；这部分凸起的金属在滚轧工具与齿坯接触而产生相互转动时，借助范成运动来形成齿形。滚轧工具轧到规定的深度之后，凸起部分的金属即被加工成规定形状的齿形[8-9]。

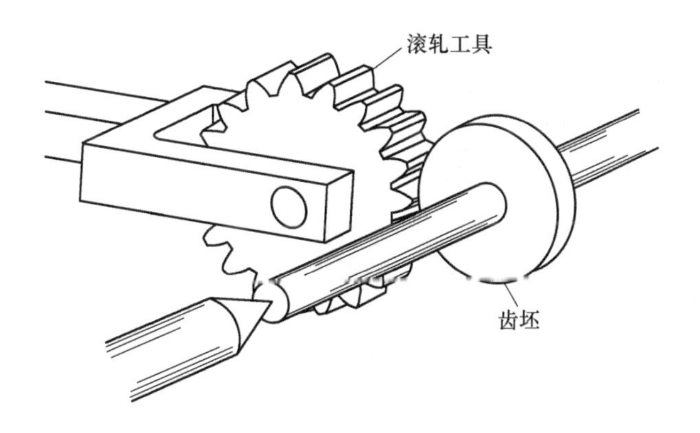

图 3-1 齿形零件的轧制成形基本原理示意图[8-9]

如图 3-2 所示为滚轧成形设备，如图 3-3 所示为各种滚轧工具（又称滚轧轮或轧轮），如图 3-4 所示为滚轧成形的成形件。

图 3-2 滚轧成形设备

图 3-3　各种滚轧工具

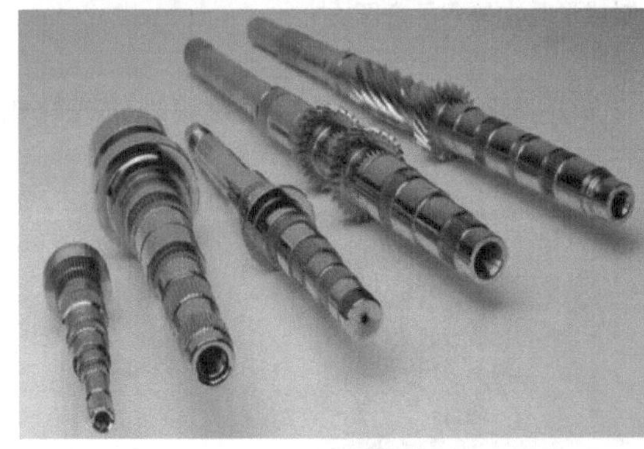

图 3-4　滚轧成形的成形件

为了使滚轧工具与齿坯之间产生范成运动，可以采用如下三种方法：

(1) 使滚轧工具处于自由转动状态，而强制齿坯转动，从而带动滚轧工具回转来进行滚轧。

(2) 使齿坯处于自由转动状态，而强制滚轧工具转动，从而带动齿坯回转来进行滚轧。

(3) 强制滚轧工具和齿坯保持一定转速比的转动，从而进行滚轧。

只对滚轧工具和齿坯两者之一给予强制转动来进行滚轧的方法，称为自由分度式冷轧法；对滚轧工具和齿坯两者均给予强制转动来进行滚轧的方法，称为强制分度式滚轧法。

不论是自由分度式滚轧法或强制分度式滚轧法，其原理均是利用两个齿轮的啮合作用。因此，可采用如图 3-5 所示的各种形状滚轧工具：图 3-5（a）为利用齿条与齿轮啮合，以齿条作为滚轧工具；图 3-5（b）为利用小齿轮与齿轮啮合，以小齿轮作为滚轧工具；图 3-5（c）为利用内齿轮与小齿轮啮合，以内齿轮作为滚轧工具。

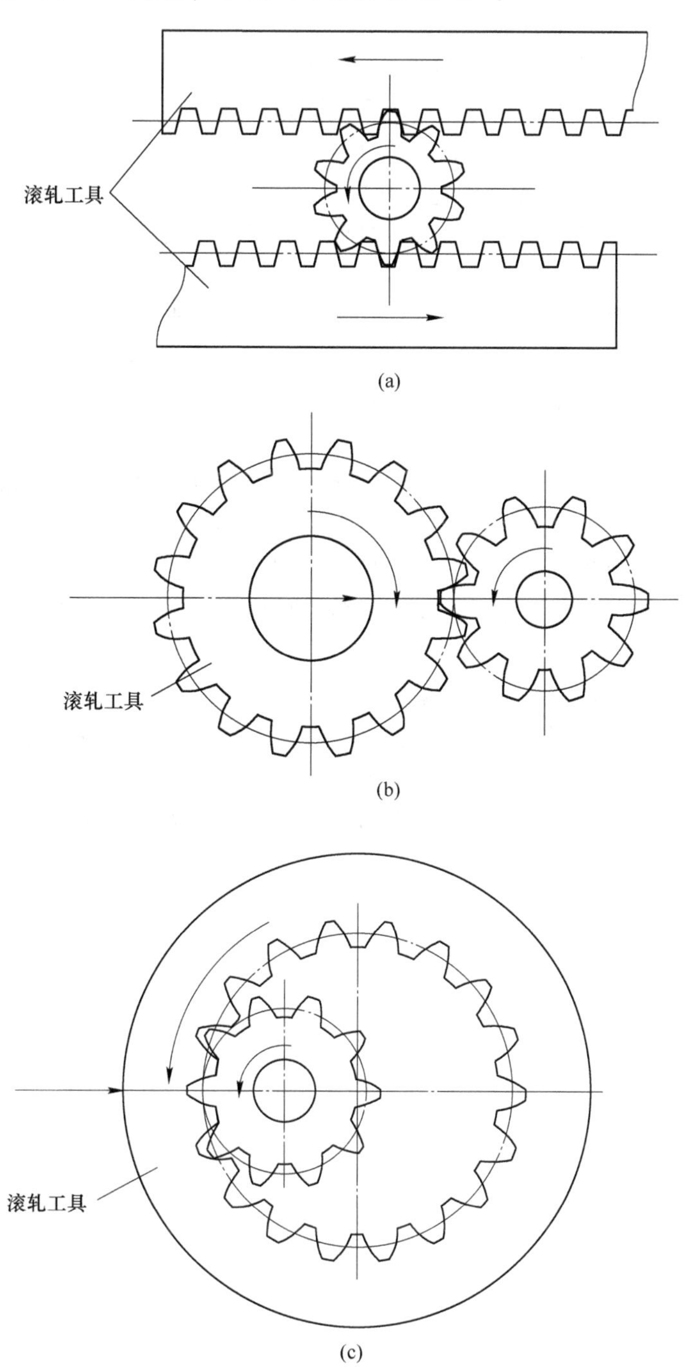

图 3-5 各种滚轧方法示意图[8-9]
（a）齿条形滚轧工具滚轧法；（b）小齿轮形滚轧工具滚轧法；
（c）内齿轮形滚轧工具滚轧法

采用如图 3-5（a）所示的齿条形滚轧工具滚轧法，适合于滚轧花键轴或锯齿形等小齿形零件；但在滚轧一般形状或是尺寸较大的齿形零件时，由于需要很长的齿条，从而增加了制造难度，同时由于齿条的往复运动，还使滚轧设备的尺寸很大。

在滚轧圆锥齿轮时，使用冕齿轮来代替齿条。由于冕齿轮采取回转运动，可以使轧制设备的尺寸减小，其操作也方便。

采用如图 3-5（b）所示的小齿轮形滚轧工具滚轧法，其轧轮（即小齿轮形滚轧工具）只要是一般的齿轮形状即可。因此滚轧工具的制造简单，其操作也比较方便。由于轧轮容易制造和轧制设备尺寸较小，因此齿形零件的滚轧加工主要是采用这种方法。

采用如图 3-5（c）所示的内齿轮形滚轧工具滚轧法，因滚轧工具的齿顶具有易于轧入的形状，所以轧制比较容易进行，齿坯外圆凸起部分的成形也较好；而且滚轧工具的齿形为凹形曲线，与被轧制的齿形之间很少产生间隙，故易于成形，因而容易得到精度较高的轧制齿轮。这是一种较好的轧制方法，但也存在内齿轮形滚轧工具的尺寸较大和难以做得精确等缺点。

根据轧制成形时齿坯是否加热，可将齿形零件的轧制成形工艺分为冷轧成形法和热轧成形法两种。

齿形零件的冷轧成形工艺具有加工时间短、加工精度高等特点，非常适合大批量的工业生产。但是由于齿形零件的冷轧成形是利用材料的塑性变形来形成齿形，故其齿坯材料必须具有良好的成形性能。然而，齿坯材料在常温下的可成形性有一定的限度，滚轧工具的轮齿强度也有一定的限度，所以齿形零件的冷轧成形工艺仅适用于小模数的传动齿轮和细齿零件。

对于大模数的齿形零件，应采用热轧成形工艺。

齿形零件在热轧成形时，应将齿坯加热，使其具有良好的可成形性。

齿形零件的热轧成形工艺，既可以轧制成形小模数的齿形零件，也可以轧制成形大模数的齿形零件；同时它既可以轧制碳含量较高的钢材，也可以轧制碳含量较低的钢材。

3.2 自由分度式冷轧成形法

3.2.1 概述

在使用轧轮进行轧制成形时，轧轮与齿坯的安装关系有如下两种：

（1）轧轮的轴线平行于齿坯的轴线。当轧制直齿圆柱齿轮时，应使用直齿齿形的轧轮；当轧制斜齿圆柱齿轮时，应使用螺旋角相同而方向相反的斜齿齿形轧轮。

（2）轧轮的轴线与齿坯的轴线倾斜安装。若将轧轮的轴线安装成不平行于齿坯的轴线，也能够进行轧制。

在轧制直齿圆柱齿轮时，若使用斜齿齿形轧轮，应将斜齿齿形轧轮按螺旋角倾斜安装，使其齿向与被轧制的直齿圆柱齿轮的齿向保持一致；并使轧轮在朝齿坯方向进给的同时进行轧制。这样，由于轧轮与齿坯的相互转动，沿齿向产生微量滑动，使齿坯的金属容易产生塑性流动，从而有利于齿形的成形[8-9]。

3.2.2 齿数的分度

采用自由分度式冷轧法轧制齿轮时，只使轧轮或齿坯两者之一强制转动，另一个则自由转动，并将轧轮压向齿坯。当轧轮与齿坯接触时，即开始共同回转；然后，轧轮的齿以齿顶处的周节在齿坯外圆上进行分度，同时轧出凹槽；当凹槽达到一定的深度后，轧轮的齿就顺着凹槽逐渐轧入。

采用自由分度式冷轧法轧制齿轮时，由于不具备能将齿坯外圆按规定齿数直接进行分度的装置，因此如果最先轧制出的凹槽数不是规定的被轧齿坯的齿轮齿数时（滚轧成形时由于齿坯与轧轮之间产生滑动，往往会造成“乱齿”现象），随后就无法加以校正。为了轧制出具有规定齿数的齿轮，必须使最先轧制成形的凹槽能精确地在齿坯外圆上分度出规定的齿数；因而，必须使用与齿坯的直径具有特定尺寸关系的轧轮。

为此，应正确计算出齿坯尺寸与轧轮尺寸之间的关系，以保证分度齿数的精确性。

在齿形零件的冷轧成形过程中，存在如下两种情况：

（1）轧轮的齿顶与齿坯外圆之间不存在滑动。轧轮的齿顶与齿坯外圆接触时，在接触部分不产生滑动。

（2）轧轮的齿顶与齿坯外圆之间存在滑动。在自由分度式冷轧法轧制齿形零件时，轧轮与齿坯在回转运动中存在着摩擦阻力；当摩擦阻力较大时，轧轮的齿顶与齿坯外圆之间就会产生滑动。

3.2.2.1 轧轮的齿顶与齿坯外圆之间不存在滑动时

A 直齿圆柱齿轮轧制时轧轮尺寸与齿坯尺寸计算

图 3-6 展示了在轧制直齿圆柱齿轮时，轧轮的齿顶在齿坯外圆上进行分度的情况。轧

轮的齿不是以齿顶圆上的周节弧长 $\widehat{ACB}$ 将齿坯外圆进行分度，而是以相邻齿顶之间的弦长 $\overline{AB}$ 进行分度。

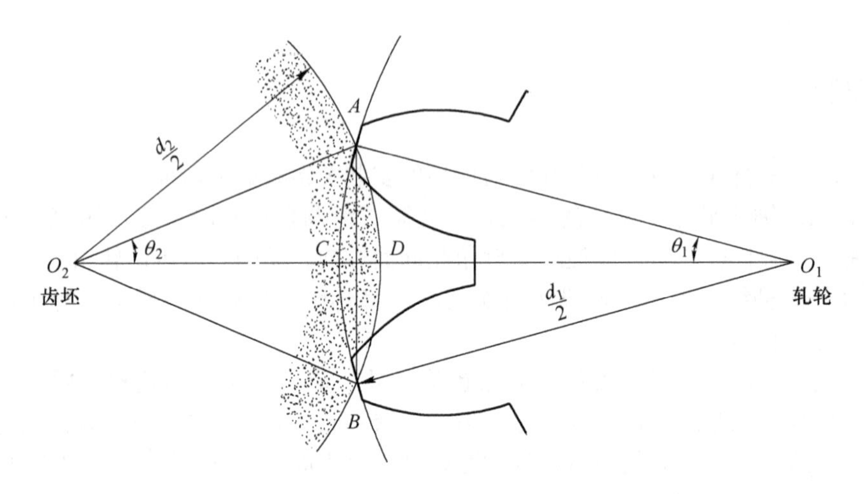

图 3-6　轧制直齿圆柱齿轮时的分度情况[8-9]

轧轮上弦长 $\overline{AB}$ 可由下式计算得到：

$$\overline{AB} = d_1 \sin\theta_1 \tag{3-1}$$

式中　d_1——轧轮的齿顶圆直径；

θ_1——轧轮每一周节的 $\frac{1}{2}$ 中心角。

设轧轮的齿数为 Z_1，则有

$$\theta_1 = \frac{\pi}{Z_1} \tag{3-2}$$

同样，求齿坯上弦长 $\overline{AB}$ 可通过下式：

$$\overline{AB} = d_2 \sin\theta_2 \tag{3-3}$$

式中　d_2——齿坯的直径。

设被轧制齿轮的齿数为 Z_2。为了使轧轮的齿顶在齿坯外圆上精确地分度出规定的齿数 Z_2，θ_2 必须是被轧制齿轮每一周节的 $\frac{1}{2}$ 中心角，即

$$\theta_2 = \frac{\pi}{Z_2} \tag{3-4}$$

因此有

$$d_1 \sin\theta_1 = d_2 \sin\theta_2 \tag{3-5}$$

所以有

$$d_1 = d_2 \frac{\sin\theta_2}{\sin\theta_1} \tag{3-6}$$

即

$$d_1 = d_2 \frac{\sin \dfrac{\pi}{Z_2}}{\sin \dfrac{\pi}{Z_1}} \tag{3-7}$$

此式为给定轧轮的齿顶圆直径 d_1 与齿坯直径 d_2 的关系式。

B 齿数较多的直齿圆柱齿轮轧制时轧轮尺寸与齿坯尺寸计算

在轧制直齿圆柱齿轮时，若轧轮齿数 Z_1 与被轧制齿轮的齿数 Z_2 很多，有

$$\sin \frac{\pi}{Z_1} \approx \frac{\pi}{Z_1} \tag{3-8}$$

$$\sin \frac{\pi}{Z_2} \approx \frac{\pi}{Z_2} \tag{3-9}$$

则有

$$d_1 = d_2 \frac{Z_1}{Z_2} \tag{3-10}$$

当被轧制齿轮的基本参数已给出，则其齿坯直径 d_2 为已定。齿坯直径 d_2 一经确定，就能计算出轧轮的齿顶圆直径 d_1。如果保持轧轮的齿顶圆直径 d_1 不变，并且按轧制齿轮已定的齿厚 s_2 和齿高 h_2 做成正确的轧轮齿形就能轧制出规定齿数 Z_2 和齿形精确的齿轮。

C 斜齿圆柱齿轮轧制时轧轮尺寸与齿坯尺寸计算

在冷轧斜齿圆柱齿轮时，齿坯的宽度 b_2 与轧轮的齿顶周节 t_1 具有如下的尺寸关系（如图 3-7 所示）：

$$b_2 > t_1 \cot\beta \tag{3-11}$$

式中 t_1——轧轮的齿顶周节；

β——斜齿圆柱齿轮的螺旋角。

因为在轧轮的一个齿刚脱开齿坯时，下一个齿立即就开始接触齿坯，所以齿坯外圆由轧轮的齿顶圆上的周节弧长进行分度，从而能够精确地分度出规定的齿数 Z_2，因此有

$$\frac{\pi d_1}{Z_1} = \frac{\pi d_2}{Z_2} \tag{3-12}$$

由此得

$$d_1 = d_2 \frac{Z_1}{Z_2} \tag{3-13}$$

3.2.2.2 轧轮的齿顶与齿坯外圆之间存在滑动时

若将齿坯作为主动轴，而将轧轮作为被动轴，设每一周节 t_1 所产生的滑动量 s_1 为

$$d_1 \sin\theta_1 + s_1 = d_2 \sin\theta_2 \tag{3-14}$$

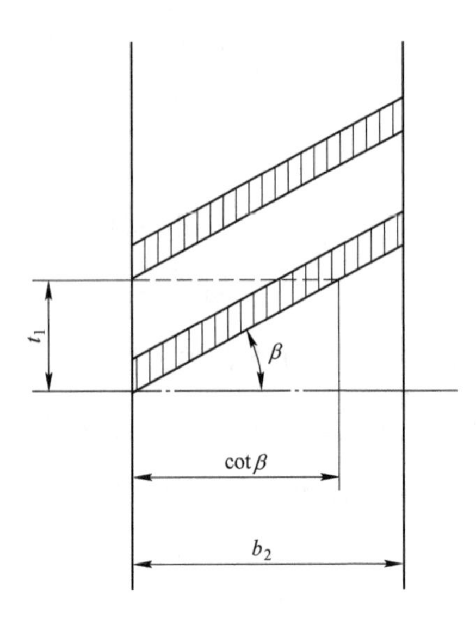

图 3-7　斜齿圆柱齿轮齿坯宽度与周节和螺旋角的关系[8-9]

则

$$d_1 = d_2 \frac{\sin \frac{\pi}{Z_2}}{\sin \frac{\pi}{Z_1}} \left(1 - \frac{s_1}{d_2 \sin \frac{\pi}{Z_2}} \right) \tag{3-15}$$

对轧轮和被轧制齿轮的齿数很多以及齿宽较大的斜齿圆柱齿轮，上式可简化为

$$d_1 = d_2 \frac{Z_1}{Z_2} \left(1 - \frac{s_1 Z_2}{\pi d_2} \right) \tag{3-16}$$

设

$$L = \frac{s_1 Z_2}{\pi d_2} \tag{3-17}$$

则

$$d_1 = d_2 \frac{Z_1}{Z_2} (1 - L) \tag{3-18}$$

式中　L——滑动系数。

式（3-18）为存在滑动时，轧轮的齿顶圆直径 d_1 与齿坯直径 d_2 的关系式。

滑动系数 L 随被动轴的支承方法、轴承类型以及齿坯材料等因素的不同而不同。通过试验，测得的 L 值见表 3-1。

表 3-1　滑动系数 L

轴承类型	齿坯材料		
	硬铝	黄铜	低碳钢
滚动轴承	0.0025	0.002	0.001
滑动轴承	0.007	0.006	0.004

3.2.3 齿坯的尺寸

若将轧轮向齿坯进给轧制，则齿坯外圆部分的金属引起塑性变形，并向半径方向凸起，于是齿坯的外径就变大，如图 3-8 所示。在开始轧制时，齿坯外径随轧轮的轧入而有所增加；当凸起部分（齿顶）开始接触轧轮的齿根时，齿坯外径达到最大，此时齿坯齿形的成形已不能充分进行。如再增加进给压力，则齿坯的齿形就能继续成形；这时齿坯外圆（齿顶）受轧轮齿根的挤压而回缩，因此齿坯外径又略趋减小；但齿坯的齿形完全成形后的齿坯外径，总是比轧制前的齿坯外径要大。

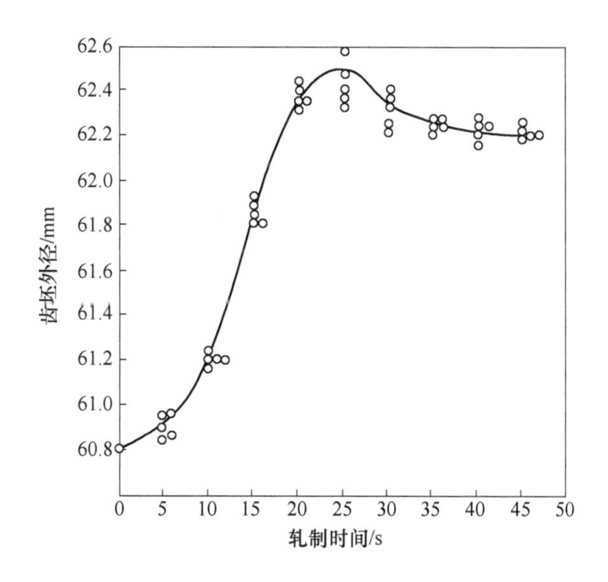

图 3-8 轧制成形时齿坯外径的变化过程[8-9]

（齿坯材料为 S15C，齿坯转数为 32 r/min；滚轧压力为 30 kN，使用轧轮数为 2；被轧制齿轮：$m = 1.0$ mm、$Z_2 = 60$、$\beta = 0°$、$b = 10$ mm）

由图 3-8 可知，齿坯外径一般因受轧制而增大。因此在轧制齿轮时所用齿坯直径 d_2 应考虑轧制时金属凸起而带来的外径的增加量，其尺寸应小于精轧后的直径。

为此，要轧制出具有规定精度和正确尺寸的齿轮，其齿坯直径 d_2 的确定至关重要。

设精轧后的齿轮外径（齿顶圆直径）为 d_k，由于轧制而引起半径方向的凸起量为模数 m 的 K 倍，则齿坯直径 d_2 为

$$d_2 = d_k - 2mK \tag{3-19}$$

式中 K——凸起系数。

3.2.3.1 用图表法求 K 值

K 值的大小因各种轧制条件的不同而不同。K 值可通过试验得出，其结果见表 3-2 及图 3-9（试验时使用的齿坯材料为低碳钢）。

表 3-2　凸起系数 K 值

螺旋角 β/(°)	模数 m/mm	齿数 Z	齿宽与模数之比 $\frac{b}{m}$	凸起系数 K
0	1.0	76	5.4	0.46
0	1.0	76	5.5	0.51
0	1.0	76	9.4	0.73
0	1.0	76	10.4	0.81
0	1.0	76	14.0	0.89
0	1.25	67	8.1	0.72
0	1.25	67	13.5	0.91
0	2.0	38	3.4	0.29
0	2.0	38	3.9	0.43
0	2.0	38	5.4	0.58
0	2.0	38	7.8	0.76
30	1.25	60	6.1	0.55
30	1.25	60	7.7	0.69
30	1.25	60	8.6	0.71
30	2.5	60	3.2	0.29
30	2.5	60	3.7	0.35
30	2.5	60	4.5	0.47
45	1.0	55	5.0	0.45

续表 3-2

螺旋角 β/(°)	模数 m/mm	齿数 Z	齿宽与模数之比 $\frac{b}{m}$	凸起系数 K
45	1.0	55	6.0	0.53
45	1.0	55	8.0	0.69
45	1.0	55	10.0	0.76
45	1.0	55	16.0	0.91
45	1.0	55	20.0	0.99
45	2.0	30	3.6	0.35
45	2.0	30	4.0	0.48
45	2.0	30	5.0	0.54
45	2.0	30	5.5	0.57
45	2.0	30	6.0	0.65

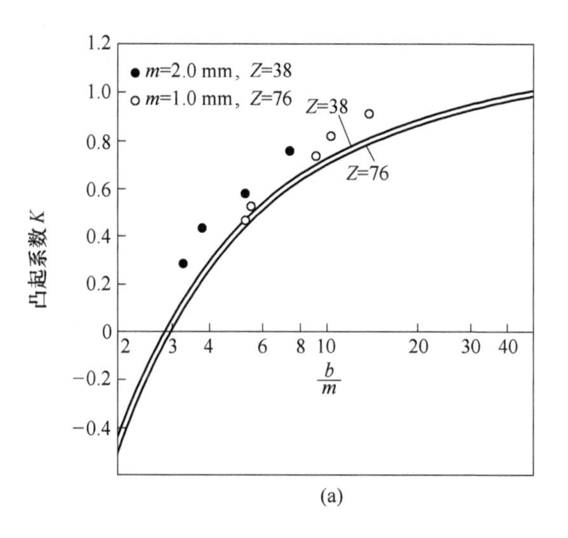

(a)

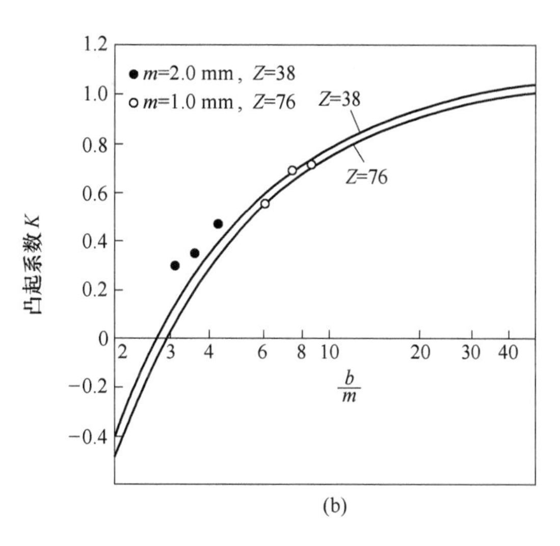

(b)

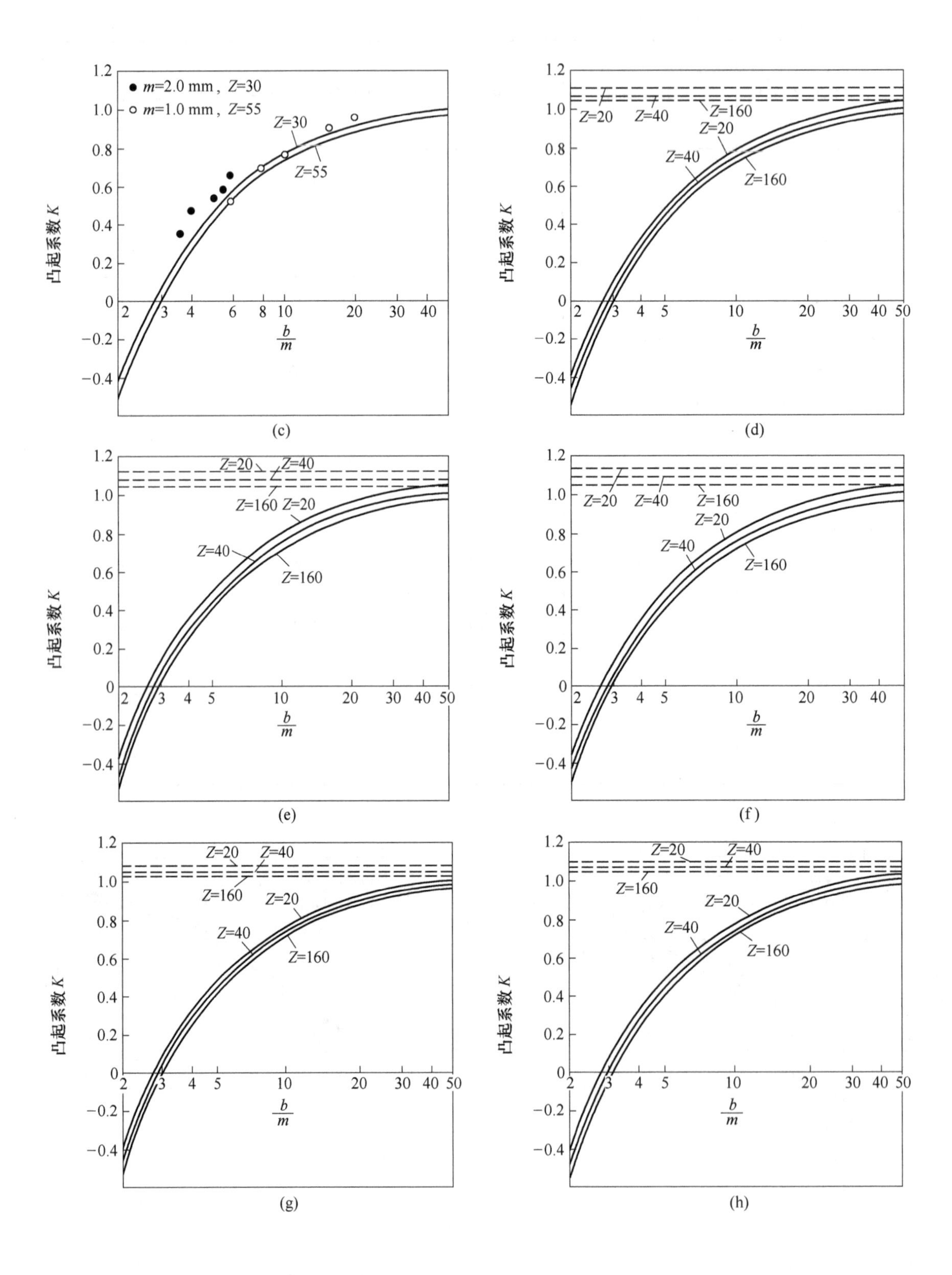
1.2
1.0
0.8
0.6
0.4
0.2
0
−0.2
−0.4
凸起系数 K
m=2.0 mm，Z=30
m=1.0 mm，Z=55
Z=30
Z=55
Z=20
Z=40
Z=160
2
3
4
5
6
8
10
20
30
40
50
b/m

(c)　(d)　(e)　(f)　(g)　(h)

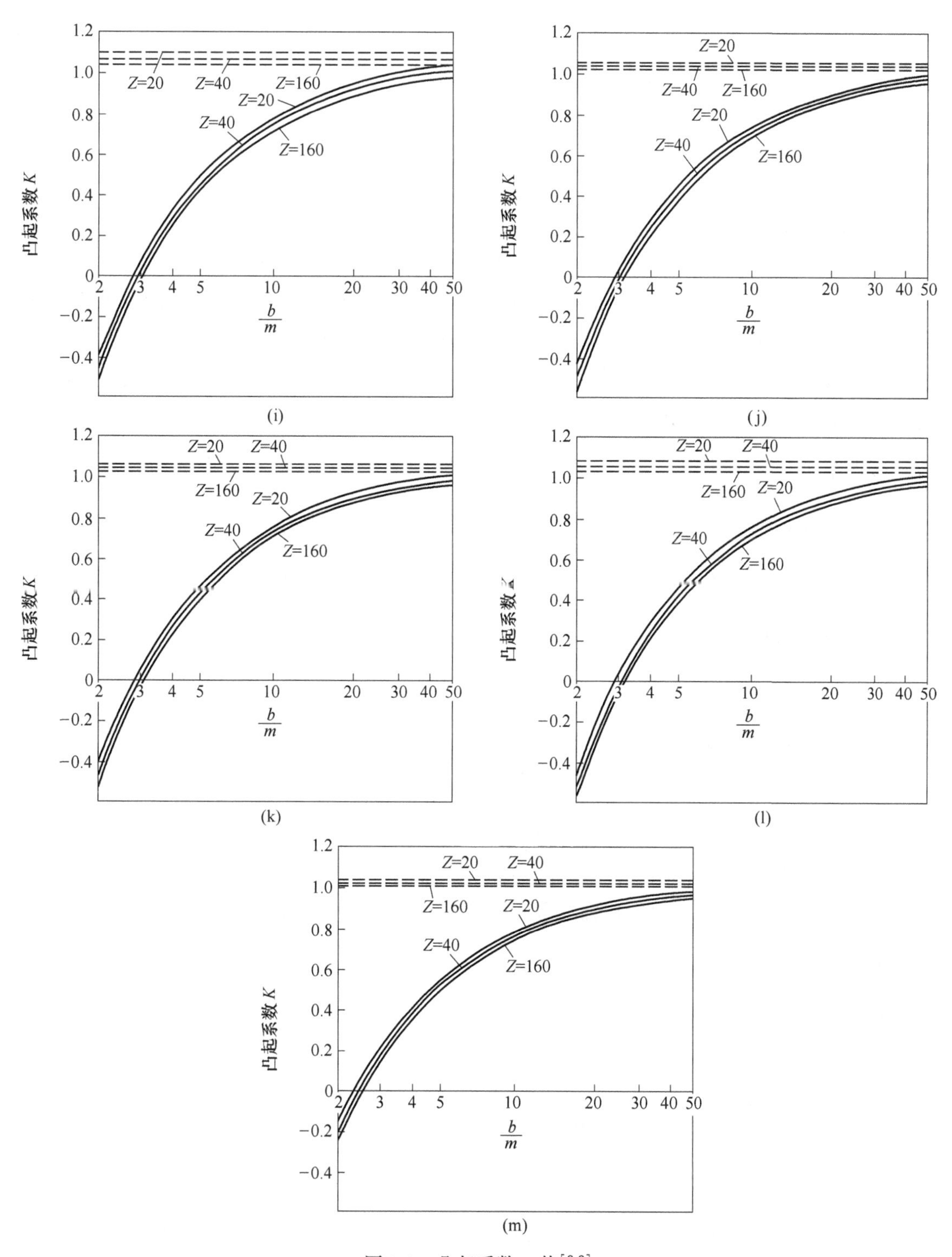

图 3-9 凸起系数 K 值[8-9]

(a)(g)$\alpha=20°$, $\beta=0°$;(b)(h)$\alpha=20°$, $\beta=30°$;(c)(i)$\alpha=20°$, $\beta=45°$;(d)$\alpha=14°30'$, $\beta=0°$;(e)$\alpha=14°30'$, $\beta=30°$;(f)$\alpha=14°30'$, $\beta=45°$;(j)$\alpha=25°$, $\beta=0°$;(k)$\alpha=25°$, $\beta=30°$;(l)$\alpha=25°$, $\beta=45°$;(m)$\alpha=30°$, $\beta=0°$

由图 3-9 可知，K 值随齿轮的齿数 Z 、压力角 α 以及螺旋角 β 等参数的不同而不同。尤其是因齿宽 b 与模数 m 之比 $\frac{b}{m}$ 值的不同而变化较大。

$\frac{b}{m} > 10.0$ 时，K 值大致接近于 1.0；$\frac{b}{m} < 5.0$ 时，K 值显著减小；$\frac{b}{m} < 3.0$ 时，K 值成为负数。

K 值的上述变化原因：当轧轮开始轧入齿坯，齿坯外圆部分的金属就发生塑性变形，并向半径方向凸起；此时，靠近齿坯两端面部分的金属，在向半径方向凸起的同时，也容易引起向齿坯轴线方向的塑性流动；这种向齿坯轴线方向的塑性流动，也就是在齿坯的两端面上形成鼓出部分，该端面的鼓出量不受齿宽尺寸变化的影响，是一个常数；由于齿坯的金属向端面鼓出，减少了向半径方向的凸起量，因而 K 值变小。当 $\frac{b}{m}$ 值较大，亦即轧制齿宽很大的齿轮时，其两端面的鼓出量比半径方向的凸起量要小得多，因此 K 值变大，大致接近于 1.0；与此相反，若 $\frac{b}{m}$ 值较小，两端面的鼓出量与半径方向的凸起量的比例增大，因此 K 值变小；若 $\frac{b}{m} < 3.0$，则其两端面的鼓出量比半径方向的凸起量反而要大，所以凸起系数 K 值变为负数。因而，在轧制 $\frac{b}{m} < 3.0$ 的薄片齿轮时，其齿坯直径 d_2 应比精轧后的齿顶圆直径大。

3.2.3.2 用计算法求 K 值

由于在轧制成形前后的齿坯体积是不变的，因此有

$$\frac{\pi}{4}d_2^2b = \frac{\pi}{4}d_r^2b + Z_2Sb + V \tag{3-20}$$

式中 d_r ——被轧制齿轮的齿根圆直径；
S ——垂直于被轧制齿轮轴线的截面处齿根圆以上的面积；
V ——平行于被轧制齿轮轴线方向的两端面鼓出部分的体积。

A 齿根圆直径 d_r 的计算

被轧制齿轮的齿根圆直径 d_r 为

$$d_r = m\left[\frac{Z_2}{\cos\beta} - 2(1 + c)\right] \tag{3-21}$$

式中 c ——被轧制齿轮的齿顶间隙。

B 齿形部分的面积 S

对于模数 $m = 1.0$ mm 的直齿圆柱齿轮，在齿根圆以上的齿面积为 s ，则其齿形部分的面积 S 为

$$S = \frac{sm^2}{\cos\beta} \tag{3-22}$$

而其每一齿两端面鼓出的体积为 v（对于法向模数 $m = 1.0$ mm 的斜齿圆柱齿轮也会产

生类似的鼓出部分），则其全部齿数 Z_2 的两端面鼓出的体积 V 为

$$V = vm^3 \frac{Z_2}{\cos\beta} \tag{3-23}$$

V 值可在轧制后将齿轮两端面的鼓出部分车加工去除，根据实际测得的质量来求出，从而也就可以算出 v 值。

对于低碳钢材料，按实测 V 值算出的 v 值结果见表 3-3。

表 3-3 两端面鼓出部分的体积 v 值

径节 DP 或模数 m	螺旋角 β/(°)	v/[mm^3·(每齿×m)$^{-1}$]
DP = 30 in^{-1}	0	12.4
m = 1.0 mm	0	8.6
m = 1.0 mm	45	11.4
m = 1.0 mm	0	6.6
DP = 12 in^{-1}	30	8.7
m = 2.5 mm	20	8.4

注：$DP = \frac{25.4}{m}$。

在图 3-10 中，齿形的 1/2 部分的面积由 s_1（即图 3-10 中渐开线部分 $BCDEB$ 的面积）、s_2（即齿顶圆扇形部分 $ABEFA$ 的面积）以及 s_3（即齿根圆弧部分 $DCHD$ 的面积）三部分组成，则

$$S = 2(s_1 + s_2 + s_3) \tag{3-24}$$

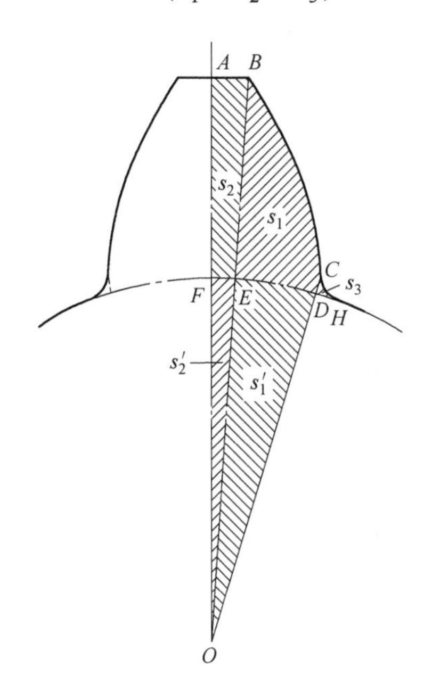

图 3-10 齿形断面[8-9]

而

$$s_1 + s_2 = (s_1 + s_1') + (s_2 + s_2') - s_1' - s_2' \tag{3-25}$$

由图 3-11 可知：

$$\theta = \tan\alpha - \alpha \tag{3-26}$$

$$r = r_g \sec\alpha \tag{3-27}$$

则对于从中心点 O 画出的渐开线部分的面积为

$$\frac{1}{2}\int r^2 \mathrm{d}\theta = \frac{r_g^2}{2}\int \sec^2\alpha \mathrm{d}\theta = \frac{r_g^2}{6}(\tan^3\alpha + k) \tag{3-28}$$

式中　k ——积分常数。

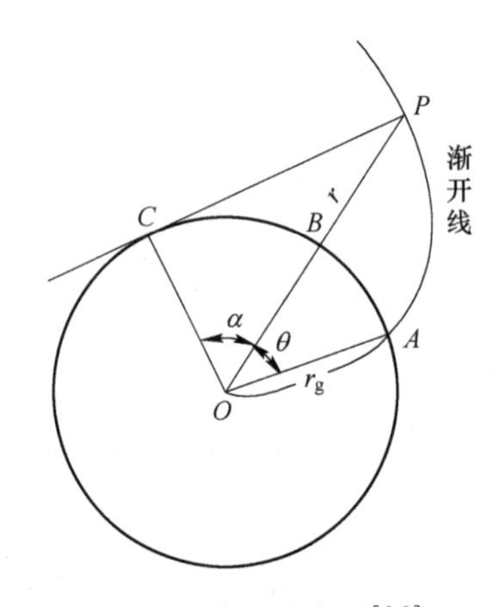

图 3-11　渐开线齿形[8-9]

设齿顶和齿根处的压力角分别为 α_a 、α_r ，并将 α_a 、α_r 分别取式（3-28）定积分的上限和下限，则得

$$s_1 + s_1' = \frac{r_g^2}{6}(\tan^3\alpha_a - \tan^3\alpha_r) \tag{3-29}$$

若在分度圆上取齿厚为周节 t_2 的 1/2，则有

$$\angle AOB = \frac{\pi}{2Z_2} + \mathrm{inv}\alpha_n - \mathrm{inv}\alpha_a \tag{3-30}$$

式中　α_n ——分度圆上的压力角。

由此得

$$s_2 + s_2' = \frac{r_k^2}{2}\left(\frac{\pi}{2Z_2} + \mathrm{inv}\alpha_n - \mathrm{inv}\alpha_a\right) \tag{3-31}$$

式中　r_k ——齿顶圆半径。

同样，有

$$\angle DOF = \frac{\pi}{2Z_2} + \mathrm{inv}\alpha_n - \mathrm{inv}\alpha_r \tag{3-32}$$

由此得

$$s_1' + s_2' = \frac{r_r^2}{2}\left(\frac{\pi}{2Z_2} + \mathrm{inv}\alpha_n - \mathrm{inv}\alpha_r\right) \tag{3-33}$$

式中 r_r——齿根圆半径。

则有

$$S = \frac{r_g^2}{3}(\tan^3\alpha_a - \tan^3\alpha_r) + r_k^2\left(\frac{\pi}{2Z_2} + \mathrm{inv}\alpha_n - \mathrm{inv}\alpha_a\right) + r_r^2\left(\frac{\pi}{2Z_2} + \mathrm{inv}\alpha_n - \mathrm{inv}\alpha_r\right) + 2s_3 \tag{3-34}$$

对于压力角 $\alpha = 14.5°$、$\alpha = 20°$、$\alpha = 25°$ 以及 $\alpha = 30°$ 的4种齿轮，用式（3-34）计算得出的 S 值见表3-4和图3-12。

表3-4 齿形截面积 *S* 值 （mm^2）

齿数 Z	压力角 α/(°)			
	14.5	20	25	30
12			3.018	3.088
18		3.113	3.188	3.272
24	3.132	3.205	3.292	3.352
30	3.182	3.272	3.348	3.399
36	3.222	3.319	3.382	3.431
48	3.288	3.372	3.426	3.470
60	3.327	3.401	3.449	3.493
90	3.383	3.439	3.489	3.528
120	3.408	3.455	3.501	3.542
150	3.422	3.468	3.508	3.548
180	3.431	3.476	3.514	3.554

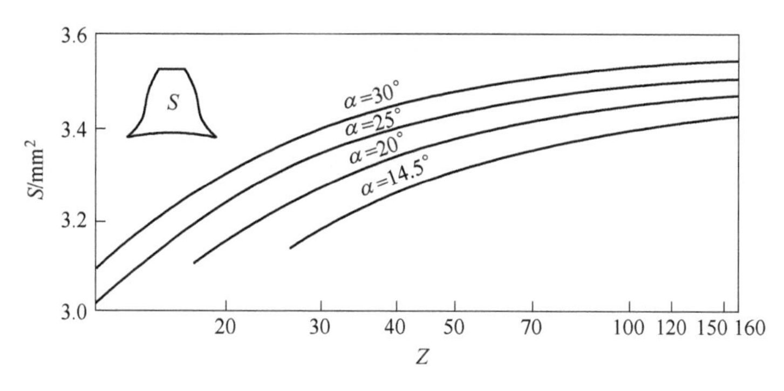

图3-12 齿形截面积 *S* 值[8-9]

C 凸起系数 *K* 的计算

具有标准尺寸的齿轮齿顶圆直径 d_k 为

$$d_k = m\left(\frac{Z_2}{\cos\beta} + 2\right) \tag{3-35}$$

则凸起系数 K 的计算式为

$$K = \frac{Z_2}{2\cos\beta} + 1 - \sqrt{\left(\frac{Z_2}{2\cos\beta} - 1 - c\right)^2 + \frac{Z_2}{\pi\cos\beta}\left(S + \frac{bv}{m}\right)} \tag{3-36}$$

由式（3-36）可知，凸起系数 K 因齿坯宽度 b 与模数 m 之比 $\frac{b}{m}$、螺旋角 β、齿数 Z_2、端面的鼓出量 v 以及齿形部分的截面积 S 等的不同而不同。

用圆柱体齿坯进行轧制时，因受两端面鼓出的影响，靠近两端面处向半径方向的凸起量较少。为了使整个齿宽范围内的金属充分地向半径方向凸起，最好采用如图 3-13（b）所示的齿坯形状（即在靠近齿坯两端处增加材料，以补偿向半径方向凸起不足的部分）。而且在用圆柱体齿坯进行轧制时，由于存在向两端面的鼓出，这部分的宽度就比轧制前的宽度大。为了避免此种情况发生，可采用如图 3-13（c）所示的齿坯形状（即在齿坯的两端面上倒棱）。

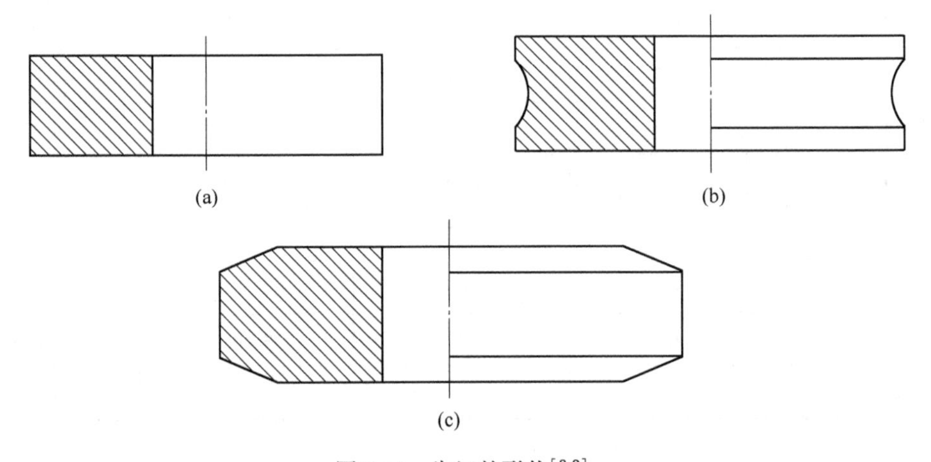

图 3-13　齿坯的形状[8-9]

（a）圆环齿坯；（b）外圆侧凹齿坯；（c）外端倒棱齿坯

冷轧时采用的齿坯材料必须是在常温下屈服点较低以及延伸率较大的材料，包括铝合金、铜合金以及碳含量在 0.4%以下的碳素钢和低碳低合金结构钢。

3.2.4　滚轧工具（轧轮）

3.2.4.1　轧轮的尺寸

采用自由分度式冷轧成形工艺时，轧轮应具备如下特点：

（1）必须能够精确地分度齿数。

（2）必须能按规定的齿厚和齿高轧制出齿轮。

轧轮齿顶圆直径 d_1 的确定：为了能够精确地分度齿数，必须正确地确定轧轮的齿顶圆直径 d_1。可按齿数的分度关系，在确定了齿坯直径后，再计算轧轮的齿顶圆直径 d_1。

轧轮齿厚和齿高的确定：由于被轧制齿轮的齿厚和齿高是给定的，因此必须正确地确定轧轮的齿厚和齿高，以保证轧制出符合要求的齿轮齿形。

如图 3-14 所示为被轧制齿轮的齿形，其中分度圆上的齿厚为 S_{02} 、齿顶高为 m 、齿根高为 $m + mc$ 。如图 3-15 所示为轧轮的齿形，其中分度圆上的齿厚为 S_{01} 、周节为 t_{01} ，则有

$$S_{01} = t_{01} - S_{02} \tag{3-37}$$

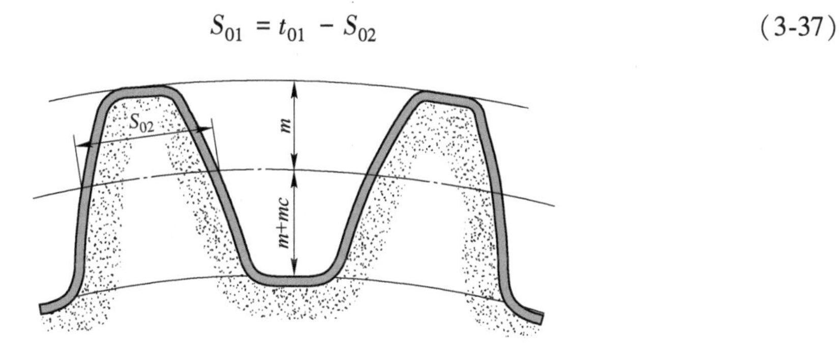

图 3-14 被轧制齿轮的齿形[8-9]

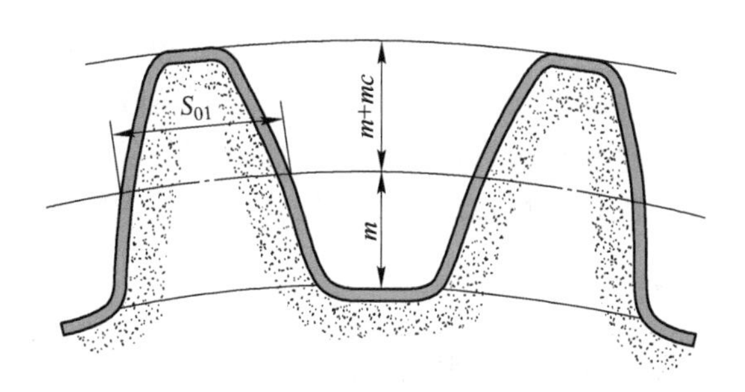

图 3-15 轧轮的齿形[8-9]

轧轮的齿顶高必须和被轧制齿轮的齿根高相等，即轧轮的齿顶高为 $m + mc$ ；轧轮的齿根高必须与被轧制齿轮的齿顶高相等，即轧轮的齿根高为 m 。因此，当要求轧制出如图 3-14 所示的齿轮齿形时，所用轧轮的齿形应具有如图 3-15 所示的尺寸。

对于自由分度式冷轧成形工艺，在轧制的开始阶段如能在齿坯外圆上轧制出按规定齿数分度的沟槽，这样轧轮就能顺着沟槽轧入。

在齿坯外圆上按规定齿数进行分度并轧制出沟槽时，轧轮的齿形不必具有正规齿形的尺寸［最好采用如图 3-16（a）所示的三角形齿形轧轮，因该种齿形的轧轮易于轧入齿坯中］，而只需轧轮的齿顶圆直径具有要求的尺寸即可。

如果已在齿坯外圆上精确地轧制出分度的沟槽，轧轮的齿就能顺着沟槽轧入，将凸起部分的金属轧制成齿形；此时所用的轧轮必须具有正规的齿形，但齿顶圆直径不必具有所要求的直径。

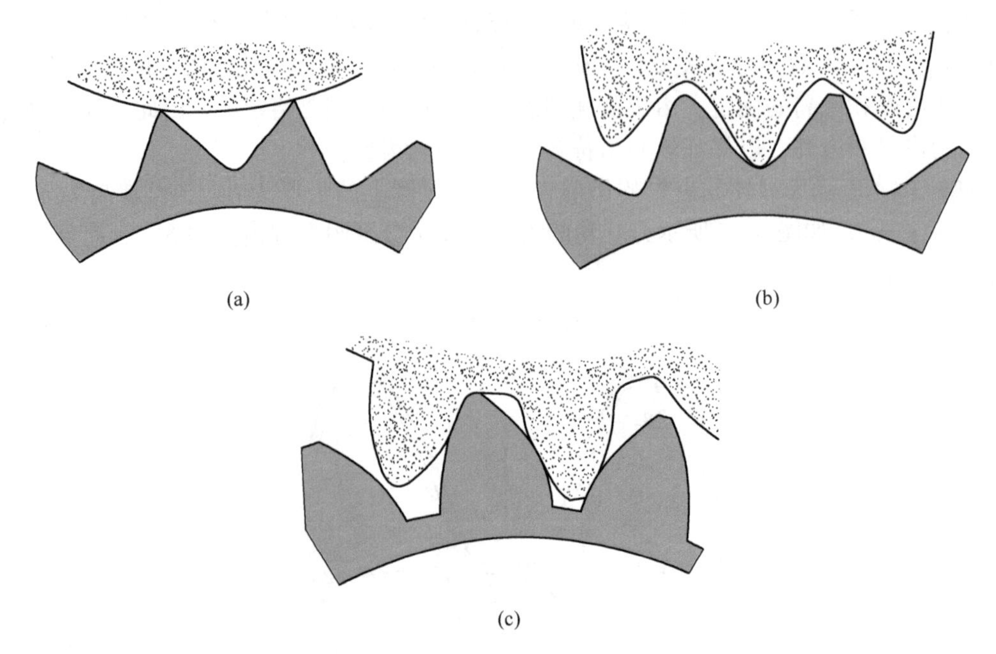

图 3-16 齿轮的轧制过程示意图[8-9]
（a）齿数分度；（b）粗轧；（c）精轧

由此可知，齿数的分度工序与齿形的精轧工序所要求的轧轮形状和尺寸可以是不相同的。因此，在齿轮轧制成形过程中既可用一个轧轮来实现齿数分度与粗轧，然后再精轧这两种不同的工序；也可用两个轧轮（即齿数分度与粗轧用轧轮、精轧用轧轮），并且按图 3-16 的轧制过程，用分度轧轮进行齿数的分度和粗轧，然后用精轧轧轮精轧齿形。

3.2.4.2 轧轮的材料选择

轧轮的轮齿在轧制成形过程中既要承受半径方向的压力，同时也要承受切线方向的剪力，并产生弯曲应力；而且由于轧制过程中轧轮轮齿与齿坯接触的表面上有滑动存在，因此有摩擦力作用。因而，轧轮应具有较高的硬度、耐磨性和一定的韧性。

采用 W6Mo5Cr4V2 高速钢和高碳高铬模具钢（如 Cr12 和 Cr12MoV）作为轧轮的材料是合适的。

为了保证轧轮具有较高的硬度、耐磨性和一定的韧性，要求轧轮在淬火、回火后的硬度：对于高速钢，其硬度（HRC）为 60±2；对于模具钢，其硬度（HRC）为 58±2。

此外，在检查轧轮硬度的同时，必须严格检查其金相组织如碳化物偏析、晶粒的大小、马氏体的形状和大小、残余奥氏体的多少等。

3.2.5 自由分度式冷轧成形设备

自由分度式冷轧成形设备只需具备如下两个主要机构：

（1）给予齿坯或轧轮两者之一以回转运动的机构。

（2）将轧轮对着齿坯进行轧制和进给的机构。

3.2.5.1 使用单轧轮的冷轧成形机

使用单轧轮的冷轧成形机一般是由车床改装而成的，它具有一个轧轮，如图 3-1 所示。它是将齿坯装在车床的主轴上，实现回转运动；而将轧轮轴装在刀架上，轧轮用滚动轴承装在轧轮轴上，实现轧轮的自由转动；同时利用车床刀架的进给丝杆，将轧轮对着齿坯进行轧制和进给运动。

现以采用单轧轮的冷轧成形机冷轧成形某计算机用直齿圆柱齿轮为例（该直齿圆柱齿轮的材料为硬铝，该齿轮与轧轮的基本参数见表 3-5）。在轧制成形过程中，为了使齿坯上凸起的齿形左右均匀成形，必须不断地改变主轴的回转方向，保证轧轮在进给的同时进行轧制成形。

表 3-5 被轧制齿轮与轧轮的基本参数

名称	齿数 Z	模数 m/mm	压力角 α/(°)	齿宽 b/mm
被轧制齿轮	120	0.5	14.5	2.0~10.0
轧轮	200	0.5	14.5	18.0

此外，如果在轧轮与齿坯的接触部分给以大量的润滑油进行润滑，则轧制成形的齿轮的齿面非常光洁。

轧制成形的齿轮精度：径向跳动为 0.037 mm、累积周节误差如图 3-17 所示。

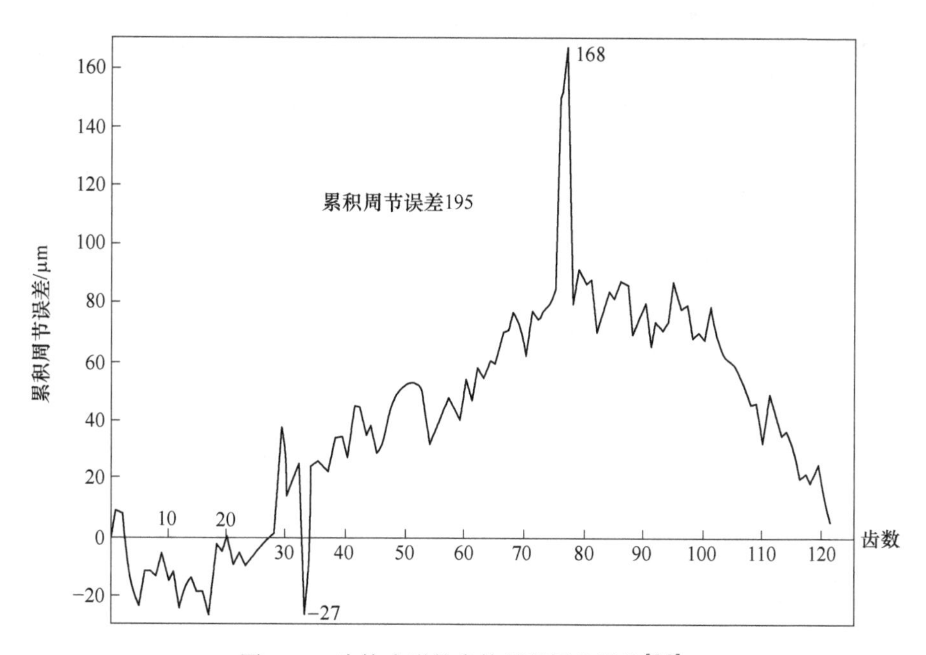

图 3-17 冷轧成形的齿轮累积周节误差[8-9]

使用单轧轮的冷轧成形机适合于轧制铝合金等软金属材料，以及模数很小的钢质齿形零件。

3.2.5.2 使用双轧轮的冷轧成形机

对于碳钢等较硬的金属材料及模数较大的齿形零件，在冷轧成形时，为了使轧轮的齿轧入齿坯，需要很大的轧制力。使用单轧轮的冷轧成形机轧制成形时，其轧制力就全部作用到齿坯轴上；该轧制力为弯曲载荷，它会使齿坯轴弯曲，并导致齿坯轴支承困难。此时若使用双轧轮的冷轧成形机进行轧制，则轧轮是从齿坯直径的两个方向同时进给轧入，这时作用于齿坯轴上的轧制力可以相互平衡；因此，即使轧制力很大，在齿坯轴上也不会存在弯曲载荷，故齿坯轴易于支承。

因此，碳钢等较硬的金属材料，以及模数较大的齿形零件，在冷轧成形时应采用具有双轧轮的冷轧成形机，如图 3-18 所示。

图 3-18 具有双轧轮的冷轧成形机

采用如图 3-18 所示的冷轧成形机轧制径节 DP = 12～30 in^{-1} 的直齿圆柱齿轮（该齿轮材料为低碳钢），所使用的轧轮是未经过磨齿加工的，其精度并不高。轧轮和被轧制齿轮的精度见表 3-6 和图 3-19、图 3-20。

表 3-6 轧轮和被轧制齿轮的精度

径节 DP/in^{-1}	被轧制齿轮		轧　轮	
	径向跳动/μm	一个周节误差/μm	径向跳动/μm	一个周节误差/μm
30	54	45	160	147
20	48	53	146	70
14	298	66	142	58
12	54	93	288	119

注：$DP=\frac{25.4}{m}$。

由表 3-6、图 3-19 和图 3-20 可知，即使采用未经磨齿加工的轧轮来进行轧制成形，其轧制出的齿轮精度同轧轮的精度相比，误差反而较小。

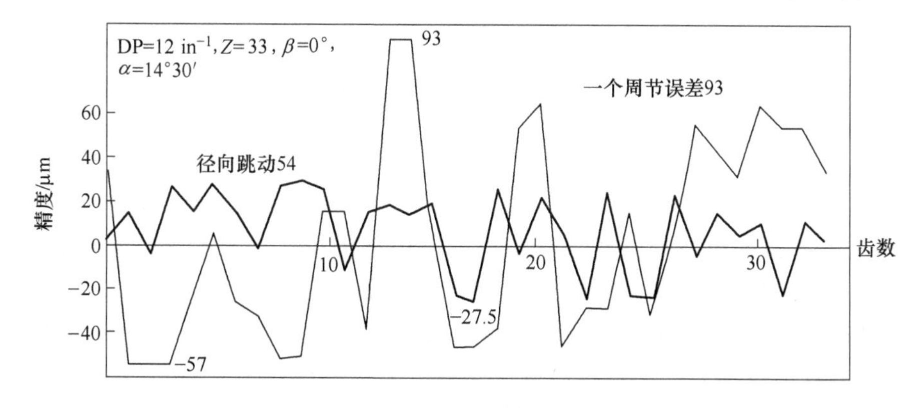

图 3-19 被轧制齿轮的精度[8-9]

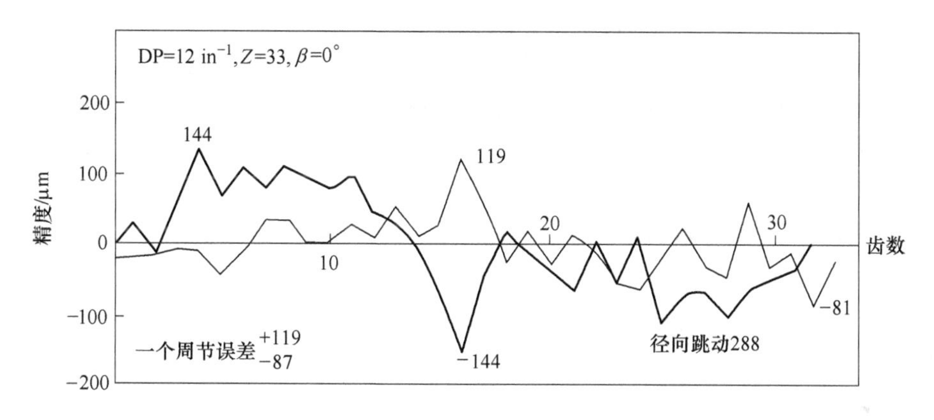

图 3-20 轧轮的精度[8-9]

如图 3-21 所示为采用具有双轧轮的冷轧成形机轧制低碳钢、铜合金和铝合金齿轮时，被轧制齿轮的模数 m 与轧制时间的关系（将轧制时所需的实际时间换算成相当于齿宽 1.0 mm和相当于 1 个齿的加工时间）。

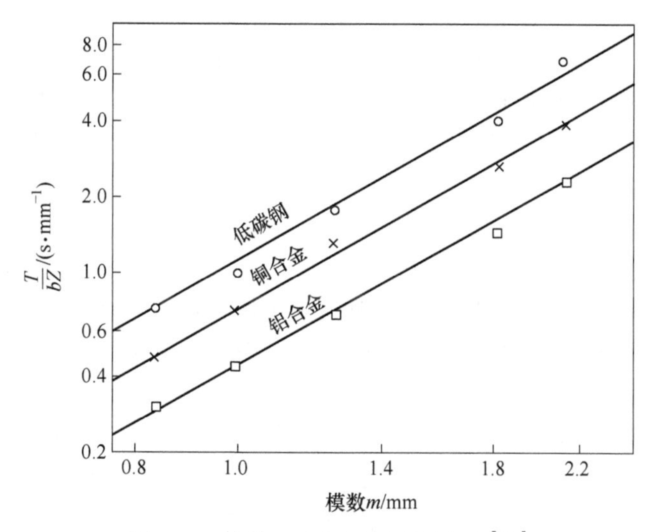

图 3-21 模数 m 与轧制时间的关系[8-9]

3.3 强制分度式冷轧成形法

由于自由分度式的冷轧成形机在冷轧成形时不能在齿坯外圆上进行有效的齿数分度，其轧轮的尺寸必须按照齿坯的直径来确定；如果齿坯的尺寸稍有变化（即使其模数 m 、齿数 Z 以及螺旋角 β 等相同），则轧轮的尺寸也必须随之而变化。

强制分度式冷轧成形法是对轧轮和齿坯双方均给予各个齿数比相对应的强制转动（即在轧轮和齿坯的转轴上分别装有齿数比相对应的传动齿轮）。这样，在给予强制驱动的同时进行齿轮的轧制，从而能够在齿坯外圆上分度出规定的齿数[8-9]。

采用强制分度式冷轧成形机进行冷轧成形时，可以按模数 m 、齿数 Z 以及螺旋角 β 等来选定轧轮，轧轮的尺寸不受齿坯尺寸变动的影响。

但是，强制分度式冷轧成形机的结构复杂，除了必须具备将轧轮对着齿坯进给轧入的机构以外，还必须具有使轧轮与齿坯双方保持一定转速比的传动机构。

将轧轮和齿坯加以强制驱动的传动机构中最简单的是利用万向联轴节的传动机构。

3.3.1 凸轮式冷轧机的冷轧成形

3.3.1.1 凸轮式三轧轮冷轧成形机

A 传动原理

凸轮式三轧轮冷轧成形机的结构如图 3-22 所示，它是采用万向联轴节的传动机构进行强制分度的三轧轮冷轧成形机。在中间的主传动轴 1 的左边，装有传动轧轮轴用的主动齿轮 3；齿坯 2 安装于主传动轴的右端，主动齿轮 3 同被动齿轮 4 互相啮合；这样的传动机构就能使轧轮 6 和齿坯 2 保持规定速比进行回转运动。

当轧轮 6 对着齿坯 2 逐渐轧入时，轧轮轴与齿坯轴之间的中心距会产生变化。为了在中心距有一定变化的情况下，仍然使轧轮轴与齿坯轴保持平行，而且以一定的回转角速度进行回转，所以在该冷轧成形机上安装了两组万向联轴节 12，这样其主传动轴传递给被动齿轮 4 的回转运动，通过联轴节 5 以及两组万向联轴节 12 传动轧轮轴，并使轧轮 6 回转。

B 轧轮的安装

凸轮式三轧轮冷轧成形机采用三个轧轮是为了使作用于齿坯轴上的轧制力得到平衡，并保持齿坯轴的支承稳定。因此，三个轧轮是围绕齿坯 2 的圆周按 120°的角度均匀安装的。

三个轧轮 6 的齿，在被轧制齿轮上的相位必须一致（即在安装轧轮 6 时，必须调整到使各个轧轮 6 的齿顶接触在齿坯上相当于齿间部分的位置）；为此，分别在三个轧轮 6 的传动机构中设置联轴节 5，利用它们来调整各个轧轮 6 的相位。

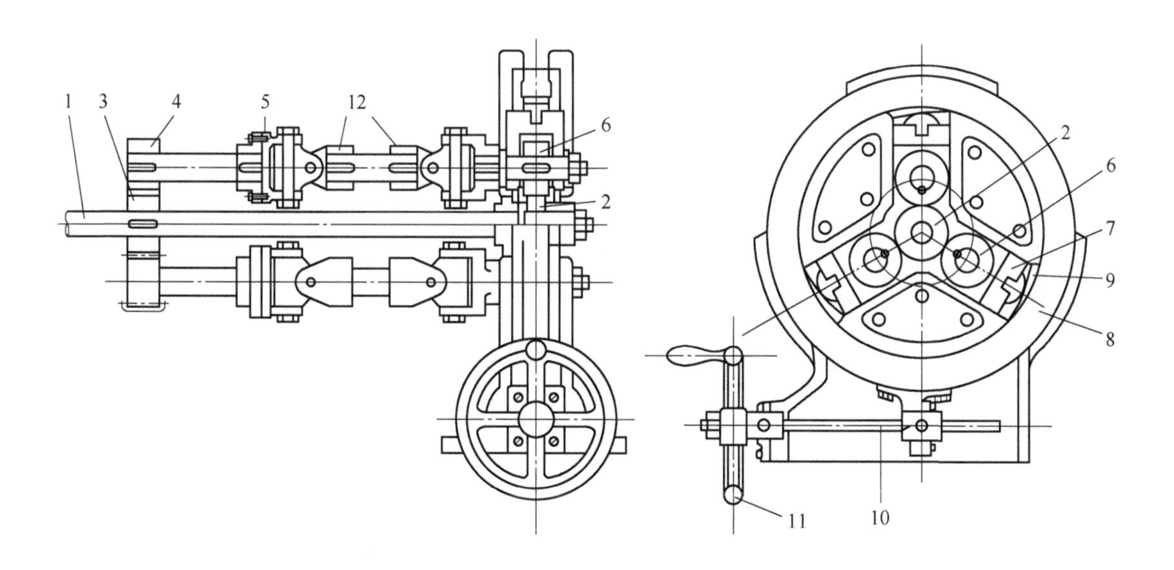

图 3-22 采用万向联轴节的传动机构进行强制分度的三轧轮冷轧成形机结构示意图[8-9]

1—主传动轴；2—齿坯；3—主动齿轮；4—被动齿轮；5—联轴节（两组）；6—轧轮（三个）；7—轧轮支座；8—外圈；9—斜面凸轮（三个）；10—丝杆；11—摇动手柄；12—万向联轴节（两组）

C 轧轮的进给机构

轧轮 6 的进给是利用斜面凸轮机构进行的。

如果摇动手柄 11，就能通过丝杆 10 将装有三个斜面凸轮 9 的外圈 8 加以微量转动；这样，借助各个斜面凸轮 9，挤压轧轮支座 7 上的弧形凸块，将轧轮支座 7 向齿坯 2 中心方向进给，轧轮 6 就在齿坯 2 的外圆上逐渐轧入。凸轮的形状，可按凸轮的回转角度同轧轮 6 的轧入量采取一定的比例做成阿基米德螺旋线形。

D 结构特点

凸轮式三轧轮冷轧成形机是将三个同样形状、同样大小的轧轮 6，按平均间隔 120°配置在被轧制齿坯 2 的周围；其目的是使作用于被轧制齿坯轴上的轧制力相互平衡，并保持齿坯 2 的轴线位置稳定。

以三个轧轮 6 的中心点作外切圆，被轧制齿坯 2 的轴线设置在该外切圆的中心上；同时，为了保证齿坯 2 的轴线位置稳定，要求三个轧轮 6 对被轧制齿坯 2 的轧入量必须相等。

假使由于凸轮有制造误差，或者因为安装在外切圆上的安装误差而导致三个轧轮 6 的进给位移存在差异，则被轧制齿坯 2 的轴线就不可能保持在规定的中心位置上只做回转运动，而是做不规则的运动；此时在被轧制齿坯 2 的外圆上圆周速度就有所不同（即使轧轮 6 具有精确的周节，并且以一定的角速度进行回转），从而造成被轧制齿坯 2 的轴线偏移，使被轧制齿轮存在周节误差。

为了提高被轧制齿轮的精度，凸轮必须十分精密并精确安装。

3.3.1.2 冷轧成形工艺

A 与轧轮齿数相同的齿轮冷轧成形

在图 3-22 所示的凸轮式三轧轮冷轧成形机上轧制成形与轧轮齿数相同的齿轮时，所采用轧轮的基本参数和精度见表 3-7，所采用主动齿轮的基本参数和精度见表 3-8（其中轧轮和主动齿轮都没有经过磨齿加工），其齿坯材料为 20CrMo 钢；冷轧成形后的被轧制齿轮精度见表 3-9 以及图 3-23。

表 3-7 轧轮的基本参数和精度

编号	基本参数					精度/μm		
	模数 m/mm	齿数 Z	螺旋角 β/(°)	压力角 α/(°)	齿顶圆直径 d_a/mm	径向跳动	一个周节误差	累积周节误差
1	1.0	55	45	20	88.09	40	68	356
	1.0	55	45		88.09	52	32	174
	1.0	55	45		88.09	58	54	226
2	1.0	76	0		78.30	110	20	145
	1.0	76	0		78.30	90	27	305
	1.0	76	0		78.30	60	27	301
3	1.25	60	30		89.49	78	34	421
	1.25	60	30		89.49	74	26	146
	1.25	60	30		89.49	44	29	246
4	1.25	67	9		87.74	140	35	261
	1.25	67	9		87.74	132	16	211
	1.25	67	9		87.74	74	16	234
5	2.0	30	45		89.48	68	63	222
	2.0	30	45		89.48	114	56	383
	2.0	30	45		89.48	96	120	1090
6	2.0	38	0		80.63	50	42	213
	2.0	38	0		80.63	74	63	416
	2.0	38	0		80.63	70	17	62
7	2.5	26	30		80.84	64	27	114
	2.5	26	30		80.84	72	31	77
	2.5	26	30		80.84	72	32	154

表 3-8 主动齿轮的基本参数和精度

编号	基本参数					精度/μm	
	径节 DP/in^{-1}	齿数 Z	螺旋角 β/(°)	压力角 α/(°)	齿顶圆直径 d_a/mm	径向跳动	一个周节误差
1	8	25	0	14.5	85.73	70	24
2	8	25	0	14.5	85.73	222	45
3	8	25	0	14.5	85.73	138	33

注：$\mathrm{DP}=\frac{25.4}{m}$。

表 3-9 被轧制齿轮的精度

所用轧轮编号	模数 m/mm	径向跳动/μm	一个周节误差/μm	累积周节误差/μm
1	1.0	70	45	270
2	1.0	150	50	570
3	1.25	128	59	719
4	1.25	118	48	439
5	2.0	110	80	460
6	2.0	222	91	348
7	2.5	124	120	795

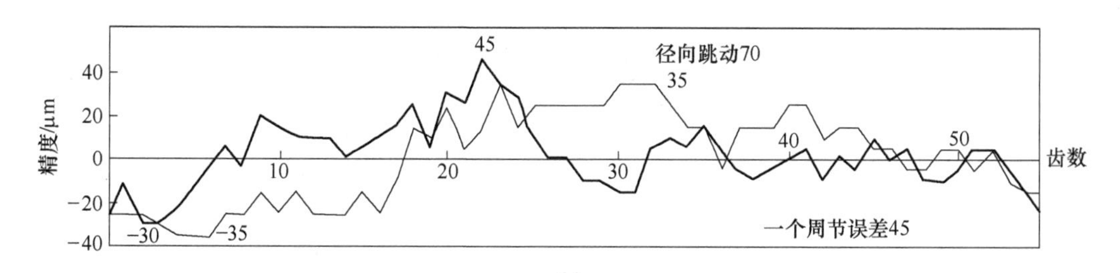

(a)

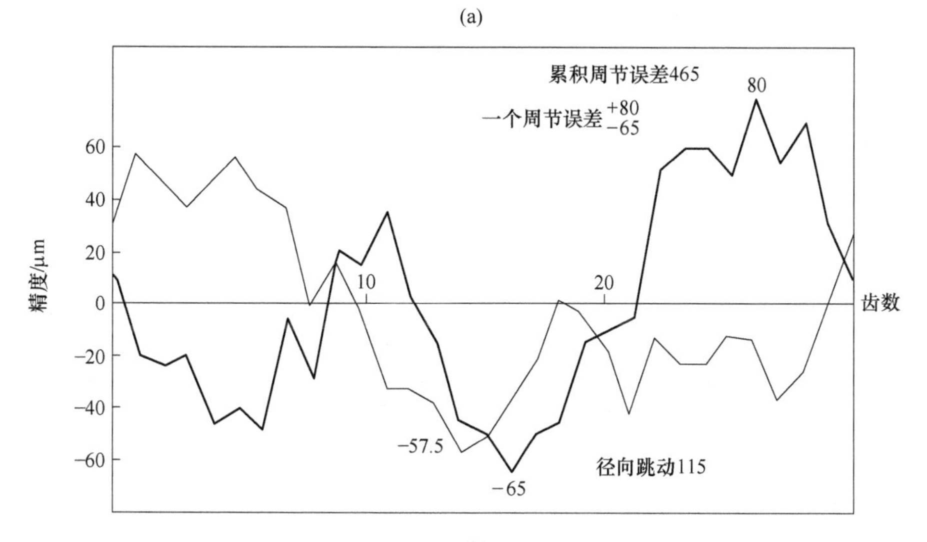

(b)

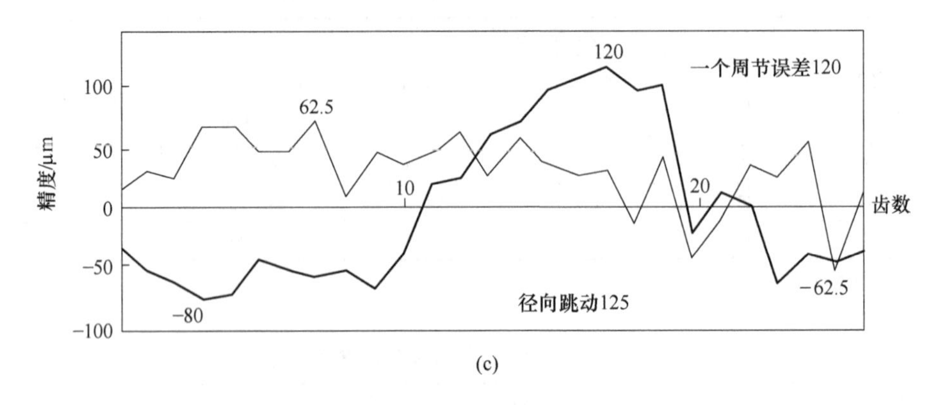

(c)

图 3-23　被轧制齿轮的精度[8-9]

(a) m=1.0 mm，Z=55，β=45°，α=20°；(b) m=2.0 mm，Z=30，β=45°，α=20°；(c) m=2.5 mm，Z=26；β=30°，α=20°

B　与轧轮齿数不同的齿轮冷轧成形

在图 3-22 所示的凸轮式三轧轮冷轧成形机上轧制成形与轧轮齿数不同的齿轮时，所采用轧轮的基本参数和精度见表 3-10，所采用主动齿轮（该主动齿轮为斜齿圆柱齿轮）的基本参数和精度见表 3-11（其中轧轮和主动齿轮都没有经过磨齿加工）；冷轧成形后的被轧制齿轮精度见表 3-12 以及图 3-24。

表 3-10　轧轮的基本参数和精度

编号	基本参数					精度/μm		
	模数 m/mm	齿数 Z	螺旋角 β/(°)	压力角 α/(°)	齿顶圆直径 d_a/mm	径向跳动	一个周节误差	累积周节误差
1	1.5	40	30	20	75.75	136	54	349
	1.5	40	30		75.75	58	21	167
	1.5	40	30		75.75	250	79	735
2	1.5	48	20		80.09	30	23	114
	1.5	48	20		80.09	46	26	75
	1.5	48	20		80.09	32	27	193
3	1.5	40	20		71.78	34	27	203
	1.5	40	20		71.78	36	29	124
	1.5	40	20		71.78	42	37	331

表 3-11 主动齿轮的基本参数和精度

编号	基本参数					精度/μm	
	径节 DP/in^{-1}	齿数 Z	螺旋角 $\beta/(°)$	变位系数 ξ	齿顶圆直径 d_a/mm	径向跳动	一个周节误差
1	8	20	24	+0.36	78.25	122	66
2	8	20	24	+0.36	78.25	70	46
3	8	20	24	+0.36	78.25	90	59

注：$\mathrm{DP}=\dfrac{25.4}{m}$。

表 3-12 被轧制齿轮的精度

所用轧轮编号	模数 m/mm	径向跳动/μm	一个周节误差/μm	累积周节误差/μm
1	1.5	170	28	245
2	1.5	180	37	594
3	1.5	110	40	450

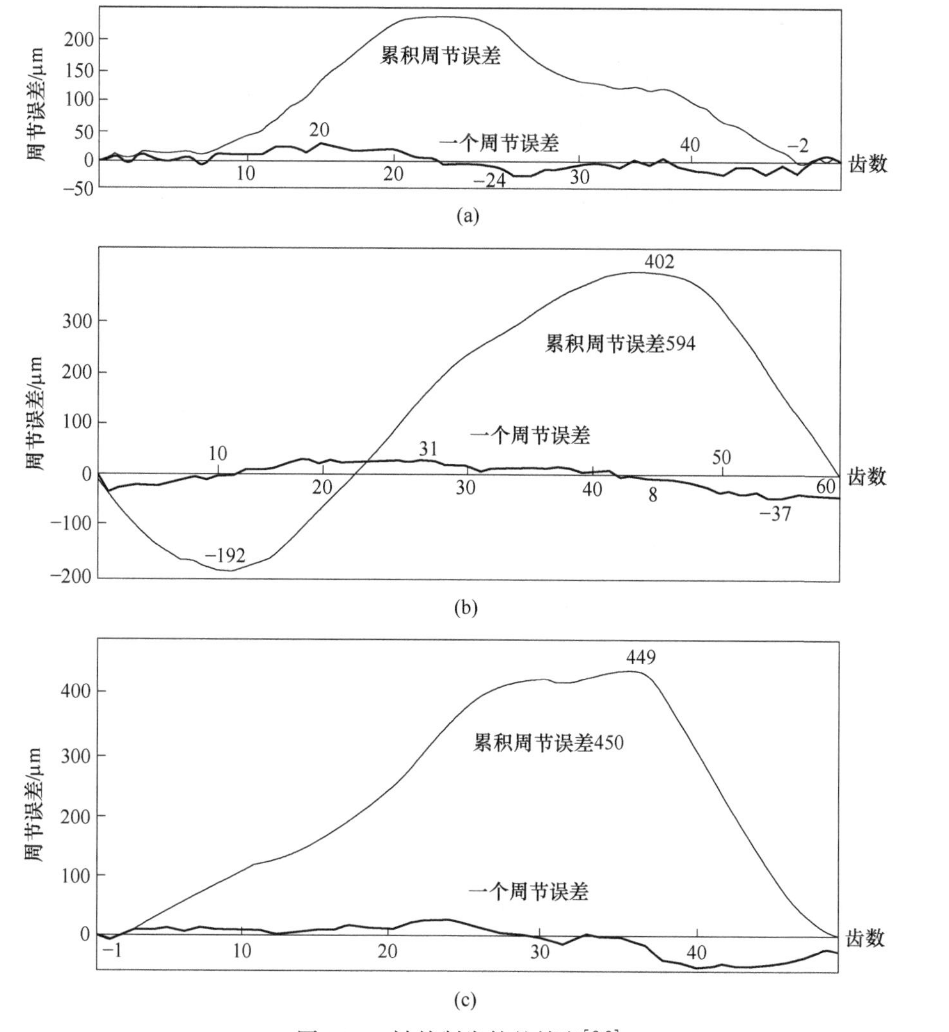

图 3-24 被轧制齿轮的精度[8-9]

(a) $m=1.5$ mm，$Z=50$，$\alpha=20°$，$\beta=30°$；(b) $m=1.5$ mm，$Z=60$，$\alpha=20°$，$\beta=20°$；(c) $m=1.5$ mm，$Z=50$，$\alpha=20°$，$\beta=20°$

C　采用经过磨齿加工的轧轮和主动齿轮进行齿轮的冷轧成形

在图 3-22 所示的凸轮式三轧轮冷轧成形机上采用经磨齿加工得到的高精度轧轮和主动齿轮进行齿轮的冷轧成形时，轧轮的基本参数见表 3-13，主动齿轮的基本参数见表 3-14；冷轧成形后的被轧制齿轮精度见表 3-15 以及图 3-25。

表 3-13　轧轮的基本参数和精度

编号	基本参数					精度/μm		
	模数 m/mm	齿数 Z	螺旋角 β/(°)	压力角 α/(°)	齿顶圆直径 d_a/mm	径向跳动	一个周节误差	累积周节误差
1	2.5	36	20	20	98.28	8	6	14
	2.5	36	20	20	98.28	16	8	21
	2.5	36	20	20	98.28	20	10	24

表 3-14　主动齿轮的基本参数和精度

编号	基本参数					精度/μm	
	模数 m/mm	齿数 Z	螺旋角 β/(°)	啮合角 α/(°)	齿顶圆直径 d_a/mm	径向跳动	一个周节误差
1	4.0	24	15	20	107.38	10	2
2	4.0	24	15	20	107.38	4	3
3	4.0	24	15	20	107.38	6	2

表 3-15　被轧制齿轮的精度

所用轧轮编号	模数 m/mm	径向跳动/μm	一个周节误差/μm	累积周节误差/μm
1	2.5	80	34	117

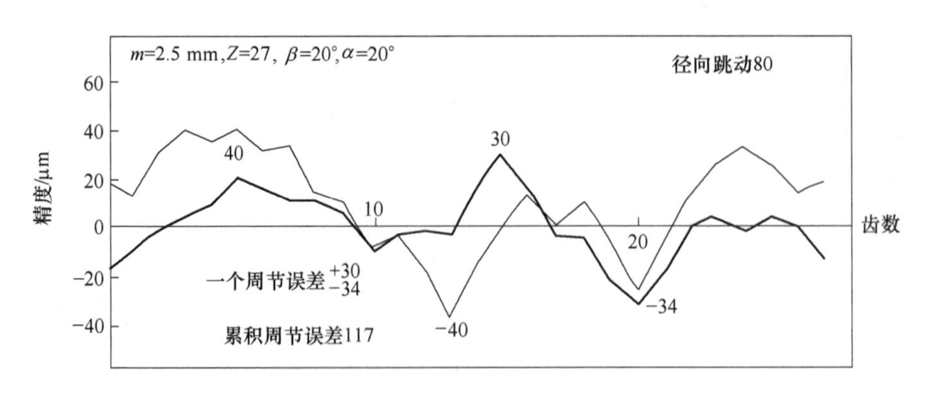

图 3-25　被轧制齿轮的精度[8-9]

在凸轮式三轧轮冷轧成形机上采用经过磨齿加工的轧轮和主动齿轮，可以明显地提高被轧制齿轮的精度。

3.3.2 油压式冷轧机的冷轧成形

为了保持被轧制齿坯的轴线在规定的中心位置上，并使之只做回转运动，可以利用油压系统作为轧轮的进给机构；它是在三个轧轮上均匀地施加仅为轧制所必需的轧制力而不给予强制的机械进给，此时作用于被轧制齿坯轴线上的轧制力自然而然地得到平衡，保证了被轧制齿坯的轴线稳定，从而提高被轧制齿轮的精度。

3.3.2.1 油压式三轧轮冷轧成形机

油压式三轧轮冷轧成形机的结构如图 3-26 所示，其驱动机构给予轧轮和被轧制齿坯以强制转动，即由主轴 1 的回转直接驱动被轧制齿坯 2；同时主轴 1 的回转由主动齿轮 3 经被动齿轮 4、调整联轴节 7（可调整轧轮的相位）以及两组万向联轴节 5，来驱动轧轮 6。

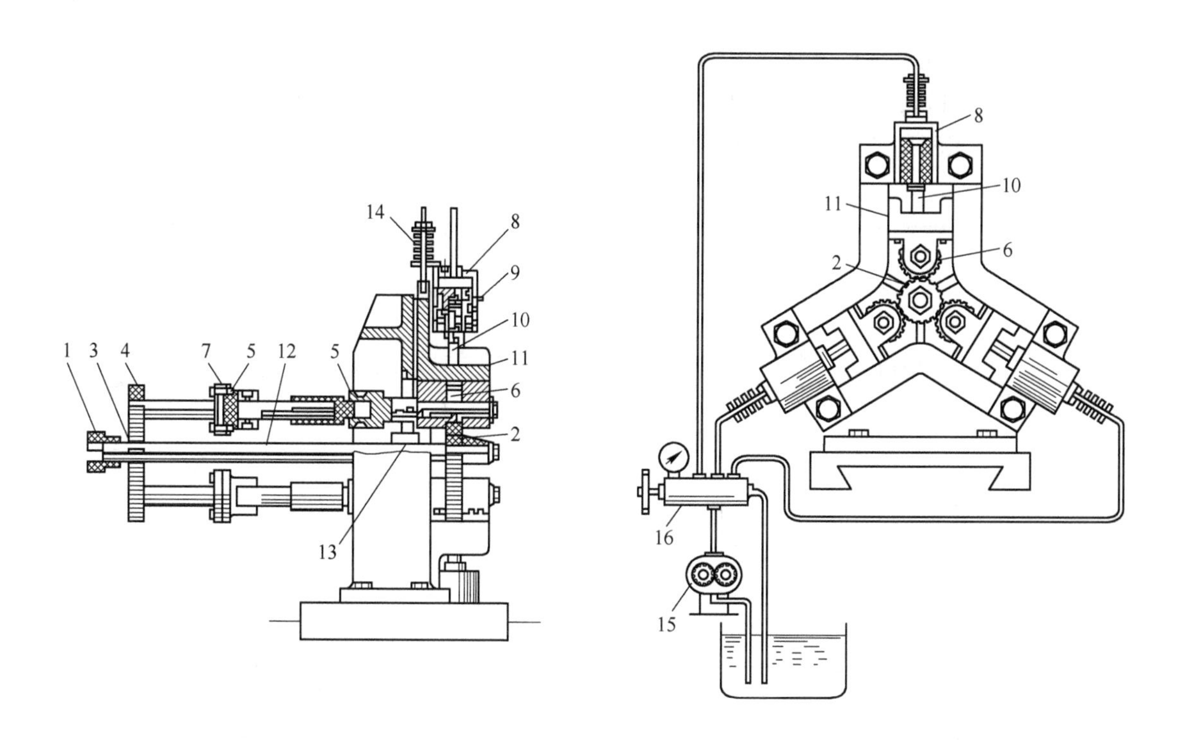

图 3-26 油压式三轧轮冷轧成形机的结构[8-9]

1—主轴；2—被轧制齿坯；3—主动齿轮；4—被动齿轮；5—万向联轴节；6—轧轮；7—调整联轴节；8—油缸；9—活塞；10—活塞杆；11—轧轮支座与滑块；12—齿坯轴；13—齿坯轴轴承；14—螺旋压缩弹簧；15—齿轮油泵；16—调压阀

轧轮支座 11 上的轧轮 6，借助油缸 8 中活塞 9 的进给运动，压在被轧制齿坯 2 上，并产生轧入力；等压的油压从齿轮油泵 15 经调压利用螺旋压缩弹簧 14 的弹力作用，来完成轧轮的回程运动。

该冷轧机的主要参数：最大轧制力 90000 kN、常用轧制力 60000 kN、可轧制的最大齿坯直径为 ϕ150 mm、轧轮的最大直径为 ϕ150 mm。

该冷轧机可以轧制模数 m = 1.0 mm 到径节 DP = 10 in^{-1}的低碳钢和中碳钢质齿轮。

3.3.2.2　冷轧成形工艺

A　模数 m = 1.75 mm 齿轮的冷轧成形

在如图 3-26 所示的油压式三轧轮冷轧成形机上冷轧成形模数 m = 1.75 mm 的齿轮时，所采用轧轮的基本参数和精度见表 3-16，所采用主动齿轮和被动齿轮的基本参数见表 3-17；冷轧成形后的被轧制齿轮精度见图 3-27。

如图 3-27（a）所示为采用表 3-16 中的 1 号轧轮和表 3-17 中的 1 号主动齿轮以及 1 号被动齿轮进行搭配后冷轧成形的被轧制齿轮精度。

如图 3-27（b）所示为采用表 3-16 中的 2 号轧轮和表 3-17 中的 5 号主动齿轮以及 3 号被动齿轮进行搭配后冷轧成形的被轧制齿轮精度。

由图 3-27 可知，使用磨齿的主动齿轮时，所轧制出的齿轮的径向跳动和周节误差均较小，尤其是累积周节误差显著地减小。

表 3-16　模数 m=1.75 mm 轧轮的基本参数和精度

编号	基本参数					精度/μm		
	模数 m/mm	齿数 Z	螺旋角 β/(°)	压力角 α/(°)	齿顶圆直径 d_a/mm	径向跳动	一个周节误差	累积周节误差
1	1.75	42	0	25	77.50	42	21	119
	1.75	42	0	25	77.50	118	25	245
	1.75	42	0	25	77.50	56	25	135
2	1.75	48	0	25	87.28	70	15	59
	1.75	48	0	25	87.28	64	24	220
	1.75	48	0	25	87.28	80	18	119

表 3-17 主动齿轮和被动齿轮的基本参数

<table>
<tr><th rowspan="2">名称</th><th rowspan="2">编号</th><th colspan="5">基 本 参 数</th><th rowspan="2">备注</th></tr>
<tr><th>径节 DP 或
模数 m</th><th>齿数 Z</th><th>螺旋角
β/(°)</th><th>啮合角
α/(°)</th><th>齿顶圆直径
d_a/mm</th></tr>
<tr><td rowspan="6">主动齿轮</td><td>1</td><td>DP = 8 in^{-1}</td><td>30</td><td>15（左）</td><td>14.5</td><td>104.96</td><td></td></tr>
<tr><td>2</td><td>m = 4 mm</td><td>22</td><td>15（左）</td><td>20</td><td>99.00</td><td>磨齿</td></tr>
<tr><td>3</td><td>m = 4 mm</td><td>24</td><td>15（左）</td><td>20</td><td>107.38</td><td>磨齿</td></tr>
<tr><td>4</td><td>m = 4 mm</td><td>26</td><td>15（左）</td><td>20</td><td>115.66</td><td>磨齿</td></tr>
<tr><td>5</td><td>m = 4 mm</td><td>30</td><td>15（左）</td><td>20</td><td>132.23</td><td></td></tr>
<tr><td>6</td><td>m = 4 mm</td><td>31</td><td>15（左）</td><td>20</td><td>136.37</td><td></td></tr>
<tr><td rowspan="5">被动齿轮</td><td>1</td><td>DP = 8 in^{-1}</td><td>30</td><td>15（右）</td><td>14.5</td><td>104.96</td><td></td></tr>
<tr><td>2</td><td>m = 4 mm</td><td>24</td><td>15（右）</td><td>20</td><td>107.38</td><td>磨齿</td></tr>
<tr><td>3</td><td>m = 4 mm</td><td>30</td><td>15（右）</td><td>20</td><td>132.23</td><td>磨齿</td></tr>
<tr><td>4</td><td>m = 4 mm</td><td>36</td><td>15（右）</td><td>20</td><td>157.08</td><td>磨齿</td></tr>
<tr><td>5</td><td>m = 4 mm</td><td>48</td><td>15（右）</td><td>20</td><td>206.77</td><td>磨齿</td></tr>
</table>

注：$DP = \frac{25.4}{m}$。

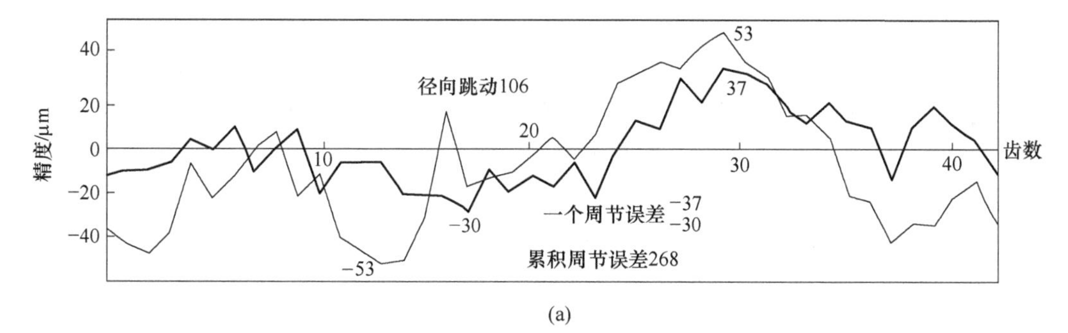

(a)

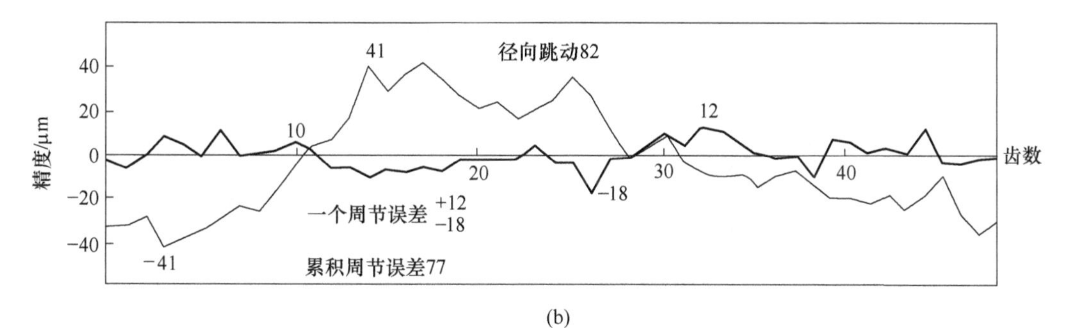

(b)

图 3-27 被轧制齿轮的精度[8-9]

(a) m=1.75 mm，Z=42，β=0°，α=20°；(b) m=1.75 mm，Z=48，β=0°，α=20°

B　模数 $m=2.0$ mm 齿轮的冷滚轧

在如图 3-26 所示的油压式三轧轮冷轧成形机上冷轧成形模数 $m=2.0$ mm 的齿轮时，所采用轧轮的基本参数和精度见表 3-18，所采用主动齿轮和被动齿轮的基本参数和精度见表 3-17；冷轧成形后的被轧制齿轮精度见图 3-28。

表 3-18　模数 $m=2.0$ mm 轧轮的基本参数和精度

编号	基本参数					精度/μm		
	模数 m/mm	齿数 Z	螺旋角 β/(°)	压力角 α/(°)	齿顶圆直径 d_a/mm	径向跳动	一个周节误差	累积周节误差
1	2.0	42	5	20	88.32	140	60	575
	2.0	42	5	20	88.32	144	50	190
	2.0	42	5	20	88.32	134	30	234
2	2.0	48	10	20	102.11	70	12	54
	2.0	48	10	20	102.11	62	6	25
	2.0	48	10	20	102.11	72	10	42

如图 3-28（a）所示为采用表 3-18 中的 1 号轧轮和表 3-17 中的 3 号主动齿轮（该主动齿轮的精度如图 3-29 所示）以及 2 号被动齿轮进行搭配后冷轧成形的被轧制齿轮精度。

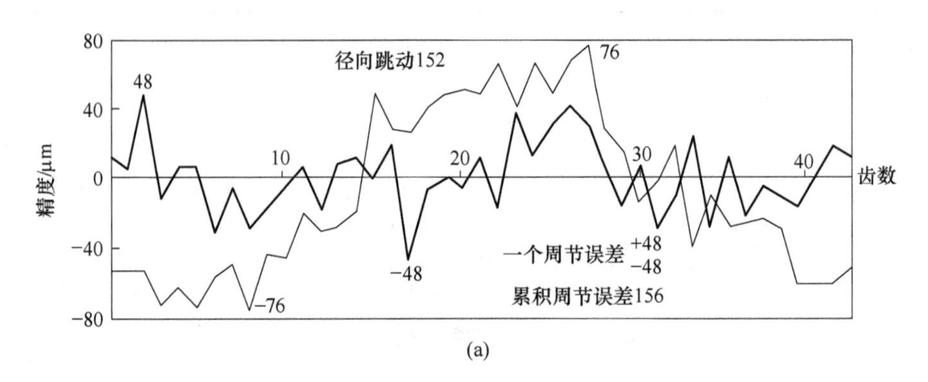

(a)

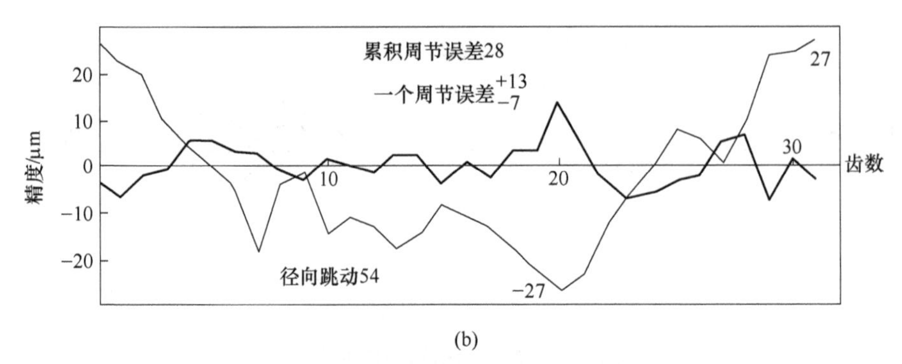

(b)

图 3-28　被轧制齿轮的精度[8-9]

（a）$m=2.0$ mm，$Z=42$，$\beta=5°$，$\alpha=20°$；（b）$m=2.0$ mm，$Z=31$，$\beta=10°$，$\alpha=20°$

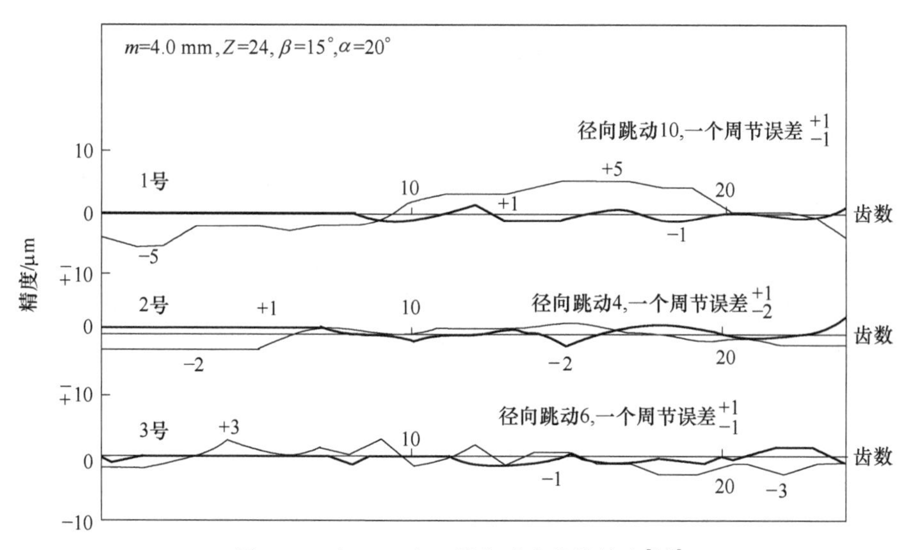

图 3-29 表 3-17 中 3 号主动齿轮的精度[8-9]

如图3-28（b）所示为采用表3-18中的2号轧轮（该轧轮虽然未经磨齿，但它的精度很高，特别是周节误差很小）和表3-17中的6号主动齿轮以及5号被动齿轮进行搭配后冷轧成形的被轧制齿轮精度。

由图3-28可知，采用精度高特别是周节误差很小的轧轮所轧制出的齿轮的周节误差和累积周节误差都很小。

C 模数 $m=2.5$ mm 齿轮的冷轧成形

在如图3-26所示的油压式三轧轮冷轧成形机上冷轧成形模数 $m=2.5$ mm 的齿轮时，所采用轧轮的基本参数和精度见表3-19和图3-30（该轧轮采用赖斯霍尔型齿轮磨床进行磨齿加工）；所采用的主动齿轮为表3-17中编号为2的主动齿轮，所采用的被动齿轮为表3-17中编号为2的被动齿轮；冷轧成形后的被轧制齿轮精度见图3-31。

表 3-19 模数 $m=2.5$ mm 轧轮的基本参数和精度

编号	基本参数					精度/μm		
	模数 m/mm	齿数 Z	螺旋角 β/(°)	压力角 α/(°)	齿顶圆直径 d_a/mm	径向跳动	一个周节误差	累积周节误差
1	2.5	36	20	20	98.27	6	6	14
	2.5	36	20	20	98.27	14	8	21
	2.5	36	20	20	98.27	20	10	24

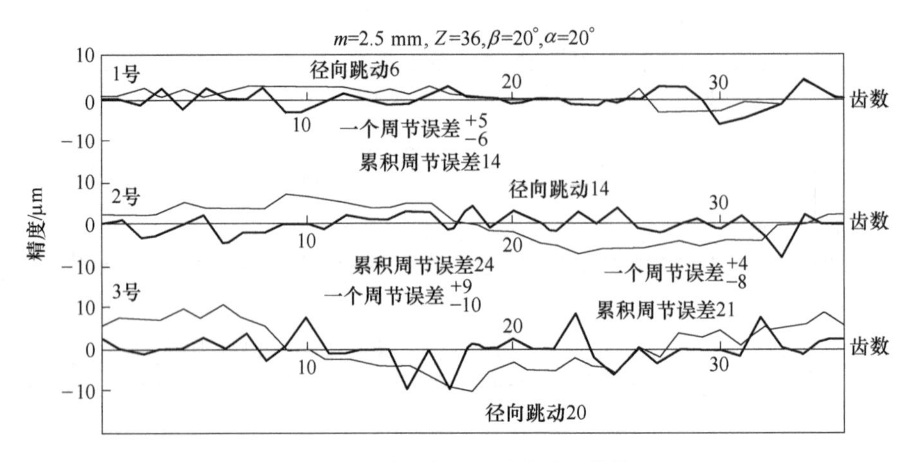

图 3-30　经过磨齿的轧轮精度[8-9]

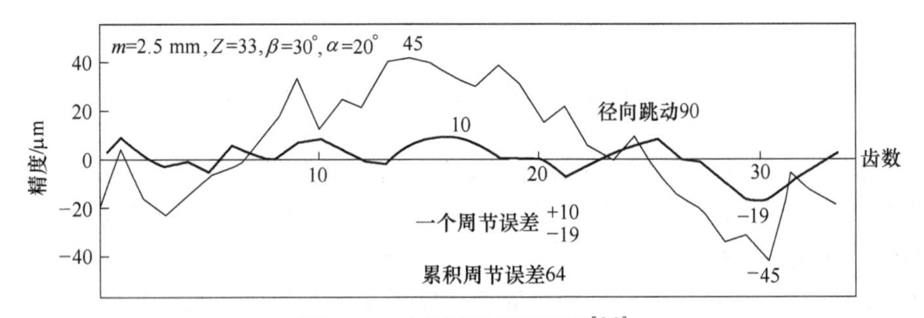

图 3-31　被轧制齿轮的精度[8-9]

由图 3-31 可知，使用经过磨齿的轧轮和主动齿轮来进行传动和轧制，所轧制出的齿轮周节误差很小。

D　径节 DP = 10 in^{-1} 齿轮的冷轧成形

在如图 3-26 所示的油压式三轧轮冷轧成形机上冷轧成形径节 DP = 10 in^{-1} 的齿轮时，所采用轧轮的基本参数和精度见表 3-20 和表 3-21；所采用的主动齿轮为表 3-17 中编号为 4 的主动齿轮，所采用的被动齿轮为表 3-17 中编号为 4 的被动齿轮；冷轧成形后的被轧制齿轮精度见图 3-32。

表 3-20　径节 DP = 10 in^{-1} 轧轮的基本参数和精度（磨齿前）

编号	基本参数					精度/μm		
	径节 DP/in^{-1}	齿数 Z	螺旋角 β/(°)	压力角 α/(°)	齿顶圆直径 d_a/mm	径向跳动	一个周节误差	累积周节误差
1	10	36	0	20	96.30	50	15	80
	10	36	0	20	96.30	82	32	109
	10	36	0	20	96.30	42	16	95

注：$DP = \frac{25.4}{m}$。

表 3-21 径节 DP=10 in^{-1}轧轮的基本参数和精度（磨齿后）

编号	基本参数					精度/μm		
	径节 DP/in^{-1}	齿数 Z	螺旋角 β/(°)	压力角 α/(°)	齿顶圆直径 d_a/mm	径向跳动	一个周节误差	累积周节误差
1	10	36	0	20	96.30	44	7	52
	10	36	0	20	96.30	52	9	29
	10	36	0	20	96.30	18	8	44

注：$DP=\frac{25.4}{m}$。

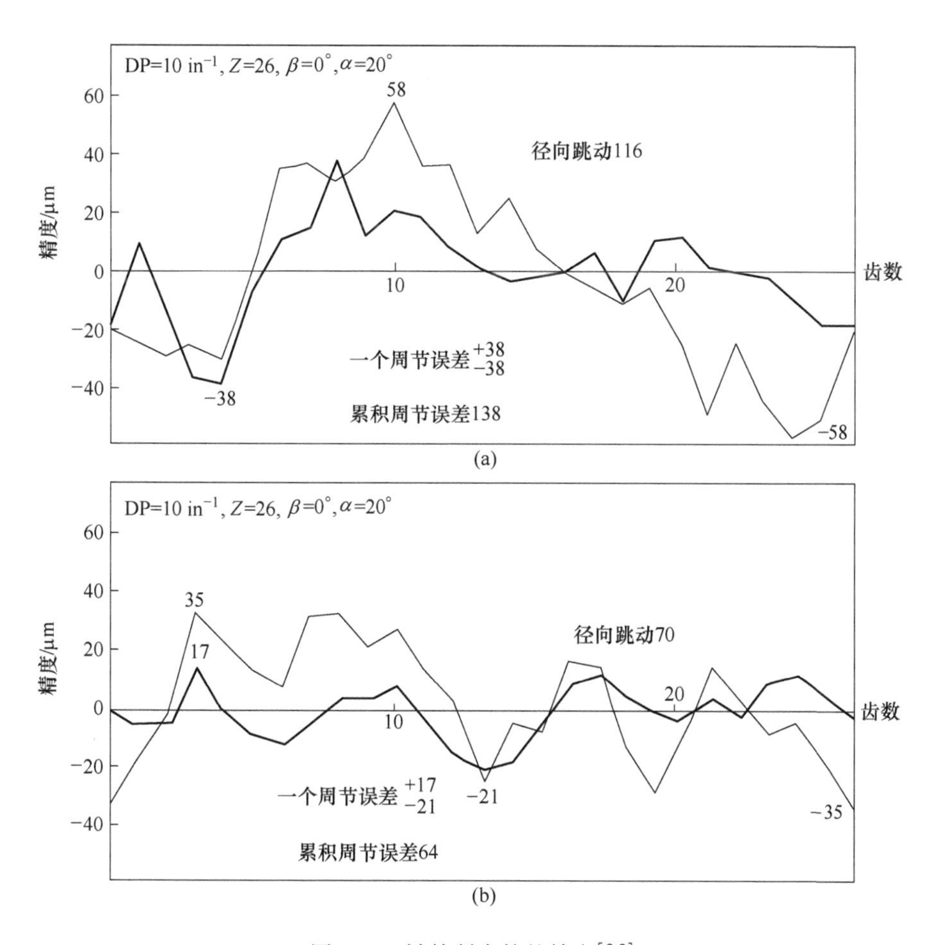

图 3-32 被轧制齿轮的精度[8-9]

（a）未经磨齿加工的轧轮；（b）经过磨齿加工的轧轮

由图 3-32 可知，提高轧轮的精度可以提高被轧制齿轮的精度。

表 3-22 为在同样条件下采用未经磨齿加工的轧轮和经磨齿加工的轧轮冷轧成形的被轧制齿轮精度，由该表可知，采用经磨齿加工的轧轮冷轧成形的被轧制齿轮不仅误差较小，而且误差的偏差范围也小。

表 3-22　轧轮磨齿前后对被轧制齿轮精度的影响

轧轮	数量/个	被轧制齿轮					
		径向跳动/μm		一个周节误差/μm		累积周节误差/μm	
		平均值	标准偏差	平均值	标准偏差	平均值	标准偏差
磨齿前	37	108	34	47	20	167	93
磨齿后	20	86	12	33	9	112	48

由上述4个冷轧成形加工实例可知：如果以低碳钢为齿坯，将所需的轧制力 P 换算成相当于齿坯单位厚度所需的轧制力与齿轮模数 m 之间的关系，并用曲线表达出来，则可得到如图 3-33 所示的结果；如果将轧制时所需的实际轧制时间 T 换算成相当于 1.0 mm 齿坯宽度和每个轮齿所需的轧制时间，并用曲线表达出来，则可得到如图 3-34 所示的结果。

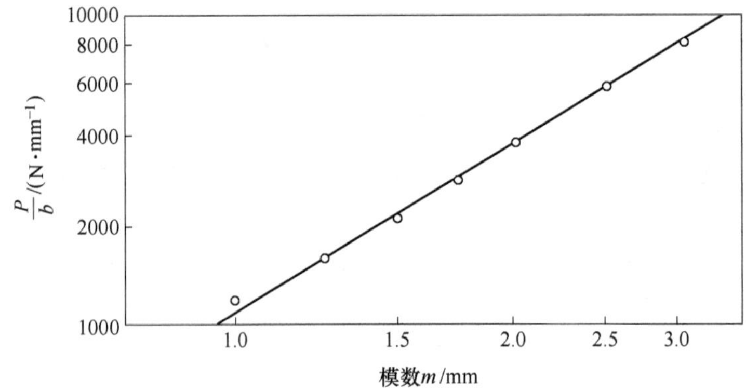

图 3-33　低碳钢齿坯单位厚度所需的轧制力 $\frac{P}{b}$ 与模数 m 之间的关系[8-9]

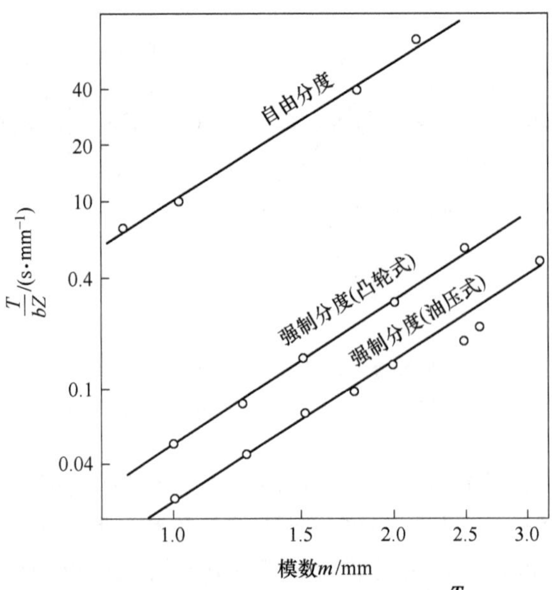

图 3-34　低碳钢齿坯单位厚度每个轮齿所需的实际轧制时间 $\frac{T}{bZ}$ 与模数 m 之间的关系[8-9]

3.4 非圆形齿形零件的冷轧成形

3.4.1 非圆形齿形零件的冷轧成形方法

冷轧成形非圆形齿形零件时，若采用强制分度方式，为了使被轧制齿坯和轧轮产生相对运动，必须具有特殊的不等速传动装置，则冷轧成形设备的结构就比较复杂；若采用自由分度方式，只需对轧轮或被轧制齿坯给予强制转动，则冷轧成形设备的结构就比较简单[8-9]。

因此，非圆形齿形零件的冷轧成形以圆形轧轮作为轧制工具，并采取自由分度方式。

3.4.1.1 单轧轮的冷轧成形

用圆形轧轮轧制非圆形齿轮时，圆形轧轮与非圆形齿坯之间的相对运动和圆形齿轮与非圆形齿轮之间的啮合情况一致。

如图 3-35 所示，将一个圆形轧轮从一个方向以一定的进给压力 Q 进给，圆形轧轮与非圆形齿坯回转时，两者的中心距会发生变化，轧制力 F 也因之而变化；同时轧制力给予齿坯轴的力矩也会发生变化；这样就很难形成平稳的回转运动，而且还可能造成啮合不好而脱开。

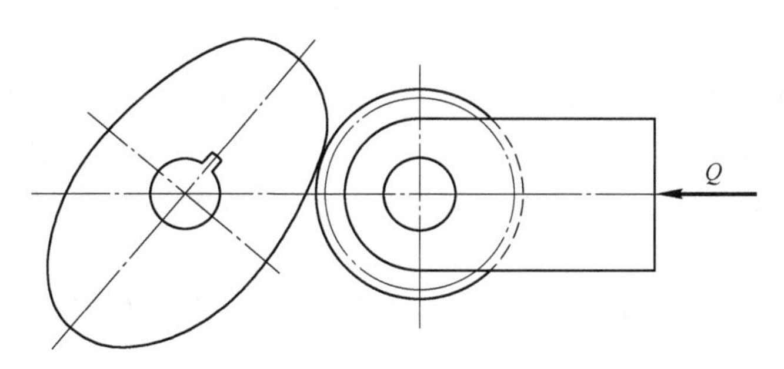

图 3-35 单轧轮冷轧成形非圆形齿轮示意图[8-9]

3.4.1.2 双轧轮的冷轧成形

如图 3-36 所示为双轧轮冷轧成形非圆形齿轮示意图，其轧制工具由两个轧轮组成，两个轧轮之间保持着适当的中心距离而安装在叉形支架上；支架用销子与支座连接，并以销子为支点能够左右摆动；轧制时的进给压力 Q 从一个方向进给，通过弹簧压在支座上，再分别传递给两个轧轮；这种冷轧成形方法可以得到平稳的回转运动，保证轧轮和被轧制齿轮之间有良好的啮合。

当非圆形齿坯回转一周时，两个轧轮施加给齿坯外圆周上的轧制力 F_1 和 F_2 随压在该齿坯外圆周上的位置不同而变化，轧轮的轧入量也会随之变化。

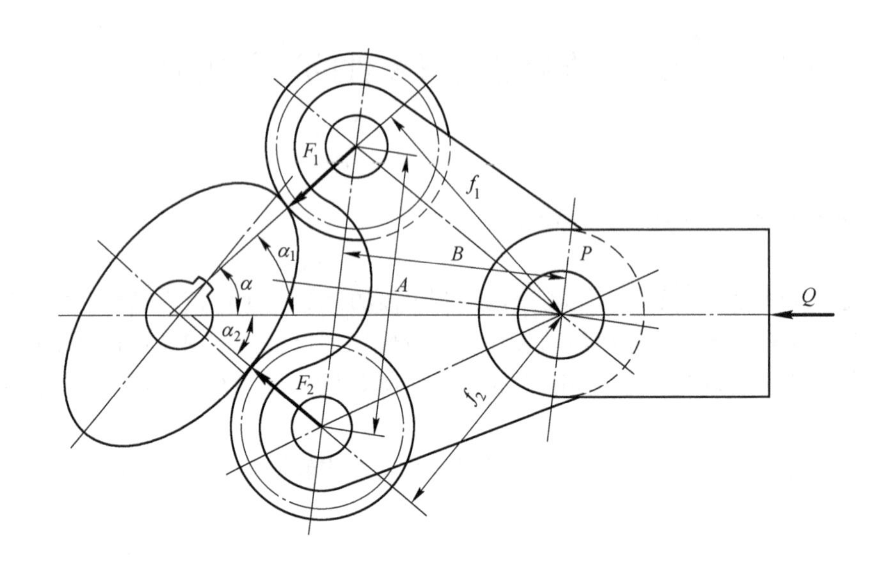

图 3-36　双轧轮冷轧成形非圆形齿轮示意图[8-9]

为解决轧轮轧入量变化的问题，采取在同一齿坯上加装具有与非圆形齿轮的周节曲线相同形状的样板，并在轧轮轴上安装圆形轴环，利用这个机构来保持一定的轧入量；这样，随着轧制的进行，即使轧制压力有所变化，但当轧轮进给到规定的轧入量时，样板就与轴环接触，轧轮就不再继续轧入。因此，在齿坯的圆周圈保证了一定的轧入量，从而能够范成出规定的齿形。

在轧制开始时，齿数分度的方法是将一个分度轧轮安装在叉形支架的一根轧轮轴上，而在另一根轧轮轴上安装轴环；利用轴环与样板的接触，来控制分度时的轧入量。这样，在进行齿数分度的轧制时，分度轧轮接触齿坯，轴环接触样板，就能在非圆形齿坯上分度出所需的齿数。

因为分度齿数时只需微量轧入，所以供分度用的轴环外径要比轧制用的轴环外径略大。

在进行了齿数的分度之后，则分别在两根轧轮轴上换装轧制用的轧轮和轧制用的轴环，并做适当调整后即可进行冷轧成形加工。

3.4.2　椭圆齿轮冷轧成形机

如图 3-37 所示为利用车床改装而成的非圆形齿轮冷轧成形机结构示意图。它是将车床上的刀架和进给丝杠卸下之后，装上轧轮支座和进给压紧装置；轧轮支座与进给丝杠之间，装有圆柱形螺旋压缩弹簧；利用转动丝杠来操纵轧轮支座的进给或退回。

为了防止轧制出的齿形向一个方向倾斜，轧制时要求主轴可做正转和反转。

如图 3-36 所示，轧轮支座上装有两个轧轮；轧制时的进给压力 Q 施加于圆柱形螺旋压缩弹簧上，并将进给压力传给轧轮支座而使轧轮产生轧制力 F_1 和 F_2。

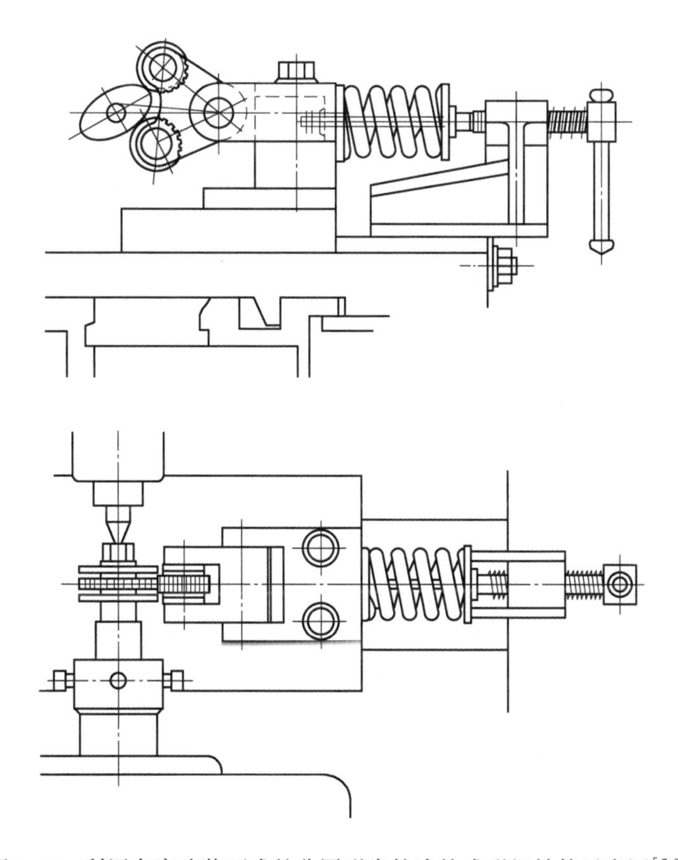

图 3-37 利用车床改装而成的非圆形齿轮冷轧成形机结构示意图[8-9]

非圆形齿坯是保持其中心位置不变而进行回转的。因此，轧轮支架以销子为支点做左右摆动的同时，支座随之做进给和退回的往复运动。因而，两个轧轮施加在齿坯上的轧制力 F_1 和 F_2 通过齿坯圆周曲线（即齿坯圆周上不同的位置）而出现变化；其次，即使进给压力 Q 不变，轧制力 F_1 和 F_2 仍然会变化。

轧制力 F_1 和 F_2 的计算方法如下：

如图 3-36 所示，在齿坯的任意回转位置上，取非圆形齿轮的周节曲线与轧轮切点处的公法线为轧制力矢量 $\boldsymbol{F}_1$ 和 $\boldsymbol{F}_2$；又设从销子中心 P 对轧制力矢量 $\boldsymbol{F}_1$ 和 $\boldsymbol{F}_2$ 引出垂线的长度分别为 f_1 和 f_2，因而对于 P 点的力矩如下：

$$\boldsymbol{F}_1 f_1 = \boldsymbol{F}_2 f_2$$

若设轧制力矢量 $\boldsymbol{F}_1$ 和 $\boldsymbol{F}_2$ 与进给压力 $\boldsymbol{Q}$ 方向间的夹角分别为 α_1 和 α_2，则进给压力 Q 与轧制力矢量 $\boldsymbol{F}_1$ 和 $\boldsymbol{F}_2$ 在 $\boldsymbol{Q}$ 方向的分力平衡，有

$$\boldsymbol{F}_1 \cos\alpha_1 + \boldsymbol{F}_2 \cos\alpha_2 = \boldsymbol{Q} \tag{3-38}$$

通过实验测量 f_1、f_2、α_1 和 α_2，就可以求出齿坯上任意回转位置的轧制力 F_1 和 F_2。

3.4.3　齿坯的形状与齿数的分度

3.4.3.1　非圆形齿坯的形状

在冷轧成形非圆形齿轮时，由于它的周节曲线各部分的曲率半径是不同的，因此在冷轧成形过程中的每个齿的凸起系数 K 值也有所不同。

（1）模数 m 小、齿数 Z 较多的非圆形齿坯形状。对于模数 m 小、齿数 Z 较多的非圆形齿轮，轧制时的凸起系数 K 值相差不大，因此其齿坯的形状可以用与椭圆齿轮的周节曲线相平行的曲线来表示。

（2）具有周节曲线的椭圆齿坯的形状。对于具有周节曲线的椭圆齿坯的形状，可由下式计算：

$$r' = r_0 + m(1 - K) + C_1\cos2\theta + C_2\cos4\theta \tag{3-39}$$

式中　K——凸起系数。

3.4.3.2　齿数的分度

采用自由分度方式轧制时，应先分度出齿数。对于椭圆齿轮的冷轧成形，其轧轮在回转的同时还要做摆动运动，齿坯外圆与轧轮齿顶之间会产生更大的滑动；因此，也应先计算出轧轮的齿顶圆直径。

对于具有周节曲线的椭圆齿坯，假定轧轮齿顶与齿坯外圆周之间没有滑动，由于轧轮的周节与齿坯的周节相等，则有

$$\frac{\pi d_1}{Z_1} = \frac{1}{Z_2}\int_0^{2\pi} r'\mathrm{d}\theta \tag{3-40}$$

式中　d_1——分度轧轮的齿顶圆直径；

Z_1——分度轧轮的齿数；

Z_2——椭圆齿轮的齿数。

在椭圆齿轮的实际冷轧成形过程中，其轧轮齿顶与齿坯外圆周之间存在着滑动。现以齿坯轴为主动轴，取一个周节之间的滑动量为 S_1，则有

$$\frac{\pi d_1}{Z_1} = \frac{1}{Z_2}\int_0^{2\pi} r'\mathrm{d}\theta - S_1 \tag{3-41}$$

所以有

$$d_1 = \frac{Z_1}{Z_2\pi}\int_0^{2\pi} r'\mathrm{d}\theta - \frac{Z_1}{\pi}S_1 = \frac{2Z_1}{Z_2}[r_0 + m(1 - K)]\left\{1 - \frac{2\pi[r_0 + m(1 - K)]}{Z_2S_1}\right\} \tag{3-42}$$

设 L 为滑动系数，其值可按下式计算得到：

$$L = \frac{2\pi[r_0 + m(1 - K)]}{Z_2S_1} \tag{3-43}$$

则有

$$d_1 = \frac{2Z_1}{Z_2}[r_0 + m(1 - K)](1 - L) \tag{3-44}$$

3.4.4 铝制薄片状椭圆齿轮的冷轧成形

现介绍铝制厚度仅为 5.0 mm 的两种椭圆齿轮的冷轧成形：

（1）模数 $m = 1.0$ mm、齿数 $Z = 75$ 的直齿椭圆齿轮。

（2）模数 $m = 1.25$ mm、齿数 $Z = 60$ 的直齿椭圆齿轮。

3.4.4.1 齿坯形状确定

对于以上两种椭圆齿轮，其齿坯的尺寸参数：$r_0 = 37.5$ mm 、$C_1 = 9.9$ mm 、$C_2 = -0.54$ mm 。

该齿坯是一个长轴为 93.72 mm、短轴为 54.12 mm 的椭圆，它是从厚度为 5.0 mm 的压延板材上按齿坯外形切割下来的。

3.4.4.2 轧轮支架

在如图 3-36 所示的结构中，轧轮支架随齿坯的回转而以销子为支点做摆动运动；同时，支座做进退的往复运动。

支座做往复运动的行程长度，因两个轧轮的中心距 A 的变化而变化。支座的往复运动必然会影响到轧制力 F_1 和 F_2，为了尽可能使进给压力 Q 保持一定，应尽量缩小支座往复运动的行程长度。

A 轧轮中心距 A 的计算

如图 3-38 所示，取直角坐标系 x 轴、y 轴的原点为极点，x 轴为轴线；节圆直径为 d 的轧轮沿着椭圆的圆周滚动时，轧轮中心 P 的轨迹可用切线极坐标方程式来表示：

$$R = \left(r_0 + \frac{d}{2}\right) + C_1\cos2\theta + C_2\cos4\theta \tag{3-45}$$

而轧轮中心 P 在直角坐标系的方程式为

$$x = R\cos\theta - \frac{\mathrm{d}R}{\mathrm{d}\theta}\sin\theta \tag{3-46}$$

$$y = R\sin\theta - \frac{\mathrm{d}R}{\mathrm{d}\theta}\cos\theta \tag{3-47}$$

为了使椭圆长轴与轴线重合时的轧轮位置与椭圆从原来位置回转 $\frac{\pi}{2}$ 时的轧轮位置一致，有

$$x = y \tag{3-48}$$

$$2y = A \tag{3-49}$$

由此可算出两个轧轮之间的中心距 A 。

即使轧制时的进给压力 Q 保持一定，但是两个轧轮施加给椭圆齿坯外圆周上的轧制力 F_1 和 F_2 仍然是变化的。

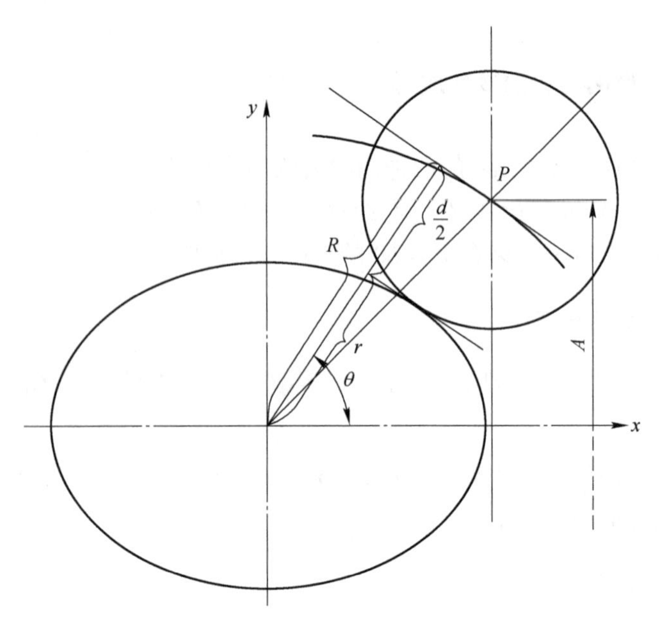

图 3-38　用极坐标表示轧轮与椭圆的滚动关系[8-9]

B　齿坯、轧轮以及轧轮支架的形状及尺寸

(1) 齿坯尺寸为 $r_0 = 37.5$ mm、$C_1 = 9.9$ mm、$C_2 = -0.54$ mm 。

(2) 轧轮尺寸为 $d = 60$ mm 。

(3) 轧轮支架尺寸为 $A = 91.5$ mm、$B = 72.0$ mm 。

(4) 支座往复运动的行程长度约为 0.5 mm。

由齿坯、轧轮以及轧轮支架的形状及尺寸计算出的齿坯回转角 α 与轧制力 F 的关系如图 3-39 所示。

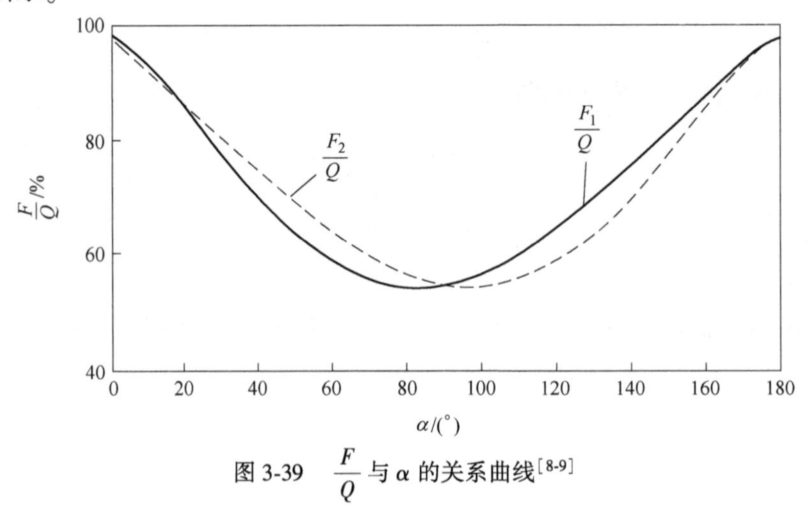

图 3-39　$\frac{F}{Q}$ 与 α 的关系曲线[8-9]

由图 3-39 可知，齿轮的轧制力 F 在齿坯的长轴附近较大、在短轴附近较小。因此，在冷轧成形过程中齿形的凸起情况也是在长轴附近的齿形比其他部分的齿形较早范成。

3.4.4.3　轧轮

轧轮材料选用模具钢，用滚齿机进行切齿，并进行淬火和回火处理。分度用的轧轮采用变位齿轮，轧制用的轧轮采用标准齿轮。

分度用轧轮的尺寸：要确定分度用轧轮的外径，应确定凸起系数 K 和滑动系数 L。

首先，可以采用直齿圆柱齿轮轧制时的滑动系数 L 和凸起系数 K 来确定分度用轧轮的齿顶圆直径，并用该轧轮进行轧制成形以测定滑动量；然后，根据测得的滑动量，计算出滑动系数 L；最后，再按该滑动系数 L 来确定轧制用轧轮的齿顶圆直径。

对于模数 m=1.0 mm 和 m=1.25 mm 的椭圆齿轮，其滑动系数 $L≈0.12$、凸起系数 K=0.05。

如图 3-40 所示为两种轧轮的精度。

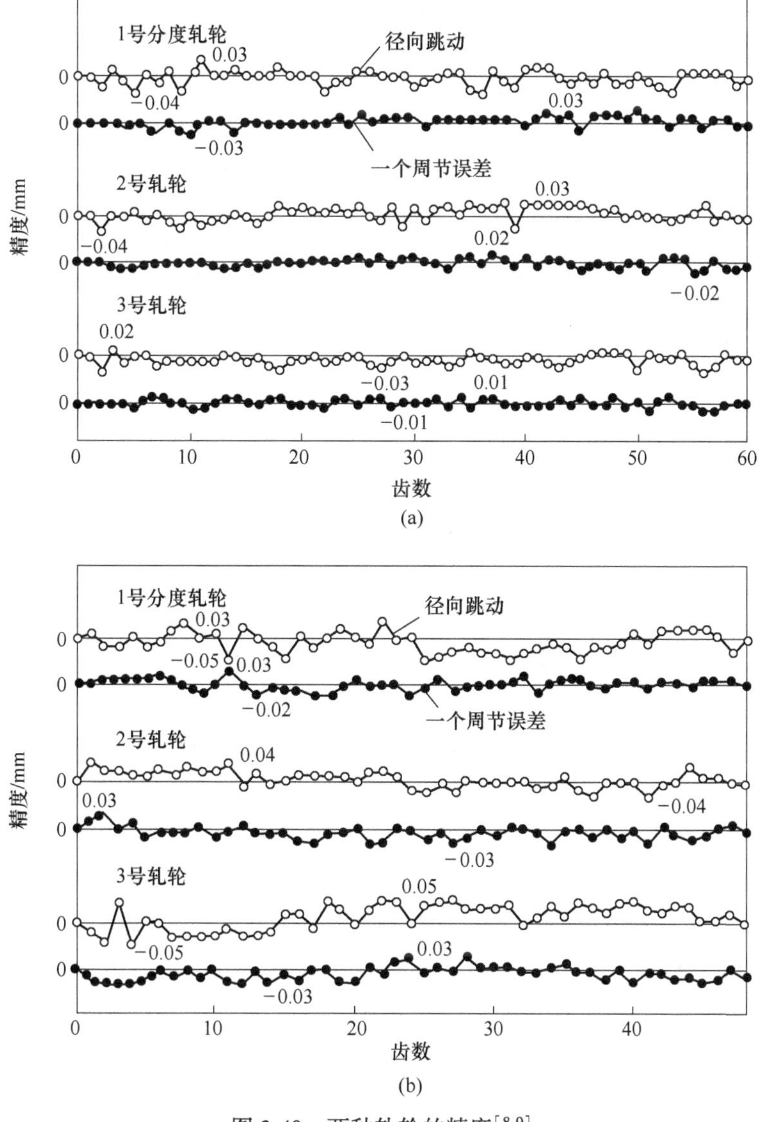

图 3-40　两种轧轮的精度[8-9]

(a) m=1.0 mm，α=20°；(b) m=1.25 mm，α=20°

3.4.4.4　轴环

轴环的材料均采用碳含量为0.5%的碳素结构钢，经850 ℃油淬、150 ℃回火热处理。

冷轧成形用轴环的外径应与轧轮的分度圆直径相等，分度用轴环的外径应比轧制用轴环的外径略大。

表3-23列出了轧轮与轴环的基本参数。

表3-23　轧轮与轴环的基本参数　(mm)

轧轮：m = 1.0 mm、Z = 60、α = 20° 的直齿圆柱齿轮			轧轮：m = 1.25 mm、Z = 48、α = 20° 的直齿圆柱齿轮		
分度用	分度圆直径	60.00	分度用	分度圆直径	60.00
	齿顶圆直径	60.80		齿顶圆直径	61.00
	轴环外径	61.50		轴环外径	62.00
轧制用	分度圆直径	60.00	轧制用	分度圆直径	60.00
	齿顶圆直径	62.00		齿顶圆直径	62.00
	轴环外径	60.00		轴环外径	60.00

3.4.4.5　进给压力与轧制力

A　进给压力

为了求出所需的进给压力 Q，可采取如下方法：

（1）在冷轧成形开始时，使齿坯与轧轮齿顶接触，并带动轧轮，而安装在轧轮轴上的轴环并不转动。

（2）随着冷轧成形的进行，齿坯上在已达规定轧入深度的部分，样板与轴环接触，这时轴环转动；当齿坯圆周经过轧制，其规定的齿形全部成形之后，此时的进给压力就是所需的进给压力 Q。

（3）通过测量此时圆柱形螺旋弹簧的压缩变形量来计算进给压力 Q。

B　轧制力

若已求出进给压力 Q，就可以由图3-39来确定齿坯回转角为 α 的轧制力 F。

对于模数 m = 1.0 mm 的椭圆齿轮，其所需的进给压力 Q = 6000 kN，轧制力 F = 3240 ~ 5880 kN；对于模数 m = 1.25 mm 的椭圆齿轮，其所需的进给压力 Q = 6700 kN，轧制力 F=3620~6560 kN。

3.4.5　被轧制椭圆齿轮的精度

如果在冷轧过程中不使主轴做正、反两个方向的交替回转，则冷轧成形的椭圆齿轮的齿形容易向一侧倾斜；尤其是在周节曲线中曲率半径较小的部分，即在椭圆的长轴附近会形成齿根很薄的齿形。

为了防止产生这种缺陷，一般在冷轧成形时使用较低的主轴转速进行冷轧；当齿形尚未有向一侧倾斜的现象产生时就必须变换主轴的回转方向，这样就可获得良好的椭圆齿轮齿形。

冷轧成形的椭圆齿轮的轮齿精度主要是法线周节误差和齿顶高偏差。

椭圆齿轮的齿顶高偏差可采用齿轮检验仪进行测量，椭圆齿轮的法线周节误差可采用万能工具显微镜进行测量。

如图 3-41 所示为冷轧成形的模数 m = 1.0 mm 和 m = 1.25 mm 的椭圆齿轮的精度。

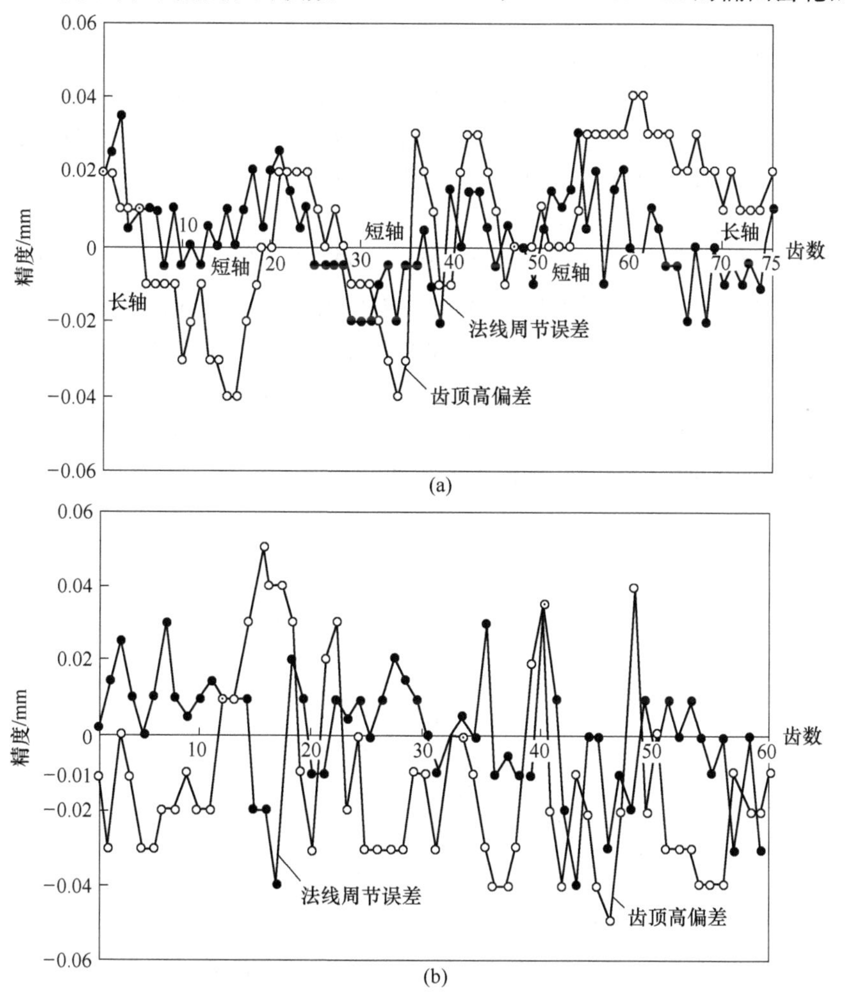

图 3-41 被轧制椭圆齿轮的精度[8-9]

（a）m=1.0 mm，Z=75；（b）m=1.25 mm，Z=60

3.5　被轧制齿轮的齿形质量

3.5.1　影响被轧制齿轮齿形精度的因素

影响被轧制齿轮齿形精度的因素有：

（1）冷轧成形机的精度和刚性。对于冷轧成形加工工艺，冷轧成形机的精度是决定冷轧成形的被轧制齿轮齿形精度的基本因素；因此，为了轧制出高精度的齿轮，要求冷轧成形机具有很高的精度和足够的刚度。

（2）轧轮的误差和齿坯的偏心误差。对于自由分度式冷轧成形法，它是利用两个齿轮（轧轮和被轧制齿坯）的啮合作用进行轧制成形的；如果这两个齿轮存在误差，必然会影响被轧制齿轮的齿形精度，亦即轧轮的精度和齿坯的精度会影响被轧制齿轮的齿形精度。

（3）传动齿轮的误差。对于强制分度式冷轧成形法，传动齿轮（给予轧轮和被轧制齿坯以强制驱动的传动齿轮）的精度也会影响被轧制齿轮的齿形精度[8-9]。

3.5.1.1　强制驱动用主动齿轮的误差对被轧制齿轮齿形精度的影响

如图 3-42 所示为偏心量较大的主动齿轮与被动齿轮的啮合示意图。在图 3-42 中处于中心位置的主动齿轮为偏心齿轮。使用偏心齿轮是为了与图 3-26 所示的三个被动齿轮 4 相啮合，并以每一瞬间变化的回转角速度进行回转运动。

图 3-42　偏心量较大的主动齿轮与被动齿轮的啮合示意图[8-9]

如图 3-43 所示为主动齿轮的偏心误差与被轧制齿轮的齿形偏心误差之间的关系，如图 3-44 所示为主动齿轮的累积周节误差与被轧制齿轮的齿形累积周节误差之间的关系。

由图 3-43 和图 3-44 可知：

（1）被轧制齿轮的齿形偏心误差与主动齿轮的偏心误差成一定的比例，其误差的大

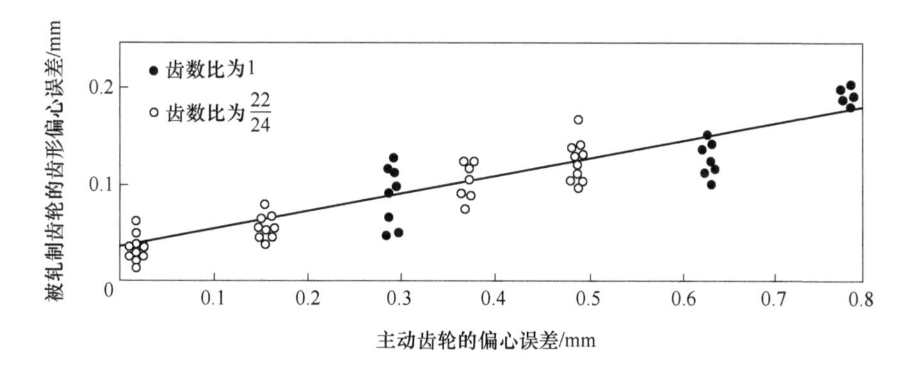

图 3-43 主动齿轮的偏心误差与被轧制齿轮的齿形偏心误差之间的关系[8-9]

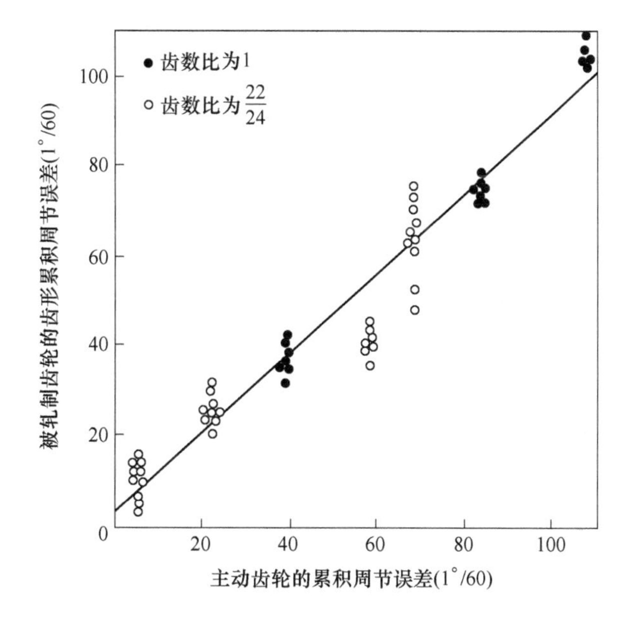

图 3-44 主动齿轮的累积周节误差与被轧制齿轮的齿形累积周节误差之间的关系[8-9]

小为主动齿轮偏心量的 $\frac{1}{4} \sim \frac{1}{3}$。

（2）被轧制齿轮的齿形累积周节误差与主动齿轮的累积周节误差大致相当。

3.5.1.2 轧轮的误差对被轧制齿轮齿形精度的影响

轧轮的精度对被轧制齿轮的齿形精度影响很大。

如图 3-45 所示为偏心轧轮的安装位置示意图。偏心的凸出部分 a_1 位于轧轮 I 的中心垂直线的正下方；a_2 位于轧轮 Ⅱ 和齿坯的中心连线的左上方，a_3 位于轧轮 Ⅲ 和齿坯的中心连线的右上方；三个轧轮的安装位置互为 120°。

如图 3-46 所示为轧轮的累积周节误差与被轧制齿轮的齿形累积周节误差之间的关系，如图 3-47 所示为轧轮的偏心误差与被轧制齿轮的齿形偏心误差之间的关系。

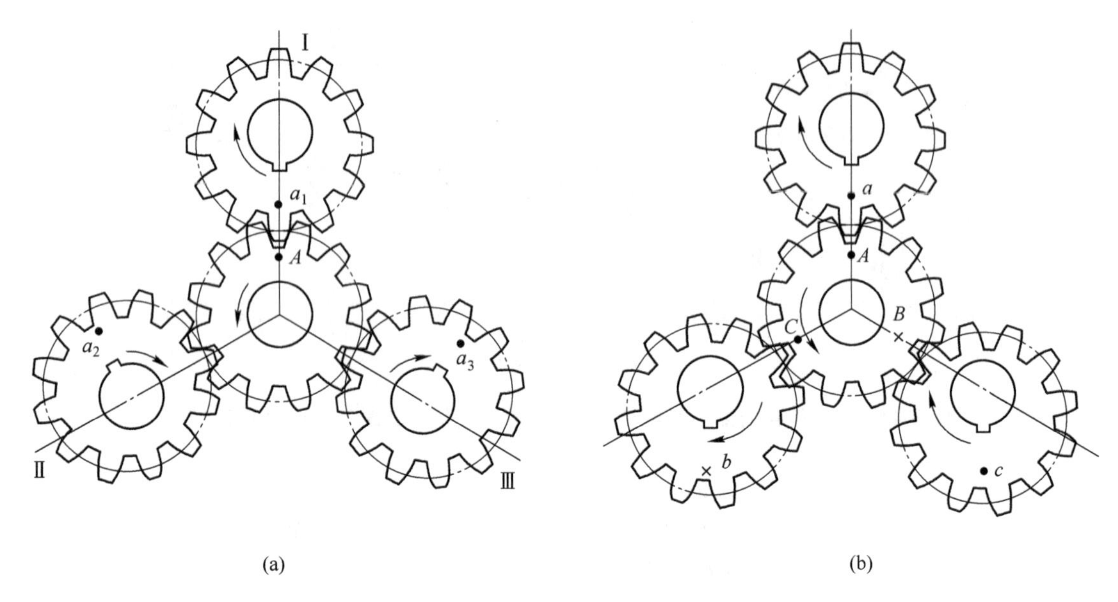

(a) (b)

图 3-45 偏心轧轮的安装位置[8-9]
(a) 安装位置一；(b) 安装位置二

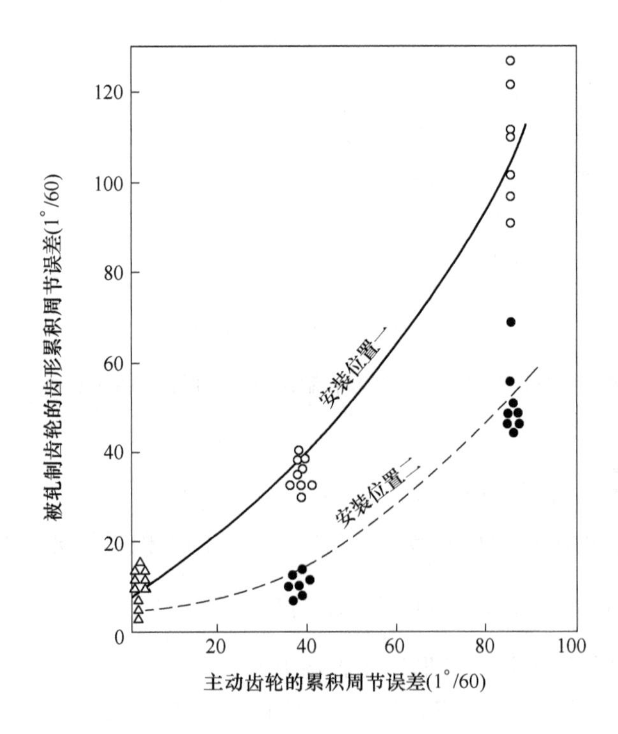

图 3-46 轧轮的累积周节误差与被轧制齿轮的齿形累积周节误差之间的关系[8-9]

由图 3-46 和图 3-47 可知，被轧制齿轮的齿形累积周节误差和偏心误差不仅随轧轮的累积周节误差和偏心误差的增大而增大，而且还与轧轮的安装位置有关（轧轮以安装位

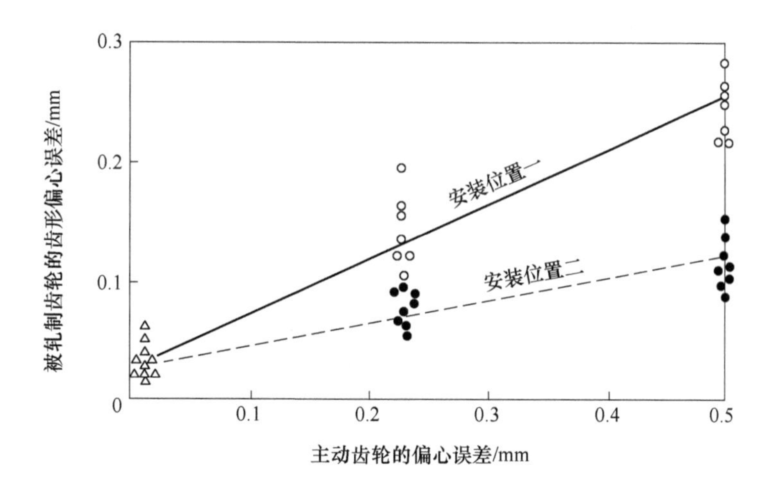

图 3-47 轧轮的偏心误差与被轧制齿轮的齿形偏心误差之间的关系[8-9]

置一进行轧制时，被轧制齿轮的齿形误差是以安装位置二进行轧制时的两倍）。

3.5.1.3 齿坯的偏心误差对被轧制齿轮齿形精度的影响

如果齿坯存在偏心误差，必然会对被轧制齿轮的齿形精度造成一定的影响。如图 3-48 所示为齿坯偏心误差对被轧制齿轮齿形精度的影响。

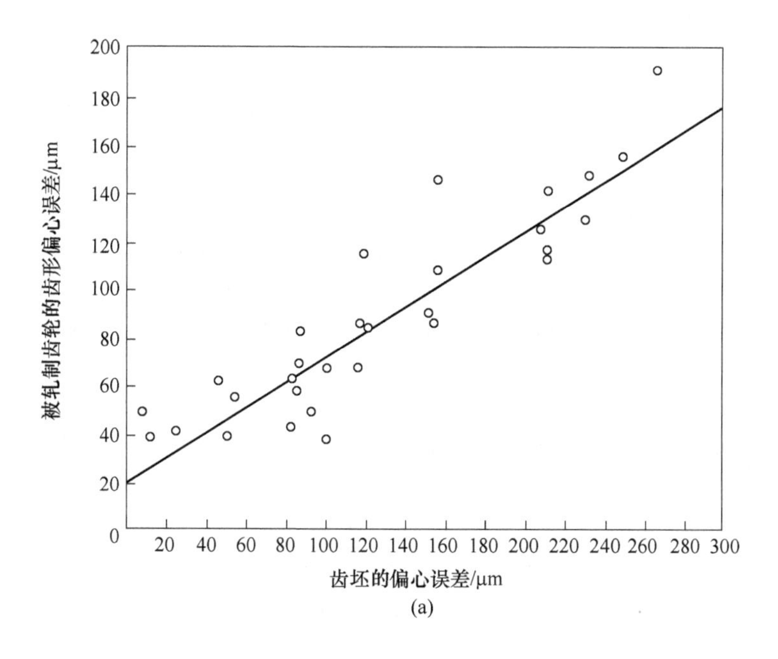

(a)

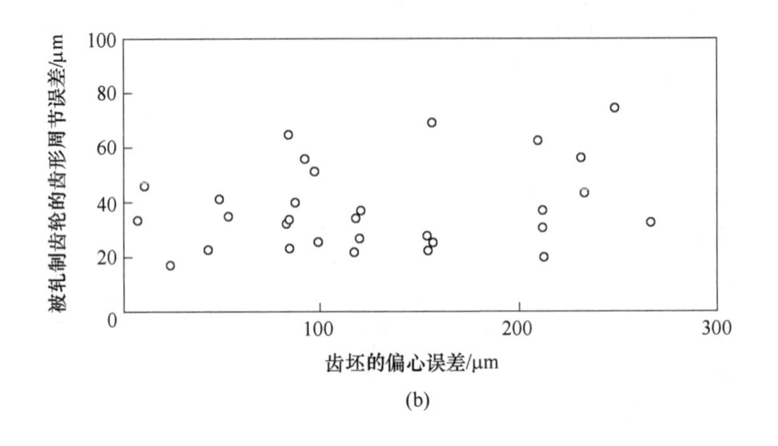

(b)

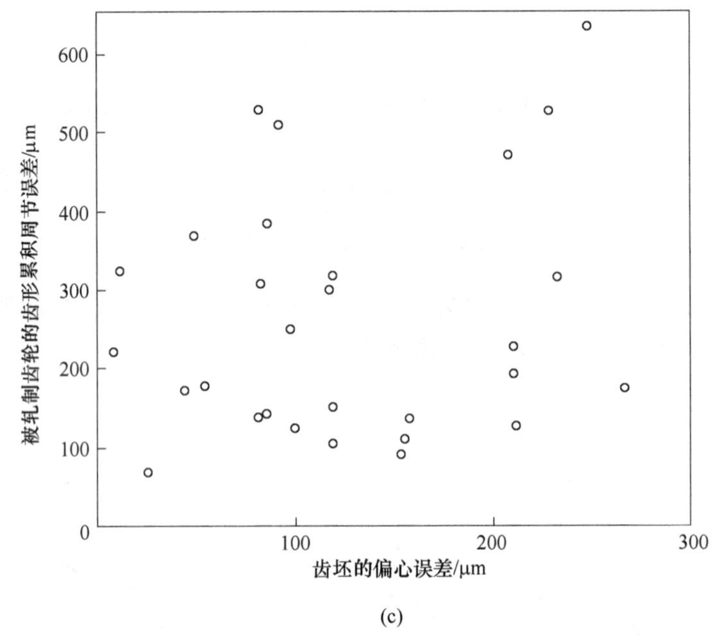

(c)

图 3-48 齿坯偏心误差对被轧制齿轮齿形精度的影响[8-9]

(a) 齿坯的偏心误差与被轧制齿轮的齿形偏心误差之间的关系；
(b) 齿坯的偏心误差与被轧制齿轮的齿形周节
误差之间的关系；(c) 齿坯的偏心误差与被轧制齿轮的齿形累积周节误差之间的关系

由图 3-48（a）可知，齿坯的偏心误差对被轧制齿轮的齿形偏心误差影响较大。齿坯偏心量 e 与被轧制齿轮的齿形偏心误差 E（单位是 μm）的关系，可用如下经验公式来表示：

$$E = 0.52e + 21 \tag{3-50}$$

齿坯的偏心量 e 越大，则被轧制齿轮的齿形偏心误差 E 越大。

由图 3-48（b）和图 3-48（c）可知，被轧制齿轮的齿形周节误差和累积周节误差与齿坯的偏心量无关。

3.5.2 被轧制齿轮的齿面粗糙度

冷轧成形的被轧制齿轮的齿面粗糙度取决于轧轮的齿面粗糙度，并随之而变化。如图 3-49 所示为轧轮的齿面粗糙度与被轧制齿轮的齿面粗糙度之间的关系。

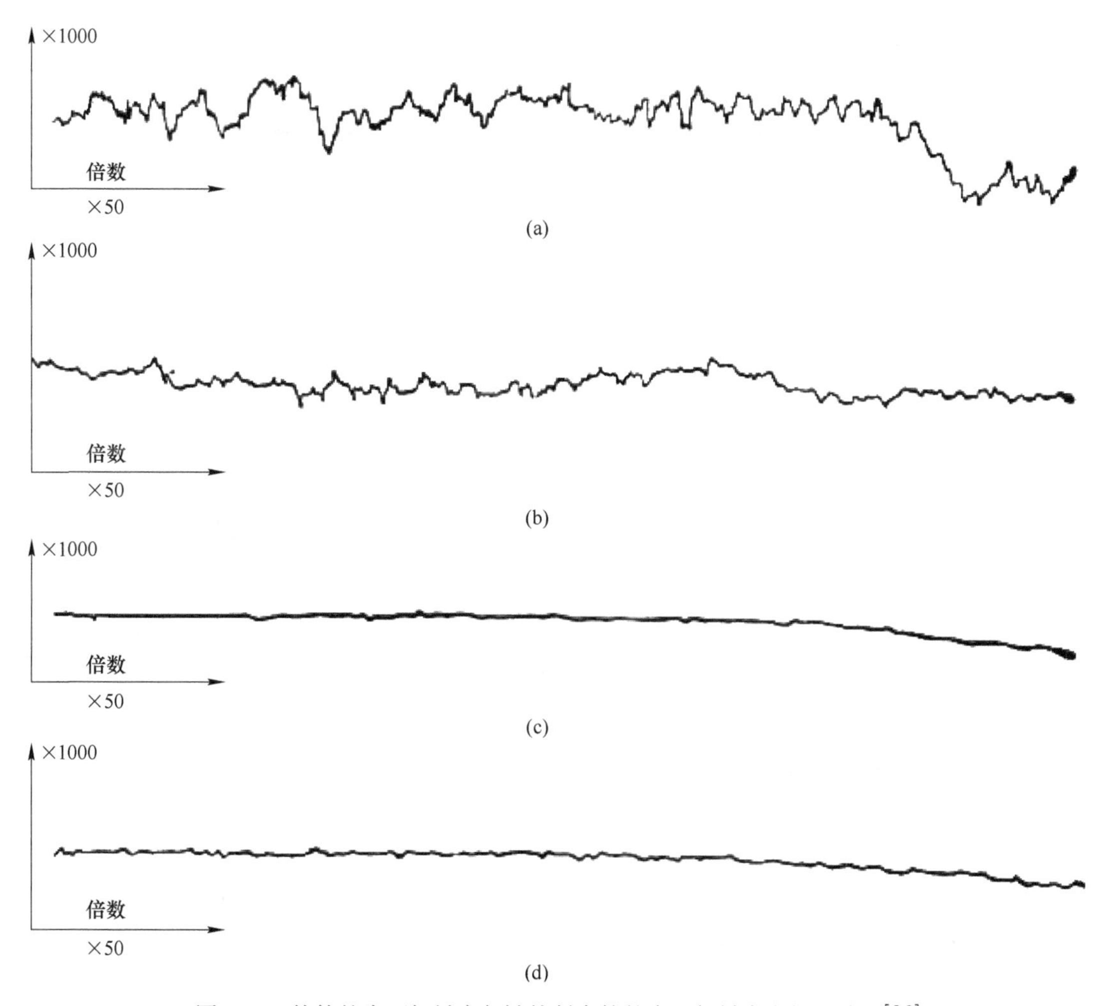

图 3-49 轧轮的齿面粗糙度与被轧制齿轮的齿面粗糙度之间的关系[8-9]

(a) 未经磨齿的轧轮齿面粗糙度；(b) 使用未经磨齿的轧轮冷轧成形的被轧制齿轮的齿面粗糙度；(c) 经过磨齿的轧轮齿面粗糙度；(d) 使用经过磨齿的轧轮冷轧成形的被轧制齿轮的齿面粗糙度

图 3-49 中的齿面粗糙度是采用触针式表面粗糙度检查仪进行测量所得的结果。触针式表面粗糙度检查仪的触针顶端为半径 10 μm 的金刚石针；齿面的测量部位在齿面上的分度圆附近，沿齿宽方向进行测试；测试时齿宽方向的宽度放大倍数为 50 倍，齿面粗糙度的微量不平度的放大倍数为 1000 倍。

由图 3-49 可知，使用磨齿轧轮时，由于轧轮的齿面非常光滑，冷轧成形时它对被轧制齿轮的齿面形成镜面精加工，因此被轧制齿轮的齿面粗糙度大致与轧轮的齿面粗糙度相同；使用未经磨齿的轧轮时，被轧制齿轮的齿面虽然没有达到镜面精加工的程度，但其齿面的微量不平度比轧轮要小（其原因是在冷轧成形过程中被轧制齿轮的齿面受到轧轮齿面的滚光作用，使其齿面的微量不平度得到部分消除）。

如图 3-50 所示为使用经过磨齿的轧轮冷轧成形的被轧制齿轮经渗碳淬火后的齿面粗糙度与滚齿加工的齿轮齿面粗糙度的比较。

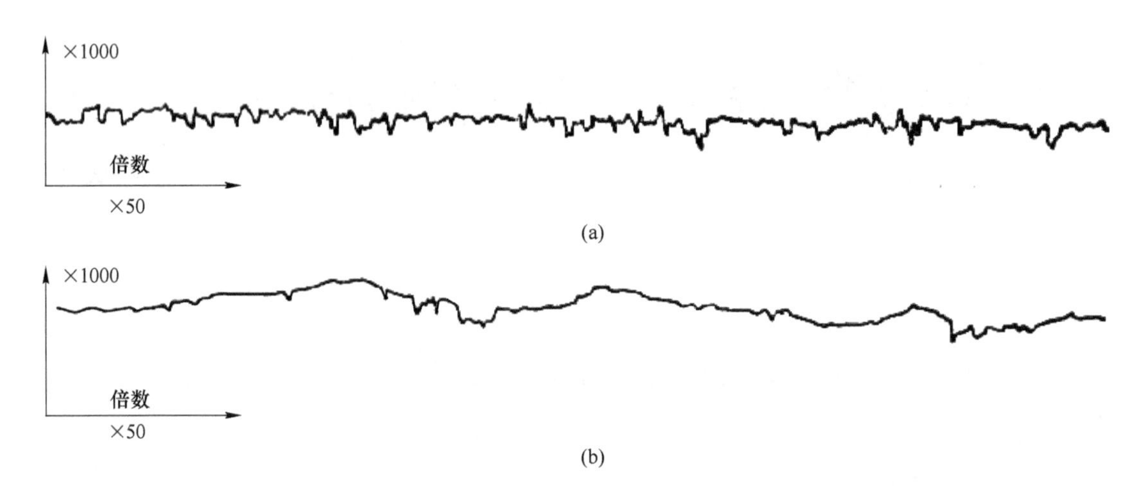

图 3-50 冷轧成形的被轧制齿轮经渗碳淬火后的齿面粗糙度与滚齿加工的齿轮齿面粗糙度的比较[8-9]
（a）冷轧成形的被轧制齿轮经渗碳淬火后的齿面粗糙度；（b）滚齿加工的齿轮齿面粗糙度

由图 3-50（a）和图 3-49（d）可知，冷轧成形的被轧制齿轮经渗碳淬火后，虽然其齿面粗糙度有一定的变化，但变化不大（没有较大的波峰）。

3.5.3 被轧制齿轮的金相组织

在冷轧成形加工过程中，利用齿坯金属的塑性变形来范成被轧制齿轮的齿形，因而齿坯的金属纤维流线不会被切断。因此，冷轧成形的被轧制齿轮的齿形部分金属纤维流向大体上顺着齿形从而形成连续的纤维流线。

3.5.4 被轧制齿轮的硬度

冷轧成形的被轧制齿轮，由于在冷轧成形过程中金属的加工硬化，使得靠近齿形表面部分的硬度比齿形内部的硬度要高，如图 3-51 所示。

3.5.5 被轧制齿轮的弯曲强度

齿轮轮齿的弯曲强度试验方法为静载荷弯曲试验，在公称压力为 50000 kN 的万能材料试验机进行。

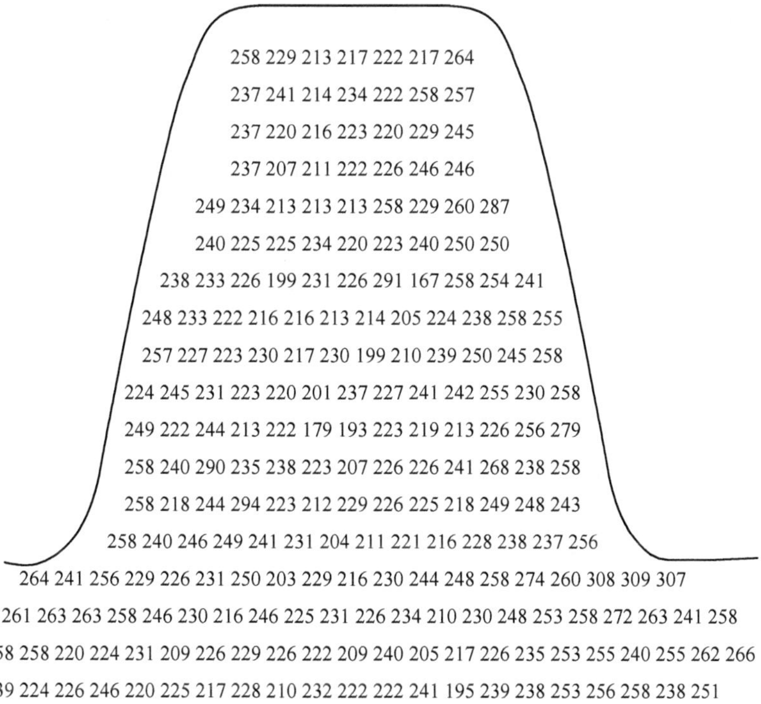

258 229 213 217 222 217 264
237 241 214 234 222 258 257
237 220 216 223 220 229 245
237 207 211 222 226 246 246
249 234 213 213 213 258 229 260 287
240 225 225 234 220 223 240 250 250
238 233 226 199 231 226 291 167 258 254 241
248 233 222 216 216 213 214 205 224 238 258 255
257 227 223 230 217 230 199 210 239 250 245 258
224 245 231 223 220 201 237 227 241 242 255 230 258
249 222 244 213 222 179 193 223 219 213 226 256 279
258 240 290 235 238 223 207 226 226 241 268 238 258
258 218 244 294 223 212 229 226 225 218 249 248 243
258 240 246 249 241 231 204 211 221 216 228 238 237 256
264 241 256 229 226 231 250 203 229 216 230 244 248 258 274 260 308 309 307
286 261 263 263 258 246 230 216 246 225 231 226 234 210 230 248 253 258 272 263 241 258
258 258 258 220 224 231 209 226 229 226 222 209 240 205 217 226 235 253 255 240 255 262 266
239 224 226 246 220 225 217 228 210 232 222 222 241 195 239 238 253 256 258 238 251

图 3-51　冷轧成形的被轧制齿轮其齿形部分的硬度分布[8-9]

[显微硬度计，其测试载荷为 500 kN；维氏硬度（HV）]

齿轮轮齿的静载荷弯曲试验装置如图 3-52 所示。首先，将试验用的试验齿轮 2 在线

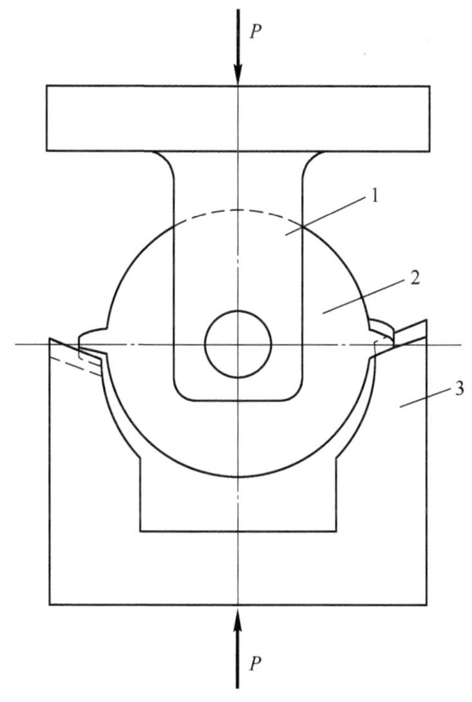

图 3-52　齿轮轮齿的静载荷弯曲试验装置[8-9]

1—支架；2—试验齿轮；3—支承台

切割加工机床上进行切齿加工，仅留下在齿轮中心线上的两个相互对称的轮齿；然后再将其安装在支架1上，支承台3上具有与试验齿轮2的分度圆处相接触的平面，用来支承试验齿轮2并承受压力；支承台3需进行淬火处理以防止在试验过程中引起变形。

试验时测量轮齿的破坏载荷，并用破坏载荷除以齿根的截面积，即得到破坏应力。

如图3-53所示为冷轧成形的被轧制齿轮与切削加工的齿轮弯曲强度的比较。

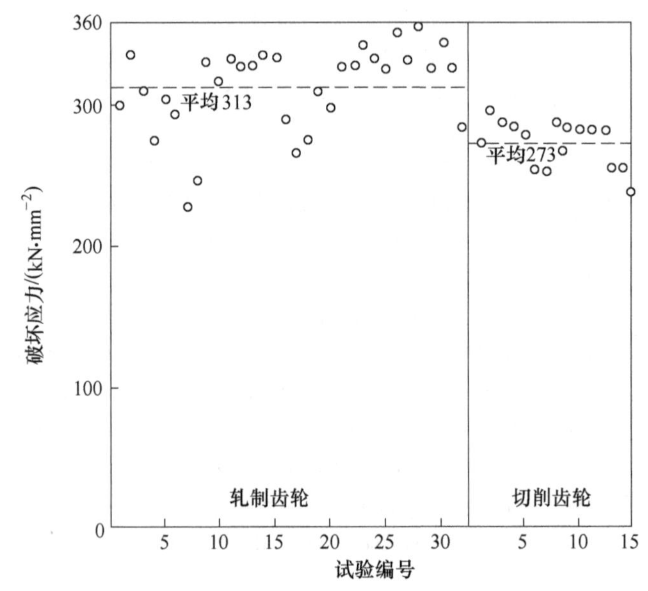

图3-53　冷轧成形的被轧制齿轮与切削加工的齿轮弯曲强度的比较[8-9]

（试验齿轮为斜齿圆柱齿轮，齿轮材质为20钢；齿形参数：$m = 2.0$ mm、$\alpha = 20°$、$Z = 44$、$\beta = 20°$）

由图3-53可知，冷轧成形的被轧制齿轮轮齿破坏应力大致为313 kN/mm^2，切削加工的齿轮轮齿破坏应力大致为273 kN/mm^2。试验结果表明，冷轧成形的被轧制齿轮的破坏应力比切削加工的齿轮的破坏应力约大15%。

4 齿形零件的热轧成形

齿形零件的冷轧成形工艺具有加工时间短、加工精度高的特点，所以它是适合于大批量生产的一种近净锻造成形方法。但是，由于齿形零件的冷轧成形工艺是利用金属材料的塑性变形来成形其齿形，故要求冷轧成形前的齿坯应具有良好的可塑性。因而，对于冷轧成形工艺来说，自然受到齿坯的材质的限制。此外，由于在常温下金属材料的可塑性有一定的限度，而且轧轮的齿部强度也有一定的限度，所以冷轧成形加工的被轧制齿轮的模数也受到限制；同时在冷轧成形过程中，被轧制齿轮的轮齿会出现“齿顶猗角”现象；而且冷轧成形的被轧制齿轮的齿顶上容易产生龟裂状的伤痕，具有这种伤痕的齿轮在工作过程中容易早期失效。因此，冷轧成形工艺仅限于小模数的传动齿轮和细小齿轮的轧制成形。

齿形零件的热轧成形工艺是将齿坯加热，使齿坯具有良好可塑性的条件下进行轧制成形的一种近净锻造成形工艺。由于热轧成形状态下齿坯的可塑性很好，因此不论是碳含量较高的钢质齿轮或者是碳含量较低的钢质齿轮均可以进行热轧成形；同时热轧成形不仅可以轧制小模数的齿轮，还可以轧制大模数的齿轮；而且被轧制齿轮的轮齿不存在“齿顶猗角”现象[8-9]。

齿形零件热轧成形的关键问题是齿坯的加热方法。

在热轧成形时，由于齿坯受轧制而引起塑性变形的部位是齿坯的外圆部分，因此齿坯的外圆部分材料必须加热，以增加其可塑性；而对于齿坯的内部必须尽可能降低其温度，使之保持刚度，从而防止整个齿坯的变形。因此，热轧成形时的齿坯加热，就是加热后的齿坯外圆部分软而齿坯内部保持高强度和高刚性即所谓齿坯具有外柔内刚的理想状态[8-9]。

齿坯的加热方法如整体加热法是将齿坯放到加热炉中进行整体加热。该方法存在如下缺点：

（1）整体加热的齿坯，在轧制成形时容易造成轧制成形设备的主轴受热而温度升高，不仅导致主轴的精度难以保证，同时也易被损伤。

（2）整体加热的齿坯，在轧制成形时不仅齿坯的外圆部分发生塑性变形，而且齿坯的内部也会产生塑性变形，从而造成整个齿坯变形，无法轧制出满足被轧制齿形零件规定的形状和尺寸。

（3）将整体加热的齿坯从加热炉中取出然后再将其安装到轧制成形设备主轴上的过程中，齿坯的温度会下降。

而如齿坯的高频感应加热法是将齿坯置于高频加热装置的感应线圈中进行加热。利用高频感应加热，能使齿坯的外圆在一瞬间产生高温，并立即变软；而齿坯的内部还保持原来的硬度。

在实际生产中，通常都采用高频感应加热的方法对齿坯进行加热。

4.1 齿坯的高频感应加热

4.1.1 高频感应加热原理

如图 4-1 所示，由铜线线圈制成的感应器，环绕在被加热金属的周围，当高频电流通过感应线圈时，其磁场就能够渗透金属；当磁场做周期性的变换时，围绕被加热金属的磁通也随之而变化；磁通变化，则在被加热金属中就产生热损失。热损失的性质和大小，随被加热金属的性质与温度的不同而各异。如果被加热金属为铁类的强磁性体，则引起磁滞损失和涡流损失。

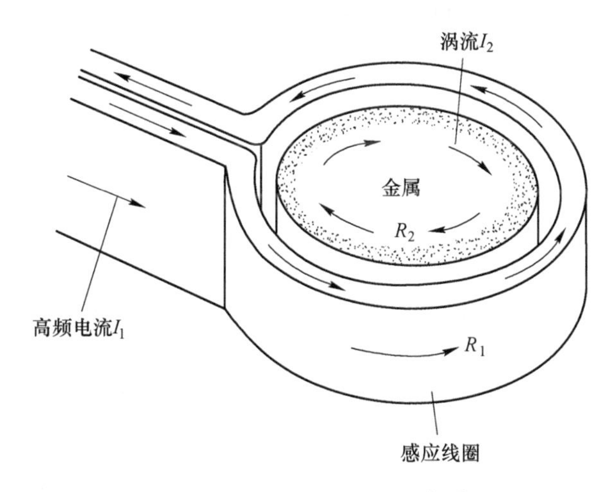

图 4-1 高频感应加热原理[8-9]

磁滞损失是由于在磁性材料中产生交变磁场，引起分子振动的摩擦热。因而，磁滞损失的大小，与产生振动的磁场频率以及磁场强度成一定的比例：

$$P_h = KfB^{1.6} \tag{4-1}$$

式中 P_h——磁滞损失，W；

f——频率，Hz；

B——磁通密度，Gs（1 Gs = 10^{-4} T）；

K——常数。

如果被加热金属的温度上升，则磁导率 μ 减小，这时磁滞损失也相应减小，在到达磁性转变点（即居里点）处成为零。因此，在高频感应加热时，通常将磁滞损失忽略不计。

涡流损失是由于涡流而造成的电阻损耗，它可按流经被加热金属的电流及其电阻来计算：

$$P_e = I_2^2 R_2 \tag{4-2}$$

式中 P_e——涡流损失，W；

I_2 ——流经被加热金属的电流，A；

R_2 ——被加热金属的电阻，Ω。

当使用的电流频率较低时，流经被加热金属的感应电流均匀地分布；但是在高频时，由于表面效应，感应电流集中在被加热金属的表面。

今假定在被加热金属表面处的电流密度为 J_0，从其表面到内部深度 x（单位是 cm）处的电流密度为 J_x，则有

$$J_x = J_0 e^{-2\pi x\sqrt{\frac{\mu f}{\rho}\times 10^{-9}}} \tag{4-3}$$

式中　μ ——磁导率；

ρ ——电阻系数，Ω · cm；

f ——频率，Hz。

设电流密度为 J_0 的$\frac{1}{e}$处的深度为 s（单位是 cm），则有

$$s = \frac{1}{2\pi}\sqrt{\frac{\rho}{\mu f}\times 10^{9}} \tag{4-4}$$

式中　μ ——磁导率；

ρ ——电阻系数，Ω · cm；

f ——频率，Hz。

如图 4-2 所示为电流密度与电力密度的分布情况。由图 4-2 可知，从被加热金属的表面到内部深度 $x = s$ 处的功率约达总功率的 90%。因此，在高频感应加热时，可以只考虑从被加热金属的表面到 $x = s$ 处所产生的热，s 又被称为高频感应电流的渗透深度。

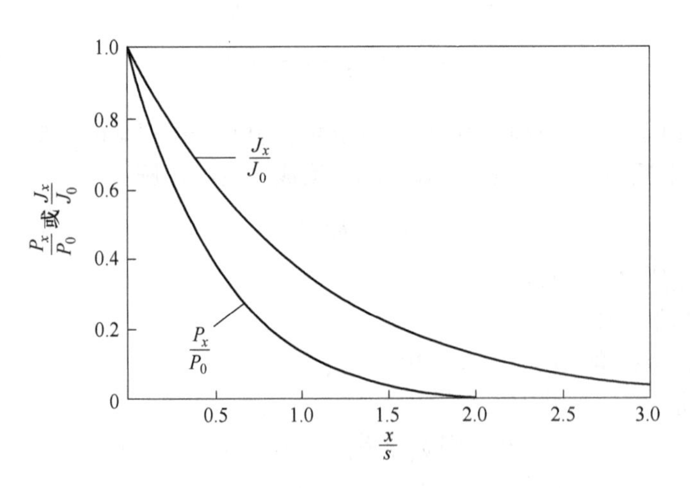

图 4-2　电流密度与电力密度的分布情况[8-9]

J_0 —表面的电流密度；J_x —深度为 x（单位是 cm）处的电流密度；

P_0 —表面的电力密度；P_x —深度为 x（单位是 cm）处的电力密度

而被加热金属的电阻 R_2 为

$$R_2 = \frac{l_a}{g_a} \times \frac{\rho}{s} \tag{4-5}$$

式中 l_a——感应电流的平均回路长度，cm；

g_a——感应电流的回路宽度，即线圈的宽度，cm。

设被加热金属的半径为 r，则 l_a 为

$$l_a = \pi(2r - s) \tag{4-6}$$

由此有

$$P_e = I_2^2 \frac{l_a}{g_a} \times \frac{\rho}{s} = I_2^2 \frac{l_a}{g_a} \times 2\pi\sqrt{\rho\mu f} \tag{4-7}$$

如图 4-3 所示为感应加热的等价电路。

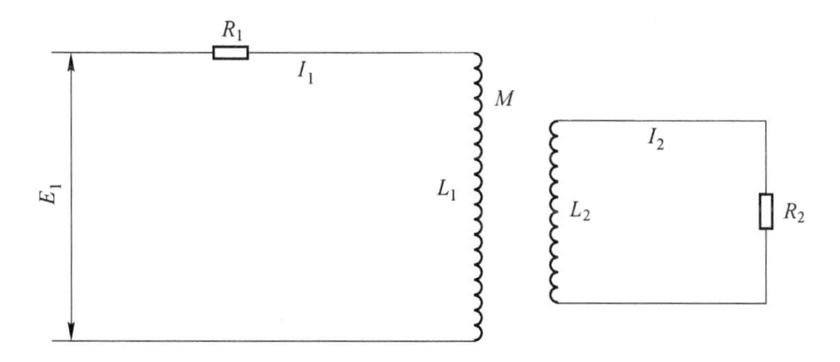

图 4-3 感应加热的等价电路[8-9]

由图 4-3 有

$$E_1 = (R_1 + j\omega L_1)I_1 + j\omega M I_2 \tag{4-8}$$

$$0 = (R_2 + j\omega L_2)I_2 + j\omega M I_1 \tag{4-9}$$

则有

$$I_2 = -\frac{j\omega M}{R_2 + j\omega L_2} \times I_1 \tag{4-10}$$

设

$$A = -\frac{j\omega M}{R_2 + j\omega L_2} \tag{4-11}$$

则有

$$I_2 = AI_1 \tag{4-12}$$

因为通常在高频回路中 $R_2 < \omega L_2$，所以 A 可表示为

$$A \approx -\frac{M}{L_2} \tag{4-13}$$

则有

$$E_1 = I_1[(R_1 + A^2R_2) + j\omega(L_1 - A^2L_2)] \tag{4-14}$$

$$P_e = A^2 I_1^2 \frac{l_a}{g_a} \times 2\pi\sqrt{\rho\mu f} \tag{4-15}$$

式中　A——结合系数，根据被加热金属与感应线圈的结合情况而定。

设感应线圈的半径为 b，被加热金属半径为 a、宽度为 l。

如图 4-4 所示为结合系数 A 与 $\frac{b}{a}$ 及 $\frac{l}{2a}$ 之间的关系。

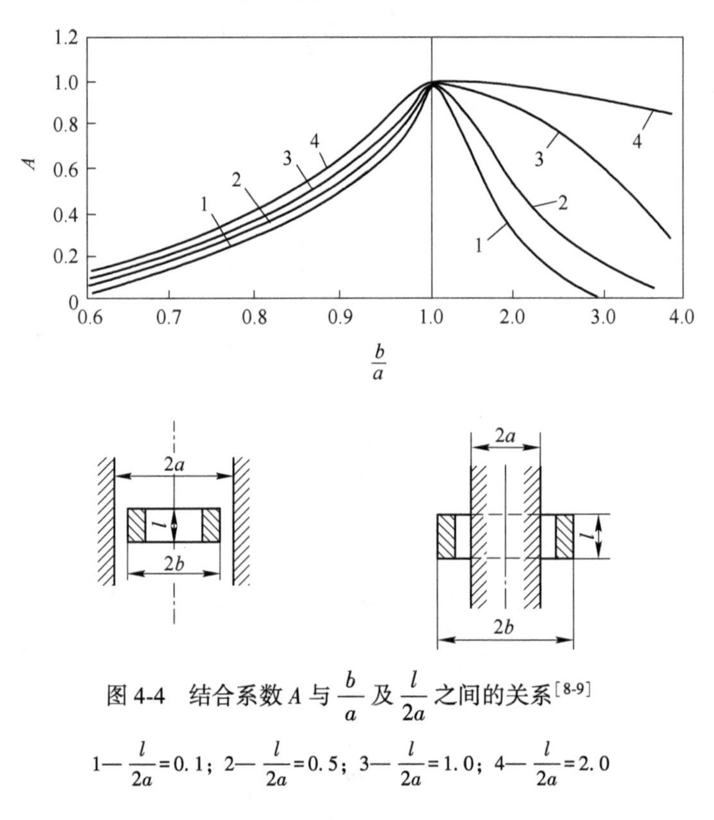

图 4-4　结合系数 A 与 $\frac{b}{a}$ 及 $\frac{l}{2a}$ 之间的关系[8-9]

1—$\frac{l}{2a}$=0.1；2—$\frac{l}{2a}$=0.5；3—$\frac{l}{2a}$=1.0；4—$\frac{l}{2a}$=2.0

当线圈为 n 圈时，则有

$$P_e = (nA)^2 I_1^2 \frac{l_a}{g_a} \times 2\pi\sqrt{\rho\mu f} \tag{4-16}$$

该涡流损失 P_e 集中发生在被加热金属的表面层，因而被加热金属的表面层起加热作用。由此可知：

（1）对于已给定感应线圈电流 I_1、频率 f 以及被加热金属的电阻系数 ρ 的情况，P_e 与 $\sqrt{\mu}$ 成正比例，因此被加热金属为磁性材料容易加热。

钢的磁导率 μ 随着其温度的上升而逐渐减小；当钢的温度到达磁性转变点处，其磁导率 μ 急剧下降，直至减小到 μ = 1.0（如图 4-5 所示）。因而，被加热金属在磁性转变点以上的温度加热时的效果甚微。

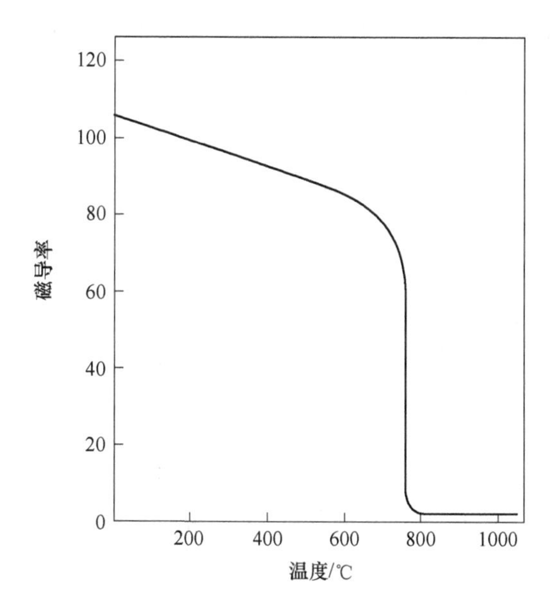

图 4-5 被加热金属［碳钢，$w(C)=0.4\%$］的磁导率与温度的关系[8-9]

（2）对于已给定感应线圈电流 I_1 和频率 f 的情况，P_e 与 $\sqrt{\rho}$ 成正比例。因此，电阻系数 ρ 较大的被加热金属容易加热。

被加热金属的电阻系数 ρ 随温度的变化而变化（如图 4-6 所示），在温度为 t（单位是℃）时的 ρ_t 可用式（4-17）表示：

$$\rho_t = \rho_{20}[1 + \alpha_{20}(t - 20)] \tag{4-17}$$

式中 ρ_{20} ——在标准温度（20 ℃）时的电阻系数，Ω · cm；

α_{20} ——在标准温度（20 ℃）时的温度系数。

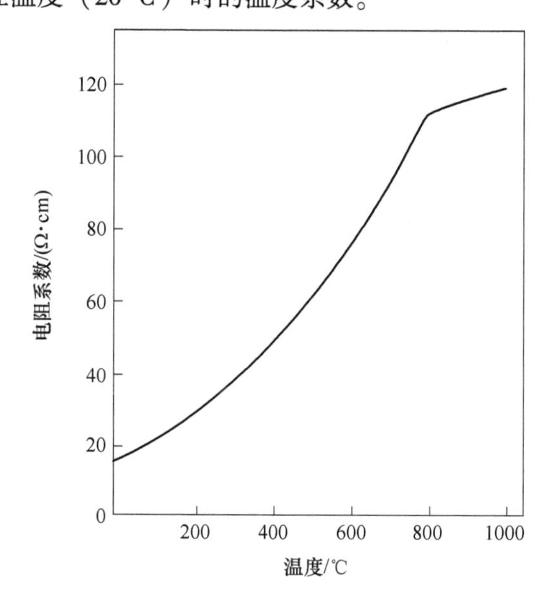

图 4-6 碳含量为 0.4%的碳钢的电阻系数与温度的关系[8-9]

合金钢的电阻系数随各个元素的含量不同而不同，可用式（4-18）表示：

$$\rho = 10.44 + 5.48w(\mathrm{C}) + 15.72w(\mathrm{Si}) + 7.18w(\mathrm{Mn}) \tag{4-18}$$

式中　$w(\mathrm{C})$，$w(\mathrm{Si})$，$w(\mathrm{Mn})$ ——各个元素的含量,%。

设在高频感应加热时，将被加热金属加热到某一温度范围实际所需的功率为 P 。又设在加热过程中，被加热金属因热扩散而消耗的功率为 P_{ht} ，则对于高频振荡器所必需输出的功率 $W_{出}$ 可按式（4-19）计算：

$$(W_{出}\eta_{ct} - P_c)\eta_c = P + P_{ht} \tag{4-19}$$

式中　η_{ct} ——变流器的效率，根据变流器的设计不同而不同，通常取 80%~90%；

P_c ——感应线圈的电阻损失；

η_c ——感应线圈的效率。

$$P_c = I_1^2 R_1 = I_1^2 \times 4\pi^2 r_1 n_0^2 l_1 \sqrt{\rho_1 f} \tag{4-20}$$

式中　r_1 ——感应线圈的内径，cm；

l_1 ——感应线圈的宽度，cm；

n_0 ——相当于感应线圈 1.0 cm 的圈数；

ρ_1 ——感应线圈的电阻系数，Ω · cm。

若设感应线圈的结合电阻为 ΔR_1，则 η_c 为

$$\eta_c = \frac{\Delta R_1 A^2}{\Delta R_1 A^2 + R_1} \tag{4-21}$$

而 ΔR_1 为

$$\Delta R_1 = 4\pi^2 r_2 \sqrt{f\rho\mu}\, n_0^2 l_2 \tag{4-22}$$

式中　r_2——被加热金属的半径，cm；

l_2 ——被加热金属的宽度，cm；

ρ ——被加热金属的电阻系数，Ω · cm。

则感应线圈的效率 η_c 为

$$\eta_c = \frac{r_2\sqrt{\rho\mu}A^2}{r_2\sqrt{\rho\mu}A^2 + r_1\sqrt{\rho_1}} \tag{4-23}$$

令

$$K_{12} = \frac{r_1\sqrt{\rho_1}}{r_2\sqrt{\rho\mu}} \tag{4-24}$$

则有

$$\eta_c = \frac{1}{1 + \frac{K_{12}}{A^2}} \tag{4-25}$$

为了提高感应线圈的效率 η_c 就要减小常数 K_{12}，同时还必须提高结合系数 A。

如果使 r_1 尽量接近 r_2，亦即使感应线圈与被加热金属外圆之间的间隙尽可能减小，则 K_{12} 变小，A 就增大，从而 η_c 得到提高；此外，如果使感应线圈的电阻系数 ρ_1 减小，则 K_{12} 也能减小，η_c 也能提高。

4.1.2 频率与渗透深度之间的关系

高频感应电流的渗透深度 s 为

$$s = \frac{1}{2\pi}\sqrt{\frac{\rho}{\mu f} \times 10^9} \tag{4-26}$$

由式（4-26）可知，s 与 $\sqrt{\rho}$ 成正比例关系，与 $\sqrt{\mu}$ 和 $\sqrt{f}$ 成反比例关系。因此，对于电阻系数 ρ 较大的金属材料，或者磁导率 μ 较低的金属材料，其渗透深度 s 较大。

对铜等非磁性材料，其磁导率 $\mu = 1.0$；而对于在常温下的钢等强磁性材料，其磁导率 $\mu \approx 100$。但钢的磁导率 μ 随着加热温度的上升而逐渐减小；当温度到达磁性转变点时，其磁导率突然减小到 $\mu = 1.0$。因此，将钢进行高频感应加热时，其渗透深度 s 随着加热温度的上升而逐渐增加；当温度超过磁性转变点时，其渗透深度 s 会突然增大（如图 4-7 所示）。

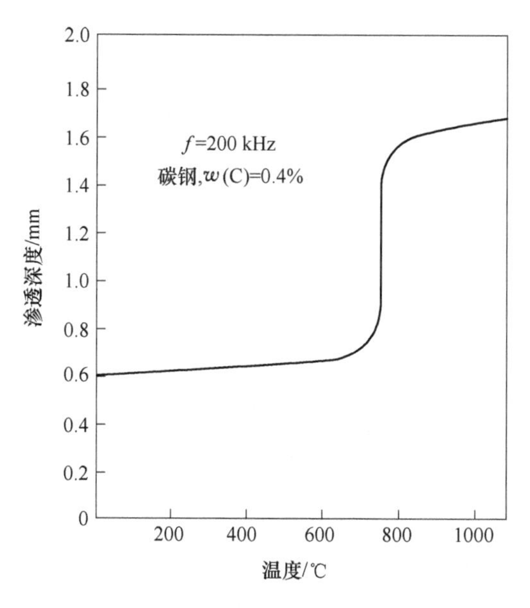

图 4-7 渗透深度与温度的关系[8-9]

渗透深度 s 既取决于被加热金属的性质，也取决于频率 f 的高低。频率 f 越高，渗透深度 s 就越小（如图 4-8 所示）。

热轧齿轮时，其齿坯外圆的加热温度一般为 900～1000 ℃。将齿坯外圆加热到该温度时，必须考虑到在该温度下的渗透深度 s；此外，当被加热金属加热到 900～1000 ℃的轧制温度时，齿坯外圆的加热层厚度 d_h（单位是 mm）随热轧齿形零件模数不同而不同。

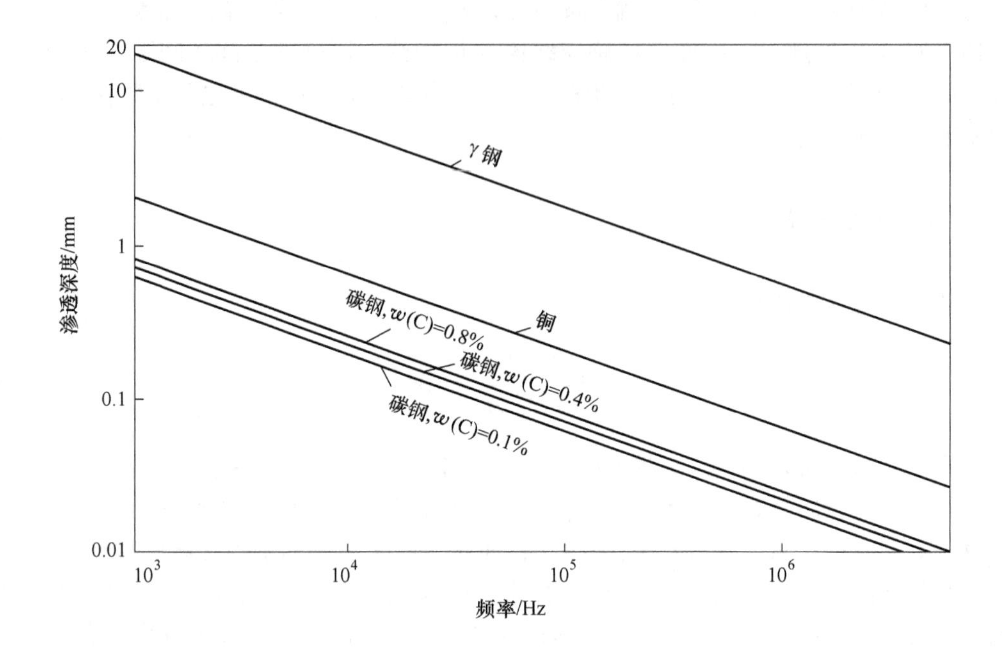

图 4-8　渗透深度与频率的关系[8-9]

d_h 可用式（4-27）表示：

$$d_h = 2.5m + c + a_2 \tag{4-27}$$

式中　c ——热轧齿形零件的齿顶间隙，mm；

m ——热轧齿形零件的模数，mm。

$$a_2 = r_b - r_2 \tag{4-28}$$

式中　r_b ——齿坯的半径，mm；

r_2 ——热轧齿形零件的分度圆半径，mm。

实际上将齿坯进行高频感应加热时，齿坯的温度分布不能仅仅根据渗透深度 s 来决定，还需加上热传导的作用。

为得到预定的加热层厚度，往往采取调整加热时间，并利用热传导来得到预定加热层的方法。但是，当借助热传导来加深加热层时，热能也传导到齿坯的内部，造成齿坯内部的温度升高，这样热轧成形的被轧制齿轮精度不高。

为了轧制出精度较高的齿轮，必须只把热轧时所需厚度的加热层加热到轧制温度，而尽可能使齿坯内部保持着较低的温度；同时，为了减少齿坯表面氧化皮的产生，并防止其晶粒变粗，必须将齿坯外圆的表面温度控制在 1100 ℃以下，加热时间控制在 25 s 以内。

由此可知，渗透深度 s 应尽量接近按齿形零件的模数 m 决定的加热层厚度 d_h ，并采用比该加热层所需稍低的频率 f ；同时，其加热时间应尽量缩短（即在极短的时间内把加热层加热到所需轧制温度）。

4.1.3 适合于热轧齿轮的感应线圈形状

在热轧齿轮时，齿坯外圆的加热过程可分为两个阶段：

（1）将齿坯外圆规定深度快速加热到所需要的轧制温度为加热第一阶段。若齿坯外圆被加热到轧制温度，就能将轧轮在齿坯外圆上强制进给，并轧入规定的深度。当轧轮在齿坯外圆轧入时，齿坯外圆上的一部分热能将传给轧轮，同时由于齿坯外圆表面的热扩散以及向齿坯内部的热传导作用，将会耗去齿坯外圆的一部分热能，因此要使轧轮轧入齿坯外圆规定的深度，必须使被轧制的齿坯外圆保持一定的轧制温度。

（2）加热到轧制温度的齿坯外圆进行轧制时，为保证轧制温度而进行的继续加热（即保温加热）为加热的第二阶段。

在加热的第一阶段，亦即处于将齿坯外圆加热到所需轧制温度的阶段，此时仅使齿坯回转而不与轧轮啮合，因而能够把齿坯外圆的全部表面同感应线圈进行感应加热；在这种情况下，可使用圆盘高频感应加热用的圆形感应线圈。

在加热的第二阶段，亦即在轧制过程中齿坯与轧轮已经啮合，所以感应线圈不能对齿坯外圆的全部表面进行加热，而必须在齿坯外圆的范围内让出与轧轮啮合的部分，避开感应线圈的感应；在这种情况下，可使用如图 4-9（a）所示的感应线圈（该线圈能让出齿坯与轧轮的啮合部分，它由圆形线圈的一部分径向弯曲而成）。若使用两个轧轮进行轧制，可使用如图 4-9（b）所示的感应线圈（它由圆形线圈上的对应于两个轧轮与齿坯啮合的部分径向弯曲而成）或使用如图 4-9（c）所示的具有上、下两个弧形的感应线圈。

上述几种感应线圈的效率如图 4-10 所示。

效率 η_c' 为

$$\eta_c' = \frac{R - R_0}{R} \tag{4-29}$$

式中 R ——包括从变流器一次线圈的一端测出线圈的回路电阻，即感应线圈与齿坯结合时的电阻，Ω；

R_0 ——感应线圈不与齿坯结合时的电阻，即无载荷时的电阻，Ω。

由图 4-10 可知，圆形感应线圈的效率最高，具有上、下弧形的感应线圈效率最低，其他两种形状的感应线圈效率介于圆形感应线圈与具有上、下弧形感应线圈之间。

适于作为加热第二阶段的感应线圈必须能够避开齿坯外圆同轧轮的啮合部分，对齿坯进行加热；同时在热轧成形过程中，还必须能够使感应线圈与齿坯外圆间隙大体上保持在一定的范围内。

当轧轮压在齿坯外圆上进行轧入时，齿坯外圆的金属就相应凸起逐渐形成齿，随着轧制的继续进行，齿坯的直径会不断变大；若感应线圈的内径不变，则会造成因轧制而形成的齿廓同感应线圈接触。为了保证轧制时齿廓增长不会接触到感应线圈，要预先估计其齿廓增长量的大小，并将齿坯与感应线圈的间隙适当加大；但是间隙的加大会减少齿坯外圆上受到感应的涡流，降低感应线圈的效率。

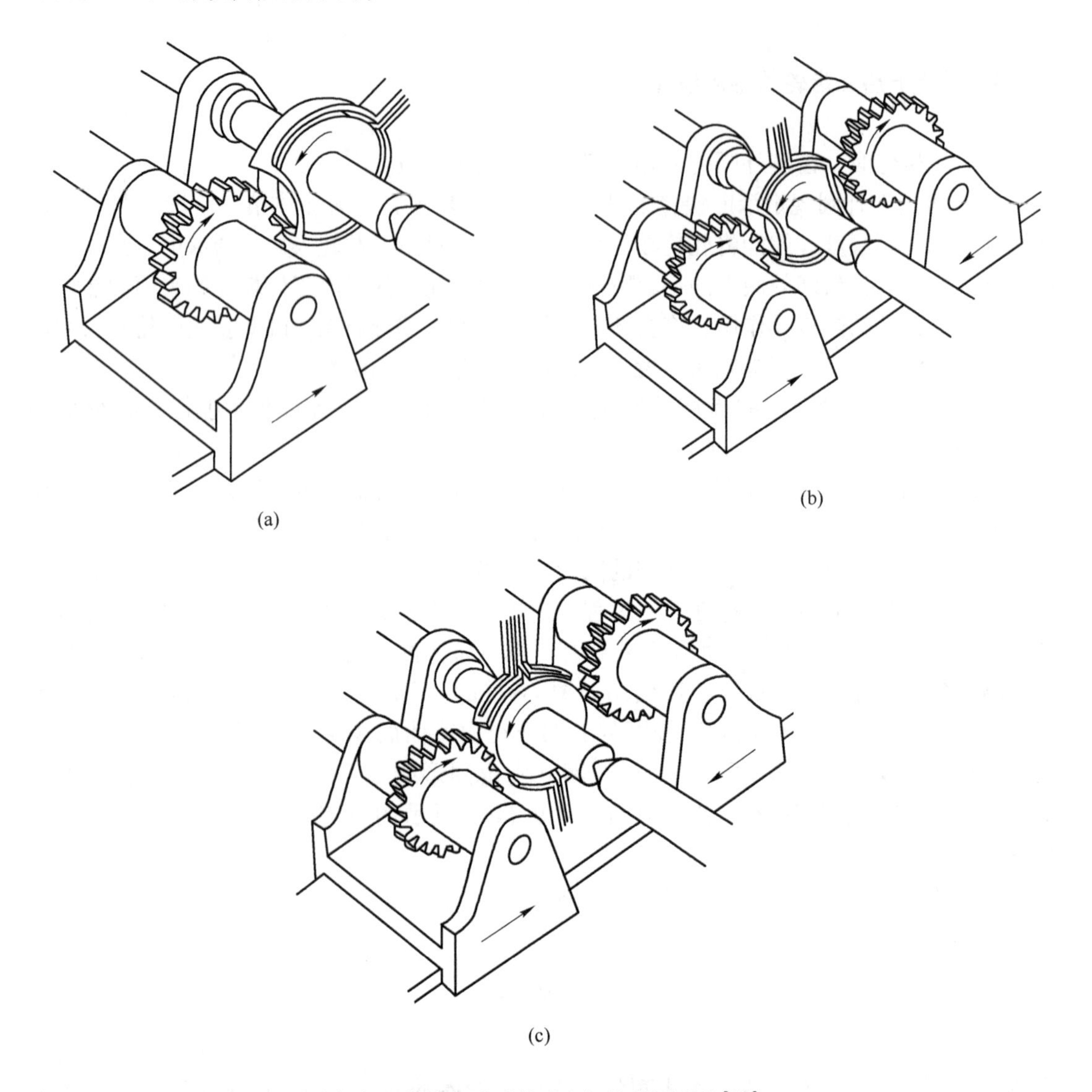

图 4-9　热轧成形时的感应加热线圈形状[8-9]
（a）单轧轮热轧成形所用圆形感应线圈；（b）双轧轮热轧成形所用圆形感应线圈；
（c）双轧轮热轧成形所用上、下弧形感应线圈

为使增长的齿廓不与感应线圈接触，也可考虑随着齿坯直径的增大，采取按这个增加量相应地逐渐加大感应线圈内径的方法。

若将图 4-9（a）和图 4-9（b）所示的圆形感应线圈改为具有一弯曲缺口的缺口型感应线圈，由于在热轧成形过程中无法使其内径变化，因此这类缺口型感应线圈不适于热轧第二阶段的加热。

如图 4-9（c）所示的上、下弧形感应线圈，借助于分别移动上、下感应线圈的工作位置，能够改变感应线圈与齿坯的间隙，并利用轧轮的进给机构分别使上、下感应线圈送进或退回；若在轧轮进给时，使上、下感应线圈分别按齿廓增长量相应后退，则齿坯外圆与感应线圈的间隙就能保持一致。因此，图 4-9（c）所示的具有上、下弧形的感应线圈

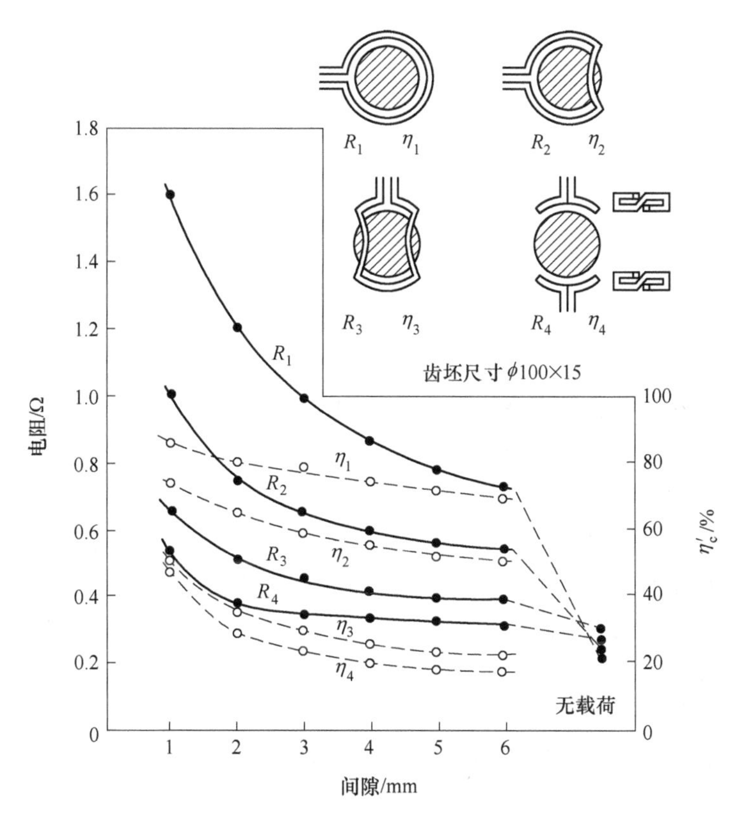

图 4-10 几种感应线圈的效率[8-9]

适合作轧制第二阶段的加热。

由以上分析可知，热轧时齿坯的加热方法如图 4-11 所示。该方法的加热过程为：在预热时使用圆形感应线圈，将齿坯外圆快速加热到轧制温度；然后再把圆形感应线圈转换为具有上、下弧形的感应线圈，并使弧形感应线圈随着齿廓的增长而相应后退，这样既能保持齿坯外圆与感应线圈的间隙基本一致，又能保证轧制温度。

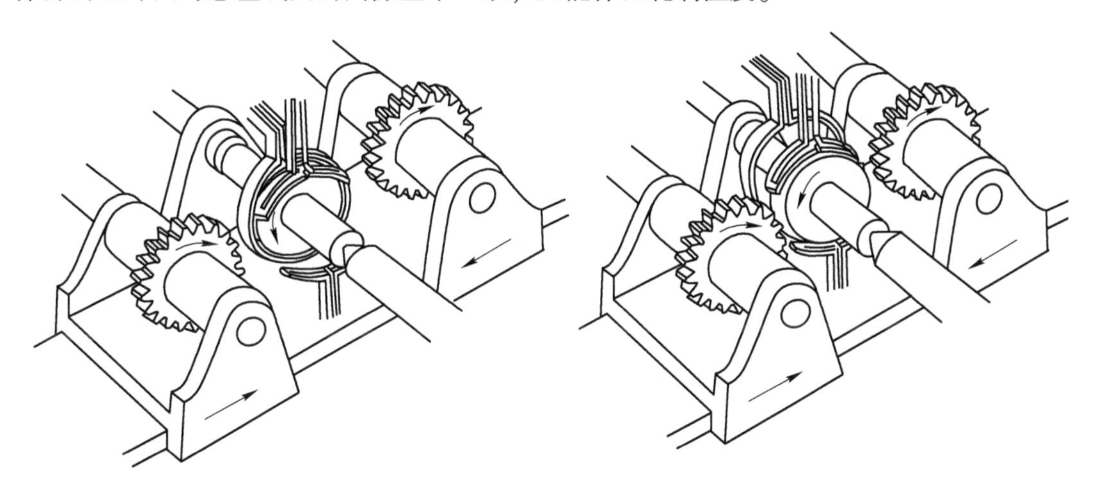

图 4-11 预热时采用圆形感应线圈而轧制时采用具有上、下弧形的感应线圈加热方法[8-9]

4.1.4　高频感应加热所需功率计算

为了进行齿轮的热轧，必须将齿坯外圆加热到适合于轧制的温度（其加热层厚度按齿形零件的模数 m 来确定）；同时为了保证被轧制齿轮的精度，还必须尽可能保持齿坯的中心具有较低的温度。

在规定齿坯尺寸时，为了能够把齿坯加热到适合于轧制的温度分布，必须预先求出与齿坯尺寸有关的所需加热时间与所需电力密度之间的关系。

将齿坯进行高频感应加热时，借助于供给齿坯的电功率在齿坯外圆的渗透层产生涡流，并由涡流产生热量，齿坯因此而被加热；因而，齿坯的温度分布是由齿坯外圆表面上的电力密度、渗透深度以及加热时间来决定的。

在齿坯外圆上所产生的涡流损失 P_e 与齿坯的电阻系数 ρ 和磁导率的平方根 $\sqrt{\mu}$ 成正比例关系。电阻系数 ρ 随加热温度的上升而增大，磁导率 μ 随加热温度的变化而变化；钢的磁导率 μ 随着加热温度的上升而缓慢地减小，但当温度达到磁性转变点处，其磁导率急剧地减小到 $\mu = 1.0$。因此，涡流损失 P_e 随加热温度变化而各异，齿坯外圆表面上的电力密度随加热温度变化而变化。

其次，齿坯的热导率和温度扩散率，也因加热温度变化而变化；而且在实际加热时，齿坯表面的辐射、对流以及传导作用等会引起热量的损失。

为了推算所需的电力密度，可作如下假定：

（1）电力密度不因加热时间变化而变化，并保持一定的常数。

（2）热导率和温度扩散率不因加热温度变化而变化。

（3）从齿坯表面散失的热量损失可忽略不计。

（4）被加热金属为半无限厚物体，其热传导的方向没有限制。

设齿坯外圆表面的电力密度为 q_0 ［单位是 $\mathrm{cal/(cm^2 \cdot s)}$，$1\ \mathrm{cal} = 4.184\ \mathrm{J}$］。从齿坯表面到内部深度为 x 处的单位体积发热量 w_x 为

$$w_x = I_x^2 \rho \tag{4-30}$$

式中　ρ——被加热金属的电阻系数。

而其表面上的单位体积发热量 w_0 为

$$w_0 = I_0^2 \rho \tag{4-31}$$

由于

$$I_x = I_0 \mathrm{e}^{-2\pi x \sqrt{\frac{\mu f}{\rho} \times 10^{-9}}} \tag{4-32}$$

因此，w_x 为

$$w_x = w_0 \mathrm{e}^{-4\pi x \sqrt{\frac{\mu f}{\rho} \times 10^{-9}}} \tag{4-33}$$

对于半无限厚固体的热传导，温度 θ 与加热时间 t 有如下关系式：

$$\frac{\partial\theta}{\partial t}=\kappa\frac{\partial^2\theta}{\partial x^2}+\frac{\kappa}{\lambda}w_x \tag{4-34}$$

式中 κ——温度扩散率，cm²/s；

λ——热导率，cal/(cm² · s · ℃)，1 cal=4.184 J。

若没有表面的热量损失，则在 $x=0$ 处有

$$\frac{\partial\theta}{\partial x}=0 \tag{4-35}$$

在开始加热即 $t=0$ 时，有

$$\theta=0 \tag{4-36}$$

则有

$$\theta=\frac{q_0 s}{2\lambda}\left(\frac{1}{2}e^{\frac{2\tau}{4}}\left\{e^{-z}\left[1-\phi\left(\frac{\tau}{2}-\frac{z}{\tau}\right)\right]+e^{z}\left[1-\phi\left(\frac{\tau}{2}-\frac{z}{\tau}\right)\right]\right\}+\frac{\tau}{2}\phi'\left(\frac{z}{\tau}\right)-z\left[1-\phi\left(\frac{z}{\tau}\right)\right]-e^{-z}\right) \tag{4-37}$$

其中：

$$z=\frac{2x}{s} \tag{4-38}$$

$$\tau=4\sqrt{\frac{\kappa t}{s}} \tag{4-39}$$

$$\phi(\xi)=\frac{2}{\sqrt{\pi}}\int_0^{\xi}e^{-\xi^2}d\xi \quad \text{（误差函数）} \tag{4-40}$$

$$\phi'(\xi)=\frac{2}{\sqrt{\pi}}e^{-\xi^2} \tag{4-41}$$

设 $x=0$，亦即 $z=0$，则表面温度 θ_0 为

$$\theta_0=\frac{q_0 s}{2\lambda}\left\{e^{\frac{2\tau}{4}}\left[1-\phi\left(\frac{\tau}{2}\right)\right]+\frac{\tau}{\sqrt{\pi}}-1\right\} \tag{4-42}$$

$$q_0 = \frac{1000}{4.187} P_\omega \tag{4-43}$$

式中　P_ω——表面电力密度，$kW/(cm^2 \cdot s)$。

则有

$$\theta = \frac{239 s P_\omega}{2\lambda} \left(\frac{1}{2} e^{\frac{2\tau}{4}} \left\{ e^{-z} \left[1 - \phi\left(\frac{\tau}{2} - \frac{z}{\tau} \right) \right] + e^{z} \left[1 - \phi\left(\frac{\tau}{2} - \frac{z}{\tau} \right) \right] \right\} + \frac{\tau}{2} \phi'\left(\frac{z}{\tau} \right) - z \left[1 - \phi\left(\frac{z}{\tau} \right) \right] - e^{-z} \right) \tag{4-44}$$

$$\theta_0 = \frac{239 s P_\omega}{2\lambda} \left\{ e^{\frac{2\tau}{4}} \left[1 - \phi\left(\frac{\tau}{2} \right) \right] + \frac{\tau}{\sqrt{\pi}} - 1 \right\} \tag{4-45}$$

式（4-45）给出了表面温度 θ_0、表面电力密度 P_ω 和加热时间系数 τ 的关系。若表面温度 θ_0 和加热时间 t 为已知，则可求出加热时所需的电力密度 P_ω 。

如图 4-12 所示为加热时间与所需电力密度的关系，如图 4-13 所示为加热时间与温度分布的关系。

齿坯外圆的加热深度和加热温度可根据热轧的加热条件来确定，亦即 θ 与 $z(x)$ 已定。如果加热时间 t 已定，则可求出 τ ，然后由图 4-13 求出 $\frac{\theta}{\theta_0}$ ；由于 θ 已定，即可求出表面温度 θ_0，进而可求得所需的电力密度 P_ω 。

若所使用的电流频率 f 已知，则该电流的渗透深度 s 为一定值；这样，z 和 τ 分别为 x 和 t 的系数。

按照热轧的加工条件，可以给定加热深度 s 及该深度处的温度 θ ；而且考虑到齿坯表面的氧化，假定将齿坯外圆的表面温度 θ_0 控制在 1100 ℃的范围内，就可根据图 4-13 求出合适的加热时间 t 。

由于得到了所需要的温度分布，因而可求出所需的电力密度 P_ω ；若已知高频感应加热装置的加热效率，即可推算其所需输出功率。

高频感应加热装置的加热效率有两种计算方法：

（1）若已知变流器的传送效率 η_{ct} 、感应线圈的效率 η_c 以及感应线圈的电阻损失 P_c ，就可求出其加热效率。

但采用该方法计算所需的输出功率不合适，其原因是计算齿坯散失的热扩散量比较困难。

（2）在加热齿坯时，测量齿坯的温度分布，并根据测定的数据求出使齿坯温度上升的功率，然后与加热装置的输出功率相比较。

这个方法所求得的加热效率已经包括了齿坯散失的热扩散量，比较接近于实际加热效率。

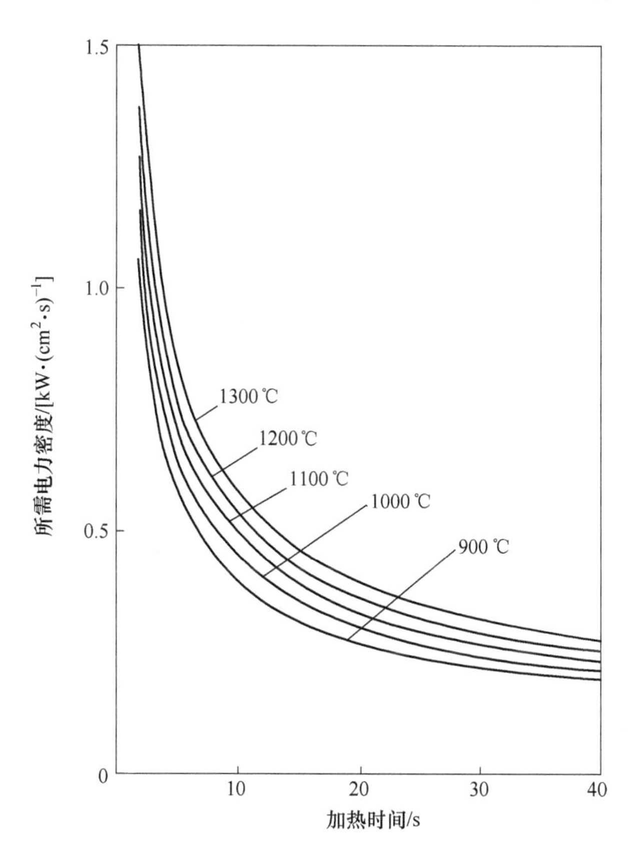

图 4-12 加热时间与所需电力密度的关系[8-9]

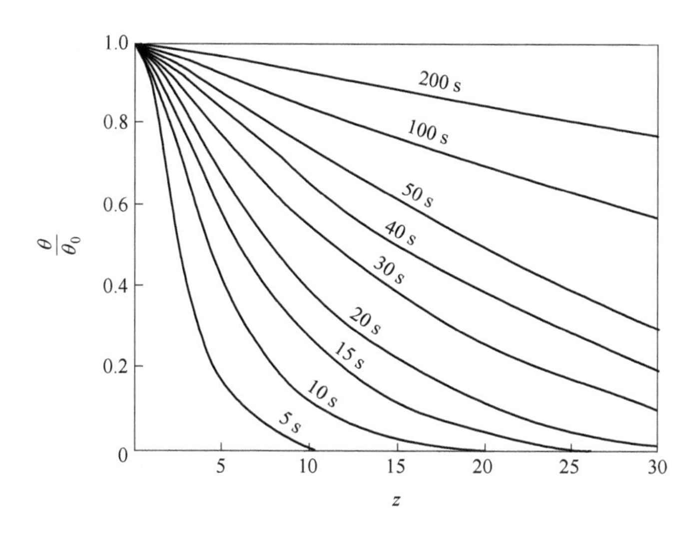

图 4-13 加热时间与温度分布的关系[8-9]

如图 4-14 所示为不同加热时间下所需功率与温度分布曲线，如图 4-15 所示为加热效率曲线。

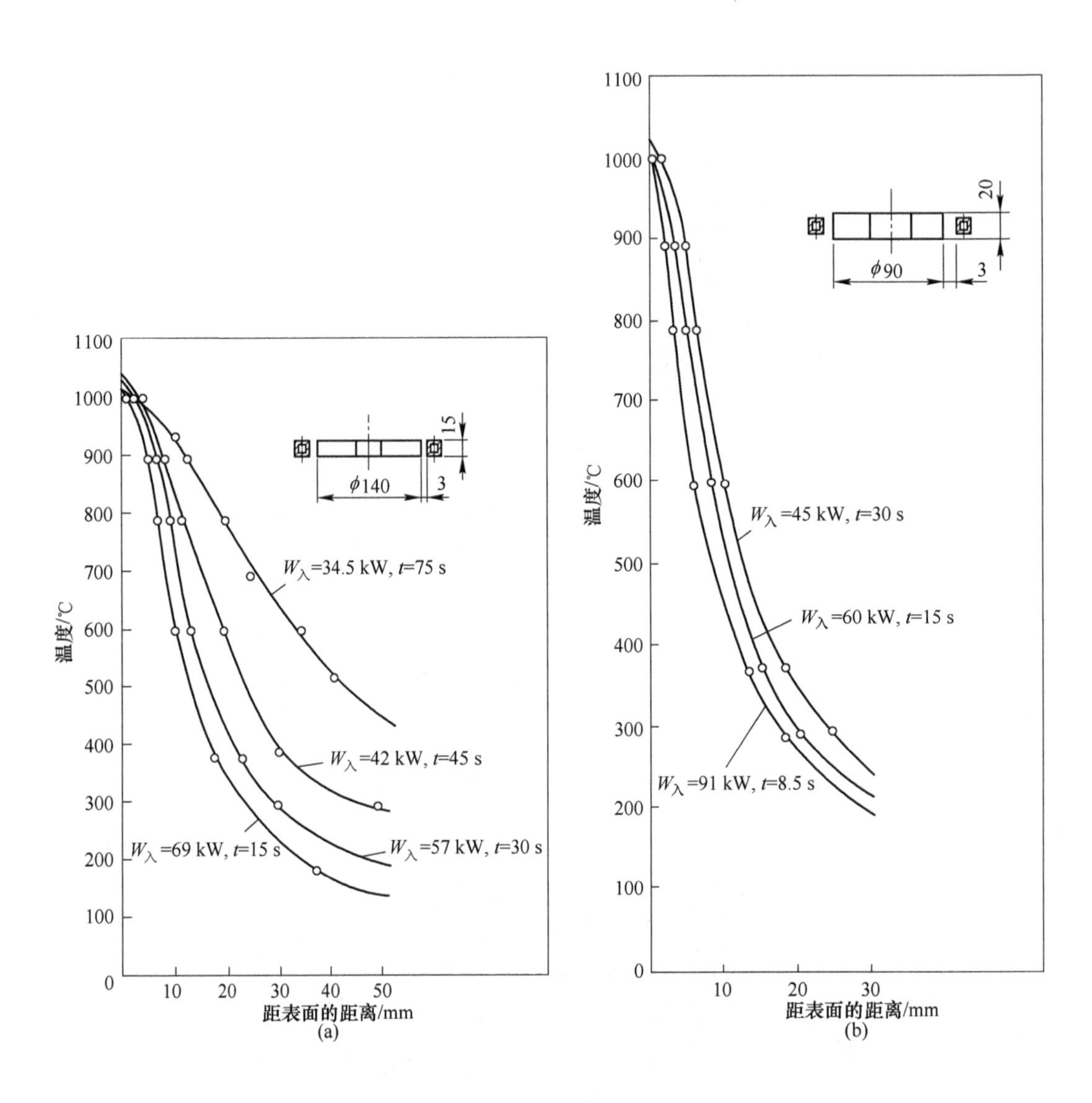

图 4-14 不同加热时间下所需功率与温度分布曲线[8-9]

（a）外径 ϕ140 mm、厚 15 mm 齿坯；（b）外径 ϕ90 mm、厚 20 mm 齿坯

在齿轮热轧时，由于齿坯所需加热层的厚度因被轧制齿轮模数 m 的不同而不同，要求高频感应加热装置的频率 f 能够随之变化；但由于受高频感应加热装置的频率 f 所限，要改变齿坯加热层的厚度只能调整加热时间 t 和表面电力密度 P_{ω} 。

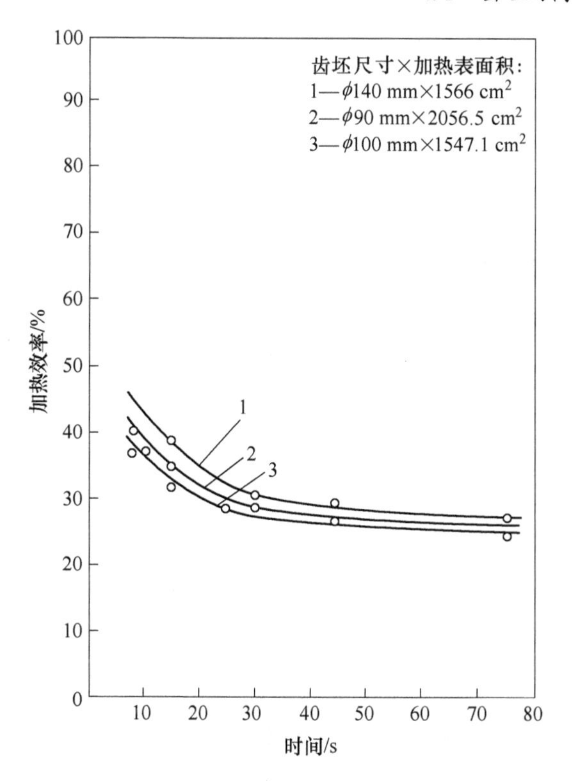

图 4-15 加热效率曲线[8-9]

4.2 热轧条件

4.2.1 金属的塑性和轧制速度对被轧制齿轮“齿顶犄角”的影响

“齿顶犄角”（如图 4-16 所示）是在轧制成形过程中轧轮轧入齿坯外圆将金属挤出形成齿形，而在齿顶两侧会出现“卷起”形成类似于“犄角”的形状，“齿顶犄角”的高度用 h_e 来表示[8-9]。

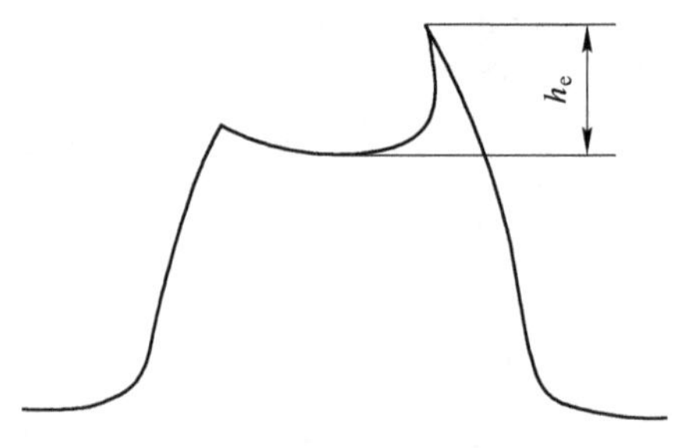

图 4-16 “齿顶犄角”的形状[8-9]

如图 4-17 所示为齿轮轧制成形时齿廓的形成过程。当轧轮的轧入深度达到最大时，在被轧制齿轮的齿顶部形成的“犄角”因受到轧轮齿根的挤压而在被轧制齿轮的轮齿齿顶上形成“折叠”，这种现象称为“齿顶折叠”。

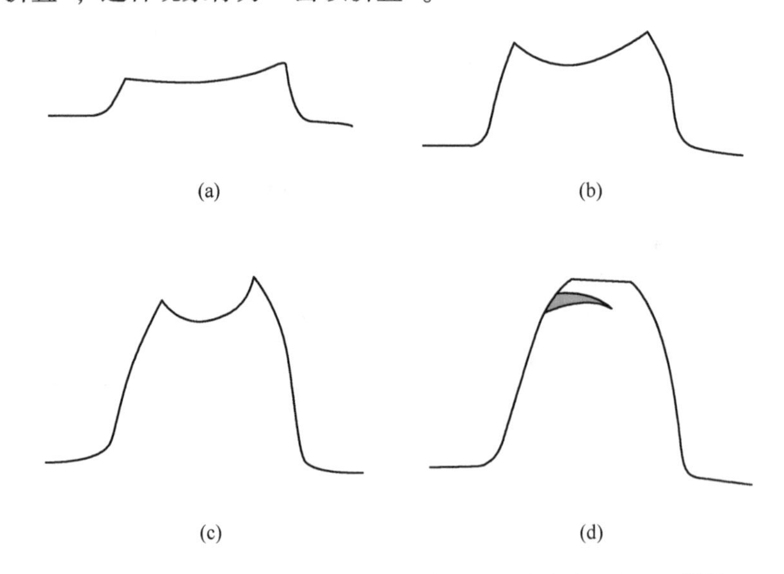

图 4-17 齿轮轧制成形时的被轧制齿轮的轮齿齿廓形成过程[8-9]

（a）轧制成形第一阶段；（b）轧制成形第二阶段；（c）轧制成形第三阶段；（d）轧制成形终了阶段

当被轧制齿轮上存在“齿顶折叠”，往往会降低该齿轮的强度。为了得到没有“齿顶折叠”的被轧制齿轮，就必须知道“齿顶折叠”产生的原因。

轧制齿轮时是否产生“齿顶折叠”，取决于齿坯外圆上轮齿齿廓的形成状态，而轮齿齿廓的形成状态主要受齿坯材料的塑性和轧制速度影响。

在轧制成形过程中的加工速度必须考虑轧轮的进给速度 v_R 与齿廓形成速度 v_T 之间的关系。

轧轮的进给速度 v_R（单位是 mm/s）与轧轮每转的进给量 δ 、齿坯回转速度 N 以及轧轮个数 n_R 有关，可用下式表示：

$$v_R = \frac{n_R \delta N}{60} \tag{4-46}$$

式中　n_R ——轧轮个数；

δ ——轧轮每转的进给量，mm/r；

N ——齿坯回转速度，r/min。

齿廓形成速度 v_T（单位是 m/min）可用下式表示：

$$v_T = \frac{2\pi r_b N}{1000} \tag{4-47}$$

式中　r_b ——齿坯半径，mm。

而轧轮的进给速度 v_R 与齿廓形成速度 v_T 之间的关系如下：

$$v_R = \frac{25 n_R \delta v_T}{3\pi r_b} \tag{4-48}$$

如图 4-18 所示为铅齿坯和铝齿坯在不同轧制条件下（即不同齿廓形成速度下）齿顶上所产生的“齿顶犄角”高度 h_e 与每转进给量 δ 之间的关系曲线。

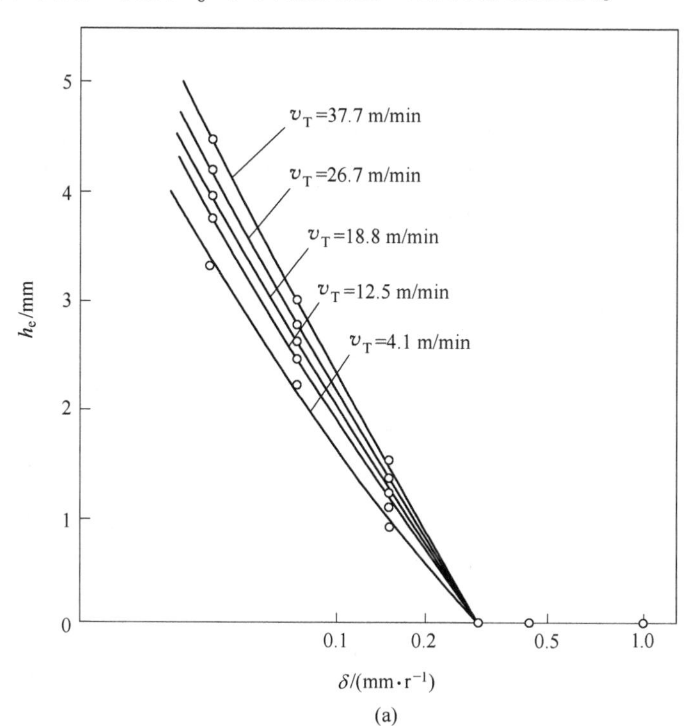

(a)

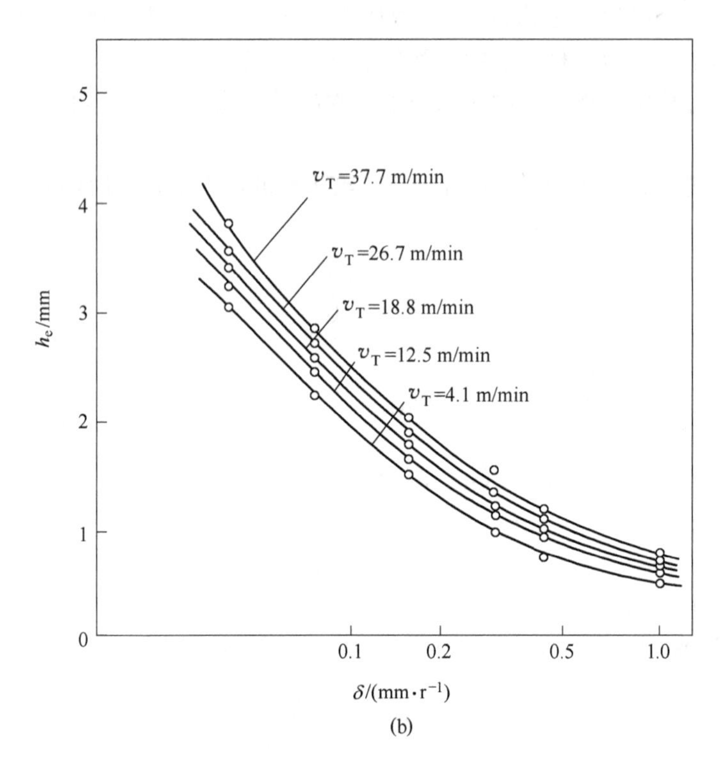

(b)

图 4-18　不同轧制条件下被轧制齿轮的“齿顶犄角”高度 h_e 与每转进给量 δ 之间的关系曲线[8-9]

(a) 铅齿坯；(b) 铝齿坯

由图 4-18（a）可知，使用铅齿坯时，由于加大了每转的进给量 δ，所以“齿顶犄角”高度 h_e 减小；当 $\delta \geqslant 0.3$mm/r 时，$h_e = 0$。由图 4-18（b）可知，使用铝齿坯时，由于每转的进给量 δ 的增加，虽然“齿顶犄角”高度 h_e 起初减小，但其减小程度随即变得缓慢，且“齿顶犄角”高度 h_e 不可能变为 0，其原因是受到加工硬化的影响；即使在 $\delta =$ 1 mm/r 时，且将轧轮的进给量控制为 3 mm，当齿坯外圆的金属受到 3 次反复轧制之后，就会引起铝齿坯加工硬化，齿坯的表面层虽然会凸起，但由于变形层厚度变薄，进而使齿中心部分凸起得较少；如果轧轮每转的进给量 $\delta \geqslant 1$ mm/r，则齿坯外圆受到轧制时，会引起整个齿坯产生塑性变形，在加工硬化作用下轧制成形很难进行。

不论是使用铅齿坯或铝齿坯，如果减小轧轮每转的进给量 δ，则“齿顶犄角”高度 h_e 就会增大。这是因为随着 δ 减小，轧轮每转轧制的金属层厚度较薄，造成齿坯表面上薄薄的一层金属受到反复轧制，因而仅仅是齿坯的表面层凸起较好，而齿中心部分却凸起较小，于是“齿顶犄角”高度 h_e 增大；如果加大 δ，则轧轮每转一圈，齿坯受到轧制的变形层厚度较厚，使得齿中心部分也和表面层同样凸起，因而“齿顶犄角”高度 h_e 减小。

使用铅齿坯且当 $\delta \geqslant 0.3$ mm/r 时，不会产生“齿顶犄角”现象。由图 4-18（b）可知，使用铝齿坯时，随着 δ 的增加，虽然“齿顶犄角”高度 h_e 减小，但是由于加工硬化的影响，无法消除“齿顶犄角”现象。

如果加大齿廓形成速度 v_T，则“齿顶犄角”高度 h_e 会略微增大，但这个影响要比轧

轮每转的进给量 δ 的影响要小；但是，若加大齿廓形成速度 v_T，则轧制成形的被轧制齿轮的齿形会倾斜。使用铅齿坯时，如果齿廓形成速度 $v_T \geqslant 26.7$ m/min，就能看到被轧制齿轮的齿形倾斜现象；而使用铝齿坯时，若齿廓形成速度 $v_T \geqslant 37.7$ m/min，也能看到被轧制齿轮的齿形出现倾斜现象。

不论是使用铅齿坯或铝齿坯，轧制成形后的被轧制齿轮的“齿顶犄角”皆呈左右不对称的形状。

对于在轧制成形过程中不会引起加工硬化的铅齿坯，借助加大轧轮每转的进给量 δ，就能够消除被轧制齿轮的“齿顶犄角”现象；而对于会引起加工硬化的铝齿坯，即使加大了轧轮每转的进给量 δ，也不能消除被轧制齿轮的“齿顶犄角”现象。

4.2.2 接触齿面的滑动对被轧制齿轮“齿顶犄角”的影响

在轧制成形过程中，由于轧轮和被轧制齿轮啮合时的接触齿面上不仅承受轧制力的作用还存在相互滑动，因此在接触齿面上必然存在摩擦力作用；在轧制力和摩擦力的联合作用下，被轧制齿轮齿表面的金属会朝着滑动方向流动。对于如图 4-19（a）所示的被轧制齿轮右侧的齿顶面而言，从其节圆点起，金属将向齿顶方向产生滑动；齿顶面上金属这样滑动的结果是使被轧制齿轮的齿顶表面层金属在凸起的同时受到轧轮齿面的摩擦力作用而被拉伸。对于如图 4-19（a）中的被轧制齿轮左侧的齿顶面而言，其金属的滑动方向则相反，其齿顶表面层金属的凸起被抑制而受到压缩。由此，使得轧制成形过程中的被轧制齿轮轮齿齿廓的凸起状态如图 4-19（b）所示，在其齿顶的右侧会引起较高的“齿顶犄角”。

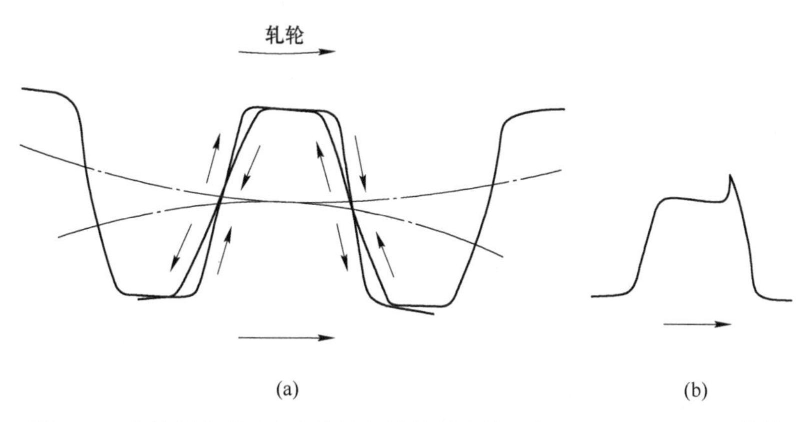

图 4-19 在轧制成形过程中轧轮与被轧制齿轮啮合时产生的滑动情况[8-9]

（a）轧制成形过程中摩擦力与齿坯外表面上齿廓形成时金属流动的关系；

（b）齿坯外表面上齿廓形成时的齿顶犄角

由此可知，被轧制齿轮存在“齿顶犄角”且其形状为左、右侧不对称的根本原因是在轧制成形过程中轧轮与齿坯的接触面上存在相对滑动。

图 4-20 显示了在不同压力角 α 和变位系数 x 的条件下轧制成形时，被轧制齿轮齿面上所引起的滑动方向与滑动系数情况。其中轧轮和被轧制齿轮的基本参数见表 4-1。

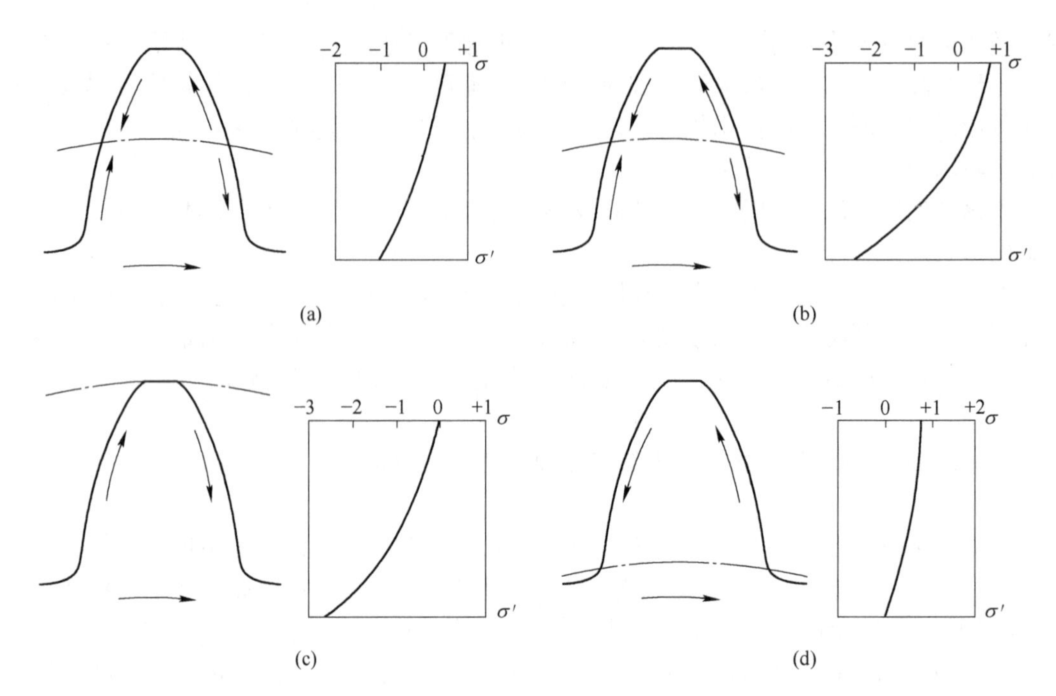

图 4-20　被轧制齿轮齿面上的滑动方向与滑动系数[8-9]
（纵坐标为被轧制齿轮齿面上某一点位置的滑动方向；横坐标为滑动系数）
（a）1 号；（b）2 号；（c）3 号；（d）4 号

表 4-1　轧轮和被轧制齿轮的基本参数

编号	模数 m /mm	齿数 Z	压力角 α/(°)	变位系数 x
1	2.0	Z_1 = 48	20	x_1 = 0
	2.0	Z_2 = 48	20	x_2 = 0
2	2.0	Z_1 = 48	14.5	x_1 = 0
	2.0	Z_2 = 48	14.5	x_2 = 0
3	2.0	Z_1 = 48	20	x_1 = + 1.0
	2.0	Z_2 = 48	20	x_2 = − 1.0
4	2.0	Z_1 = 48	20	x_1 = − 1.0
	2.0	Z_2 = 48	20	x_2 = + 1.0

注：Z_1 为轧轮齿数；Z_2 为被轧制齿轮齿数；x_1 为轧轮齿的变位系数；x_2 为被轧制齿轮的变位系数。

由图 4-20 可知，在轧制成形过程中为了防止“齿顶犄角”的产生，最好是使轧轮和被轧制齿轮接触齿面上的相对滑动尽可能小；由于压力角 $\alpha = 20°$ 比压力角 $\alpha = 14.5°$ 所引起的相对滑动较小，轧制成形时被轧制齿轮产生的“齿顶犄角”较小，因此在轧制成形过程中加大压力角 α 更有利于被轧制齿轮的良好成形。

由于短齿制的齿轮从节圆到齿顶的长度较短，所以在齿顶部分的滑动较小，轧制成形时被轧制齿轮产生的“齿顶犄角”较小，有利于被轧制齿轮的良好成形。

同时，在轧制成形过程中采用经过磨齿加工的轧轮时，由于轧轮的齿表面粗糙度很低，使接触齿面上的摩擦系数大大降低，同时在轧轮与齿坯的接触齿面上加入润滑剂，这样可有效地防止被轧制齿轮“齿顶犄角”的产生。

4.2.3 加热条件和轧制速度

由图 4-18（a）可知，在轧制成形过程中，使用加工硬化效应不明显的铅齿坯，并加大轧轮的每转进给量，可有效地消除被轧制齿轮的“齿顶犄角”现象。

因此，在钢质齿轮轧制成形过程中，如果将钢质齿坯加热到再结晶温度以上的某一温度后再进行轧制成形，由于加工硬化与回复、再结晶共同作用，使得加工硬化效应并不明显，因此可有效地消除被轧制齿轮的“齿顶犄角”现象。

4.2.3.1 加热条件

A 加热温度

在热轧成形过程中，应先将齿坯加热到再结晶温度以上的某一温度，然后再进行轧制成形。齿坯的加热温度不能过高，因为过高的齿坯加热温度将会使被轧制齿轮的晶粒粗化，而且会使被轧制齿轮的齿面上产生较多的氧化皮。因此，在热轧成形过程中，在不引起被轧制齿轮“齿顶犄角”现象的范围内，其齿坯的加热温度应尽可能低。

图 4-21 显示了感应加热时齿坯内部的温度分布情况。

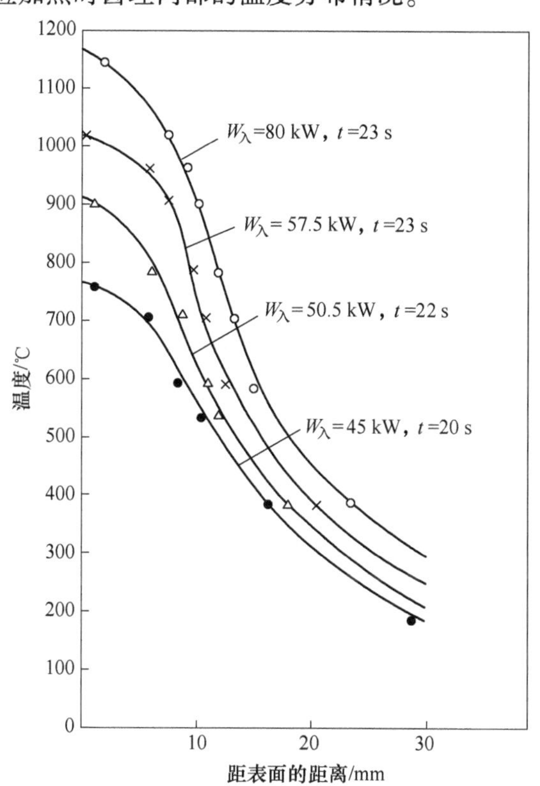

图 4-21 齿坯感应加热时输入功率、加热时间、加热温度以及渗透深度的关系曲线[8-9]

如图 4-22 所示为各种钢质齿轮在热轧成形时轧制温度与被轧制齿轮的“齿顶犄角”高度的关系。其所用的轧轮和被轧制齿轮的基本参数和轧制条件见表 4-2。

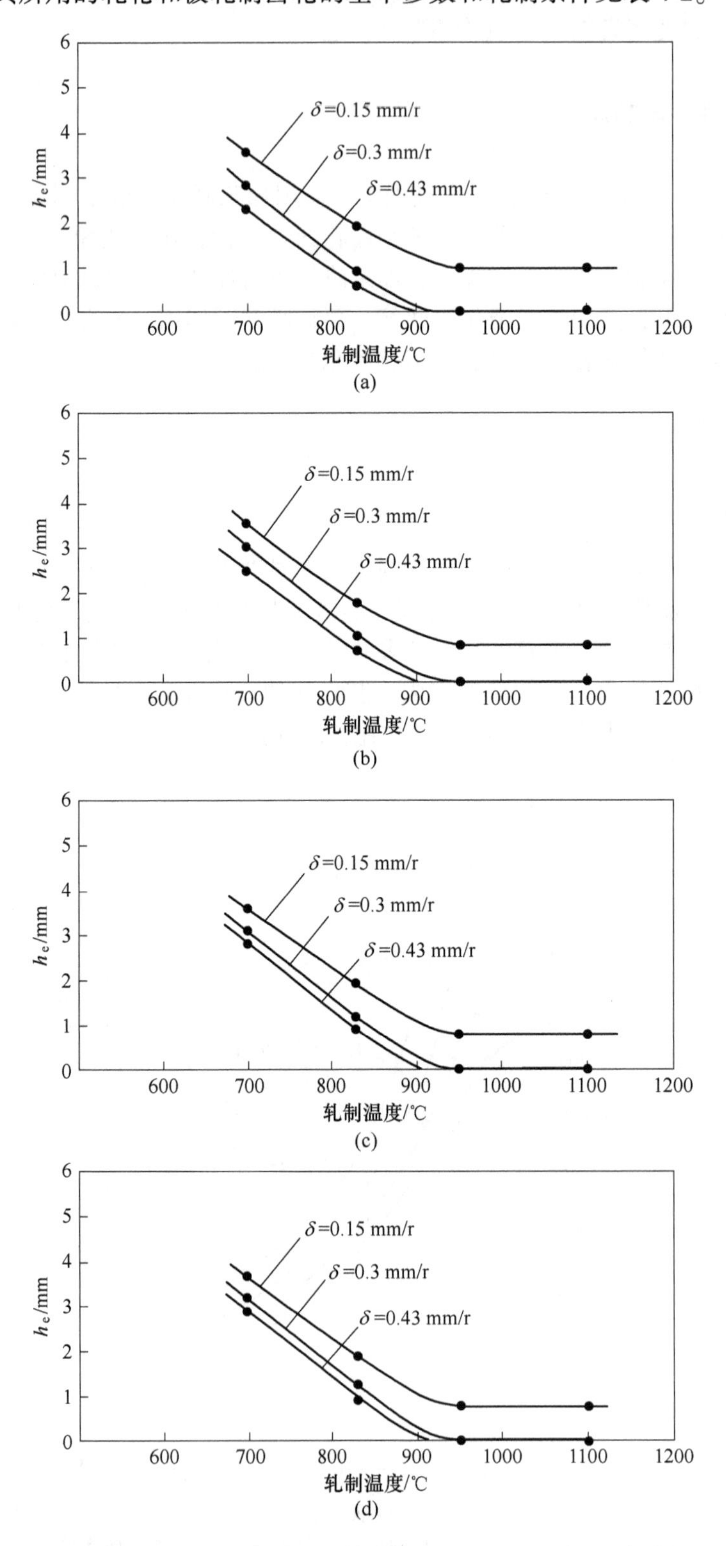

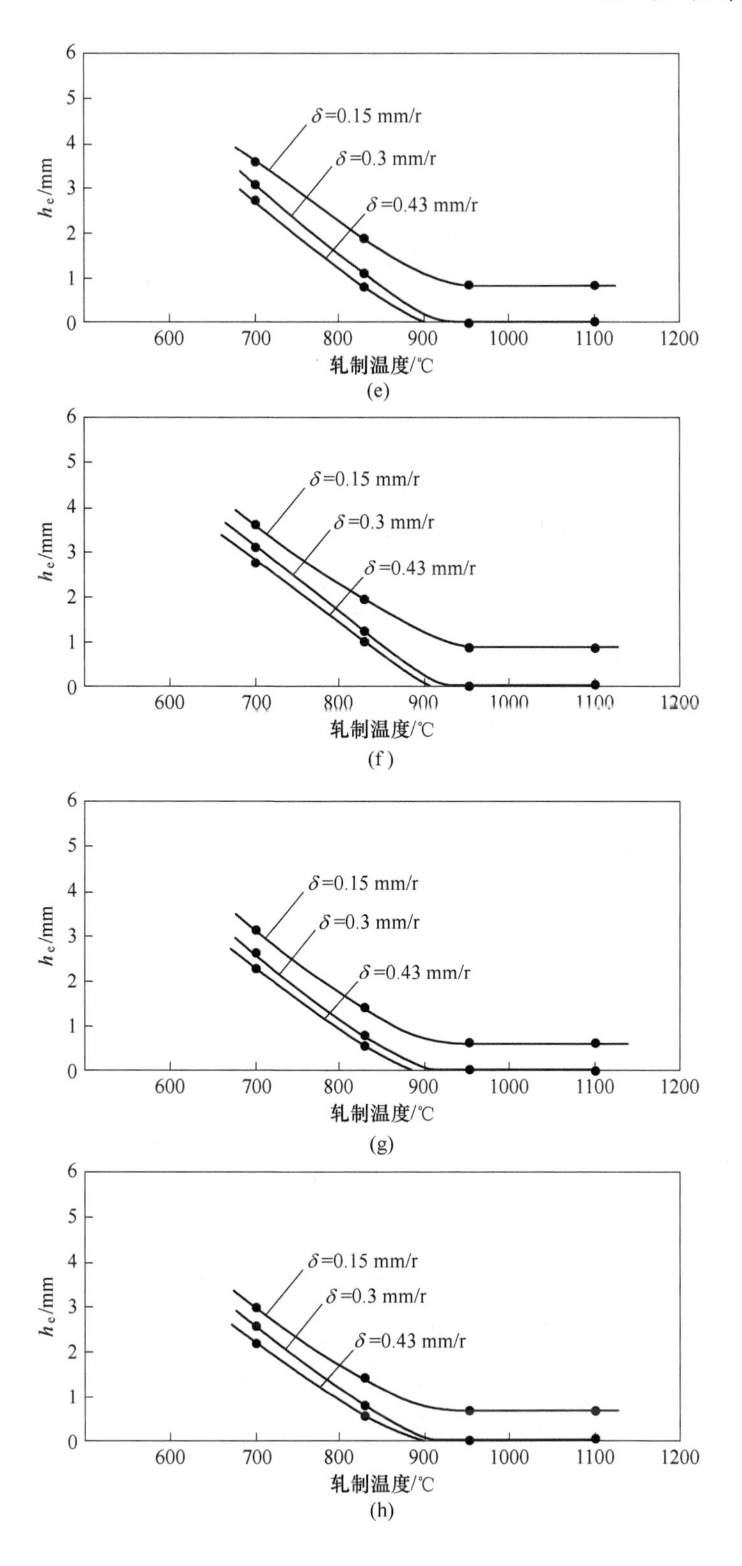

h_e/mm
δ=0.15 mm/r
δ=0.3 mm/r
δ=0.43 mm/r
轧制温度/℃
(e)
(f)
(g)
(h)

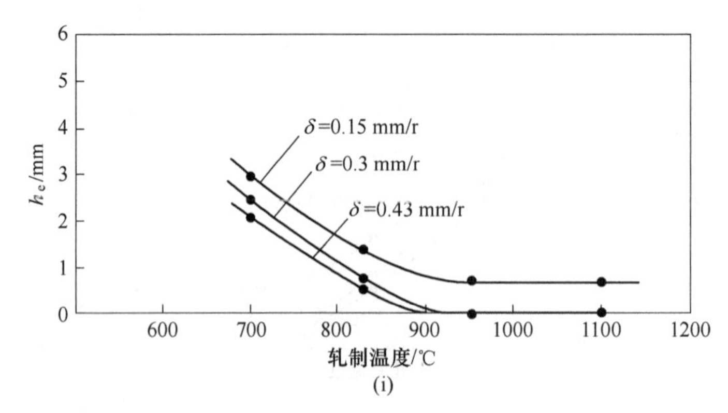

图 4-22　各种钢质齿轮在热轧成形时轧制温度与被轧制齿轮的“齿顶犄角”高度的关系[8-9]

(a) S35C 直齿圆柱齿轮；(b) S45C 直齿圆柱齿轮；(c) S70C 直齿圆柱齿轮；

(d) SCM3 直齿圆柱齿轮；(e) SCM21 直齿圆柱齿轮；(f) SCr1 直齿圆柱齿轮；

(g) SCM3 斜齿圆柱齿轮；(h) S45C 斜齿圆柱齿轮；(i) SCM21 斜齿圆柱齿轮

表 4-2　轧轮和被轧制齿轮的基本参数和轧制条件

<table>
<tr><th>序号</th><th>圆柱齿轮参数</th><th>齿廓形成速度
v_T/(m·min^{-1})</th><th>轧轮每转进给量
δ/(mm·r^{-1})</th><th>轧轮轧入深度/mm</th></tr>
<tr><td rowspan="6">1</td><td>模数：m = 3.0 mm</td><td rowspan="6">18.8</td><td rowspan="2">0.15</td><td rowspan="6">3.0</td></tr>
<tr><td>压力角：α = 20°</td></tr>
<tr><td>轧轮齿数：Z_1 = 30</td><td>0.30</td></tr>
<tr><td>被轧制齿轮齿数：Z_2 = 32</td><td rowspan="3">0.43</td></tr>
<tr><td>齿宽：b = 15 mm</td></tr>
<tr><td>螺旋角：β = 0°</td></tr>
<tr><td rowspan="6">2</td><td>模数：m = 3.0 mm</td><td rowspan="6">18.8</td><td rowspan="2">0.15</td><td rowspan="6">3.0</td></tr>
<tr><td>压力角：α = 20°</td></tr>
<tr><td>轧轮齿数：Z_1 = 26</td><td rowspan="2">0.30</td></tr>
<tr><td>被轧制齿轮齿数：Z_2 = 28</td></tr>
<tr><td>齿宽：b = 15 mm</td><td rowspan="2">0.43</td></tr>
<tr><td>螺旋角：β = 30°</td></tr>
</table>

由图 4-22 可知，在热轧成形过程中，若将轧制温度提高到 900 ℃以上，对任何材质的钢质齿坯进行热轧成形都不会出现“齿顶犄角”现象；当在轧制温度 700～830 ℃范围内进行热轧成形时，被轧制齿轮的轮齿齿形充填较差或者在齿顶有“折叠”存在；当轧制温度达到 950 ℃时，被轧制齿轮的轮齿齿形充填饱满且其齿顶没有“折叠”存在；当轧制温度超过 1100 ℃时，虽然被轧制齿轮的轮齿齿形充填饱满且其齿顶没有“折叠”存在，但是其齿形表面会产生严重的氧化皮且轮齿齿形会倾斜。

由此可知，为了获得没有“折叠”的钢质被轧制齿轮，最适宜的轧制温度为 900～1000 ℃。

B 齿坯的加热层厚度

如图4-23所示为齿坯加热层厚度 d_h 与被轧制齿轮的模数 m 之比 $\frac{d_h}{m}$ 与单位模数、单位齿宽的轧制力 $\frac{P_n}{mb}$ 和扭转力 $\frac{P_t}{mb}$ 之间的关系曲线，其所用的轧轮和被轧制齿轮的基本参数和轧制条件为：模数 $m = 3.0$ mm、压力角 $\alpha = 20°$、轧轮齿数 $Z_1 = 50$、被轧制齿轮齿数 $Z_2 = 32$、螺旋角 $\beta = 0°$、齿宽 $b = 15$ mm、齿廓形成速度 $v_T = 18.8$ m/min、轧轮的进给速度 $v_R = 0.35$ mm/s、齿坯材质为S45C。

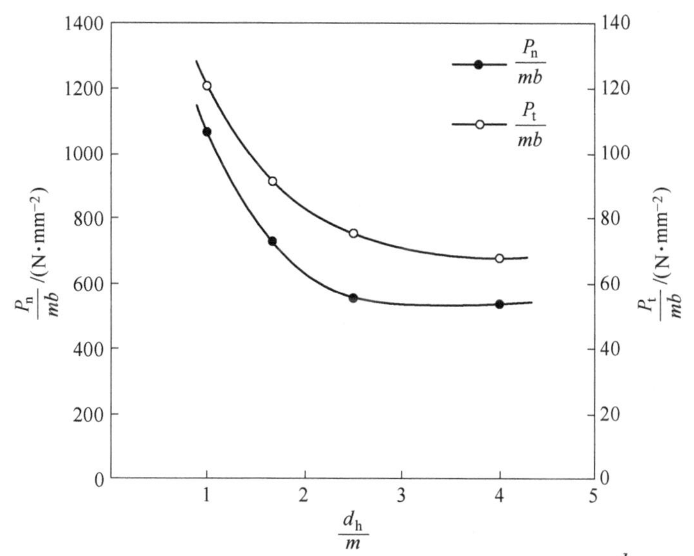

图4-23 齿坯加热层厚度 d_h 与被轧制齿轮的模数 m 之比 $\frac{d_h}{m}$ 与单位模数、单位齿宽的轧制力 $\frac{P_n}{mb}$ 和扭转力 $\frac{P_t}{mb}$ 之间的关系曲线[8-9]

由图4-23可知，当 $\frac{d_h}{m} < 2.5$ 时，轧制力 P_n 和扭转力 P_t 突然增大，因此在热轧成形中选取 $\frac{d_h}{m} \geqslant 2.5$ 是适宜的。

图4-24展示了齿坯的变形层厚度与被轧制齿轮模数之间的关系。

由图4-24可知，从被轧制齿轮的齿底到大致为模数 m 的1.5倍的距离处就是齿坯的变形层厚度；可用变形层的厚度来确定齿坯的加热层厚度 d_h。

齿坯的加热层厚度 d_h 可用下式表示：

$$d_h = 2.5m + c + r_b - r_2 \tag{4-49}$$

式中 m——被轧制齿轮的模数，mm；

c——齿顶间隙，mm；

r_b ——齿坯的半径，mm；

r_2 ——被轧制齿轮的分度圆半径，mm。

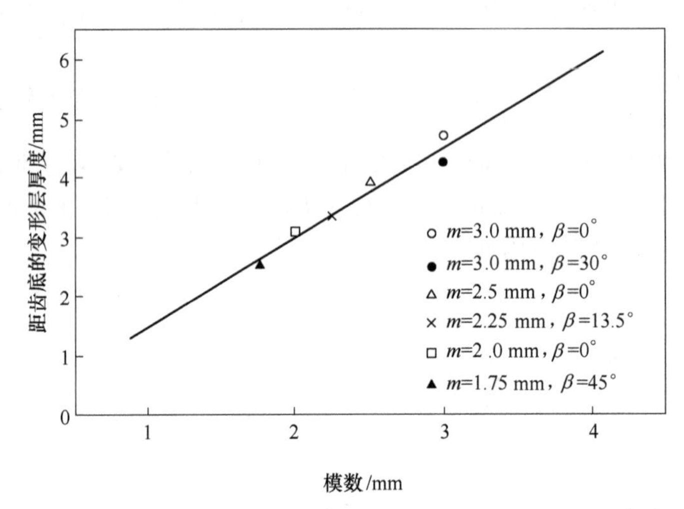

图 4-24　齿坯的变形层厚度与被轧制齿轮模数之间的关系[8-9]

由此可知，在热轧成形过程中齿坯的加热条件是：将齿坯的外圆部分，按式（4-49）所计算的加热层厚度，加热到 900~1000 ℃。

4.2.3.2　轧制速度

如图 4-25 所示为在不同轧制条件下轧轮的每转进给量 δ 与被轧制齿轮的“齿顶犄角”高度 h_e 的关系曲线，其所用的轧轮和被轧制齿轮的基本参数见表 4-3。

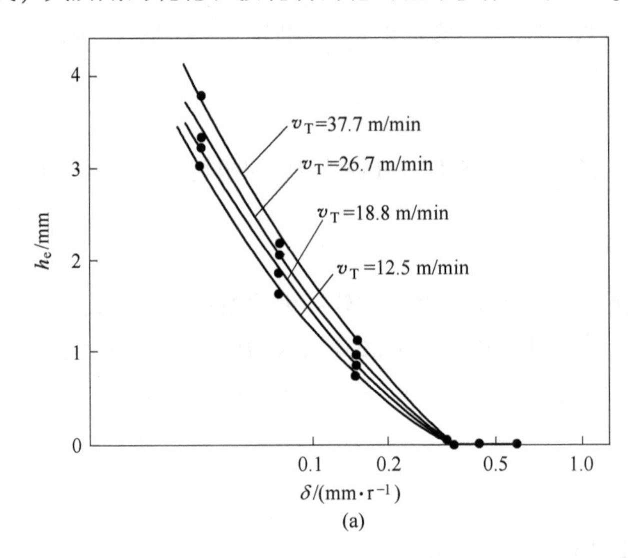

(a)

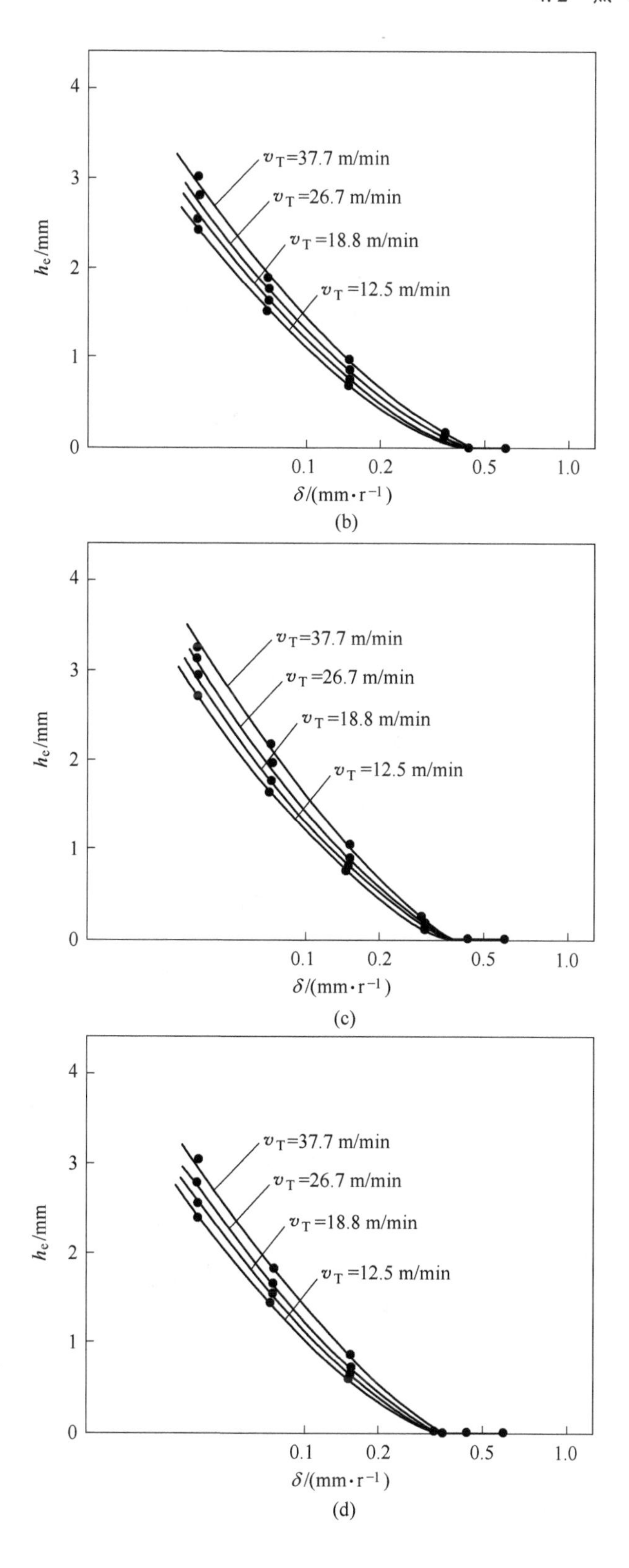

(b)

(c)

(d)

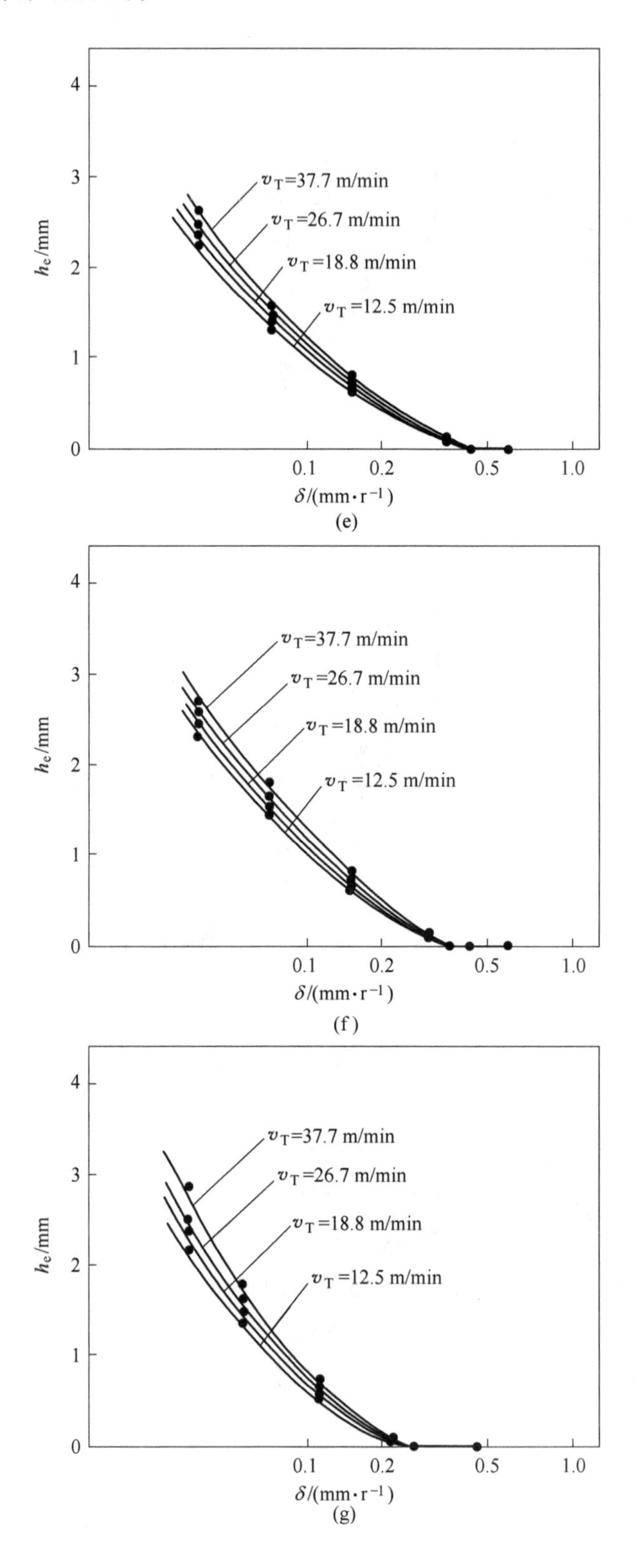

h_e/mm
v_T=37.7 m/min
v_T=26.7 m/min
v_T=18.8 m/min
v_T=12.5 m/min
0
1
2
3
4
0.1
0.2
0.5
1.0
δ/(mm·r^{-1})
(e)
h_e/mm
v_T=37.7 m/min
v_T=26.7 m/min
v_T=18.8 m/min
v_T=12.5 m/min
0
1
2
3
4
0.1
0.2
0.5
1.0
δ/(mm·r^{-1})
(f)
h_e/mm
v_T=37.7 m/min
v_T=26.7 m/min
v_T=18.8 m/min
v_T=12.5 m/min
0
1
2
3
4
0.1
0.2
0.5
1.0
δ/(mm·r^{-1})
(g)

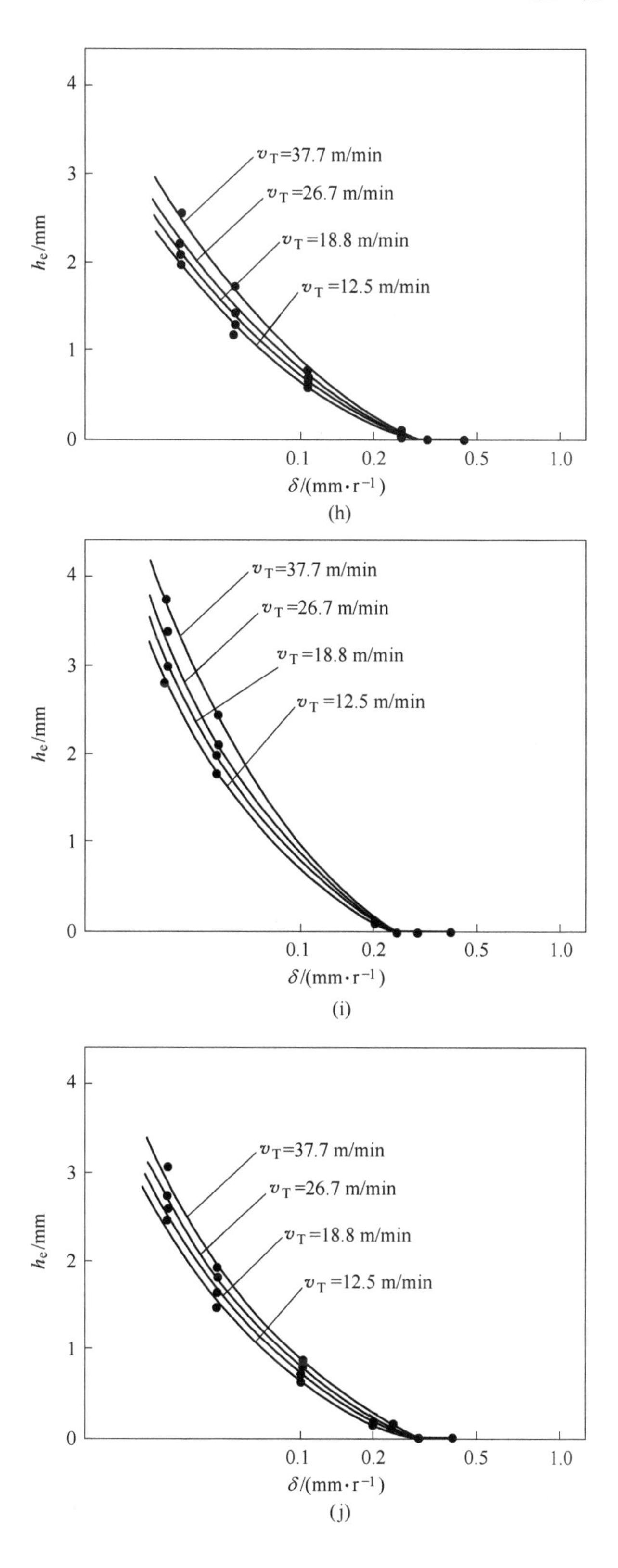

v_T=37.7 m/min
v_T=26.7 m/min
v_T=18.8 m/min
v_T=12.5 m/min
h_e/mm
δ/(mm·r^{-1})
0.1
0.2
0.5
1.0
(h)
(i)
(j)

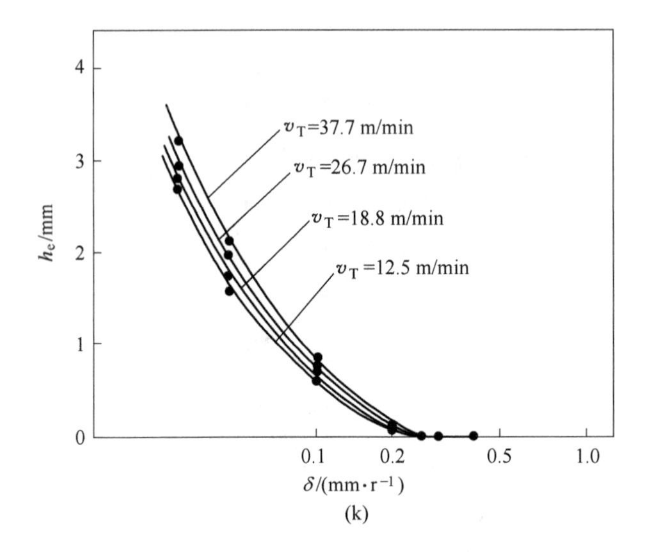

(k)

图 4-25　在不同轧制条件下轧轮的每转进给量 δ 与被轧制齿轮的“齿顶犄角”高度 h_e 的关系曲线[8-9]

(a) m = 3.0 mm、α = 20°、β = 0°、S45C 钢；(b) m = 3.0 mm、α = 20°、β = 0°、SCM3 钢；
(c) m = 3.0 mm、α = 20°、β = 0°、SCM21 钢；(d) m = 3.0 mm、α = 20°、β = 30°、S45C 钢；
(e) m = 3.0 mm、α = 20°、β = 30°、SCM3 钢；(f) m = 3.0 mm、α = 20°、β = 0°、SCM21 钢；
(g) m = 2.25 mm、α = 20°、β = 13.5°、S45C 钢；(h) m = 2.25 mm、α = 20°、β = 13.5°、SCM21 钢；
(i) m = 2.0 mm、α = 20°、β = 0°、S45C 钢；(j) m = 2.0 mm、α = 20°、β = 0°、SCM3 钢；
(k) m = 2.0 mm、α = 20°、β = 0°、SCM21 钢

表 4-3　轧轮和被轧制齿轮的基本参数

序号	模数 m/mm	压力角 α/(°)	轧轮齿数 Z_1	被轧制齿轮齿数 Z_2	齿宽 b/mm	螺旋角 β/(°)	齿轮类型
1	3.0	20	30	32	15	0	直齿圆柱齿轮
2	3.0	20	26	28	15	30	斜齿圆柱齿轮
3	2.25	20	110	38	22	13.5	斜齿圆柱齿轮
4	2.0	20	130	48	16	0	直齿圆柱齿轮

由图 4-25 可知，在热轧成形过程中，轧轮的每转进给量 δ 越大，则被轧制齿轮的“齿顶犄角”高度越小。

图 4-26 展示了热轧成形过程中被轧制齿轮不出现“齿顶犄角”时轧轮每转进给量 δ 与齿轮模数 m 之间的关系。

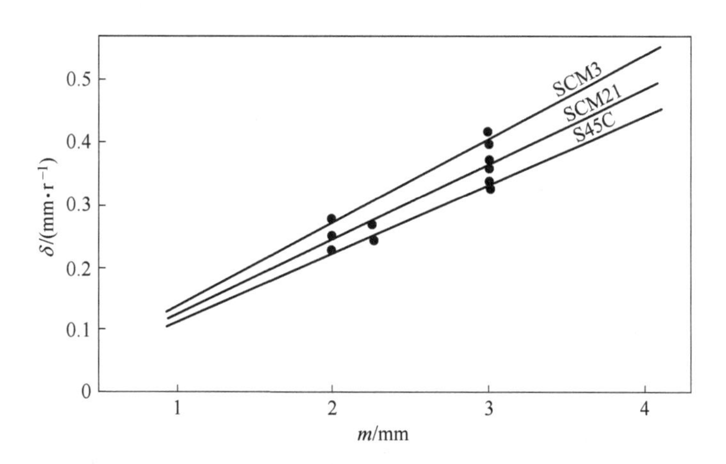

图 4-26 热轧成形过程中被轧制齿轮不出现“齿顶犄角”时轧轮每转进给量 δ 与齿轮模数 m 之间的关系[8-9]

由图 4-26 可知，为了消除被轧制齿轮的“齿顶犄角”现象所必需的轧轮每转进给量 δ 最小值与被轧制齿轮的模数 m 和齿坯材料有关，其关系式如下：

$$\delta = mk_r \tag{4-50}$$

式中 m ——被轧制齿轮的模数，mm；

k_r ——根据齿坯材料来确定的常数，对于 S45C 钢 $k_r = 0.11$，对于 SCM21 钢 $k_r = 0.12$，对于 SCM3 钢 $k_r = 0.13$。

图 4-27 展示了热轧成形过程中齿廓形成速度 v_T 与轧制力 P_n 、扭转力 P_t 之间的关系。

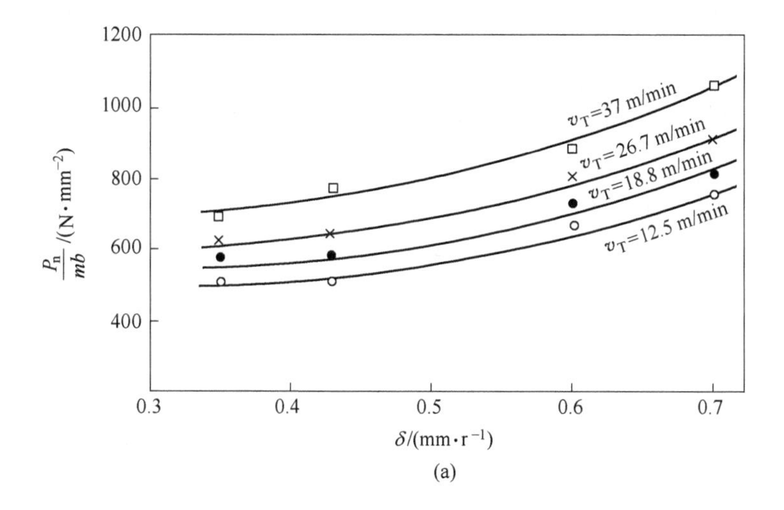

(a)

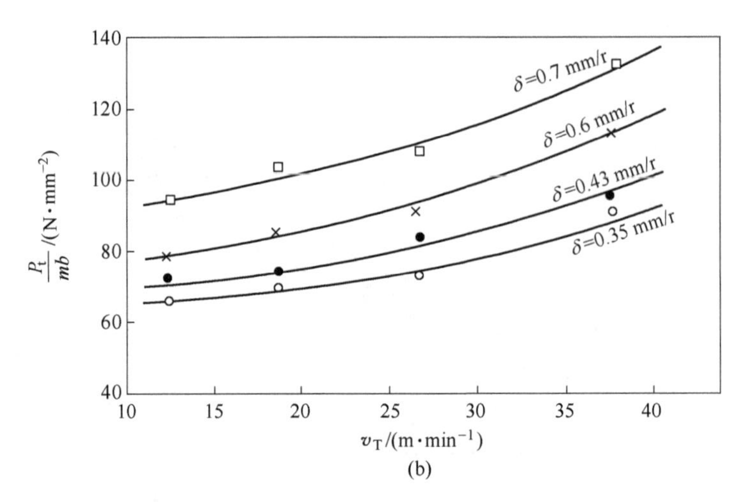

图 4-27　热轧成形过程中 v_T 与 $P_n/(mb)$、$P_t/(mb)$ 之间的关系[8-9]

（m = 3.0 mm、α = 20°、β = 0°、Z_1 = 30、Z_2 = 32、b = 15 mm、S45C 钢）

由图 4-27 可知，在热轧成形过程中，加大轧轮的每转进给量 δ 和齿廓形成速度 v_T 之后，轧制力 P_n 和扭转力 P_t 均增大。由于轧制力 P_n 是作用于轧轮轮齿上的法向力，而扭转力 P_t 是作用于轧轮轮齿上的切向力；为了提高轧轮的使用寿命，就应使作用于轧轮轮齿上的法向力和切向力尽量减小。因此，在热轧成形过程中，轧轮的每转进给量 δ 和齿廓形成速度 v_T 都应尽可能取较小的值。

如图 4-28 所示为热轧成形过程中齿廓形成速度 v_T 对被轧制齿轮齿形精度的影响。

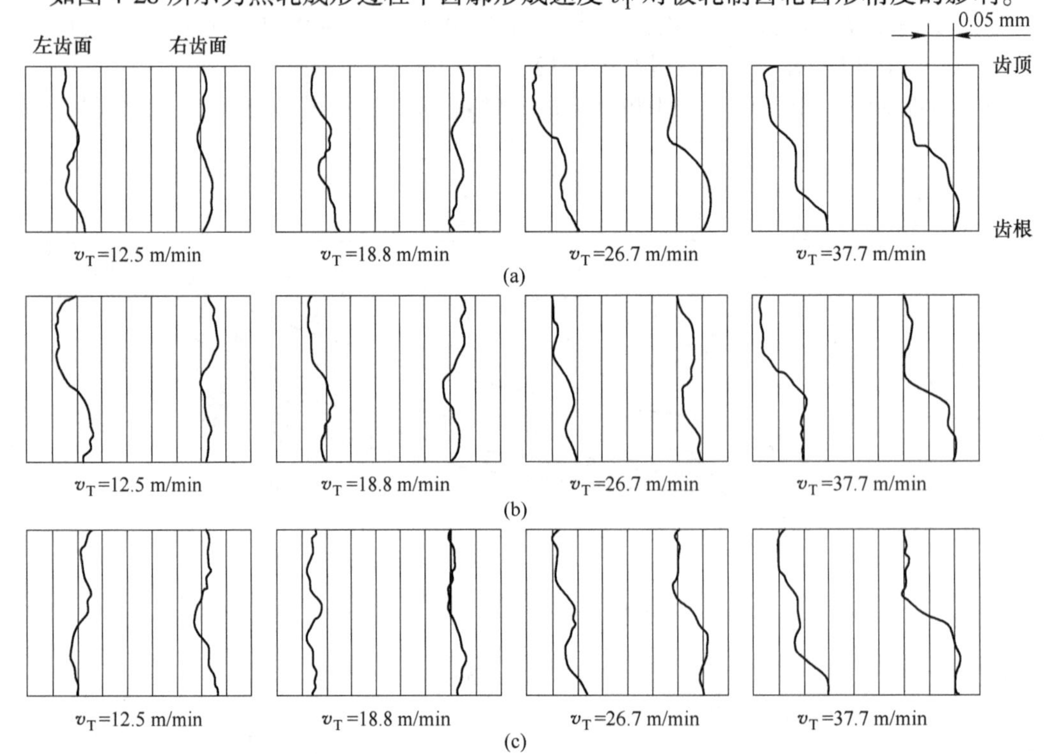

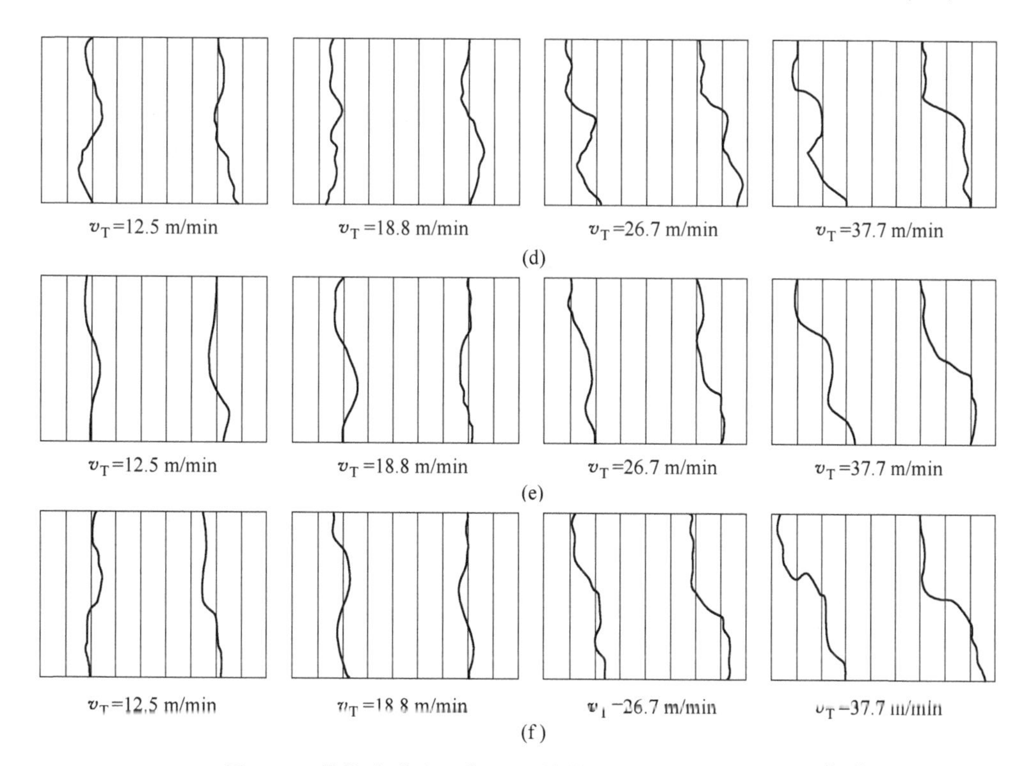

图 4-28 热轧成形过程中 v_T 对被轧制齿轮齿形精度的影响[8-9]

(a) m = 3.0 mm、α = 20°、β = 0°、S45C 钢；(b) m = 3.0 mm、α = 20°、β = 0°、SCM21 钢；
(c) m = 3.0 mm、α = 20°、β = 0°、S45C 钢；(d) m = 3.0 mm、α = 20°、β = 30°、SCM21 钢；
(e) m = 2.0 mm、α = 20°、β = 0°、S45C 钢；(f) m = 2.0 mm、α = 20°、β = 0°、SCM21 钢

由图 4-28 可知，热轧成形过程中，随着齿廓形成速度 v_T 增大，被轧制齿轮的轮齿齿形会产生倾斜现象；因此，钢质齿坯热轧成形时为了获得齿形精度高的被轧制齿轮，其齿廓形成速度 v_T 应小于 18.8 m/min。但是，在轧轮的每转进给量 δ 为恒定的情况下，若齿廓形成速度 v_T 值过小，则轧轮的进给速度 v_R 值也会减小，因而轧制成形所需的加工时间就较长，从齿坯的外圆部分向齿坯的心部传导的热量就会增多，致使齿坯中心的温度增高，从而降低被轧制齿轮的齿形精度。同时，如果齿廓形成速度 v_T 较低，则轧制成形时轧轮的轮齿与齿坯的接触时间就会增加，从而导致轧轮的轮齿表面温度增高，使轧轮的使用寿命降低。

因此，考虑轧轮的使用寿命以及被轧制齿轮的齿形精度两方面的因素，齿廓的最合适形成速度 $v_T \approx 18.8$ m/min。

4.2.4 轧制力与扭转力

在齿轮的热轧成形过程中，所需要的作用力有：

（1）轧制力。轧制力是齿轮热轧成形时轧轮在齿坯外圆上进给轧入所需要的压力。

（2）扭转力。扭转力是在齿轮热轧成形过程中当轧轮轧入齿坯时，使齿坯和轧轮回转所需要的力。

这两个力是设计、制造热轧成形机时计算各个零部件的强度、确定电动机功率或油泵的容量所必需的数据，也是影响轧轮使用寿命的关键因素。

图 4-29 展示了采用表 4-4 所示轧制条件进行齿轮热轧成形时单位齿宽所需的功率与被轧制齿轮模数之间的关系，图 4-30 展示了采用表 4-4 所示轧制条件进行齿轮热轧成形时单位齿宽所需的轧制力与被轧制齿轮模数之间的关系。

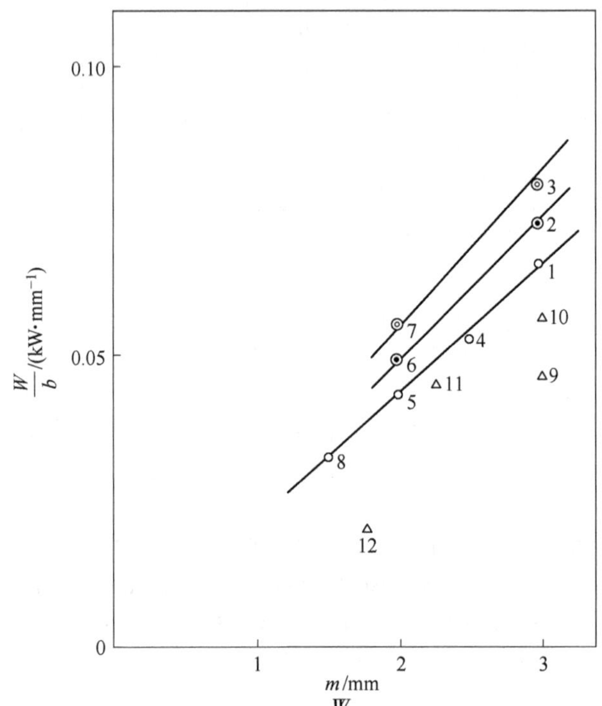

图 4-29　齿轮热轧成形时单位齿宽所需功率 $\frac{W}{b}$ 与被轧制齿轮模数 m 之间的关系[8-9]

表 4-4　齿轮的基本参数、齿坯材料和轧制速度

序号	模数 m/mm	压力角 α/(°)	螺旋角 β/(°)	轧轮齿数 Z_1	被轧制齿轮齿数 Z_2	齿宽 b/mm	齿坯材料	轧制速度	
								齿廓形成速度 v_T/(m·min^{-1})	轧轮的进给速度 v_R/(mm·s^{-1})
1	3.0	20	0	87	32	15	S45C	18	0.67
2	3.0		0	87	32	15	SCM21		0.67
3	3.0		0	87	32	15	SCM3		0.67
4	2.5		0	104	50	30	S45C		0.46
5	2.0		0	130	48	16	S45C		0.46
6	2.0		0	130	48	16	SCM21		0.46
7	2.0		0	130	48	16	SCM3		0.46
8	1.5		0	173	66	15	S45C		0.34
9	3.0		30	73	28	15	S45C		0.67
10	3.0		23	73	35	32	S45C		0.59
11	2.25		13.5	110	22	22	S45C		0.54
12	1.75		45	105	15	15	S45C		0.40

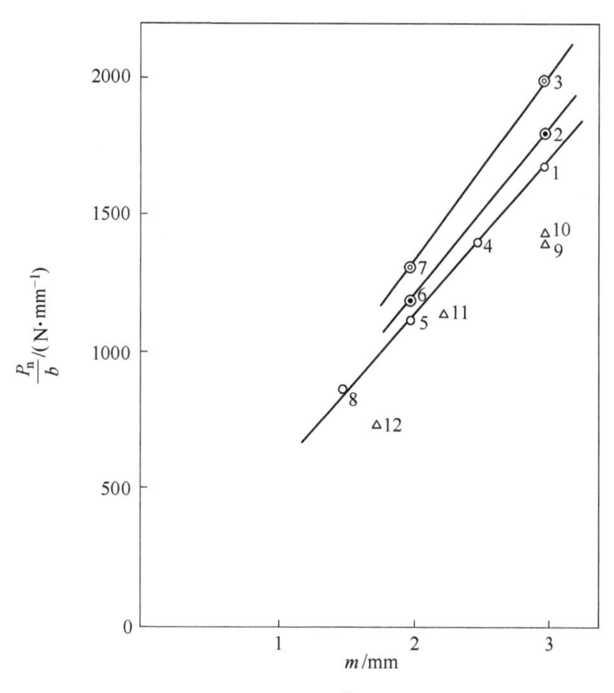

图 4-30 齿轮热轧成形时单位齿宽所需轧制力 $\frac{P_n}{b}$ 与被轧制齿轮模数 m 之间的关系[8-9]

由图 4-29 和图 4-30 可知，在直齿圆柱齿轮热轧成形过程中，其轧制力 P_n 和消耗功率 W 与被轧制齿轮模数 m 成正比例关系。

对于直齿圆柱齿轮的热轧成形，其所需的轧制力 P_n 可用下式表示：

$$P_n = 10p_nA_n \tag{4-51}$$

$$A_n = 2m\left(\frac{Z_1}{2} - c_f\right)b\sin\frac{\pi}{Z_1} \tag{4-52}$$

式中 m——被轧制齿轮的模数，mm；

b——被轧制齿轮的齿宽，mm；

Z_1——轧轮的齿数；

mc_f——轧轮的齿根高，mm。

在一定的热轧条件下，根据齿坯材料的不同，其单位面积轧制力是一个常数：对于 S45C 钢，单位面积轧制力约为 184 N/mm^2；对于 SCM21 钢，单位面积轧制力约为 195 N/mm^2；对于 SCM3 钢，单位面积轧制力约为 215 N/mm^2。

对于直齿圆柱齿轮的热轧成形，其所需的扭转力 P_t 可用下式表示：

$$P_t = 10p_tA_t \tag{4-53}$$

$$A_t = mc_hb \tag{4-54}$$

式中 m——被轧制齿轮的模数，mm；

b——被轧制齿轮的齿宽，mm；

mc_h——轧轮的齿高，mm。

在一定的热轧条件下，根据齿坯材料的不同，其单位面积扭转力是一个常数：对于 S45C 钢，单位面积扭转力约为 34.5 N/mm^2；对于 SCM21 钢，单位面积扭转力约为 39 N/mm^2；

对于 SCM3 钢，单位面积扭转力约为 42.5 N/mm^2。

热轧成形斜齿圆柱齿轮所需的轧制力 P_n 和扭转力 P_t 要比热轧同样材料、同样模数的直齿圆柱齿轮小一些。

图 4-31 展示了斜齿圆柱齿轮热轧成形时单位模数、单位齿宽所需轧制力 $[P'_n/(mb)]/[P_n/(mb)]$ 与被轧制齿轮螺旋角 β 的关系。图 4-32 展示了斜齿圆柱齿轮热轧成形时单位模数、单位齿宽所需扭转力 $[P'_t/(mb)]/[P_t/(mb)]$ 与被轧制齿轮螺旋角 β 的关系。

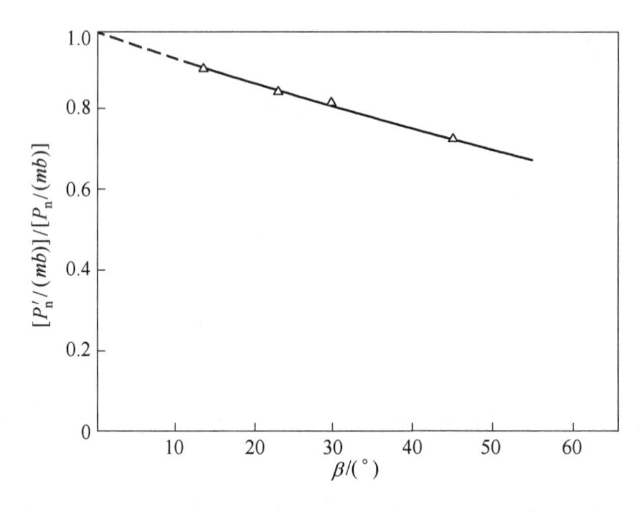

图 4-31　斜齿圆柱齿轮热轧成形时单位模数、单位齿宽所需轧制力 $[P'_n/(mb)]/[P_n/(mb)]$ 与被轧制齿轮螺旋角 β 的关系[8-9]

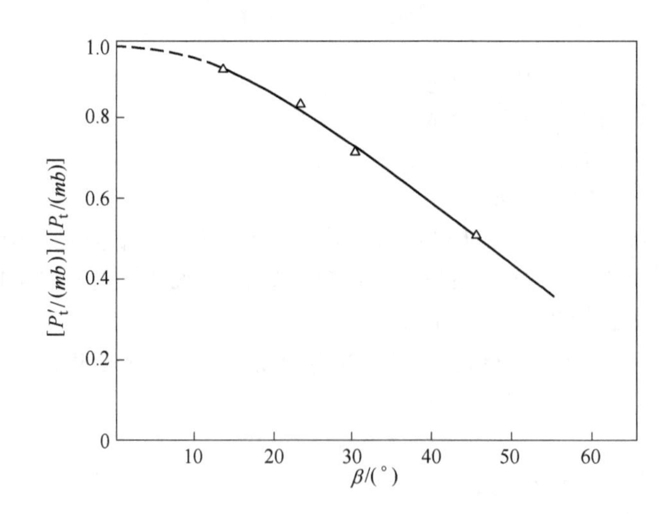

图 4-32　斜齿圆柱齿轮热轧成形时单位模数、单位齿宽所需扭转力 $[P'_t/(mb)]/[P_t/(mb)]$ 与被轧制齿轮螺旋角 β 的关系[8-9]

由图 4-31 和图 4-32 可知，斜齿圆柱齿轮热轧成形时，随着被轧制齿轮螺旋角 β 的增大，其轧制力 P'_n 和扭转力 P'_t 均变小；且 $[P'_n/(mb)]/[P_n/(mb)]$、$[P'_t/(mb)]/[P_t/(mb)]$ 与 β 之间的关系可近似地用下式表示：

$$[P'_n/(mb)]/[P_n/(mb)] \approx \cos\frac{\beta}{3} - \sin\frac{\beta}{3} \tag{4-55}$$

$$[P'_t/(mb)]/[P_t/(mb)] \approx \cos^2\beta \tag{4-56}$$

由此，可得到斜齿圆柱齿轮热轧成形时所需的轧制力 P_n（单位是N）和扭转力 P_t（单位是N）如下：

$$P_n = 20p_n\left(\cos\frac{\beta}{3} - \sin\frac{\beta}{3}\right)m\left(\frac{Z_1}{2} - c_f\right)b\sin\frac{\pi}{Z_1} \tag{4-57}$$

$$P_t = 20p_t m c_h b\cos^2\beta \tag{4-58}$$

4.3　热轧成形设备

齿轮的热轧成形设备由能将齿坯外圆加热到适合于轧制温度的感应加热装置和将轧轮向被加热的齿坯外圆进给轧制形成被轧制齿轮的轮齿齿廓的热轧成形机所组成[8-9]。

热轧成形机具有两个基本的机构：一是使轧轮对齿坯进行进给轧制的机构；二是将齿坯外圆分度出规定的齿数并使被轧制齿轮的轮齿齿廓成形的机构。

4.3.1　齿数的分度

在齿轮的热轧成形过程中，由于齿坯外圆因加热而变软，轧轮很容易轧入，同时也容易引起已凸起的被轧制齿轮轮齿齿廓变形。当采用自由分度方式进行热轧成形时，轧轮一面从最早成形的沟槽之间摩擦轧入，一面又挤压已凸起的被轧制齿轮轮齿齿廓，其必然会造成被轧制齿轮的齿数不合规定且被轧制齿轮的轮齿齿廓质量变差；因此对于齿轮的热轧成形，不能采用自由分度轧制方法。

为了在热轧成形时能够轧制出具有规定齿数的被轧制齿轮，从轧轮开始在齿坯外圆上轧入到轧制终了的全部过程中，必须使轧轮与齿坯保持一定的回转角速比，并进行强制驱动；因此，对于齿轮的热轧成形，采用强制分度轧制方法是适宜的。

4.3.2　轧轮的进给方法

在齿轮的热轧成形过程中，轧轮的进给方法有：

（1）采用丝杠或凸轮，给予轧轮机械的送进运动，并使轧轮轧入。

（2）利用油压或弹簧，加压于轧轮上，借助该压力使轧轮轧入。

4.3.2.1　丝杠单向进给式热轧成形机

如图 4-33 所示为利用车床改装而成的丝杠单向进给式热轧成形机的结构示意图。该热轧成形机只用一个轧轮，并采取从一个方向对齿坯进给的方法；轧轮的进给利用丝杠来实现，在齿坯轴和轧轮轴上分别装有分度齿数用的传动齿轮，这两个分度齿轮的齿数比和啮合节圆的大小均与被轧制齿轮和轧轮相同。

由于齿坯的直径比被轧制齿轮的齿顶圆直径要小，因此当轧轮架前进时，首先是分度齿轮开始啮合，然后齿坯轴做回转运动，通过分度齿轮的啮合传递给轧轮轴，使齿坯轴与轧轮轴保持规定的转速比进行回转；当轧轮架进一步进给时，轧轮接触到齿坯外圆，并开始轧入，从而完成对齿坯的热轧成形。

对于如图 4-33 所示的热轧成形机，虽然其结构比较简单，但是已具备了齿轮热轧成形所必需的基本机构。

采用如图 4-33 所示的热轧成形机轧制 $m = 3.0$ mm、$\alpha = 20°$、$\beta = 0°$、$Z_2 = 32$、$b = 15$ mm、材料为 SCM3 钢的直齿圆柱齿轮时，其加热时间为 25 s、轧制时间为 10 s，热轧成形后的被轧制齿轮精度如图 4-34 所示。

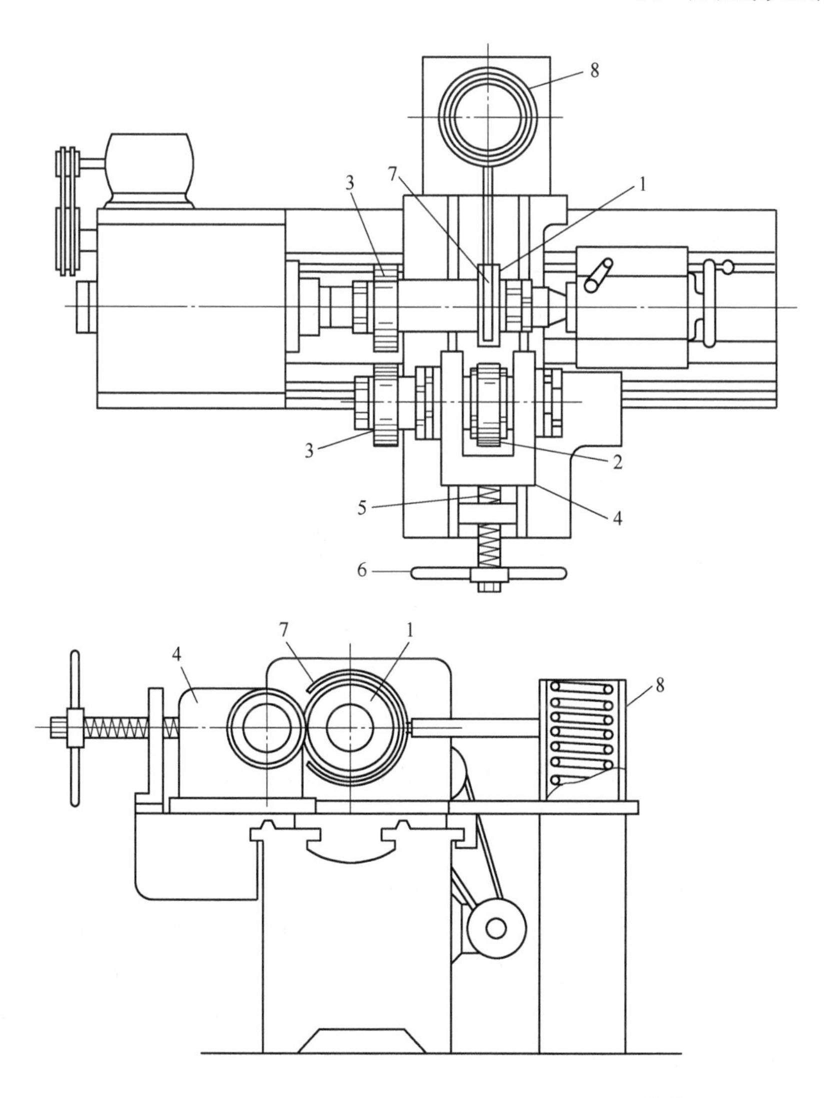

图 4-33 丝杠单向进给式热轧成形机结构示意图[8-9]

1—齿坯；2—轧轮；3—分度齿轮；4—轧轮架；5—送进丝杠；6—手柄；7—加热线圈；8—交流器

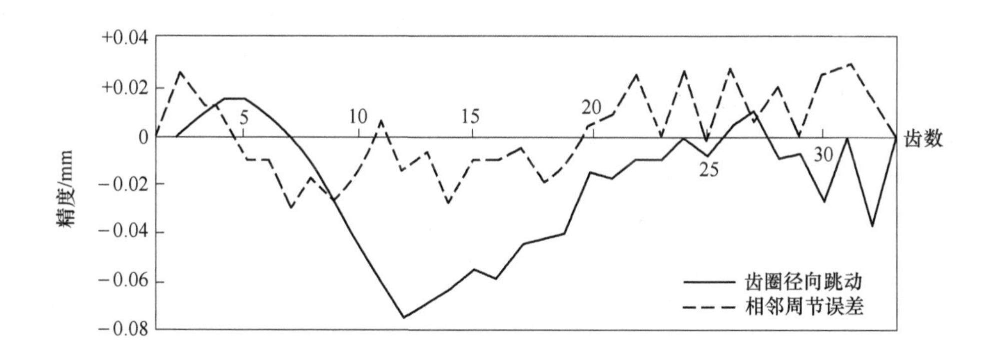

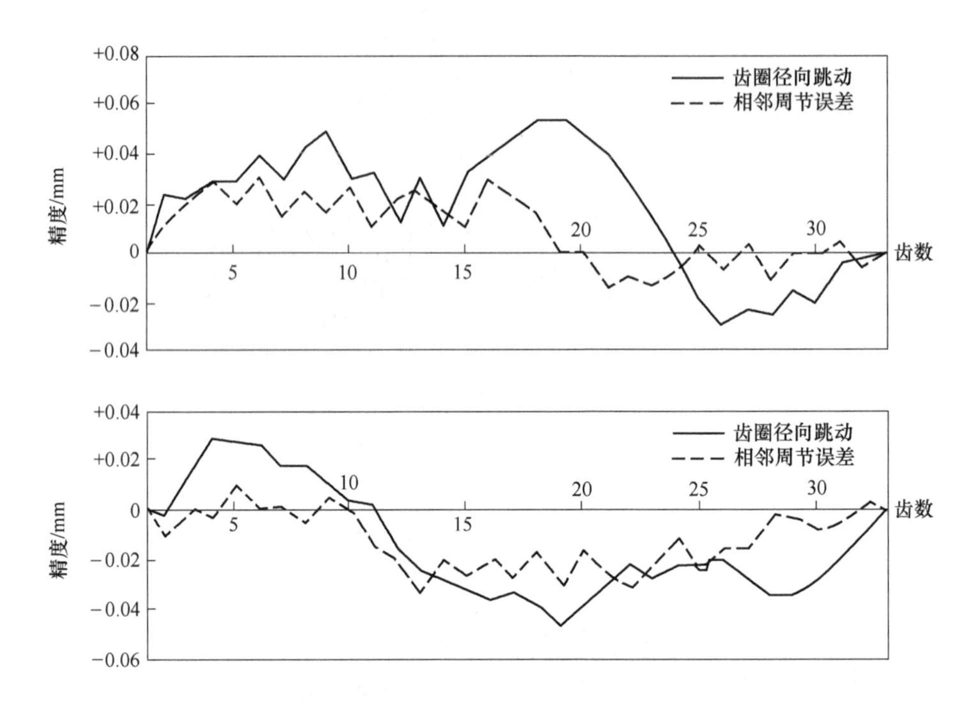

图 4-34　采用如图 4-33 所示的热轧成形机轧制成形的被轧制齿轮精度[8-9]
（m = 3.0 mm、α = 20°、β = 0°、Z_2 = 32、b = 15 mm；齿坯材料：SCM3 钢）

由图 4-34 可知，热轧成形后的被轧制齿轮的齿圈径向跳动为 80~100 μm、相邻周节误差为 40~50 μm。其齿圈径向跳动较大是由于丝杠单向进给的关系，即当轧轮从一个方向对齿坯进给轧制时齿坯轴因受进给压力的作用而弯曲，故容易产生偏差；同时由于作用在齿坯外圆上的进给压力通过齿坯内径作用到齿坯轴上，从而引起齿坯内径发生变形；由此造成被轧制齿轮的齿圈径向跳动偏大。

4.3.2.2　丝杠双向进给式热轧成形机

如图 4-35 所示为丝杠双向进给式热轧成形机结构示意图。该热轧成形机使用两个轧轮，并从两个相对的方向对齿坯进行进给轧入，借此平衡进给压力。

在图 4-35 所示热轧成形机中，无论轧轮轴送进或退回，中间齿轮（即齿轮 7 和齿轮 8）均保持正常的啮合状态；而且采用了控制齿坯轴与轧轮轴经常保持一定的回转角速比的传动机构。轧轮的进给用丝杠来完成，该丝杠可以采取手动也可采用动力传动。当使用两个轧轮时，必须把每个轧轮的轮齿相位分别调整到符合于齿轮热轧成形的轮齿间位置；调整轧轮的轮齿间位置的方法如下：将啮合的一个斜齿轮（调整相位用齿轮 4 或 4′）沿轴向移动，利用移动时所产生的回转角变位来加以调整。

采用如图 4-35 所示的热轧成形机轧制 m = 2.25 mm、α_n = 20°、β = 13.5°、Z_2 = 38、b = 11 mm、材料为 S45C 钢的斜齿圆柱齿轮时，其加热时间为 20 s、轧制时间为 8 s，热轧成形后的被轧制齿轮精度如图 4-36 所示，其所用轧轮的精度如图 4-37 所示。

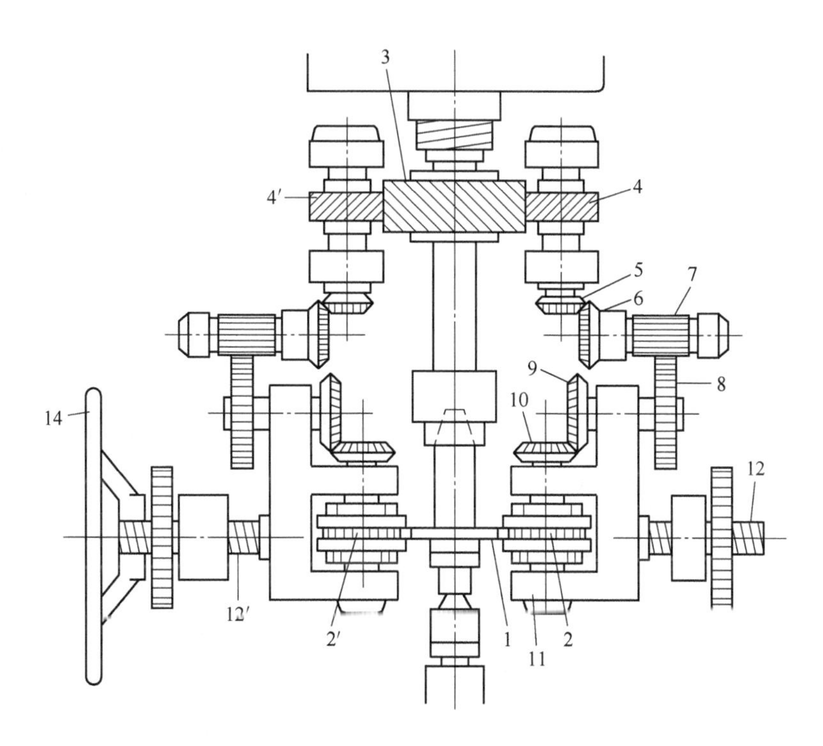

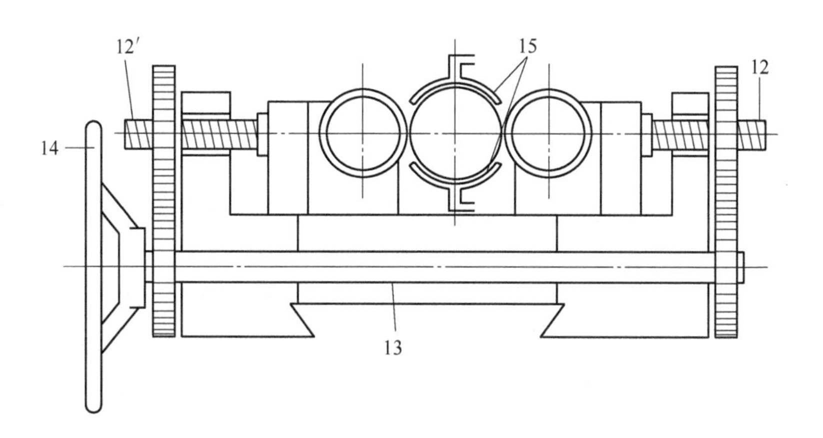

图 4-35 丝杠双向进给式热轧成形机结构示意图[8-9]

1—齿坯；2，2′—轧轮；3，4，4′—分度齿数和调整相位用齿轮；5～10—传动齿轮；11—轧轮架；12，12′—进给丝杠；13—传动进给丝杠用轴；14—手轮；15—加热用线圈

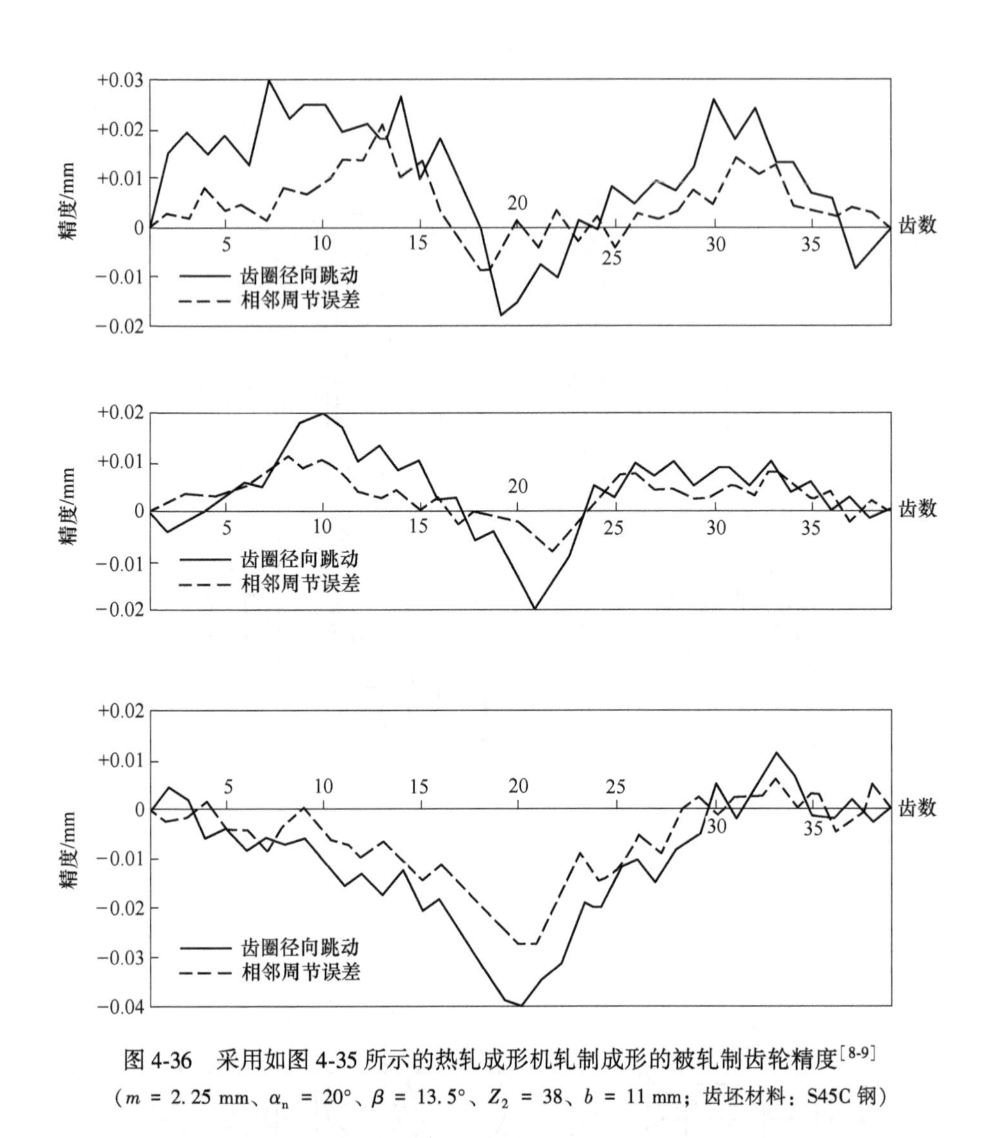

图 4-36　采用如图 4-35 所示的热轧成形机轧制成形的被轧制齿轮精度[8-9]

（m = 2.25 mm、α_n = 20°、β = 13.5°、Z_2 = 38、b = 11 mm；齿坯材料：S45C 钢）

由图 4-36 可知，热轧成形后的被轧制齿轮的齿圈径向跳动为 40~50 μm、相邻周节误差为 20~30 μm。

将图 4-34 所示的被轧制齿轮精度和图 4-36 所示的被轧制齿轮精度对比可知，使用丝杠双向式热轧成形机轧制成形的被轧制齿轮的齿圈径向跳动较小。因此采用丝杠双向式热轧成形机轧制成形的被轧制齿轮，其齿形精度得到了显著提高，这是丝杠双向式热轧成形机热轧成形时轧制力平衡所取得的效果。

4.3.2.3　油压双向进给式热轧成形机

采用丝杠双向进给式热轧成形机进行齿轮的热轧成形时，由于是采用丝杠将轧轮进给，因此必须保证两个轧轮对齿坯的送进位置始终保持一致，其原因是：采用丝杠方式进行轧轮的进给，是给予轧轮机械的送进运动使之轧入；当两个轧轮对齿坯的送进位置不一

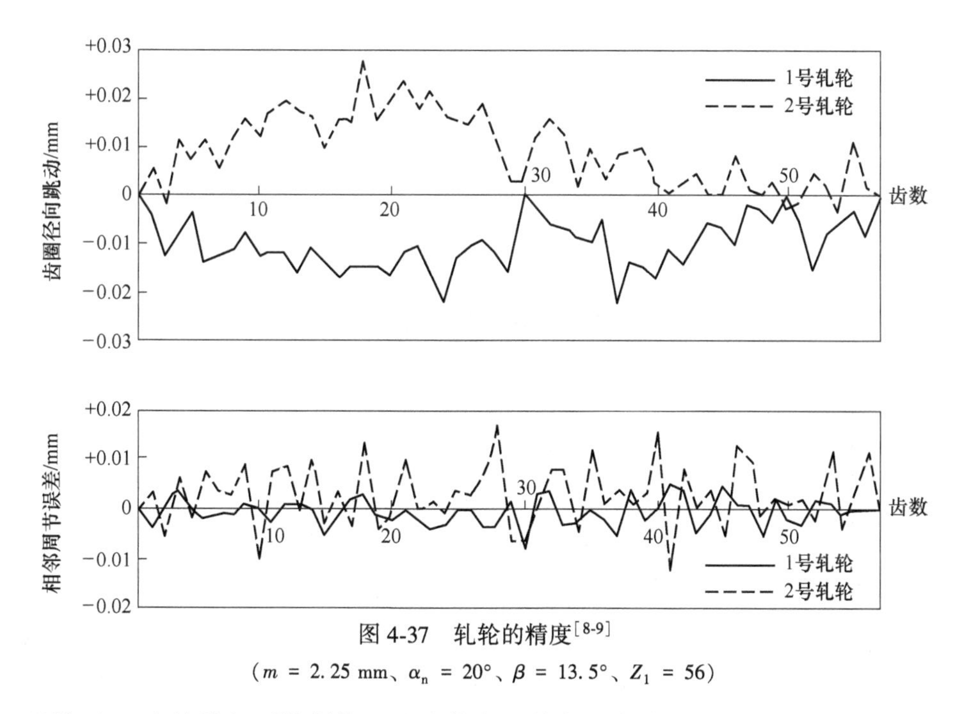

图 4-37 轧轮的精度[8-9]

（m = 2.25 mm、α_n = 20°、β = 13.5°、Z_1 = 56）

致时，则仅有一个轧轮起到轧制作用，致使齿坯轴产生弯曲，会引起被轧制齿轮的轮齿齿形产生较大的偏差。

在工程上，采用丝杠做机械送进时，要保证两个轧轮的送进位置始终保持严格一致是非常困难的。

利用油压作为轧轮的进给，可以保证两个轧轮的送进位置始终保持严格一致。当以油压作为轧轮送进时，由于进给压力直接作用于轧轮上，故不必规定其送进位置，轧轮就会对齿坯给予压力而轧入，使之产生相应的变形；因此如果对两个轧轮分别给以同样的压力，则两个轧轮就以相等的进给压力同时轧入齿坯使之变形，于是作用在齿坯轴上的进给压力自然就能保持平衡。

如图 4-38 所示为油压双向进给式热轧成形机的结构示意图。该热轧成形机中齿坯轴与轧轮轴的传动机构与图 4-35 所示的丝杠双向进给式热轧成形机相同，其进给机构将等压力的油压作用于左、右轧轮架上，轧轮借助这个压力轧入齿坯。驱动该热轧成形机的电机功率为 7.5 kW、最大轧制力为 100 kN、能轧制模数 $m \leqslant 4.0$ mm 的齿轮。

由图 4-38 可知，当采用油压作为轧轮进给时，由于热轧成形过程中的变形阻力作用到轧轮上，所以左、右两边的轧轮能够同时轧入，并给予齿坯相同的压力，使之产生相应的变形；但是，当轧轮尚未轧入齿坯外圆之前，其变形阻力尚不存在，在油压回路本身的阻力或者轧轮支架导轨面上的摩擦阻力存在差异，可能会使左、右轧轮支架的移动速度不相等，从而导致左、右轧轮的轧入时间存在先、后，而且不稳定。因此，要保证左、右轧轮开始轧入的时间始终一致是比较困难的。

为此，在如图 4-38 所示的热轧成形机上采用了齿条与齿轮的联动装置，保证左、右轧轮在接触齿坯外圆之前的送进运动始终保持一致；当在轧轮接触到齿坯外圆以后进入轧制成形阶段时，这个齿条与齿轮的联动装置就不再起作用。

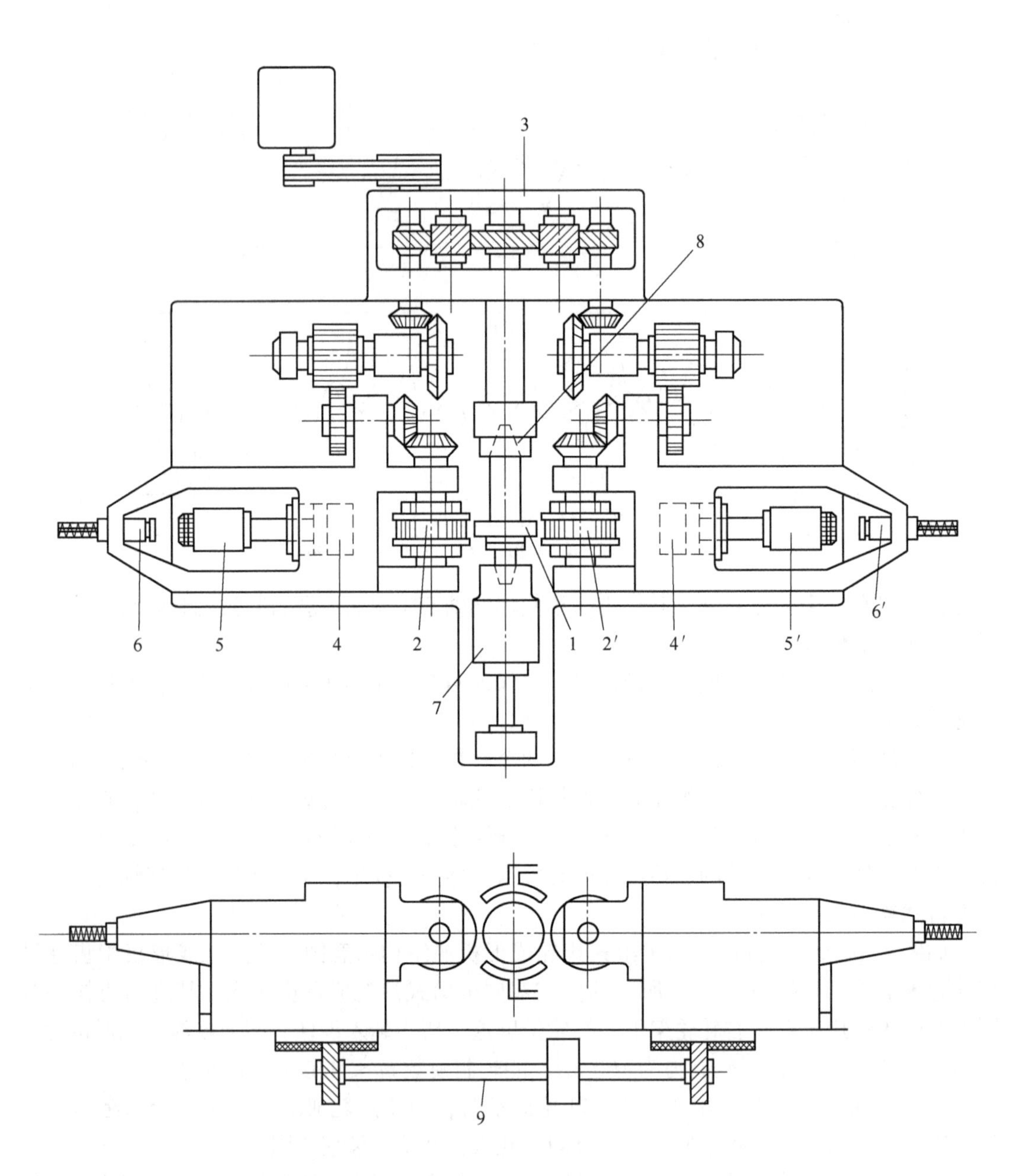

图 4-38　油压双向进给式热轧成形机结构示意图[8-9]

1—齿坯；2，2′—轧轮；3—分度齿数用交换齿轮；4，4′—油缸；5，5′—活塞杆支架；6，6′—微动开关；7—齿坯压紧装置；8—齿坯轴；9—轧轮架联动装置

采用如图 4-38 所示的热轧成形机轧制 m = 3. 0 mm、α_n = 20°、β = 23°、Z_2 = 35、b = 35 mm、材料为 S45C 钢的斜齿圆柱齿轮时，其加热时间为 25 s、轧制时间为 8 s，热轧成形后的被轧制齿轮精度如图 4-39 所示，其所用轧轮的精度如图 4-40 所示。

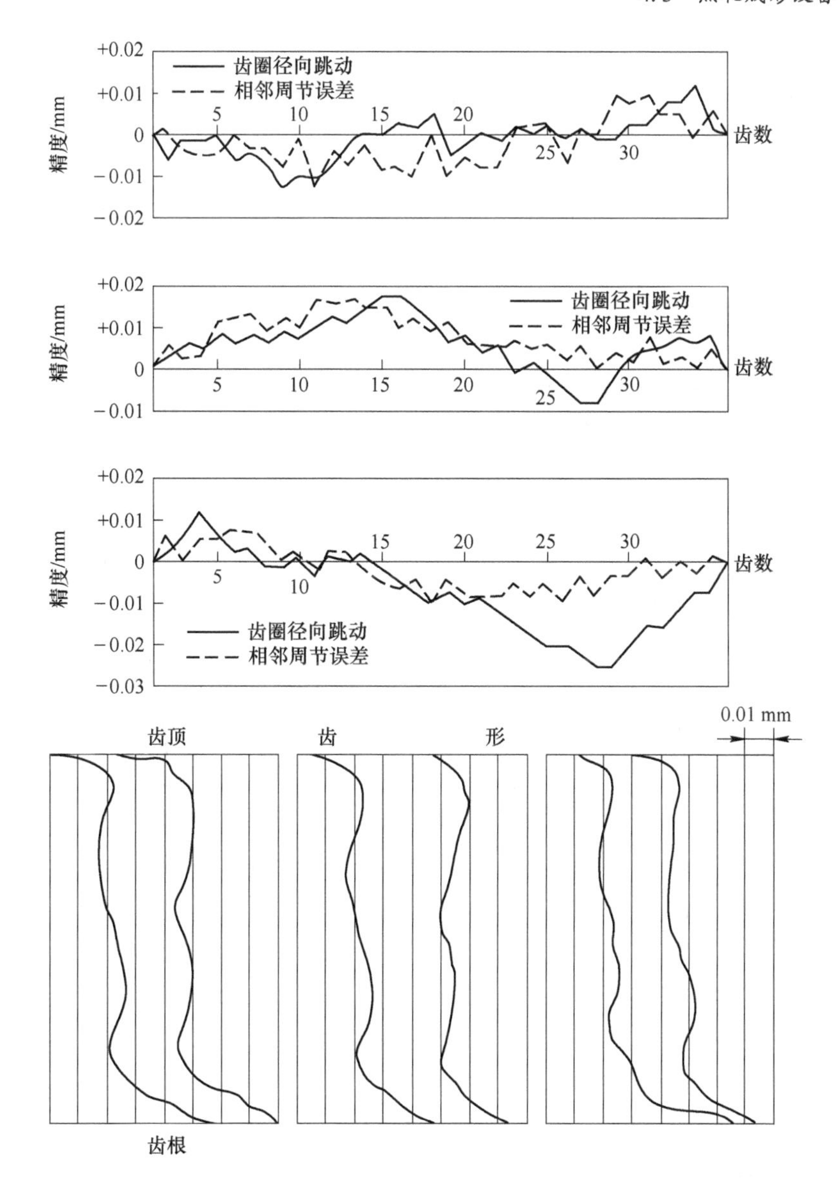

图 4-39 采用如图 4-38 所示的热轧成形机轧制成形的被轧制齿轮精度[8-9]

（m = 3.0 mm、α_n = 20°、β = 23°、Z_2 = 35、b = 35 mm；齿坯材料：S45C 钢）

由图 4-39 可知，热轧成形后的被轧制齿轮的齿圈径向跳动为 25~35 μm、相邻周节误差为 18~22 μm、齿形误差为 10~15 μm。

由图 4-34、图 4-36 和图 4-39 可知，采用丝杠单向进给式热轧成形机或丝杠双向进给式热轧成形机轧制成形的被轧制齿轮精度要比油压双向进给式热轧成形机轧制成形的被轧制齿轮精度低。采用油压双向进给式热轧成形机轧制成形的被轧制齿轮，其齿圈径向跳动很小，且其齿形误差更低。

生产实践证明，采用油压双向进给式热轧成形机进行齿轮的热轧成形，可以获得具有与切削加工齿轮同样精度的被轧制齿轮。

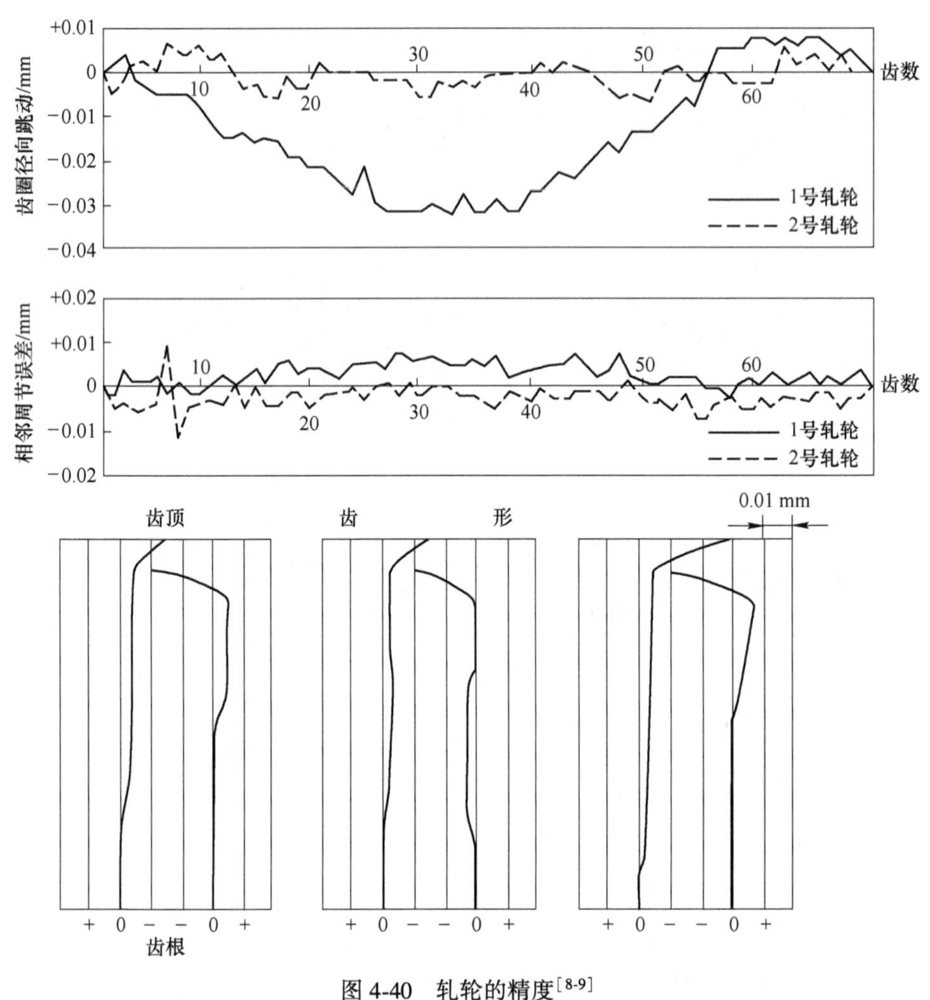

图 4-40　轧轮的精度[8-9]

（$m = 3.0$ mm、$\alpha_n = 20°$、$\beta = 23°$、$Z_1 = 73$）

4.3.3　全自动热轧成形机

如图 4-41 所示为油压双向进给式全自动热轧成形机结构示意图。该热轧成形机的基本参数如下：驱动电机功率为 10 kW、最大轧制力为 100 kN，能热轧成形直径为 30 ~ 130 mm、最大齿宽为 50 mm 的齿轮。

该热轧成形机的热轧成形过程如下：

（1）首先将齿坯装在齿坯轴上，然后按下自动启动按钮，齿坯即被油压机构压紧在主轴上，齿坯与轧轮开始回转；同时圆形感应线圈自动下降到齿坯外圆的加热位置进行预热。

（2）齿坯外圆的预热时间由时间继电器来控制。按照时间继电器规定的时间预热完毕，圆形感应线圈即停止加热，并自动向上方让开；然后加热用弧形感应线圈随即前进到

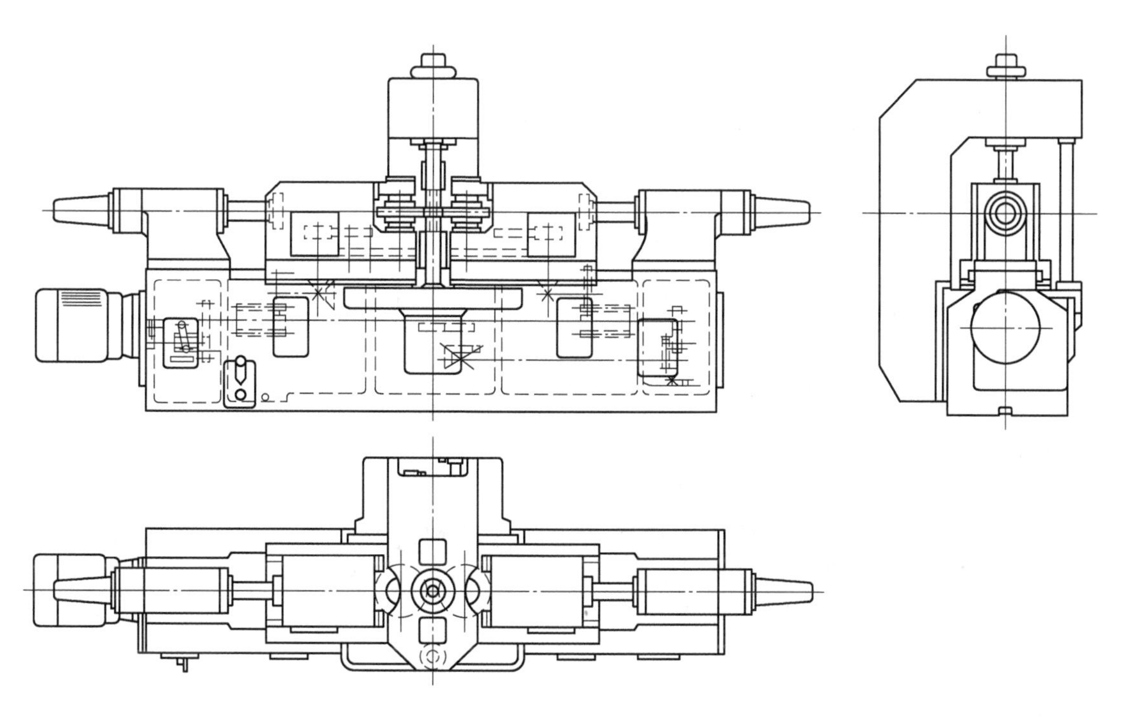

图 4-41 油压双向进给式全自动热轧成形机结构示意图[8-9]

加热位置，继续对齿坯外圆进行加热。预热用圆形感应线圈与加热用弧形感应线圈的转换，同样利用油压机构来完成，转换所需时间控制在 1.0 s 以内。

(3) 在弧形感应线圈进行加热的同时，轧轮采取快速送进，在将要接触到齿坯外圆之前，转换为轧制进给轧入齿坯；在热轧成形过程中弧形感应线圈继续对齿坯外圆进行加热；与此同时，将石墨与水的混合液浇注在轧轮的齿面上，使轧轮能够得到冷却和润滑。

(4) 当轧轮轧入规定的深度并触及行程开关时，弧形感应线圈就停止加热；然后利用时间继电器控制轧轮继续进行一定时间的整形轧制。

(5) 整形轧制完毕，弧形感应线圈后退，同时轧轮也快速退回。

(6) 在轧轮退回的过程中，轧轮和被轧制齿轮停止回转；轧轮退回到规定位置时，利用油压机构将被轧制齿轮从主轴上推出。

(7) 取出被轧制齿轮。

在以上的热轧成形过程中，除齿坯的装料和被轧制齿轮的取出以外，都能自动运行。

采用如图 4-41 所示的全自动热轧成形机轧制 m = 2.25 mm、α_n = 20°、β = 13.5°、Z_2 =37、b = 11 mm、材料为 S45C 钢的斜齿圆柱齿轮时，其预热时间为 10 s、轧制时间为 10.5 s、整形时间为 7 s，总加工时间为 36 s，热轧成形后的被轧制齿轮精度如图 4-42 所示，其所用轧轮的精度如图 4-43 所示，热轧成形的被轧制齿轮为 1000 件，热轧成形机连续工作的稳定性如图 4-44 所示。

由图 4-42~图 4-44 可知，该全自动热轧成形机的自动控制系统工作稳定，被轧制齿轮的精度达到 JIS5 级左右；同时在热轧成形过程中轧轮的温升保持在 30 ℃左右，被轧制齿轮的精度没有变化。

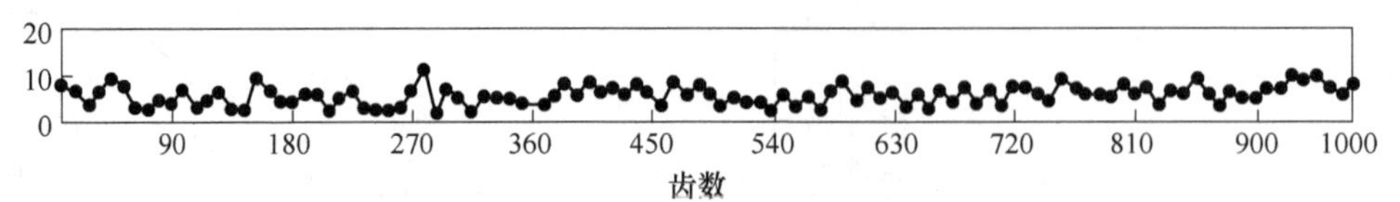

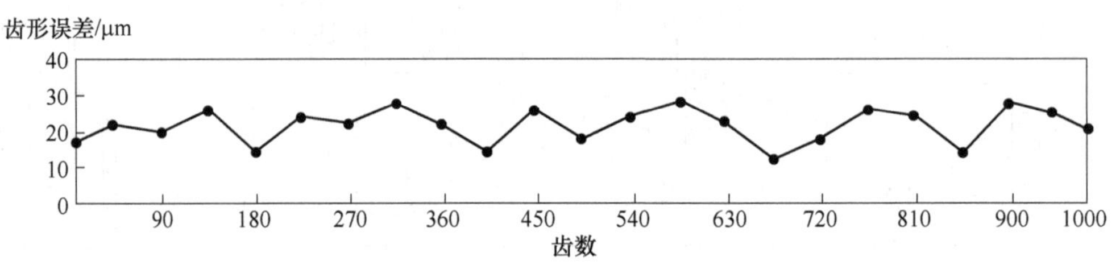

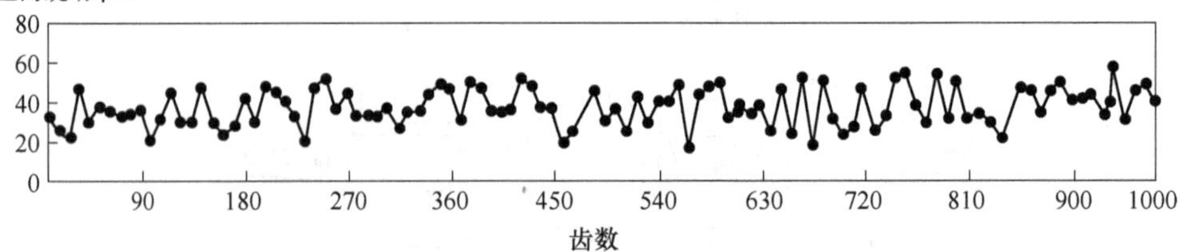

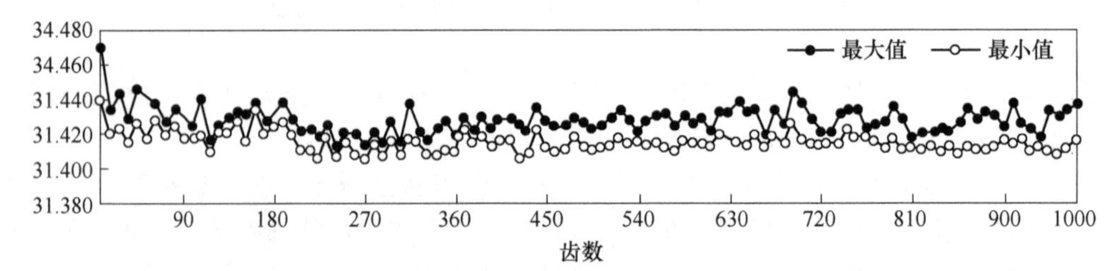

图 4-42　采用如图 4-41 所示的全自动热轧成形机轧制成形的被轧制齿轮精度[8-9]

（$m = 2.25$ mm、$\alpha_n = 20°$、$\beta = 13.5°$、$Z_2 = 37$、$b = 11$ mm；齿坯材料：S45C 钢）

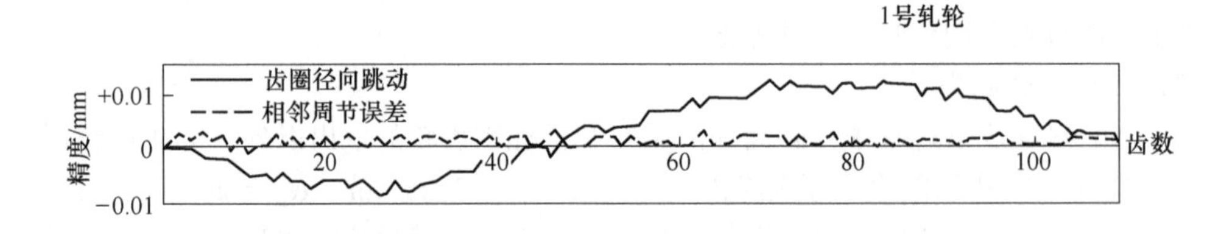

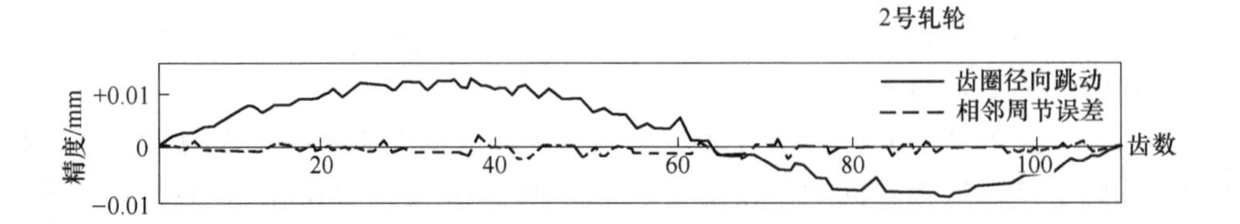

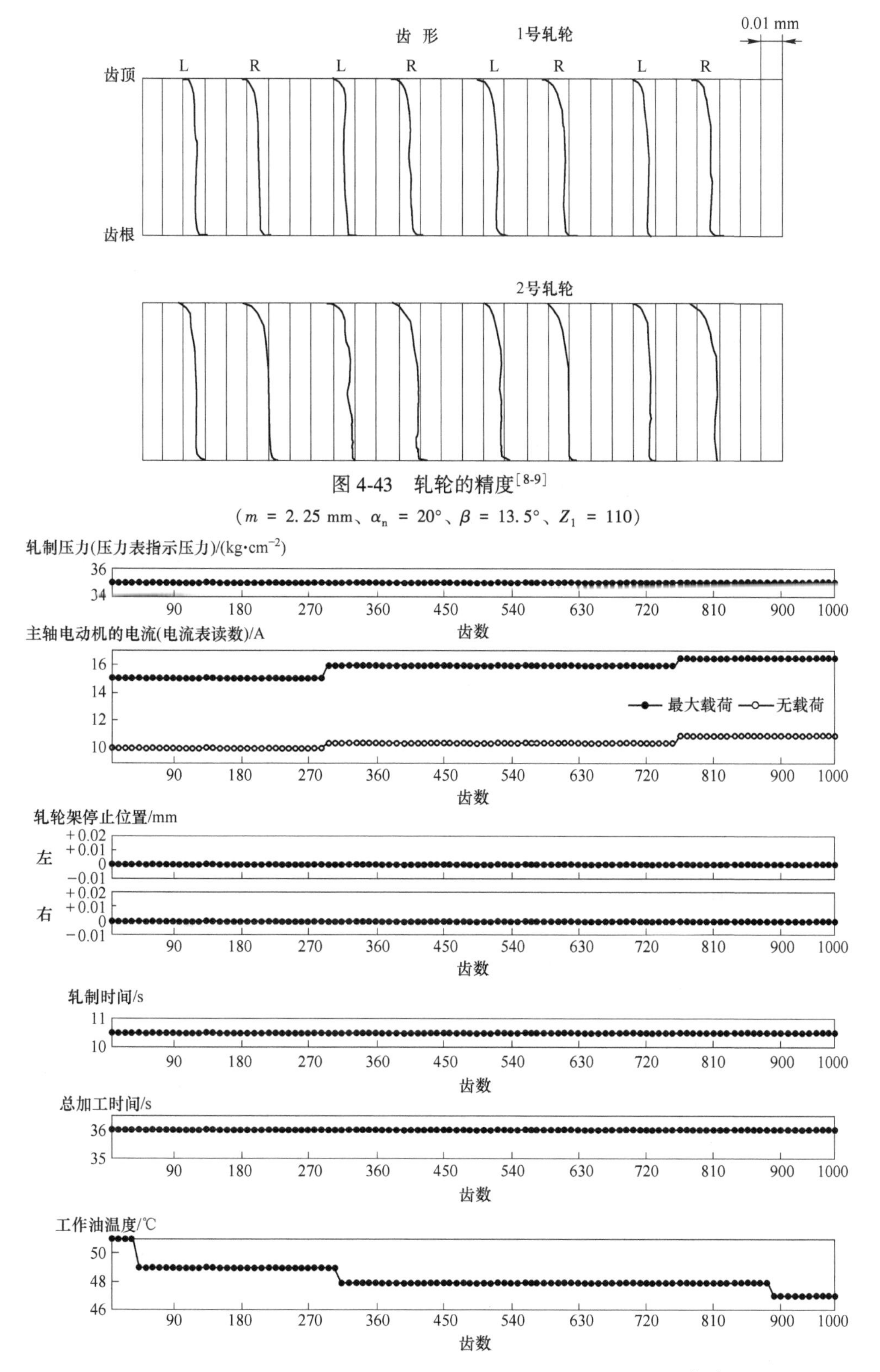

图 4-43 轧轮的精度[8-9]

(m = 2.25 mm、α_n = 20°、β = 13.5°、Z_1 = 110)

图 4-44 图 4-41 所示的全自动热轧成形机连续工作的稳定性[8-9]

4.4　被轧制齿轮的精度

4.4.1　影响被轧制齿轮精度的几个因素

热轧成形的被轧制齿轮，其精度除了受轧轮的精度、齿坯的精度以及热轧成形机的精度和刚度等因素影响外，还受到齿坯的形状、加热时间、整形轧制的时间以及轧轮的进给方式等因素的影响[8-9]。

4.4.1.1　齿坯的形状

齿轮的热轧成形工艺是将轧轮强制轧入齿坯外圆上使齿坯外圆发生塑性变形形成被轧制齿轮齿廓的过程。在齿轮热轧成形时，由于在齿坯外圆周上轧出凹槽，并压延表层，所以会引起齿坯心部的变形，从而影响到被轧制齿轮的精度。

如图 4-45～图 4-48 所示为开有内孔键槽的齿坯热轧成形时被轧制齿轮的精度。

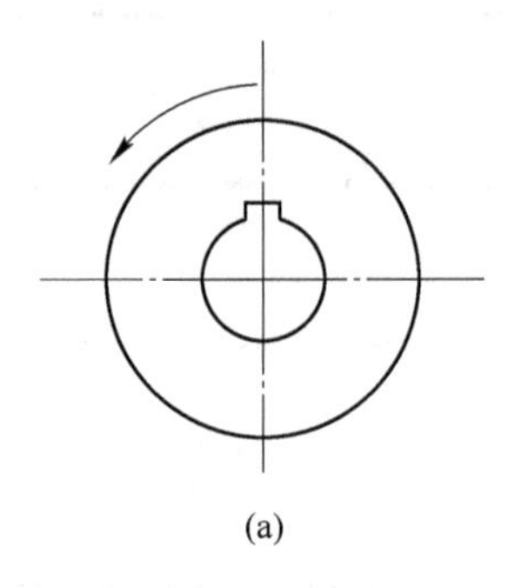

(a)

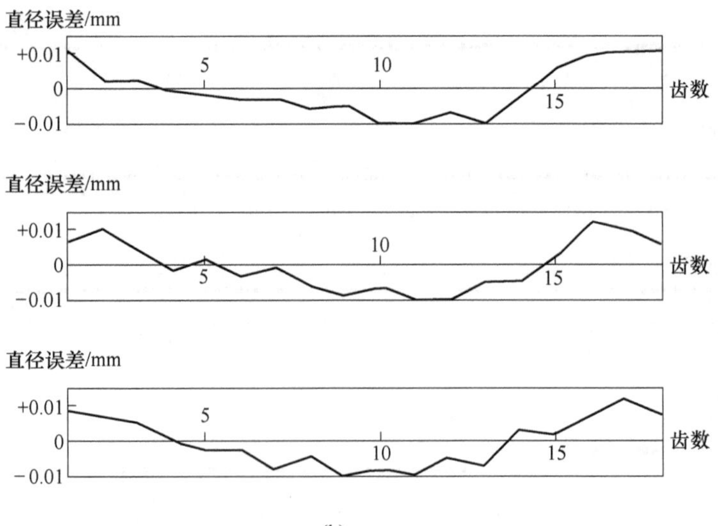

(b)

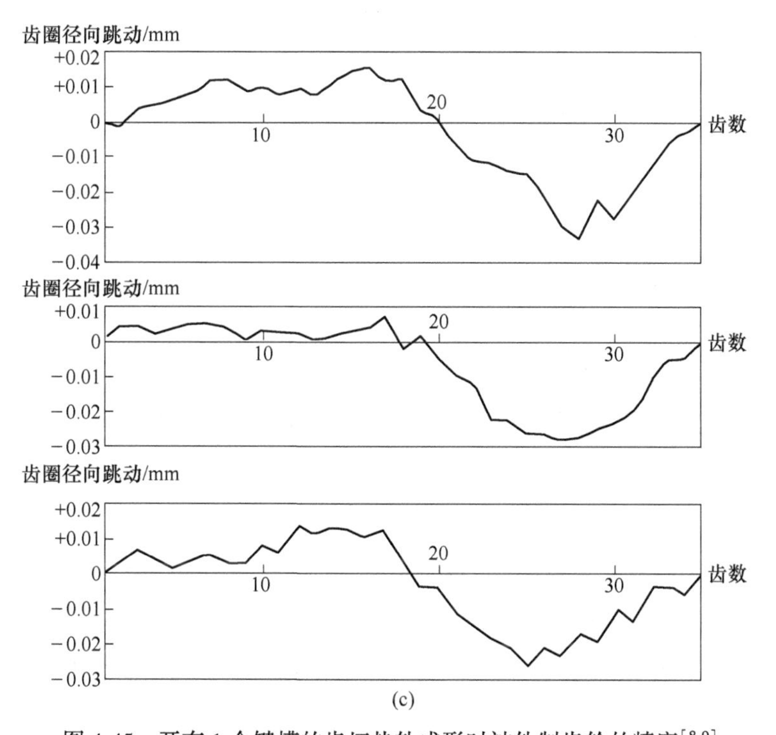

(c)

图 4-45 开有 1 个键槽的齿坯热轧成形时被轧制齿轮的精度[8-9]

(a) 齿坯形状；(b) 被轧制齿轮的直径误差；(c) 被轧制齿轮的齿圈径向跳动

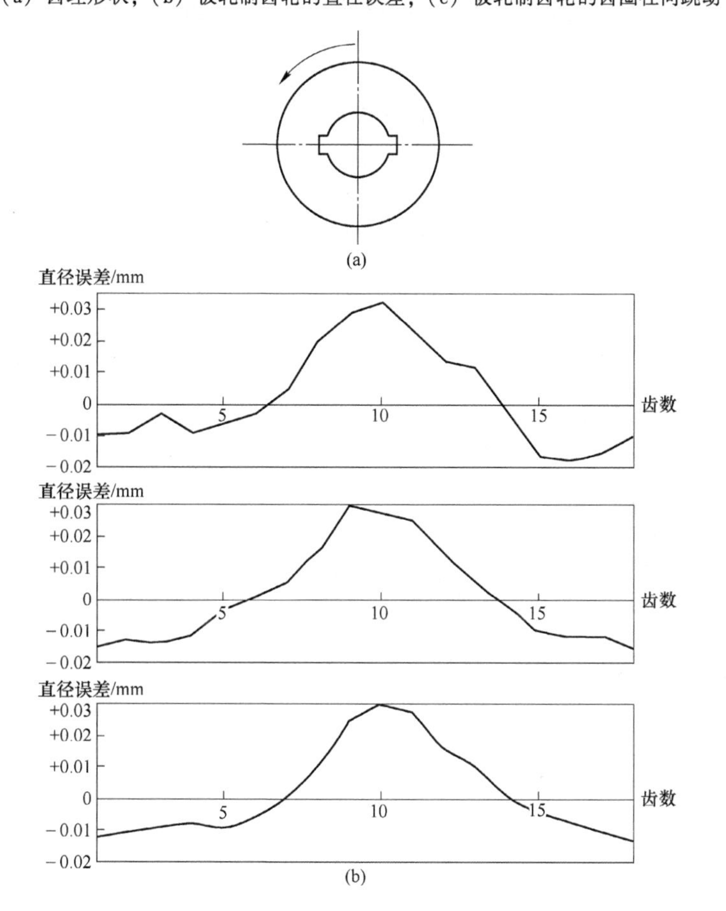

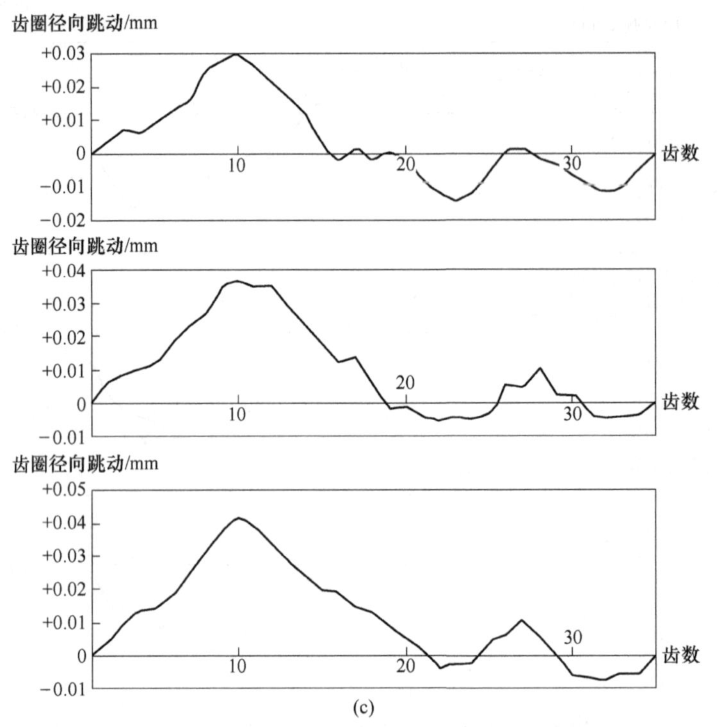

(c)

图 4-46 开有 2 个键槽的齿坯热轧成形时被轧制齿轮的精度[8-9]

（a）齿坯形状；（b）被轧制齿轮的直径误差；（c）被轧制齿轮的齿圈径向跳动

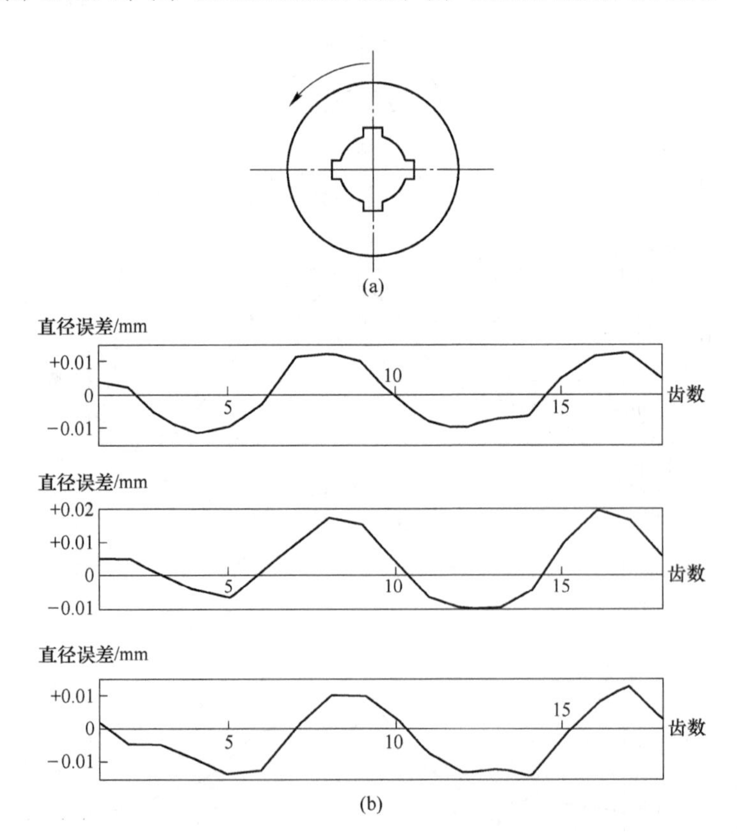

(b)

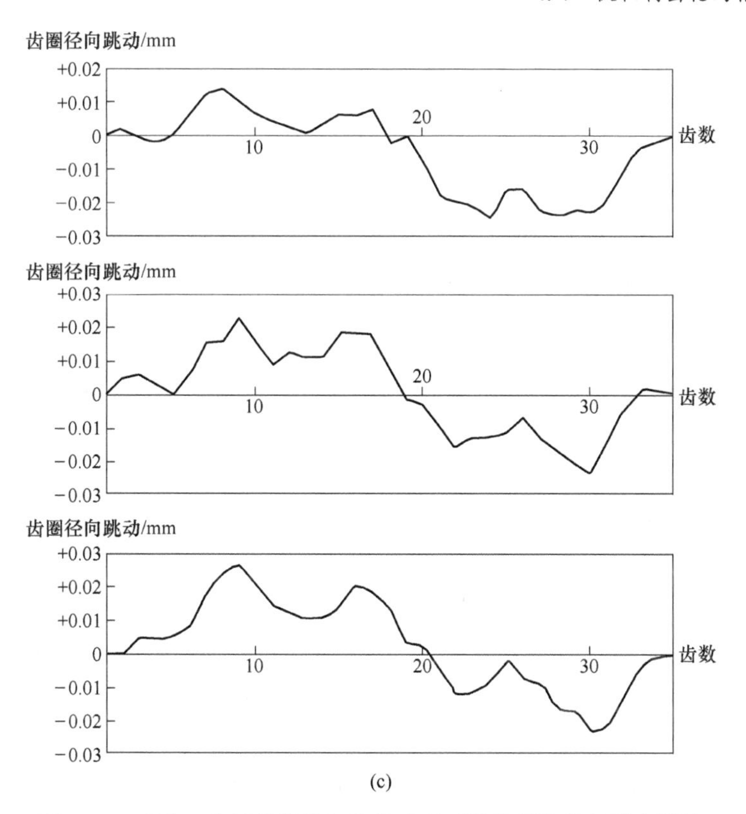

(c)

图 4-47 开有 4 个键槽的齿坯热轧成形时被轧制齿轮的精度[8-9]

（a）齿坯形状；（b）被轧制齿轮的直径误差；（c）被轧制齿轮的齿圈径向跳动

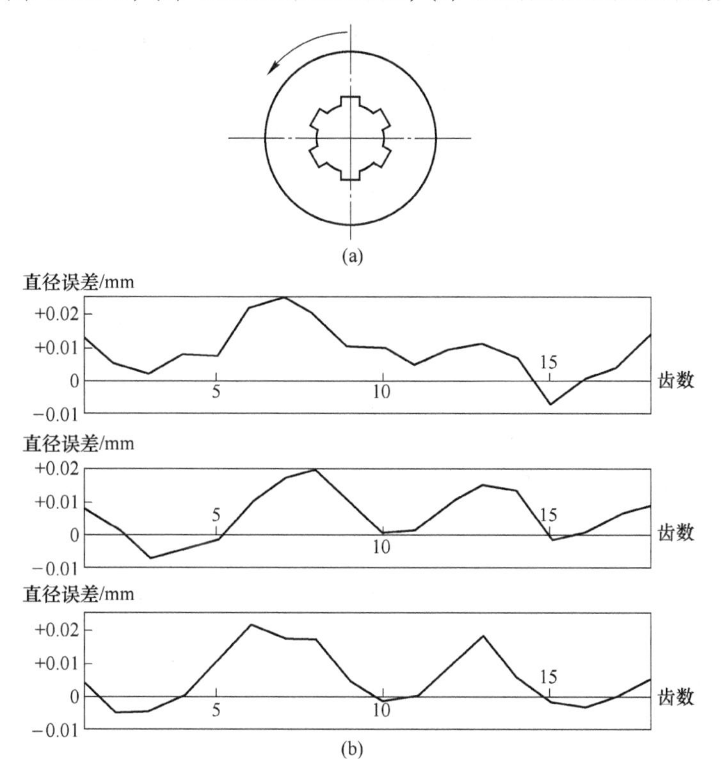

(b)

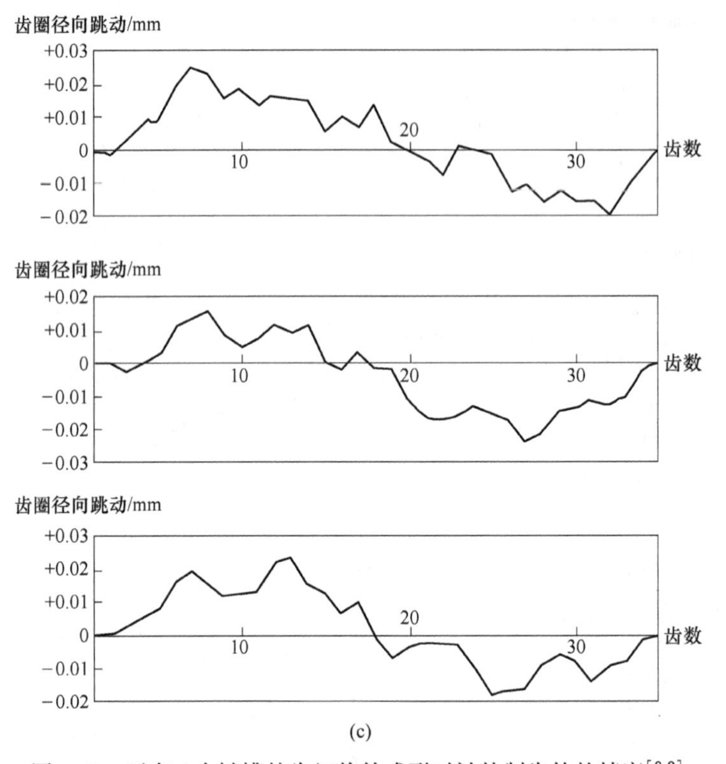

(c)

图 4-48 开有 6 个键槽的齿坯热轧成形时被轧制齿轮的精度[8-9]

（a）齿坯形状；（b）被轧制齿轮的直径误差；（c）被轧制齿轮的齿圈径向跳动

由图 4-45~图 4-48 可知，被轧制齿轮的精度与齿坯的内孔键槽的数量有关；当齿坯内孔的对称位置上有 2 个键槽时，被轧制齿轮的椭圆度很大，其齿圈径向跳动较大；当齿坯内孔的键槽数为 4 个、6 个和 1 个时，被轧制齿轮的椭圆度依次减小，其齿圈径向跳动较小。

如图 4-49 所示为内孔无键槽的齿坯热轧成形时被轧制齿轮的精度。

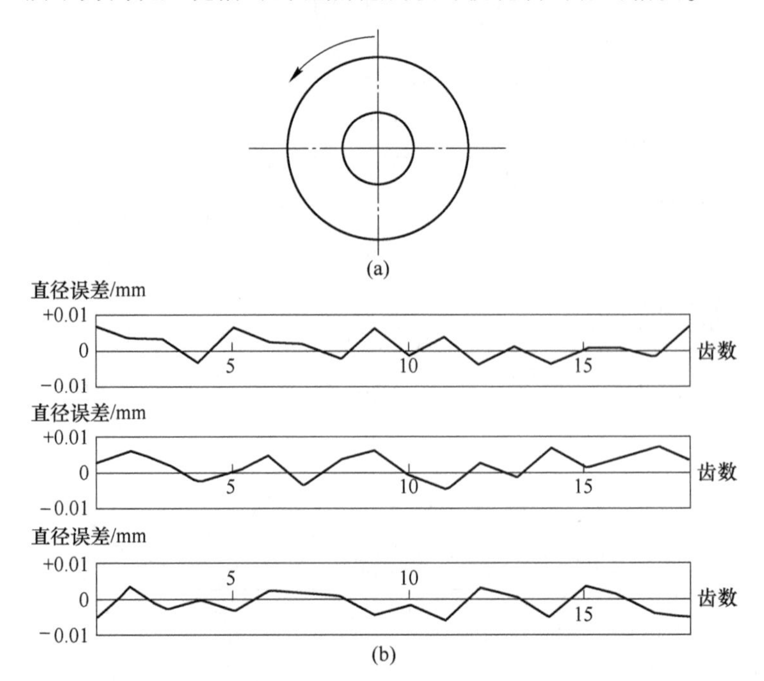

(b)

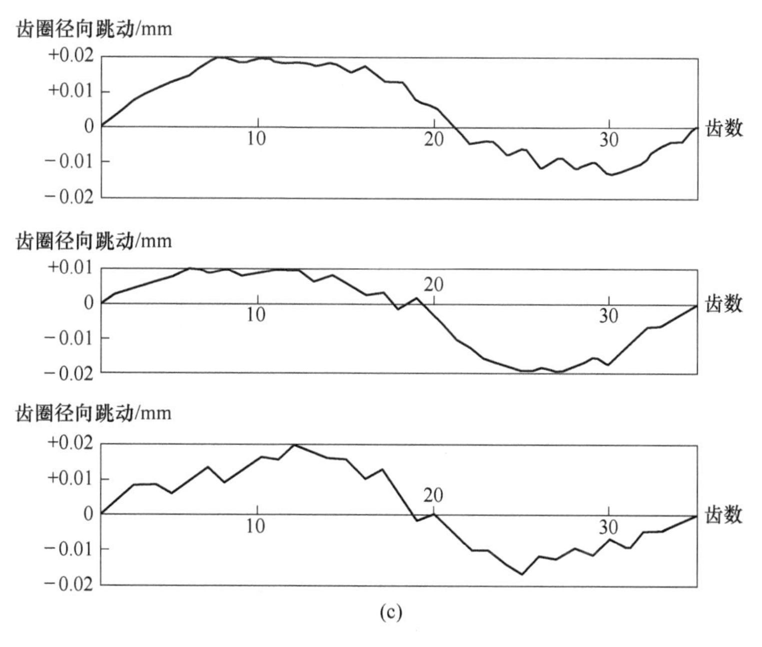

(c)

图 4-49 内孔无键槽的齿坯热轧成形时被轧制齿轮的精度[8-9]

(a) 齿坯形状；(b) 被轧制齿轮的直径误差；(c) 被轧制齿轮的齿圈径向跳动

由图 4-49 可知，当齿坯内孔无键槽时，热轧成形的被轧制齿轮的椭圆度很小，其齿圈径向跳动很小。

由以上结果可知，在热轧成形过程中要想获得高质量、高精度的被轧制齿轮，必须使用形状简单的齿坯。

4.4.1.2 加热时间

在齿轮的热轧成形过程中，将齿坯外圆部分加热到轧制温度时，由于热传导的作用，齿坯外圆部分的热量必然会向齿坯的心部传导；如果加热时间较长，则传导到齿坯心部的热量增多，因而齿坯心部的温度也升高；在轧制力的作用下，很容易引起齿坯的整体发生塑性变形，这种变形会影响到被轧制齿轮的精度。

图 4-50 展示了在不同预热时间下热轧成形的被轧制齿轮的齿圈径向跳动情况。图 4-51展示了在不同预热时间下齿坯内部的温度分布情况。

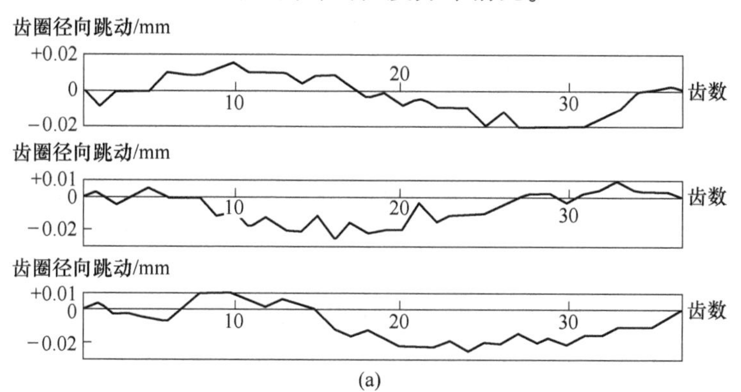

(a)

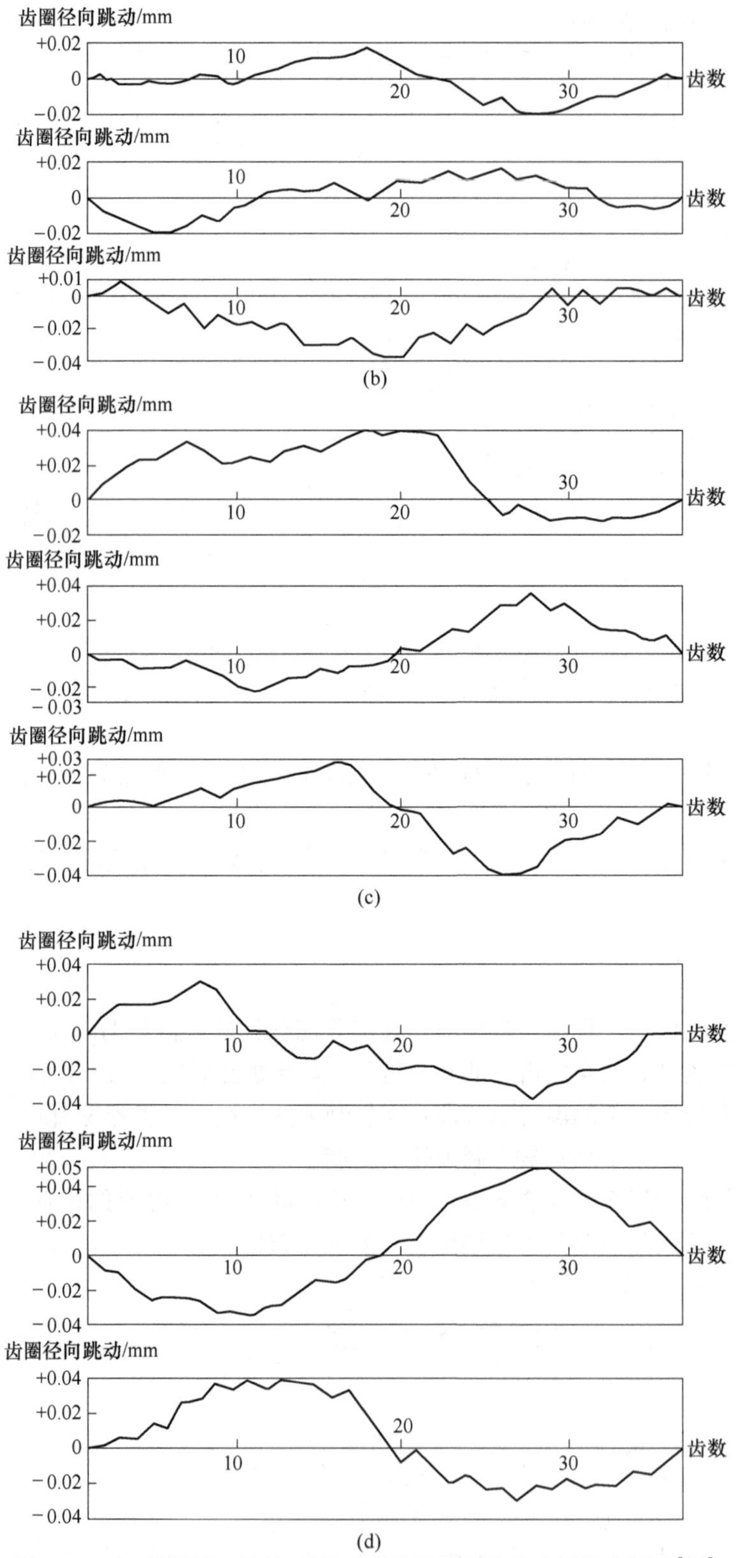

图 4-50 在不同预热时间下热轧成形的被轧制齿轮齿圈径向跳动[8-9]

(a) 预热时间 10 s；(b) 预热时间 25 s；(c) 预热时间 45 s；(d) 预热时间 60 s

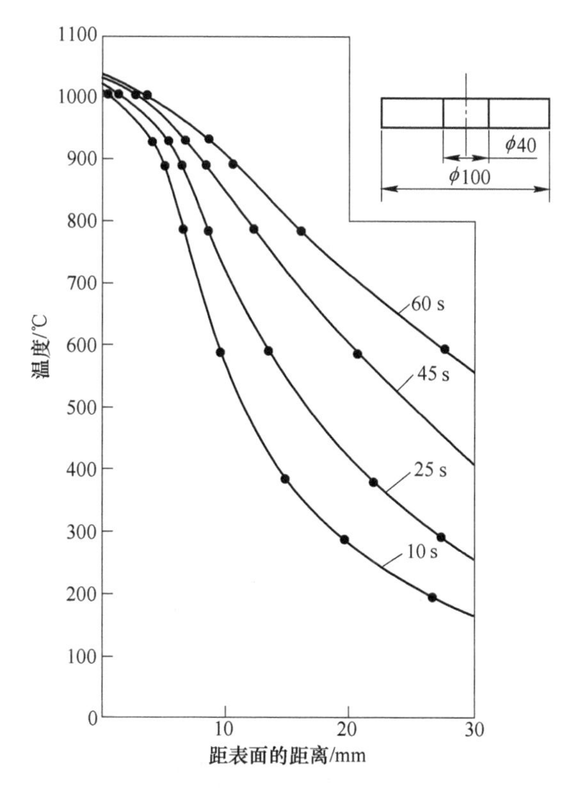

图 4-51 在不同预热时间下齿坯内部的温度分布[8-9]

由图 4-50 和图 4-51 可知，当齿坯的预热时间为 45 s 或 60 s 时，齿坯内孔表面的温度已经达到 400 ℃或 500 ℃以上；由于齿坯的温度较高，因此热轧成形过程中齿坯会发生整体塑性变形，从而使被轧制齿轮的齿圈径向跳动增大；实测结果表明，该预热状态下，被轧制齿轮的齿圈径向跳动达到 60 μm 或 80 μm。

齿坯的预热时间为 25 s 时，齿坯内孔表面的温度为 250 ℃；此时热轧成形时的变形仅局限在齿坯的外圆表面层，齿坯的心部不会产生塑性变形，从而可有效地减小被轧制齿轮的齿圈径向跳动；实测结果表明，该预热状态下被轧制齿轮的齿圈径向跳动达到 40 μm。而当齿坯的预热时间为 10 s 时，齿坯内孔表面的温度仅有 170 ℃，在这种状态下热轧成形的被轧制齿轮的齿圈径向跳动仅在 35 μm 左右。

由以上结果可知，较短的齿坯加热时间，可以保证热轧成形时齿坯内部有较低的温度，从而能够得到精度较高的被轧制齿轮。

4.4.1.3 整形轧制的时间

在齿轮的热轧成形过程中，齿坯和轧轮一边回转一边将轧轮进给轧入齿坯；当轧轮进给到规定的轧入深度时，若立即让轧轮退回，由于被轧制齿轮的轮齿齿形尚未完全成形，此时其齿全高就达不到规定的尺寸。为了热轧成形出规定齿全高的被轧制齿轮，当轧轮已轧入规定的深度之后，还必须保持原位，进行正反转的整形轧制。

图 4-52 展示了齿轮热轧成形过程中整形轧制的回转次数 N_f 与被轧制齿轮公法线长度变动量之间的关系。

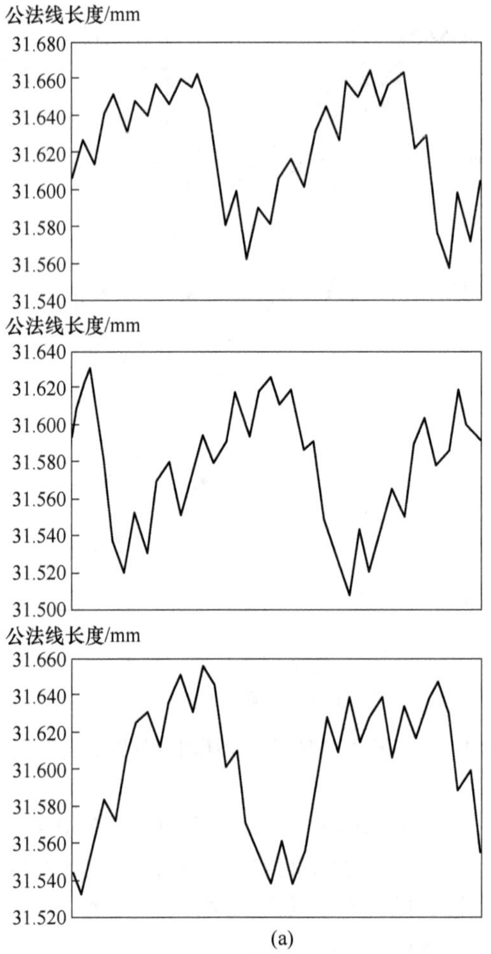
公法线长度/mm
31.680
31.660
31.640
31.620
31.600
31.580
31.560
31.540
公法线长度/mm
31.640
31.620
31.600
31.580
31.560
31.540
31.520
31.500
公法线长度/mm
31.660
31.640
31.620
31.600
31.580
31.560
31.540
31.520

(a)

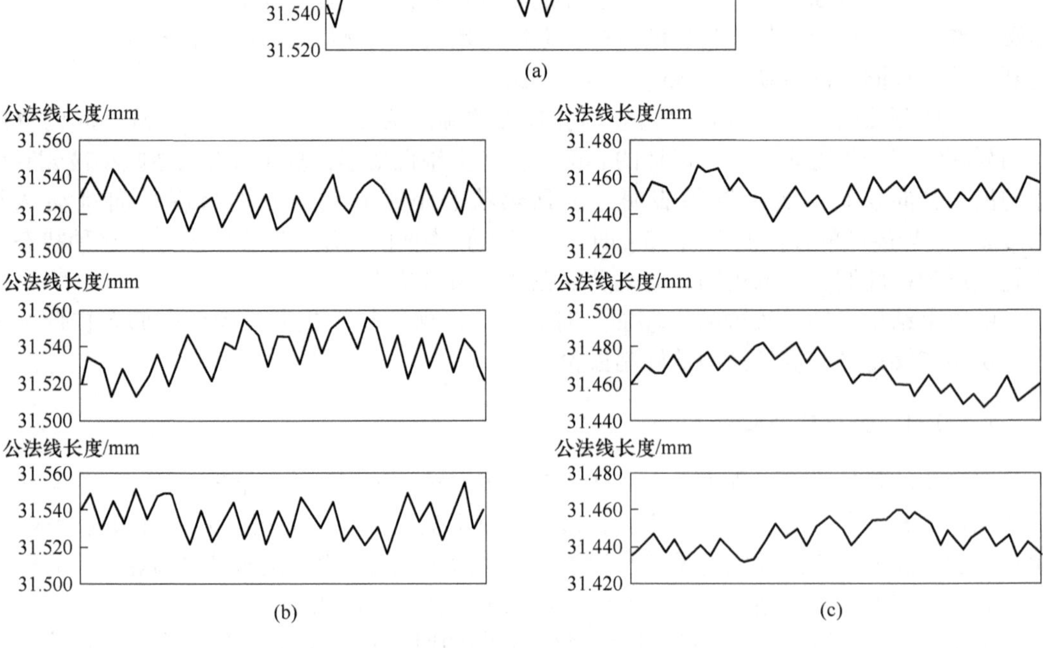
公法线长度/mm
31.560
31.540
31.520
31.500
公法线长度/mm
31.560
31.540
31.520
31.500
公法线长度/mm
31.560
31.540
31.520
31.500
公法线长度/mm
31.480
31.460
31.440
31.420
公法线长度/mm
31.500
31.480
31.460
31.440
公法线长度/mm
31.480
31.460
31.440
31.420

(b) (c)

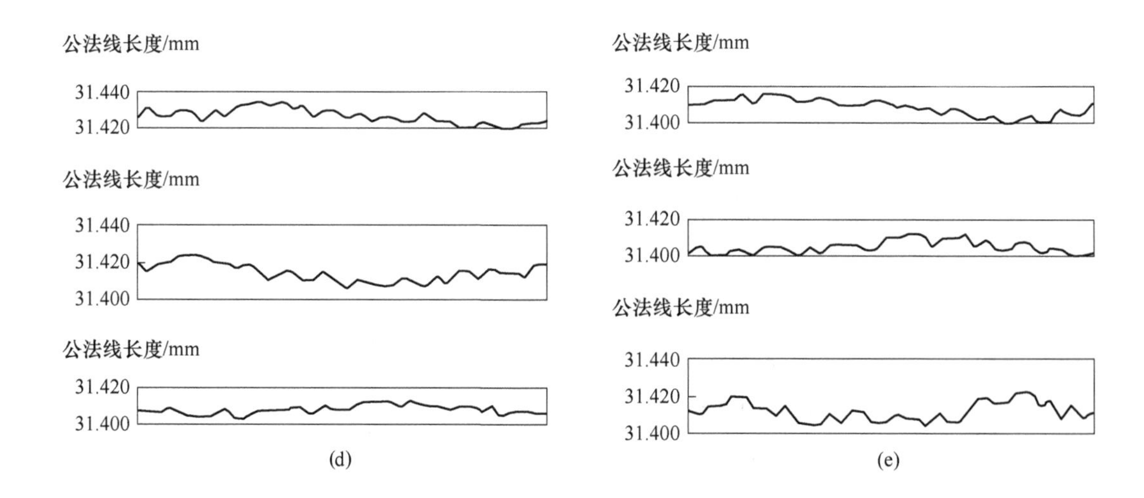

图 4-52 齿轮热轧成形过程中整形轧制的回转次数 N_f 与被轧制齿轮公法线长度变动量之间的关系[8-9]

(m = 2.25 mm、α_n = 20°、β = 13.5°、Z_1 = 110、Z_2 = 37)

(a) N_f = 0；(b) N_f = 1；(c) N_f = 3；(d) N_f = 7；(e) N_f = 12

由图 4-52 可知，当 $N_f = 0$ 时，即在轧轮轧入规定的深度之后，立刻使轧轮退回，此时的被轧制齿轮公法线长度变动量达到 100 μm 以上，且被轧制齿轮的基圆带有较大的椭圆度；当 $N_f = 1$ 时，亦即对齿坯只进行 1 转的整形轧制之后，就把轧轮退回，此时被轧制齿轮的基圆椭圆度虽然得到了校正，但其公法线长度变动量仍然维持在 40 μm 左右。当整形轧制的回转次数增加到 $N_f = 3$、$N_f = 7$ 和 $N_f = 12$ 时，热轧成形的被轧制齿轮的公法线长度变动量也随之减少；当 $N_f = 3$ 时，被轧制齿轮的公法线长度变动量约为 30 μm；当 $N_f > 7$ 时，被轧制齿轮的公法线长度变动量均小于 20 μm。

图 4-53 展示了齿轮热轧成形过程中整形轧制的回转次数 N_f 与被轧制齿轮齿圈径向跳动之间的关系。

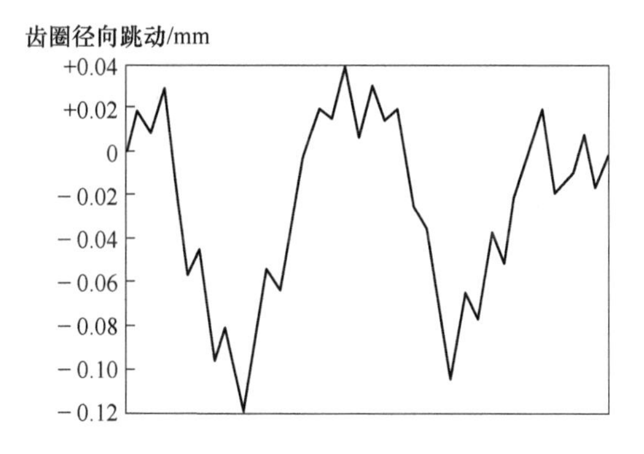

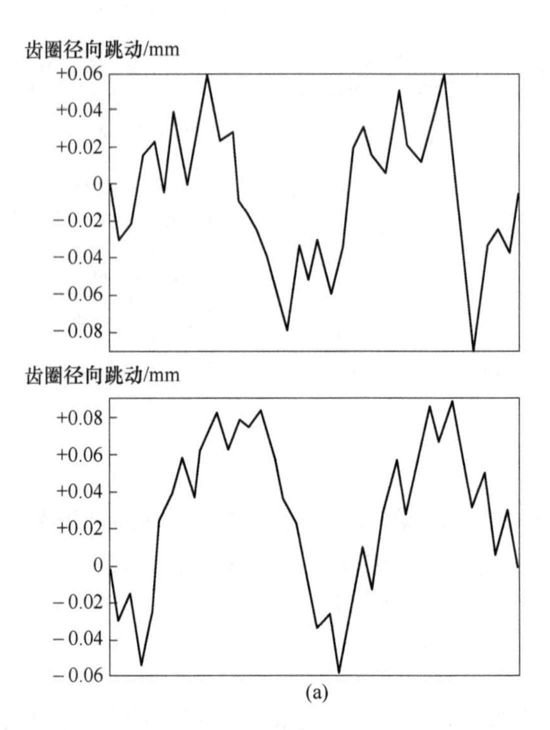
齿圈径向跳动/mm
+0.06
+0.04
+0.02
0
−0.02
−0.04
−0.06
−0.08
齿圈径向跳动/mm
+0.08
+0.06
+0.04
+0.02
0
−0.02
−0.04
−0.06
(a)

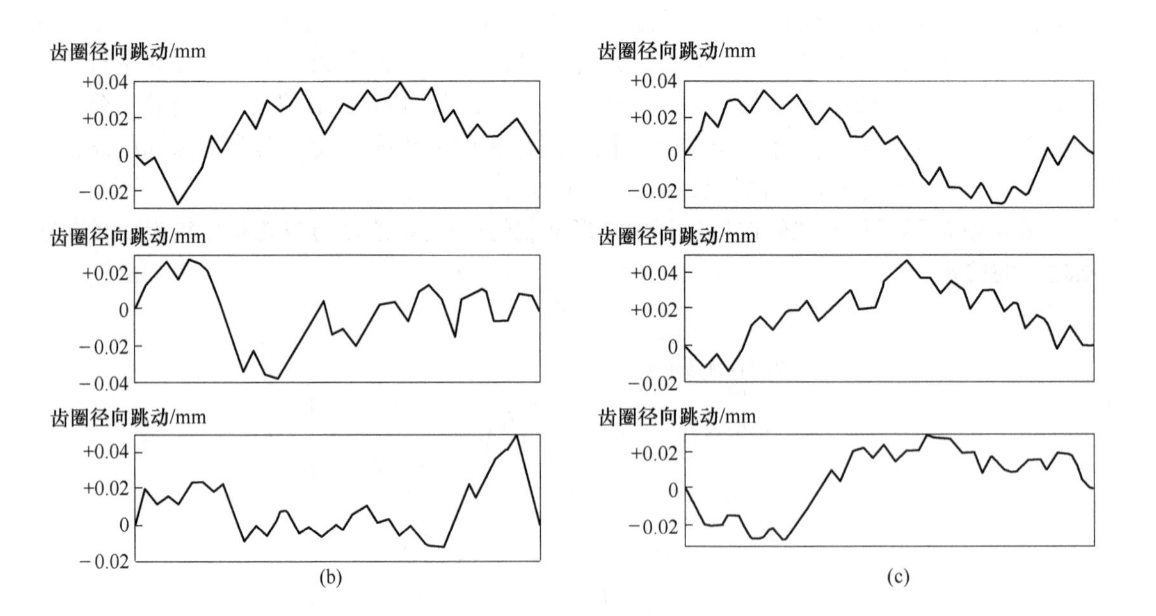
齿圈径向跳动/mm
+0.04
+0.02
0
−0.02
齿圈径向跳动/mm
+0.02
0
−0.02
−0.04
齿圈径向跳动/mm
+0.04
+0.02
0
−0.02
齿圈径向跳动/mm
+0.04
+0.02
0
−0.02
齿圈径向跳动/mm
+0.04
+0.02
0
−0.02
齿圈径向跳动/mm
+0.02
0
−0.02
(b) (c)

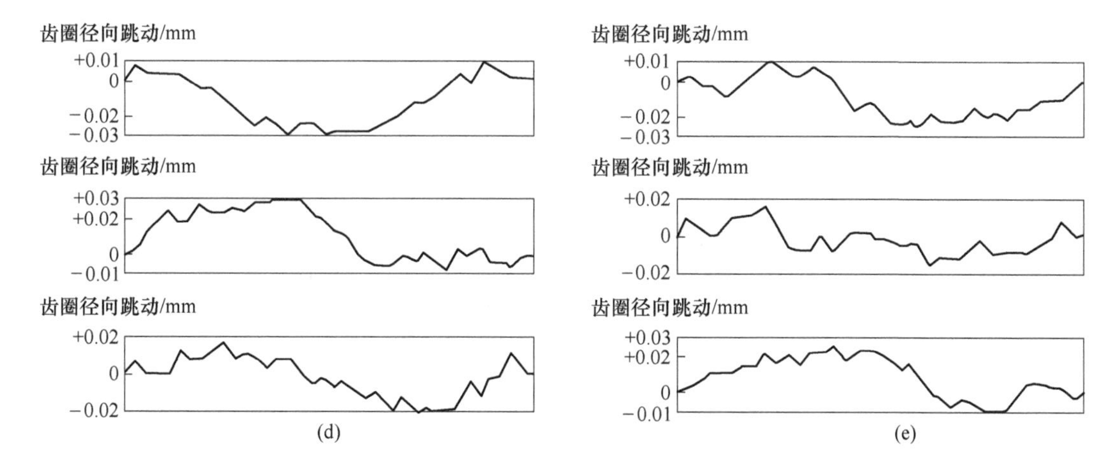

图 4-53 齿轮热轧成形过程中整形轧制的回转次数 N_f 与被轧制齿轮齿圈径向跳动之间的关系[8-9]

(m = 2.25 mm、α_n = 20°、β = 13.5°、Z_1 = 110、Z_2 = 37)

(a) N_f = 0；(b) N_f = 1；(c) N_f = 3；(d) N_f = 7；(e) N_f = 12

由图 4-53 可知，在齿轮的热轧成形过程中，当 $N_f = 0$ 时热轧成形的被轧制齿轮的齿圈径向跳动超过了 100 μm，且被轧制齿轮的分度圆有很大的椭圆度；当整形轧制的回转次数增加到 $N_f = 1$ 和 $N_f = 3$ 时，热轧成形的被轧制齿轮分度圆的椭圆度得到了较好的校正，且其齿圈径向跳动也显著减小；当整形轧制的回转次数 $N_f > 7$ 时，热轧成形的被轧制齿轮齿圈径向跳动小于 40 μm。

图 4-54 展示了齿轮热轧成形过程中整形轧制的回转次数 N_f 与被轧制齿轮相邻周节误差之间的关系。

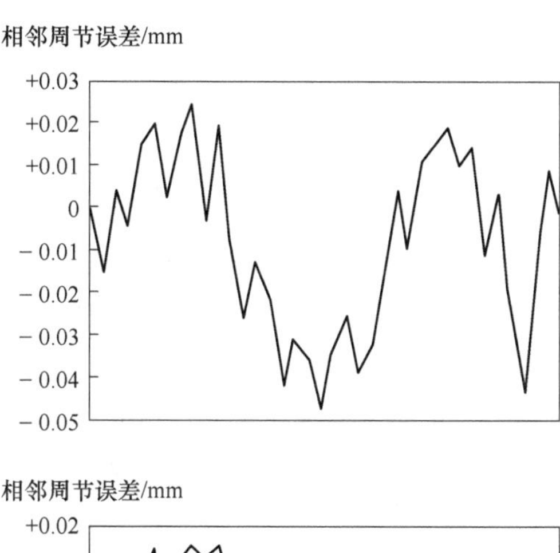

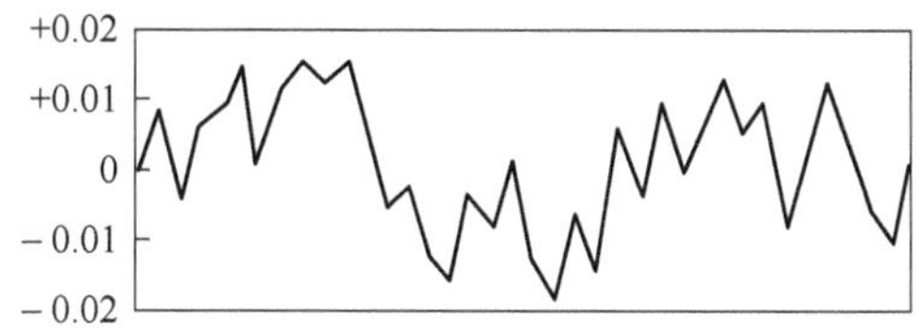

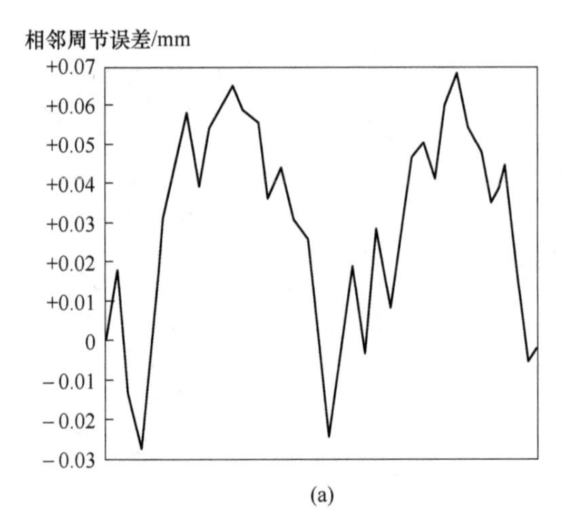

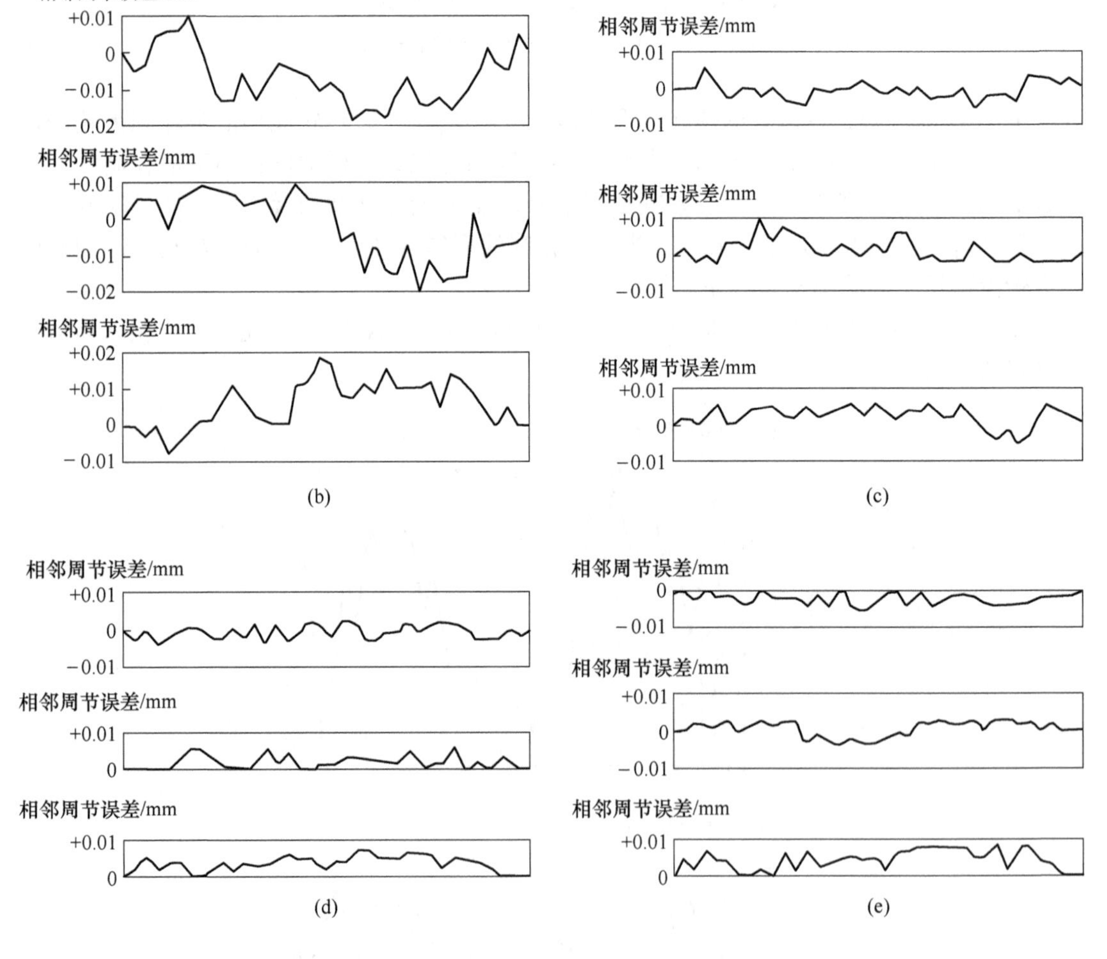

图 4-54　齿轮热轧成形过程中整形轧制的回转次数 N_f 与被轧制齿轮相邻周节误差之间的关系[8-9]

(m = 2.25 mm、α_n = 20°、β = 13.5°、Z_1 = 110、Z_2 = 37)

(a) N_f = 0；(b) N_f = 1；(c) N_f = 3；(d) N_f = 7；(e) N_f = 12

由图 4-54 可知，在齿轮的热轧成形过程中，当 $N_f = 0$ 时热轧成形的被轧制齿轮相邻周节误差最大；当整形轧制的回转次数增加到 $N_f = 1$ 和 $N_f = 3$ 时，热轧成形的被轧制齿轮相邻周节误差逐渐减小；当整形轧制的回转次数 $N_f > 7$ 时，热轧成形的被轧制齿轮相邻周节误差在 10 μm 左右。

图 4-55 展示了齿轮热轧成形过程中整形轧制的回转次数 N_f 与被轧制齿轮的公法线长度变动量、相邻周节误差和齿圈径向跳动之间的关系。

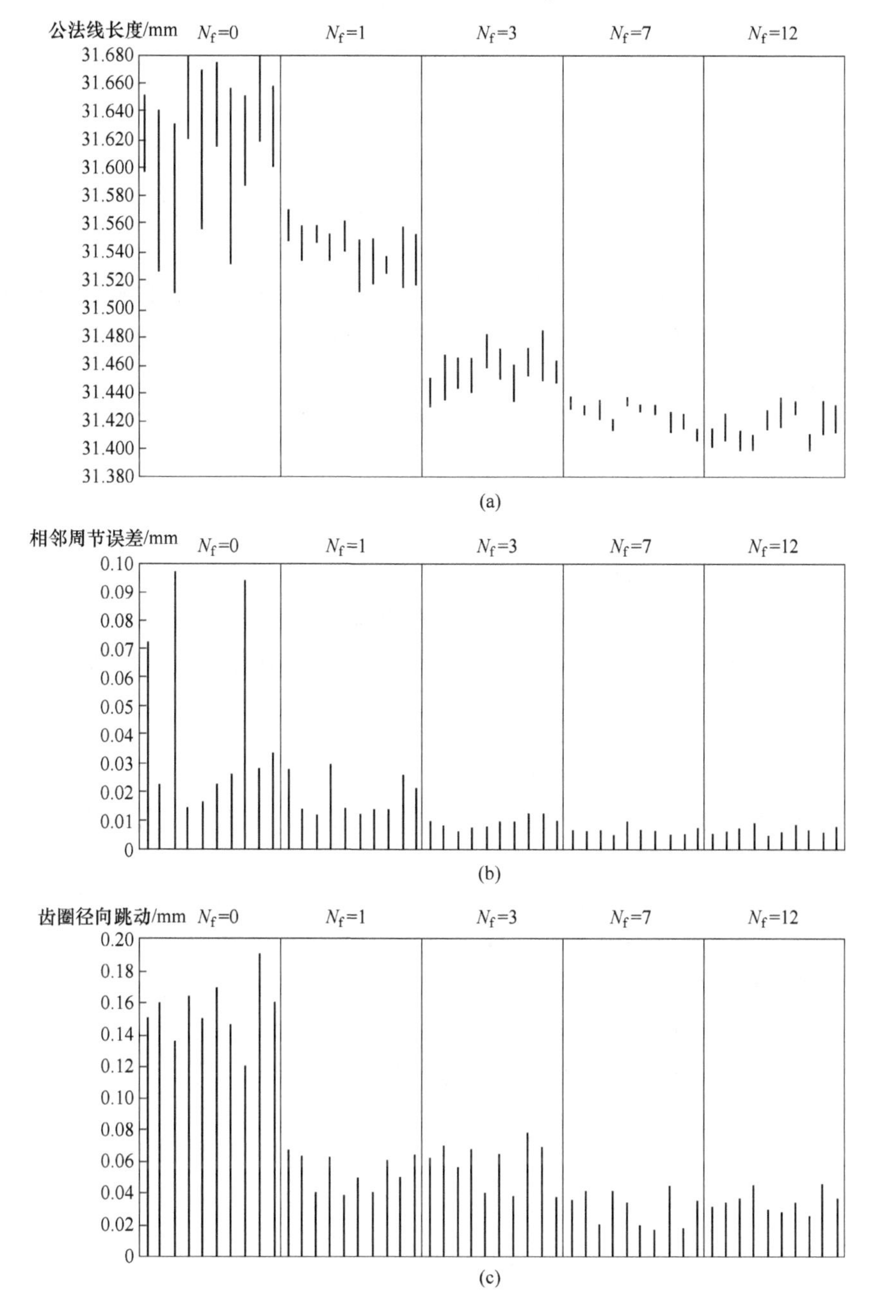

图 4-55 齿轮热轧成形过程中整形轧制的回转次数 N_f 与被轧制齿轮的公法线长度变动量、相邻周节误差和齿圈径向跳动之间的关系[8-9]

（m = 2.25 mm、α_n = 20°、β = 13.5°、Z_1 = 110、Z_2 = 37）

（a）被轧制齿轮的公法线长度变动量；（b）被轧制齿轮的相邻周节误差；（c）被轧制齿轮的齿圈径向跳动

由图4-55可知，在齿轮的热轧成形过程中，当 $N_f = 0$ 时（即不进行整形轧制），热轧成形的被轧制齿轮的公法线长度变动量、相邻周节误差和齿圈径向跳动偏差值都很大，出现了最大误差；当 $N_f = 1$ 时（即只进行1转的整形轧制），热轧成形的被轧制齿轮的这些偏差值显著减小；随着整形轧制的回转次数 N_f 增加，热轧成形的被轧制齿轮的这些误差就进一步减小；$N_f > 7$ 时，热轧成形的被轧制齿轮的这些误差很小，而且其值基本保持恒定，也就是说，若整形轧制的回转次数 $N_f > 7$，则可以获得高精度、高尺寸稳定性的被轧制齿轮。

4.4.2　轧轮齿的相位偏移

在齿轮的热轧成形过程中，当使用两个以上轧轮进行热轧成形时必须设置调整轧轮相位用的微量调整装置，并利用这个装置来调整轧轮齿的相位。

在齿轮的热轧成形过程中，若轧轮齿的相位有偏差，则热轧成形的被轧制齿轮的齿厚会产生误差。要想获得轧轮齿的相位偏移对被轧制齿轮齿厚的影响，可测量被轧制齿轮的齿厚所产生的误差来求出轧轮齿的相位偏差值，从而得到需要的调整量。

设两个轧轮齿之间存在 $\Delta\theta_1$ 弧度的相位偏差，齿厚的增加量在轧轮分度圆上为 Δs_{01}，则 Δs_{01} 为

$$\Delta s_{01} = r_1 \Delta\theta_1 \tag{4-59}$$

式中　r_1——轧轮的分度圆半径。

在热轧成形过程中，轧轮与被轧制齿轮的啮合为无间隙啮合；若轧轮的齿厚增加，则热轧成形的被轧制齿轮的齿厚就会减少，该减少量在被轧制齿轮的分度圆上为 Δs_{02}，则 Δs_{02} 为

$$\Delta s_{02} = \Delta s_{01} = r_1 \Delta\theta_1 \tag{4-60}$$

式（4-60）给出了齿轮热轧成形时两个轧轮齿的相位差 $\Delta\theta_1$ 弧度与被轧制齿轮分度圆上齿厚的减少量 Δs_{02} 之间的关系。

因此，在实际生产中，可以通过测量被轧制齿轮分度圆的齿厚值来求得其齿厚的减少量 Δs_{02}，进而求出调整轧轮齿的相位所需要的 $\Delta\theta_1$ 值。

在齿轮热轧成形过程中，轧轮的更换或新产品试制时其两个轧轮之间可能存在较大的相位差，其轧轮齿的相位所需要调整的 $\Delta\theta_1$ 值的计算过程如下：

当轧轮与被轧制齿轮按规定的中心距 a 进行啮合时，有

$$\mathrm{inv}\alpha = \frac{1}{Z_1 + Z_2}\left(\pi - \frac{Z_1\chi_1 + Z_2\chi_2}{2}\right) \tag{4-61}$$

$$a = \frac{r_{g1} + r_{g2}}{\cos\alpha} \tag{4-62}$$

式中　α——啮合角；

χ_1，χ_2——轧轮和被轧制齿轮的基圆上的齿间角；

r_{g1}，r_{g2}——轧轮和被轧制齿轮的基圆半径；
Z_1，Z_2——轧轮和被轧制齿轮的齿数。

设轧轮与被轧制齿轮按规定的中心距 a 变化为 $a' = a + \mathrm{d}a$，其啮合角 α 变为 $\alpha' = \alpha + \mathrm{d}\alpha$，取被轧制齿轮的基圆上的弧齿厚为 Δs_{g2}，有

$$\mathrm{inv}\alpha' = \frac{1}{Z_1 + Z_2}\left[\pi - \left(1 + \frac{\Delta s_{g2}}{t_e}\right) - \frac{Z_1\chi_1 + Z_2\chi_2}{2}\right] \tag{4-63}$$

$$a' = \frac{r_{g1} + r_{g2}}{\cos\alpha'} \tag{4-64}$$

式中 t_e——法向周节。

χ_1、χ_2 由下式求出：

$$\chi_1 = \frac{\pi}{Z_1} - 2\mathrm{inv}\alpha_c - \frac{4\tan\alpha_c}{Z_1}x_1 \tag{4-65}$$

$$\chi_2 = \frac{\pi}{Z_2} - 2\mathrm{inv}\alpha_c - \frac{4\tan\alpha_c}{Z_2}x_2 \tag{4-66}$$

式中 α_c——轧轮与被轧制齿轮啮合时的基准齿条的压力角；
x_1，x_2——轧轮与被轧制齿轮的变位系数。

由此可得

$$\mathrm{inv}\alpha' = 2\tan\alpha_c \frac{x_1 + x_2 + \dfrac{1}{2\sin\alpha_c} \times \dfrac{\Delta s_{g2}}{m}}{Z_1 + Z_2} + \mathrm{inv}\alpha_c \tag{4-67}$$

$$a' = m\frac{Z_1 + Z_2}{2} \times \frac{\cos\alpha_c}{\cos\alpha'} = \frac{Z_1 + Z_2}{2}m + \frac{Z_1 + Z_2}{2}\left(\frac{\cos\alpha_c}{\cos\alpha'} - 1\right)m \tag{4-68}$$

$$\mathrm{inv}\alpha' = \mathrm{inv}(\alpha + \mathrm{d}\alpha) \approx \mathrm{inv}\alpha + \tan^2\alpha\mathrm{d}\alpha \tag{4-69}$$

则有

$$\mathrm{inv}\alpha' = 2 \times \frac{x_1 + x_2}{Z_1 + Z_2}\tan\alpha_c + \mathrm{inv}\alpha_c + \frac{\Delta s_{g2}}{m(Z_1 + Z_2)} \times \frac{1}{\cos\alpha_c} \tag{4-70}$$

当 $\mathrm{d}a = 0$ 时，有

$$\Delta s_{g2} = 0 \tag{4-71}$$

则有

$$\mathrm{inv}\alpha = 2 \times \frac{x_1 + x_2}{Z_1 + Z_2}\tan\alpha_c + \mathrm{inv}\alpha_c \tag{4-72}$$

$$\mathrm{inv}\alpha' - \mathrm{inv}\alpha = \frac{\Delta s_{g2}}{m(Z_1 + Z_2)} \times \frac{1}{\cos\alpha_c} \tag{4-73}$$

由于

$$\text{inv}\alpha' - \text{inv}\alpha = \tan^2\alpha \text{d}\alpha \tag{4-74}$$

所以有

$$\tan^2\alpha \text{d}\alpha = \frac{\Delta s_{g2}}{m(Z_1 + Z_2)} \times \frac{1}{\cos\alpha_c} \tag{4-75}$$

得

$$\text{d}\alpha = \frac{\Delta s_{g2}}{m(Z_1 + Z_2)} \times \frac{1}{\tan^2\alpha\cos\alpha_c} \tag{4-76}$$

则

$$\begin{aligned} a' = a + \text{d}a &= m\frac{Z_1 + Z_2}{2} + m\frac{Z_1 + Z_2}{2}\left[\frac{\cos\alpha_c}{\cos(\alpha + \text{d}\alpha)} - 1\right] \\ &= m\frac{Z_1 + Z_2}{2} + m\frac{Z_1 + Z_2}{2}\left(\frac{\cos\alpha_c}{\cos\alpha} - 1\right) + m\frac{Z_1 + Z_2}{2} \times \frac{\cos\alpha_c\tan\alpha}{\cos\alpha}\text{d}\alpha \end{aligned} \tag{4-77}$$

若 $\text{d}a = 0$，则有

$$a = m\frac{Z_1 + Z_2}{2} + m\frac{Z_1 + Z_2}{2}\left(\frac{\cos\alpha_c}{\cos\alpha} - 1\right) \tag{4-78}$$

由此可得

$$\text{d}a = m\frac{Z_1 + Z_2}{2} \times \frac{\cos\alpha_c\tan\alpha}{\cos\alpha}\text{d}\alpha \tag{4-79}$$

则有

$$\text{d}a = m\frac{Z_1 + Z_2}{2} \times \frac{\cos\alpha_c\tan\alpha}{\cos\alpha} \times \frac{\Delta s_{g2}}{m(Z_1 + Z_2)} \times \frac{1}{\tan^2\alpha\cos\alpha_c} = \frac{\Delta s_{g2}}{2\sin\alpha} \tag{4-80}$$

根据式（4-80）就可以求出轧轮与被轧制齿轮之间的中心距变化量 $\text{d}a$ 与被轧制齿轮基圆齿厚的变化量 Δs_{g2} 之间的关系。

假定轧轮齿的相位只有 $\Delta\theta_1$ 弧度的偏移，同时假定此时被轧制齿轮在基圆上的弧齿厚为 $\Delta s'_{g2}$，则有

$$\Delta s'_{g2} = (r_1\Delta\theta_1)\cos\alpha_c = \frac{mZ_1}{2}\Delta\theta_1\cos\alpha_c \tag{4-81}$$

在齿轮的热轧成形过程中，为使轧轮齿的两侧同时对齿坯进行轧制，则轧轮的进给量 δ 必须满足以下关系：

$$\delta \geqslant 2\text{d}a' \tag{4-82}$$

即

$$\delta \geqslant 2 \times \frac{\Delta s'_{g2}}{2\sin\alpha} = \frac{mZ_1\cos\alpha_c}{2\sin\alpha}\Delta\theta_1 \tag{4-83}$$

所以有

$$\Delta\theta_1 = \frac{2\delta\sin\alpha}{mZ_1\cos\alpha_c} \tag{4-84}$$

在齿轮的热轧成形过程中，轧轮的进给量 δ 值已给定，则为了满足用轧轮齿的两侧来进行轧制成形的要求，可以按照式（4-84）来求出两个轧轮齿之间的相位差。

4.4.3 被轧制齿轮的齿形精度

从图 4-39 可知，采用油压双向进给式热轧成形机轧制成形的被轧制齿轮，其齿形中部存在凹陷；被轧制齿轮齿形的中部之所以会产生凹陷，应该是齿轮热轧成形工艺所特有的。

在齿轮的热轧成形过程中，它是利用范成运动来成形被轧制齿轮的齿形，被轧制齿轮的齿形成形受轧轮与被轧制齿轮的啮合条件所支配。

现采用如表 4-5 所示的轧轮和被轧制齿轮的啮合参数，在保持轧轮和被轧制齿轮的模数 m 、齿数 Z 不变的情况下，对轧轮或被轧制齿轮进行变位，改变啮合节圆的位置、啮合角、滑动比以及重叠系数等啮合条件，进行相应的齿轮热轧成形试验，探讨热轧成形后的被轧制齿轮齿形精度。

表 4-5 轧轮和被轧制齿轮的啮合参数

模数 m = 2.0 mm							
齿数 Z_1 = Z_2 = 48							
序号	基准齿条压力角 /(°)	变位系数		啮合角 /(°)	被轧制齿轮滑动比		重叠系数
		轧轮 x_1	被轧制齿轮 x_2		齿顶	齿根	
1	20	0	0	20	0.478	1.115	1.81
2	14.5	0	0	14.5	0.697	2.303	2.11
3	20	+1.0	−1.0	20	0	3.185	1.71
4	20	+0.5	−0.5	20	0.285	1.924	1.83
5	20	−0.5	+0.5	20	0.620	0.545	1.85
6	20	−1.0	+1.0	20	0.731	0	1.75
7	20	−0.9	−0.9	8.89	0.962	28.392	2.27
8	20	+1.7	+1.7	27.52	0.228	0.366	1.19

图 4-56 展示了采用表 4-5 所示的啮合参数进行齿轮热轧成形所得到的被轧制齿轮的齿形精度情况。

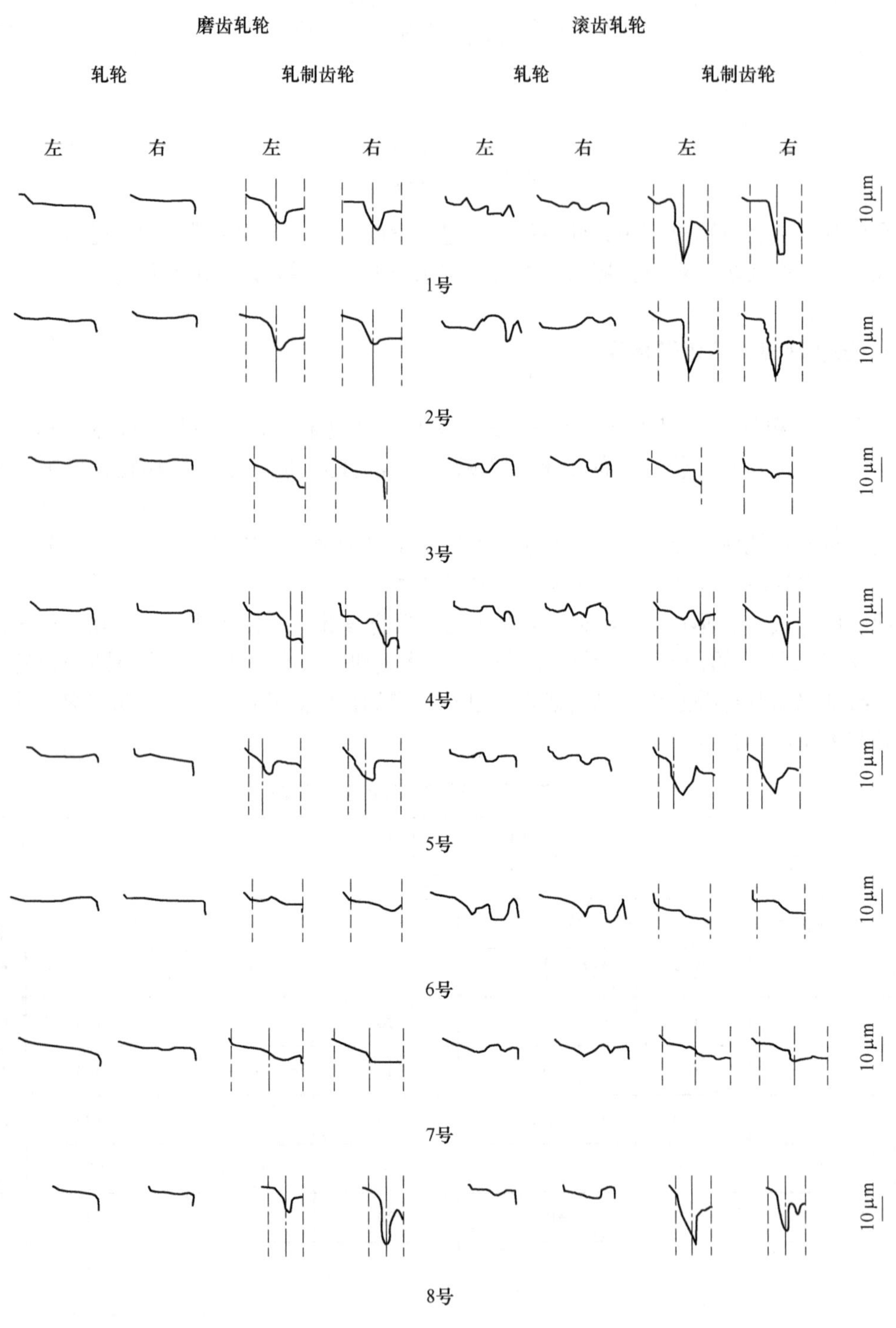

图 4-56　采用表 4-4 所示的啮合参数进行齿轮热轧成形所得到的被轧制齿轮的齿形精度[8-9]

由图 4-56 可知：

(1) 采用序号 1 的啮合条件和轧轮参数进行热轧成形的被轧制齿轮的齿形，在啮合节圆附近存在凹陷，而且全部齿形的压力角偏大。使用磨齿轧轮和使用滚齿轧轮时，被轧制齿轮的齿形凹陷情况相同；但使用滚齿轧轮热轧成形的被轧制齿轮的齿面较为粗糙，凹陷也较深。

（2）采用序号 2 的啮合条件和轧轮参数进行热轧成形的被轧制齿轮的齿形，与序号 1 相同。

（3）采用序号 3 的啮合条件和轧轮参数进行热轧成形的被轧制齿轮的齿形，在啮合节圆处存在凹陷，即在齿顶存在凹陷；同时在其啮合齿面的中部也有微小的凹陷存在。

（4）采用序号 4 和序号 5 的啮合条件和轧轮参数进行热轧成形的被轧制齿轮的齿形，虽然在其啮合齿面的中部同样有微小的凹陷存在，但其所有齿形的误差都较小。

（5）采用序号 6 的啮合条件和轧轮参数进行热轧成形的被轧制齿轮的齿形，在啮合齿面的中部有微小的凹陷，其齿形的误差较小。

（6）采用序号 7 和序号 8 的啮合条件和轧轮参数进行热轧成形的被轧制齿轮的齿形，虽然在啮合齿面的中部均存在凹陷，但是重叠系数为 2.3 的序号 7 与重叠系数为 1.2 的序号 8 相比，热轧成形的被轧制齿轮的齿形凹陷深度较浅。

在使用滚齿轧轮进行热轧成形时，由于范成运动所产生的滑动，从而引起被轧制齿轮的轮齿表面金属流动，即在滑动接触的齿面上被轧制齿轮的轮齿表面部分的金属向滑动方向延伸和流动，所引起流动的金属层厚度与滑动比有一定的关系；当滑动比较大时，引起流动的金属层厚度也较大。在被轧制齿轮的啮合节圆附近，其轮齿表面的金属只受压缩而不引起流动。

使用磨齿轧轮进行热轧成形时，虽然被轧制齿轮的轮齿表面金属也朝滑动方向流动，但引起流动的金属层厚度较小。

综合上述结果，可知：

（1）热轧成形的被轧制齿轮的齿形在啮合节圆附近以及啮合齿面的中部产生凹陷。

（2）当重叠系数小于 2.0 时，热轧成形的被轧制齿轮在啮合开始和啮合终了部分，亦即在其齿顶和齿根处，虽然有两对齿同时啮合，但在中部仅有一对齿的啮合；从两对齿啮合到只有一对齿啮合时的过渡点处，使其作用在齿面上的载荷急剧增大，从而使强制压在齿坯上的轧轮在只有一对齿的啮合处轧入较深，而在两对齿啮合处的轧入较浅，因此使得被轧制齿轮的齿形中部产生凹陷。

当重叠系数大于 2.0 时，热轧成形时始终有两对或三对齿同时啮合，这样作用于齿面上的载荷变化量很小，因此被轧制齿轮的齿形凹陷较浅。

（3）热轧成形的被轧制齿轮的齿形在啮合节圆附近产生凹陷的原因如下：

如图 4-57 所示为齿轮热轧成形时齿的啮合和成形（金属流动）过程。

由图 4-57 可知，对于右齿面，其接触点是从齿根开始接触，然后向齿顶方向移动；而对于左齿面，其接触点是从齿顶开始接触，然后向齿根方向移动。

在被轧制齿轮轮齿右齿面的齿根部分，其滑动方向与接触点的移动方向相反，因滑动而引起流动的金属被挤压到接触点的后面；而在其节圆点处，因为不存在滑动，所以不会引起金属的流动；在其齿顶部分，其滑动方向与接触点的移动方向一致，因滑动而引起流动的金属被推移到接触点的前面。也就是说，在右齿面的齿根部分是一边进行接触一边将金属往后面挤压；在其齿顶部分是一边进行接触一边将金属推向前方。最终结果是：被轧

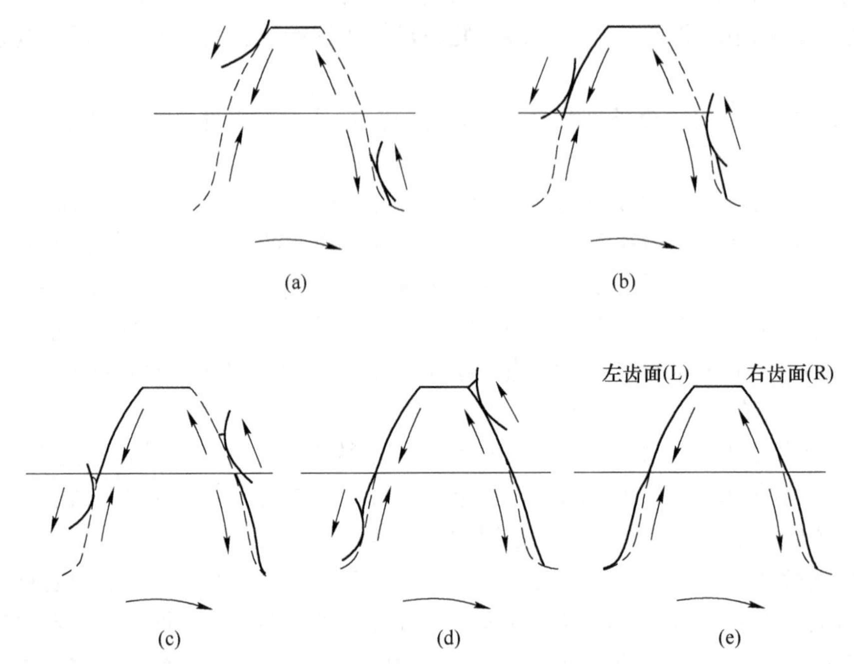

图 4-57　齿轮热轧成形时齿的啮合和成形（金属流动）过程[8-9]

（a）轧轮齿与被轧制齿轮开始接触（啮合）状态；（b）轧轮齿与被轧制齿轮齿接触状态一；（c）轧轮齿与被轧制齿轮齿接触状态二；（d）轧轮齿与被轧制齿轮齿接触终了状态；（e）被轧制齿轮的齿廓形状

制齿轮的右齿面上形成如图 4-57（e）所示的形状。

在被轧制齿轮轮齿左齿面的齿顶部分是一边进行接触一边将金属推向前方；在其节圆点处，不存在滑动；在其齿根部分是一边进行接触一边将金属往后面挤压。最终结果是：被轧制齿轮的左齿面上形成如图 4-57（e）所示的形状。

图 4-58 展示了被轧制齿轮的齿形检测结果。

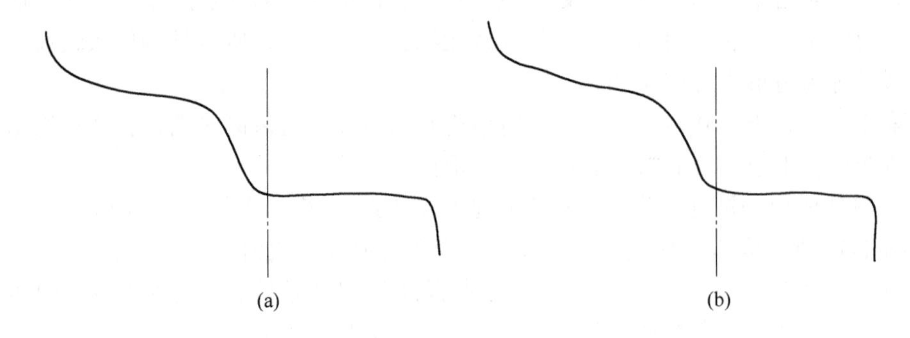

图 4-58　用齿形检查仪测试的被轧制齿轮的齿形检测结果[8-9]

（a）左侧齿面；（b）右侧齿面

将图 4-58 测得的结果与标准的渐开线齿形曲线相比可知，被轧制齿轮的压力角较大，且节圆点附近存在凹陷。

由此可知，被轧制齿轮的齿形在啮合节圆附近产生凹陷的原因是：在热轧成形过程中，由于轧轮和被轧制齿轮相互接触的齿面之间产生了滑动，从而引起被轧制齿轮的轮齿表面金属发生流动。

因此，滑动比小的齿轮热轧成形能够得到齿形精度较高的被轧制齿轮。

使用磨齿轧轮进行热轧成形时，由于磨齿轧轮齿面的表面粗糙度低，其摩擦系数小，摩擦阻力较小，从而被轧制齿轮的轮齿表面金属发生流动的金属层厚度也较小，因而被轧制齿轮的齿形精度较高。

同时在齿轮热轧成形过程中采用适宜的润滑剂进行润滑，可以降低轧轮和被轧制齿轮接触面上的摩擦系数，从而提高被轧制齿轮的齿形精度。

（4）采用标准齿形的轧轮进行热轧成形的被轧制齿轮的齿形误差较大。

当使用标准齿形的轧轮进行热轧成形时，由于作用于被轧制齿轮齿面上的最大载荷的位置正好位于其啮合节圆的位置，即处于其齿面的中部，因此造成被轧制齿轮的齿廓中部产生较大的凹陷。

当使用变位齿形的轧轮进行热轧成形时，由于作用于被轧制齿轮齿面上的最大载荷的位置正好与其啮合节圆的位置错开，因此被轧制齿轮的齿面凹陷的深度就较浅，齿形误差也较小。

由此说明，在热轧成形标准的被轧制齿轮时，采用变位齿形的轧轮能够得到齿形误差较小的被轧制齿轮。

采用如表 4-6 所示的轧轮和被轧制齿轮啮合参数进行热轧成形得到的被轧制齿轮的齿形精度情况见图 4-59。

表 4-6　轧轮和被轧制齿轮的啮合参数

模数 m = 2.0 mm							
齿数 Z_1 = Z_2 = 48							
序号	基准齿条压力角 /(°)	变位系数		啮合角 /(°)	被轧制齿轮滑动比		重叠系数
		轧轮 x_1	被轧制齿轮 x_2		齿顶	齿根	
9	20	+1.0	0	22.82	0.216	1.241	1.65
10	20	−1.0	0	15.88	0.783	0.869	2.01

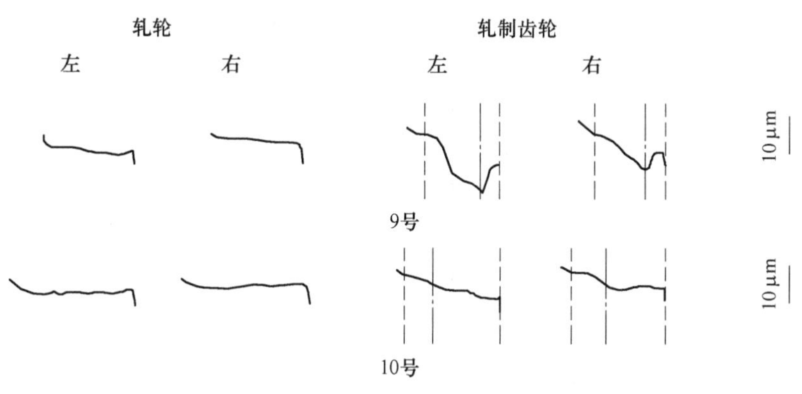

图 4-59　轧轮和被轧制齿轮的齿形精度[8-9]

由图 4-59 和图 4-56 对比可知：

（1）与序号 1 的轧轮相比，采用序号 10 的轧轮热轧成形的被轧制齿轮的齿形凹陷较浅，齿形误差也较小。

（2）与序号 1 的轧轮相比，采用序号 9 的轧轮热轧成形的被轧制齿轮的齿形凹陷的深度稍小，但其凹陷的宽度则比序号 1 更大；这是由于正变位的轧轮啮合时其重叠系数减小的缘故。

（3）与序号 1 的轧轮相比，采用序号 10 的轧轮热轧成形的被轧制齿轮的齿形凹陷的深度小，其齿形精度高；这是由于负变位的轧轮啮合时其重叠系数大于 2.0 的缘故。

由以上分析可知，使用负变位的轧轮热轧成形的被轧制齿轮的齿形精度较高。

4.4.4　被轧制齿轮经过后续热处理时的变形

用于传递动力的齿轮，大多数是在齿轮的齿形成形之后，再进行淬火、回火等后续热处理加工。当齿轮进行淬火、回火等后续热处理工序时，齿轮的齿形会发生变形，其精度也会改变。

热处理时引起齿轮的齿形发生变形的主要因素有：（1）热处理前的加工残余应力；（2）热处理过程中因金相组织变化而引起的组织应力；（3）热应力；等等。

图 4-60 为热轧成形的被轧制齿轮示意图。图 4-61 为被轧制齿轮经过后续热处理加工后的检测部位示意图。

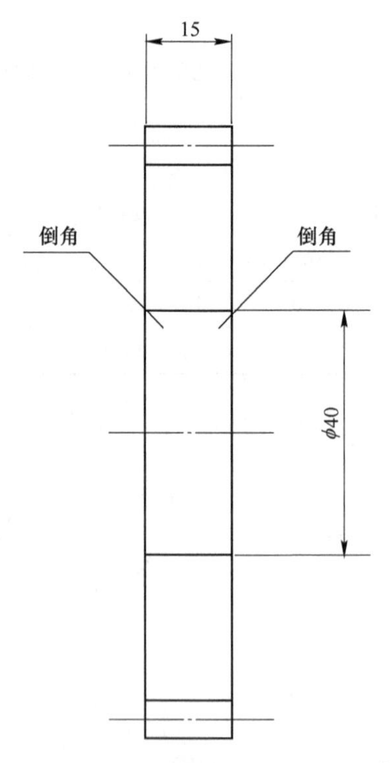

图 4-60　热轧成形的被轧制齿轮示意图[8-9]

（m = 3.0 mm、α = 20°、Z_2 = 32；齿坯材料：S45C 钢）

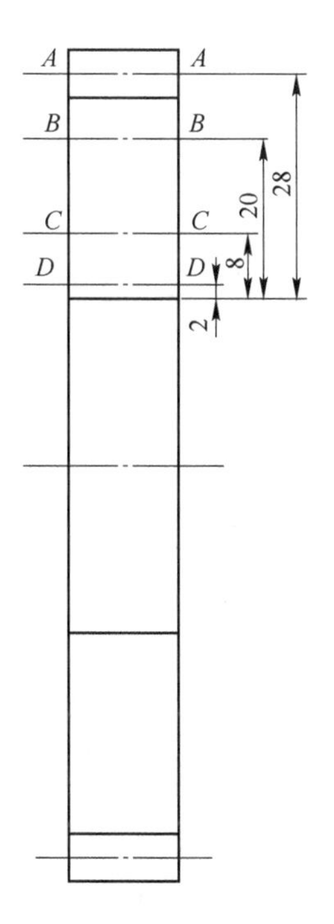

图 4-61 被轧制齿轮经过后续热处理
加工后的检测部位示意图[8-9]

4.4.4.1 被轧制齿轮经正火处理后的变形

被轧制齿轮经过正火处理后的齿宽变化情况如图 4-62 所示，其尺寸变化如图 4-63 所示。在图 4-63 中，δ_{E_5}表示跨测齿数为 5 时的公法线长度变化量；δ_{E_4}表示跨测齿数为 4 时的公法线长度变化量；δ_{E_3}表示跨测齿数为 3 时的公法线长度变化量；$\delta_{F_{7.902}}$表示钢球直径为 7.902 mm 时跨棒距变化量；$\delta_{F_{5.490}}$表示钢球直径为 5.490 mm 时跨棒距变化量。

因正火而引起齿宽的变化/μm				
部 位	22号	28号	32号	36号
A—*A*	−15	−16	−17	−10
B—*B*	−6	−10	0	−8
C—*C*	+7	+6	+6	+4
D—*D*	−6	−10	−7	−8

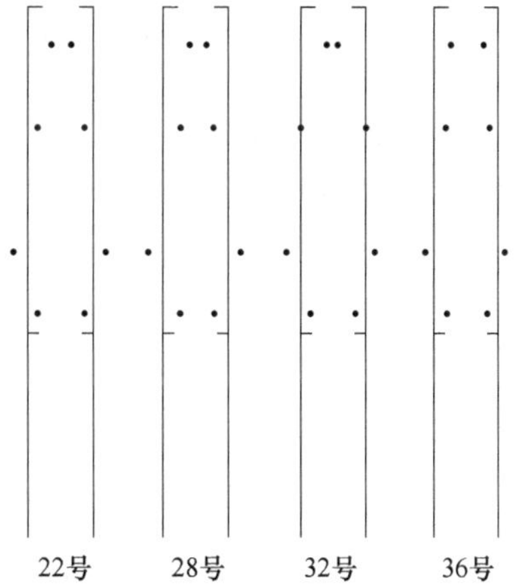

22号 28号 32号 36号

图 4-62 被轧制齿轮经正火处理后的齿宽变化[8-9]

编号	齿顶圆直径/μm	齿根圆直径/μm	内径/μm	齿形 d_f/μm	齿厚的变化/μm				
					δ_{E_5}	δ_{E_4}	δ_{E_3}	$\delta_{F_{7.902}}$	$\delta_{F_{5.490}}$
40	−37	−36	−35	−14 (−10)	−17 (−16)	−11 (−12)	−10 (−9)	−39 (−70)	−38 (−62)
42	−40	−39	−43	−6 (−11)	−17 (−17)	−13 (−13)	−6 (−10)	−38 (−76)	−37 (−67)
44	−46	−43	−66	−10 (−12)	−15 (−20)	−10 (−16)	−9 (−11)	−54 (−84)	−58 (−79)
48	−37	−36	−56	−14 (−10)	−14 (−16)	−14 (−12)	−9 (−9)	−36 (−70)	−48 (−62)
50	−39	−37	−41	−10 (−10)	−17 (−17)	−14 (−13)	−10 (−10)	−54 (−74)	−65 (−95)
52	−44	−42	−46	−10 (−12)	−18 (−19)	−16 (−15)	−10 (−11)	−60 (−81)	−54 (−75)
54	−44	−43	−41	−9 (−12)	−16 (−19)	−10 (−15)	−12 (−11)	−55 (−81)	−50 (−75)
56	−30	−29	−45	−6 (−8)	−12 (−13)	−11 (−10)	−7 (−7)	−39 (−55)	−55 (−54)
46	−48	−36	−32	−10 (−13)	−16 (−21)	−10 (−16)	−10 (−12)	−60 (−86)	−56 (−83)
58	−45	−43	−36	−10 (−12)	−20 (−20)	−15 (−15)	−11 (−11)	−54 (−82)	−65 (−77)
平均值	−41	−38	−44	−10 (−11)	−16 (−18)	−12 (−14)	−9 (−10)	−49 (−76)	−53 (−70)

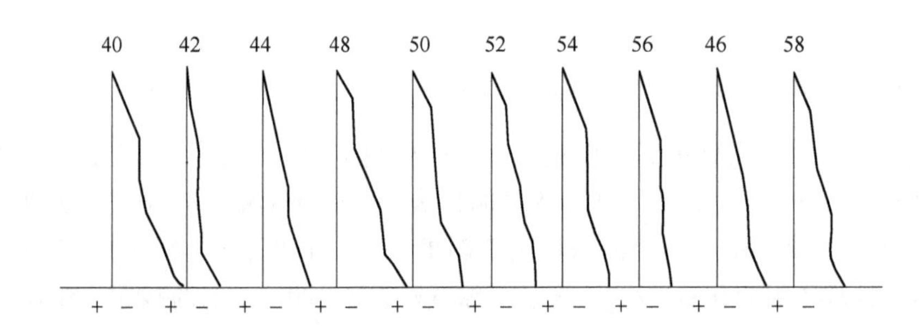

图 4-63　被轧制齿轮经正火处理后的尺寸变化[8-9]

由图 4-62 和图 4-63 可知，被轧制齿轮经正火处理后的齿顶圆直径均有收缩，平均收缩量为 41 μm；其齿根圆直径也同样出现收缩，平均收缩量为 38 μm；其内径也全部收缩，平均收缩量为 44 μm；其齿宽除在 *C*—*C* 部位膨胀外，其余部位均呈收缩。

由此可知被轧制齿轮经正火处理后，其外径和内径均有收缩，而齿形则几乎不发生变化；同时其齿厚也有所减小，但减小量不超过齿根圆直径的收缩量。

4.4.4.2　被轧制齿轮经正火、淬火处理后的变形

被轧制齿轮经过正火、淬火处理后的齿宽变化情况如图 4-64 所示，其尺寸变化情况如图 4-65 所示。

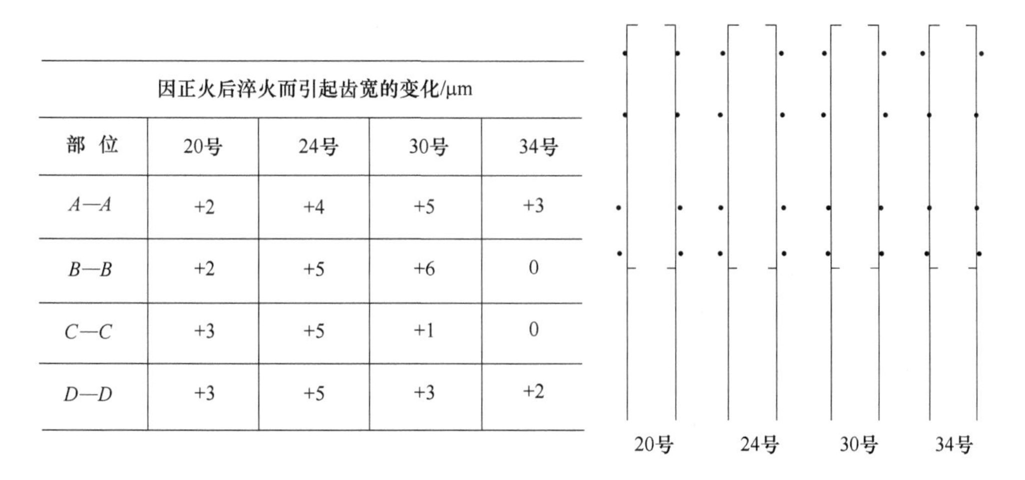

因正火后淬火而引起齿宽的变化/μm				
部 位	20号	24号	30号	34号
A—*A*	+2	+4	+5	+3
B—*B*	+2	+5	+6	0
C—*C*	+3	+5	+1	0
D—*D*	+3	+5	+3	+2

图 4-64 被轧制齿轮经过正火、淬火处理后的齿宽变化[8-9]

编号	齿顶圆直径/μm	齿根圆直径/μm	内径/μm	齿形 d_f/μm	齿厚的变化/μm				
					δ_{E_5}	δ_{E_4}	δ_{E_3}	$\delta_{F_{7.902}}$	$\delta_{F_{5.490}}$
40	+7	+9	+14	+2 (+2)	+3 (+3)	+2 (+2)	+1 (+2)	+12 (+15)	+7 (+14)
42	+7	+9	+28	+5 (+2)	+2 (+3)	+1 (+2)	0 (+2)	+15 (+15)	+16 (+14)
44	+10	+11	+17	0 (+3)	+6 (+4)	+5 (+3)	+2 (+2)	+25 (+21)	+19 (+20)
48	+7	+9	+16	0 (+2)	+2 (+3)	+1 (+2)	+1 (+2)	+9 (+15)	+10 (+14)
50	+10	+11	+29	+4 (+3)	+5 (+4)	+3 (+3)	+5 (+2)	+19 (+21)	+14 (+20)
52	+9	+10	+31	+3 (+2)	+5 (+4)	+5 (+3)	+3 (+2)	+30 (+19)	+37 (+18)
54	+11	+13	+25	+3 (+3)	+4 (+5)	+4 (+4)	+1 (+3)	+11 (+23)	+20 (+22)
56	+11	+12	+18	+3 (+3)	+2 (+5)	+3 (+4)	+5 (+3)	+26 (+23)	+27 (+22)
平均值	+9	+11	+22	+3 (+2)	+4 (+4)	+3 (+3)	+2 (+2)	+18 (+19)	+19 (+18)

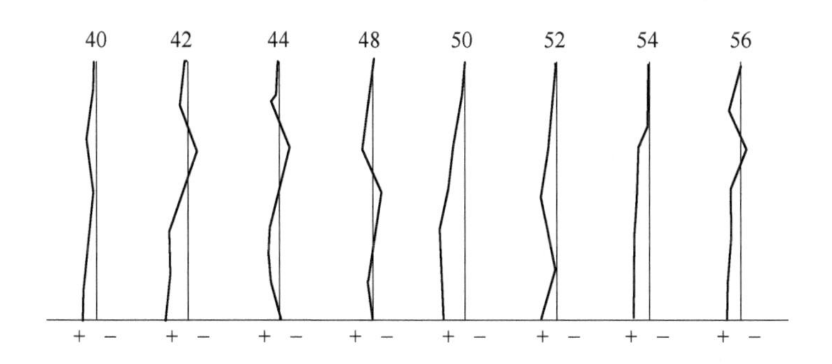

图 4-65 被轧制齿轮经正火、淬火处理后的尺寸变化[8-9]

由图 4-64 和图 4-65 可知，被轧制齿轮经正火、淬火处理后，其齿根圆直径出现膨胀，齿形几乎没有变化，齿厚的增加量相当于齿根圆直径的膨胀量，齿宽则全部出现膨胀。

4.4.4.3 被轧制齿轮直接进行淬火处理后的变形

被轧制齿轮直接进行淬火处理后的齿宽变化情况如图 4-66 所示，其尺寸变化情况如图 4-67 所示。

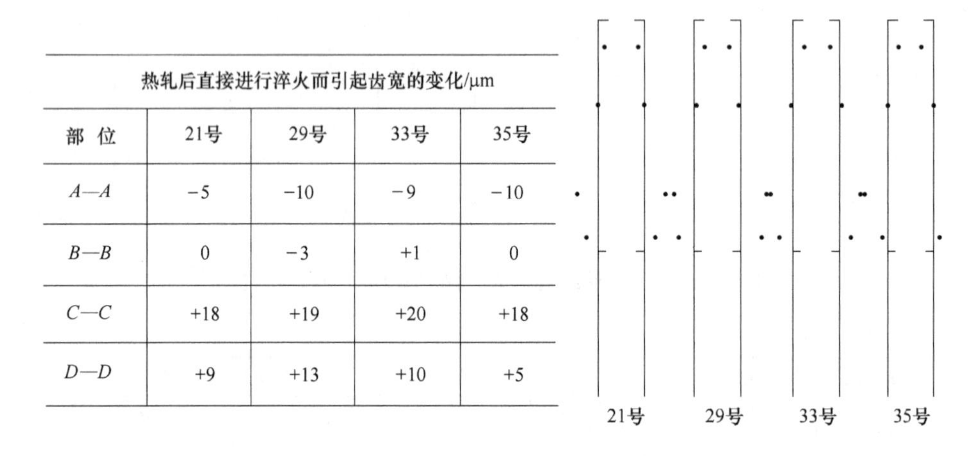

热轧后直接进行淬火而引起齿宽的变化/μm				
部 位	21号	29号	33号	35号
A—*A*	−5	−10	−9	−10
B—*B*	0	−3	+1	0
C—*C*	+18	+19	+20	+18
D—*D*	+9	+13	+10	+5

图 4-66 被轧制齿轮直接进行淬火处理后的齿宽变化[8-9]

编号	齿顶圆直径/μm	齿根圆直径/μm	内径/μm	齿形 d_f/μm	齿厚的变化/μm				
					δ_{E_5}	δ_{E_4}	δ_{E_3}	$\delta_{F_{7.902}}$	$\delta_{F_{5.490}}$
41	−11	−11	+12	−4 (−3)	−2 (−5)	−3 (−4)	0 (−3)	−18 (−23)	−16 (−15)
47	−15	−14	+16	−4 (−4)	−9 (−6)	−6 (−5)	−3 (−4)	−22 (−27)	−23 (−23)
49	−15	−13	+26	−6 (−4)	−9 (−6)	−8 (−5)	−7 (−4)	−25 (−27)	−23 (−23)
53	−17	−16	+18	−5 (−5)	−4 (−7)	−8 (−6)	−3 (−4)	−18 (−30)	−27 (−27)
43	−19	−16	+11	−7 (−5)	−9 (−8)	−7 (−6)	−7 (−5)	−31 (−32)	−27 (−31)
51	−15	−13	+25	−4 (−4)	−9 (−6)	−2 (−5)	−5 (−4)	−18 (−27)	−18 (−23)
55	−13	−12	+21	−4 (−4)	−7 (−6)	−2 (−4)	−4 (−3)	−18 (−25)	−10 (−19)
57	−15	−13	+17	−4 (−4)	−9 (−6)	−5 (−5)	−3 (−4)	−22 (−27)	−29 (−23)
平均值	−15	−13	+18	−5 (−4)	−7 (−6)	−5 (−5)	−4 (−4)	−22 (−27)	−22 (−23)

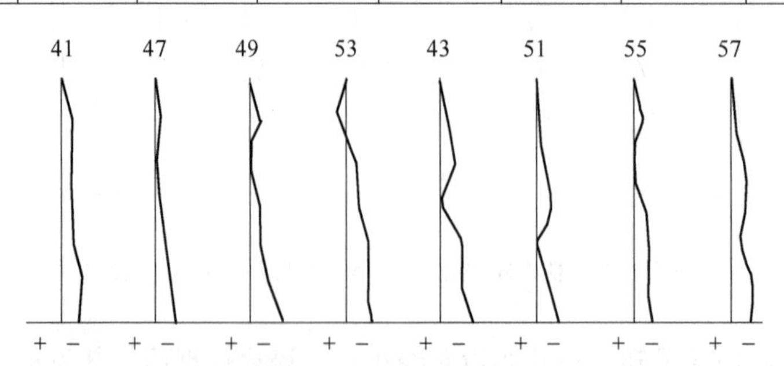

图 4-67 被轧制齿轮直接进行淬火处理后的尺寸变化[8-9]

由图4-66和图4-67可知，被轧制齿轮直接进行淬火处理后，其齿根圆直径出现收缩，齿形没有变化，齿厚的减小量大致相当于齿根圆直径的收缩量，内径呈现膨胀；其齿宽在*A*—*A*部位出现收缩、*B*—*B*部位几乎没有变化，而*C*—*C*部位和*D*—*D*部位则出现膨胀。

4.4.4.4 被轧制齿轮经淬火、低温回火处理后的变形

被轧制齿轮经淬火、低温回火处理后的齿宽变化情况如图4-68所示，其尺寸变化情况如图4-69所示。

因低温回火而引起齿宽的变化/μm

部 位	30号	34号	23号	37号
A—*A*	−6	−6	−1	−2
B—*B*	0	−2	0	0
C—*C*	−3	0	−3	−2
D—*D*	0	0	−3	−1

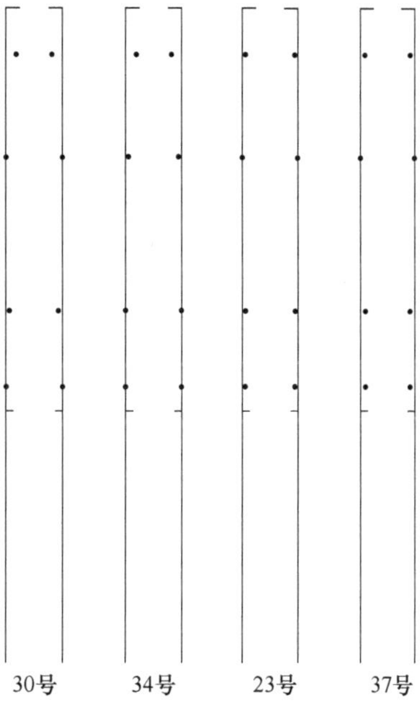

30号 34号 23号 37号

图4-68 被轧制齿轮经淬火、低温回火处理后的齿宽变化[8-9]

编 号	齿顶圆直径/μm	齿根圆直径/μm	内径/μm	齿形 d_f/μm	齿厚的变化/μm				
					δ_{E_5}	δ_{E_4}	δ_{E_3}	$\delta_{F_{7.902}}$	$\delta_{F_{5.490}}$
50	−3	−3	−4	−3 (−1)	−5 (−1)	−1 (−1)	−1 (−1)	−7 (−7)	−4 (−4)
52	−8	−8	−6	−4 (−2)	−1 (−3)	−2 (−3)	−3 (−2)	−22 (−18)	−14 (−10)
54	−10	−9	−10	0 (−3)	−5 (−4)	−2 (−3)	0 (−3)	−10 (−22)	−14 (−13)
56	−6	−7	−7	−2 (−2)	−3 (−3)	−4 (−2)	−1 (−2)	−8 (−14)	−17 (−8)
43	−7	−7	−6	0 (−2)	−1 (−3)	0 (−2)	−3 (−2)	−3 (−16)	−6 (−9)
51	−3	−4	−3	0 (−1)	−5 (−1)	−2 (−1)	−9 (−1)	−1 (−7)	−3 (−4)
55	−10	−10	−12	−1 (−3)	−4 (−5)	−4 (−4)	−3 (−3)	−6 (−24)	−9 (−16)
57	−3	−3	−10	−3 (−1)	−3 (−1)	−3 (−1)	−3 (−1)	−1 (−7)	0 (−4)
平均值	−6	−6	−6	−2 (−2)	−3 (−3)	−2 (−2)	−2 (−2)	−7 (−13)	−8 (−8)

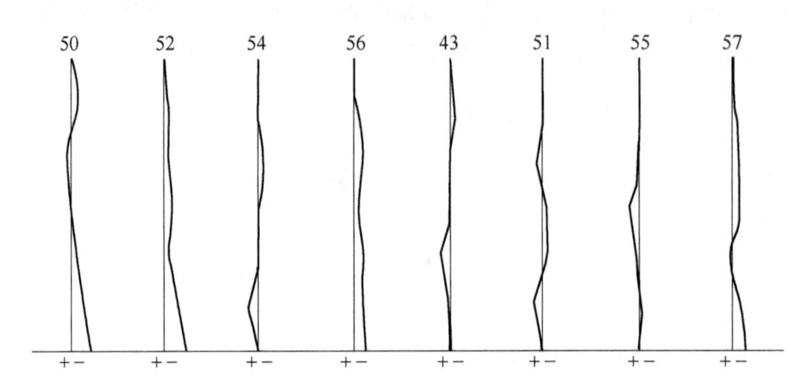

图 4-69 被轧制齿轮经淬火、低温回火处理后的尺寸变化[8-9]

由图 4-68 和图 4-69 可知，被轧制齿轮经淬火、低温回火处理后，其齿根圆直径收缩，齿形几乎无变化，齿厚随齿根圆直径的收缩量相应地减小，齿宽几乎没有变化，或者是稍呈收缩。

4.4.4.5 被轧制齿轮经淬火、高温回火处理后的变形

被轧制齿轮经淬火、高温回火处理后的齿宽变化情况如图 4-70 所示，其尺寸变化情况如图 4-71 所示。

因高温回火而引起齿宽的变化/μm

部 位	20号	24号	27号	33号
A—*A*	−8	−5	−8	−8
B—*B*	−6	−6	−5	−8
C—*C*	−7	−6	−8	−8
D—*D*	−6	−5	−6	−5

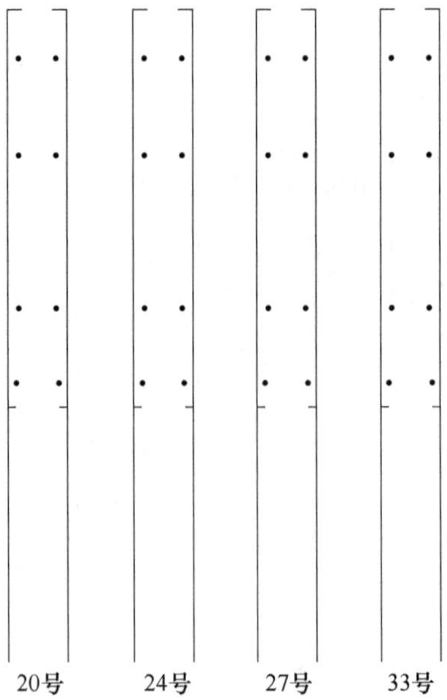

20号 24号 27号 33号

图 4-70 被轧制齿轮经淬火、高温回火处理后的齿宽变化[8-9]

编 号	齿顶圆直径/μm	齿根圆直径/μm	内径/μm	齿形 d_f/μm	齿厚的变化/μm				
					δ_{E_5}	δ_{E_4}	δ_{E_3}	$\delta_{F_{7.902}}$	$\delta_{F_{5.490}}$
40	−18	−18	−19	−9 (−5)	−7 (−8)	−5 (−6)	−5 (−4)	−19 (−31)	−14 (−29)
42	−19	−19	−14	−5 (−5)	−8 (−8)	−6 (−6)	−6 (−5)	−18 (−32)	−33 (−31)
44	−15	−16	−12	−5 (−4)	−4 (−6)	−3 (−5)	−4 (−4)	−15 (−27)	−16 (−23)
48	−11	−12	−17	−5 (−3)	−5 (−5)	−4 (−4)	−2 (−3)	−17 (−23)	−3 (−15)
41	−17	−18	−13	0 (−5)	−4 (−7)	−6 (−6)	−6 (−4)	−21 (−30)	−13 (−27)
47	−17	−17	−28	−2 (−5)	−6 (−7)	−4 (−6)	−1 (−4)	−21 (−30)	−13 (−27)
49	−22	−22	−25	−4 (−6)	−5 (−9)	−7 (−7)	−1 (−5)	−21 (−37)	−28 (−73)
53	−12	−13	−18	0 (−3)	−7 (−5)	−6 (−4)	−3 (−3)	−16 (−24)	−4 (−16)
平均值	−16	−17	−18	−4 (−4)	−6 (−7)	−5 (−6)	−3 (−4)	−19 (−29)	−16 (−26)

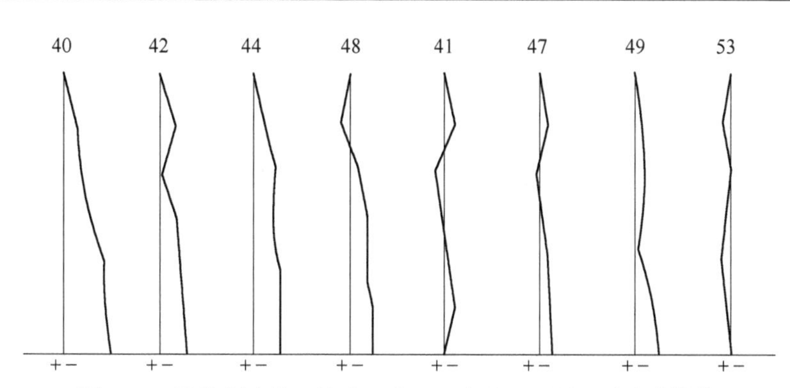

图 4-71 被轧制齿轮经淬火、高温回火处理后的尺寸变化[8-9]

由图 4-70 和图 4-71 可知，被轧制齿轮经淬火、高温回火处理后，其变形情况与图 4-68 和图 4-69 所示的低温回火时变形情况相同，但其变形量比低温回火时要大。

由以上分析，可知：

(1) 先正火处理、后淬火处理的被轧制齿轮，其尺寸均会膨胀；这是在热处理过程中其金相组织由奥氏体向马氏体转变时体积膨胀的结果。

经淬火处理后低温回火的被轧制齿轮，其尺寸均会有所缩小；这是低温回火时其金相组织由 α 马氏体向 β 马氏体转变时体积减小的结果。

经淬火处理后高温回火的被轧制齿轮，其尺寸均会有所缩小，但收缩量比低温回火时要大；这是在高温回火时其金相组织由 α 马氏体转变为 β 马氏体，并进一步变为屈氏体和索氏体组织后体积减小的结果。

(2) 不经正火处理而直接进行淬火处理的被轧制齿轮，其外圆呈现收缩，内径出现膨胀；这是受热轧成形被轧制齿轮内的残余应力影响所致。热轧成形过程中，齿坯在半径方向有温度梯度；在轧制终了，并冷却到室温时，被轧制齿轮的尺寸随温度的下降发生相应收缩；由于其外圆部分处于高温状态，故温度的下降量较大，因而收缩量也较大；而其内圆部分的温度比外圆部分的温度低，所以温度的下降量比外圆部分要小，因而收缩量也比外圆部分小。其结果使得被轧制齿轮的外圆部分对内圆部分产生压缩应力，该压缩应力就是残存在被轧制齿轮内的残余应力。

如果把存在残余应力的被轧制齿轮进行加热，则容易引起齿轮的变形；在其内圆部分因来自外圆部分的压缩应力而使齿宽方向产生变形，故齿宽变大。如果将被轧制齿轮直接进行淬火处理，虽然其体积随金相组织的变化而膨胀，但其外圆的直径因残余应力作用而引起的收缩量要比由于淬火而引起的膨胀量要大，故外圆部分出现收缩；其内径部分因淬火而引起的膨胀量，比由于残余应力而引起的收缩量较大，故内圆部分出现膨胀；由于残余应力的作用，被轧制齿轮的齿宽变化情况是靠近内圆部分的齿宽方向发生变形。

(3) 被轧制齿轮经过后续热处理工序加工后，虽然齿轮会发生膨胀或收缩，但其齿形几乎不发生变化。

(4) 被轧制齿轮经过后续热处理工序加工后，虽然其齿厚与齿根圆直径有变化，但齿厚的变化不大，不超过齿根圆直径的变化量。

4.5 被轧制齿轮的硬度分布

热轧成形的被轧制齿轮，其金相组织因轧制温度的不同而不同。一般来说，如果把钢加热到相变点 A_{c3} 以上的高温进行热轧成形加工，待加工完成之后，并冷却到相变点 A_{r3} 时，晶粒就会长大；而冷却在 A_{r3} 和 A_{r1} 相变区域以下的温度时，晶粒就停止长大；这时所形成的粗晶粒，被保持原状直至冷却到室温。热轧成形加工的终了温度比相变点 A_{r3} 越高，晶粒就越粗大。被轧制齿轮内存在粗大的晶粒组织，是导致其后续热处理加工过程中裂纹产生的主要原因，也是被轧制齿轮强度降低的主要原因[8-9]。

齿轮热轧成形加工的轧制温度低于相变点 A_{r3} 时，被轧制齿轮内的晶粒不会长大，而且晶粒也较细；但是由于残余应力的影响，也会成为后续热处理过程中产生变形或产生裂纹的原因。

图 4-72 显示了热轧成形的被轧制齿轮内的显微硬度分布情况（被轧制齿轮材料为 S45C 钢和 SH50 钢、轧制温度为 950 ℃、齿轮模数 $m=3.0$ mm），其硬度的分布情况用维氏硬度计测定。

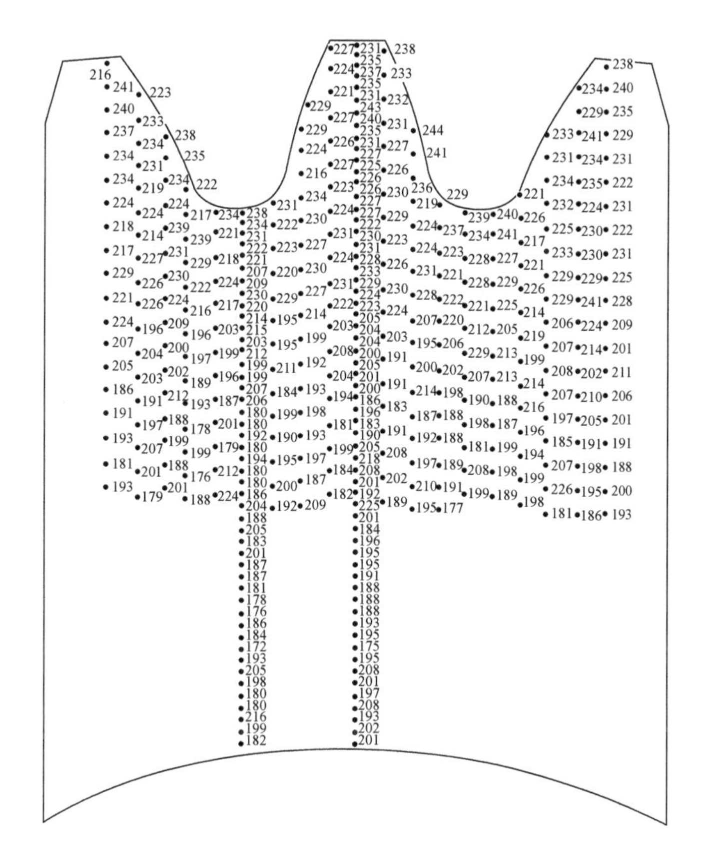

(a)

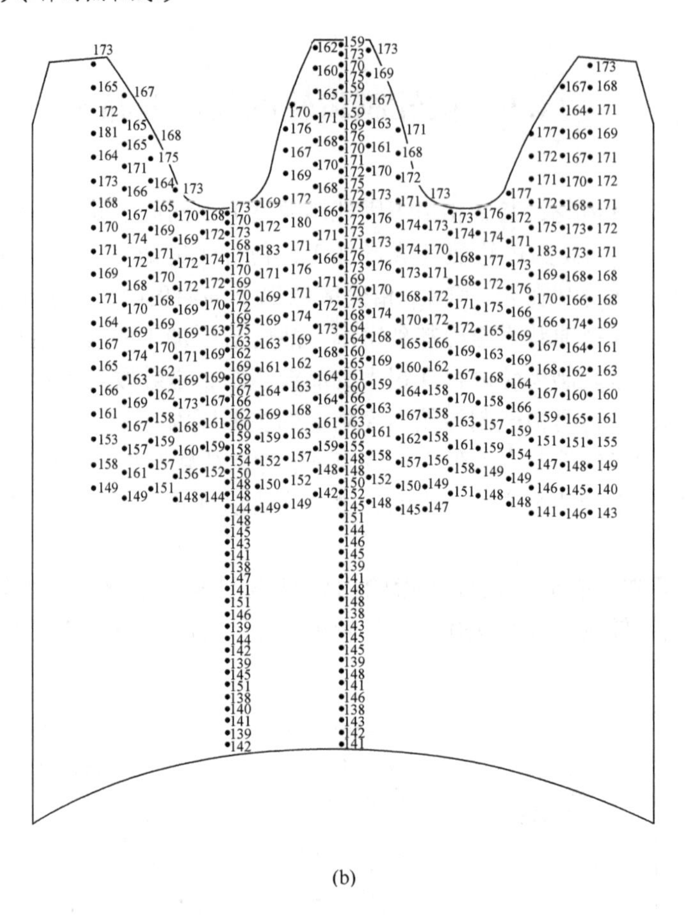

图 4-72　被轧制齿轮的硬度［维氏硬度（HV）］分布情况[8-9]

（a）S45C 钢；（b）SH50 钢

由图 4-72 可知，被轧制齿轮中所有受到轧制而变形的齿形部分，其硬度值比齿坯的硬度值均提高了 20%～30%，这是由于齿轮热轧成形过程中因轧制变形而导致晶粒细化。

4.6 被轧制齿轮的弯曲强度

热轧成形的被轧制齿轮，其金相组织为细密状的锻造组织、金属纤维沿轮齿的齿廓分布；被轧制齿轮的抗冲击性能比常规切削加工的齿轮有所提高[8-9]。

对于如图 4-73（a）所示的标准直齿圆柱齿轮的轧制成形加工件和切削加工件（其模数 $m = 3.0$ mm、压力角 $\alpha = 20°$、齿数 $Z_2 = 32$、齿宽 $b = 13.5$ mm、内径 $D_f = 40$ mm、材料为 S45C 钢），经过表 4-7 所示的后续热处理工序后，再加工成如图 4-73（b）所示的试样，最后在显微硬度计和如图 4-74 所示的冲击试验机、万能试验机上进行试验。

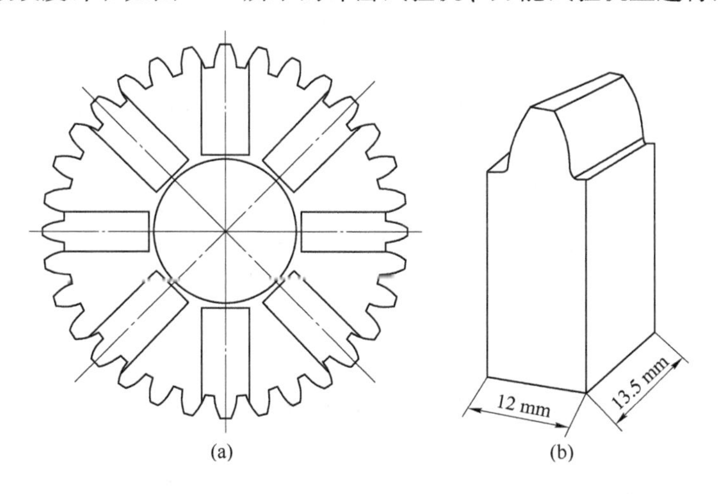

图 4-73 标准直齿圆柱齿轮及在齿轮上切割试样的位置[8-9]
（a）切割试样的位置；（b）试样形状及尺寸

表 4-7 后续热处理工艺

序号	热处理方法	工艺名称	热处理工艺参数
1	整体淬火		860 ℃盐浴加热，油冷；150 ℃回火 60 min
			860 ℃盐浴加热，油冷；300 ℃回火 60 min
			860 ℃盐浴加热，油冷；500 ℃回火 60 min
2	高频淬火	一次淬火（使用圆形感应加热线圈）	1.9 s 加热、水冷，150 ℃回火 60 min
		预热淬火（使用圆形感应加热线圈）	预热到 500 ℃后，0.8 s 加热、水冷，150 ℃回火 60 min
		预热淬火（使用齿形感应加热线圈）	预热到 500 ℃后，0.4 s 加热、水冷，150 ℃回火 60 min
3	渗碳淬火		渗碳：900 ~910 ℃、400 min、固体渗碳； 淬火：840 ℃盐浴加热、油冷； 175 ℃回火 60 min

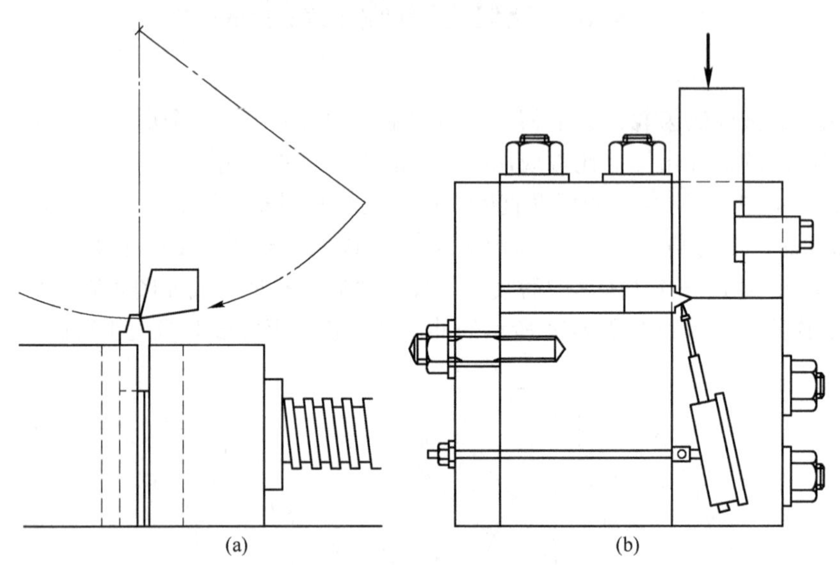

图 4-74 试样在试验机上进行试验时的安装位置[8-9]
(a) 冲击试验机；(b) 万能试验机

4.6.1 被轧制齿轮经各种后续热处理工艺后的硬度

4.6.1.1 整体淬火

图 4-75 展示了齿轮在整体淬火状态下的不同回火温度时的硬度值。

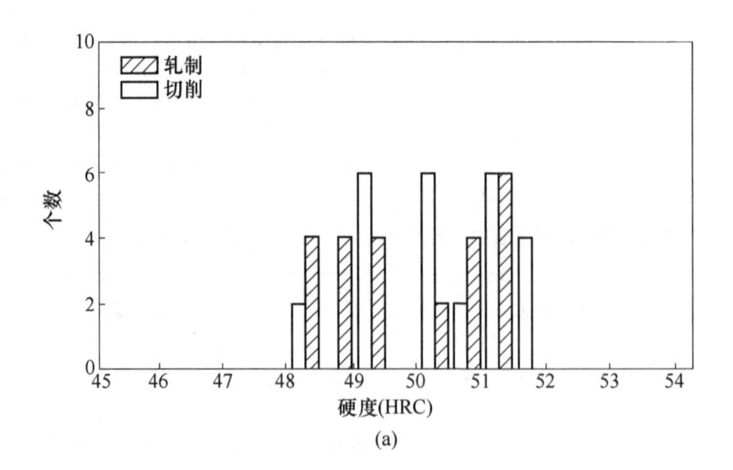

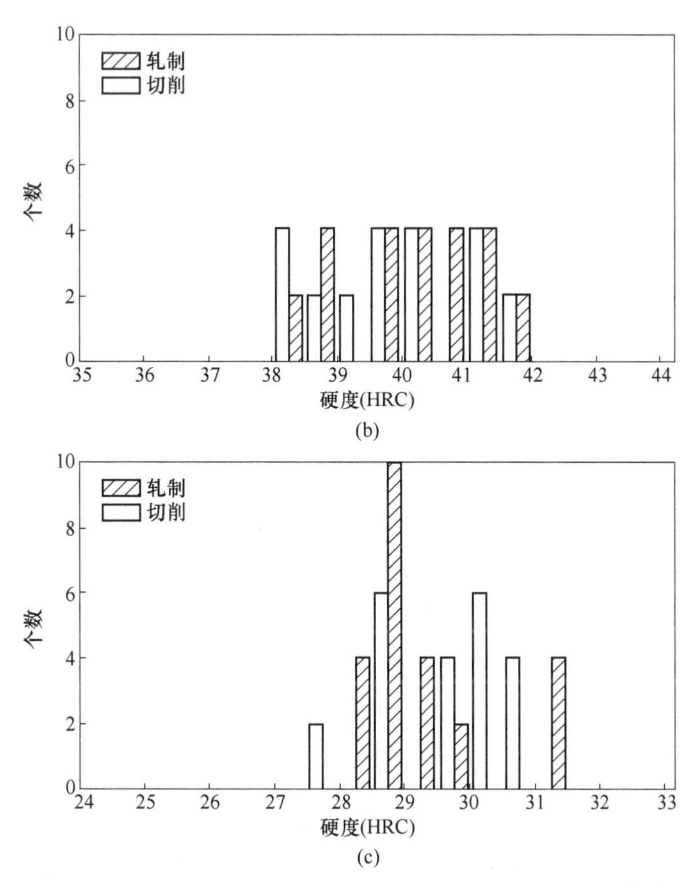

图 4-75 齿轮在整体淬火状态下的不同回火温度时的硬度[8-9]

（a）150 ℃回火；（b）300 ℃回火；（c）500 ℃回火

由图 4-75 可知，经过整体淬火的被轧制齿轮和切削齿轮，均呈现相同的金相组织；用 150 ℃回火的齿轮，其金相组织为马氏体中掺有屈氏体；用 300 ℃回火的齿轮，其金相组织为屈氏体；用 500 ℃回火的齿轮，其金相组织为索氏体。

4.6.1.2 高频淬火

图 4-76 展示了齿轮在不同的高频淬火条件下的硬度值。

由图 4-76 可知，使用圆形感应线圈进行高频一次淬火的被轧制齿轮和切削齿轮，其淬火层的厚度均较深，齿形部分几乎接近完全淬火；其齿顶的显微组织为晶粒均匀的马氏体，但齿根部分的金相组织为晶粒不均匀的马氏体。

使用圆形感应线圈进行预热后再高频淬火的被轧制齿轮和切削齿轮，其淬火层沿着齿形且淬火层较深；而其齿顶的金相组织为晶粒均匀的马氏体，但其余部分的金相组织为晶粒不均匀的马氏体。

使用齿形感应线圈进行预热后再高频淬火的被轧制齿轮和切削齿轮，可获得沿着齿形的淬火层；其齿形的表面层金相组织为晶粒均匀的马氏体，而齿根部分的金相组织为晶粒不均匀的马氏体。

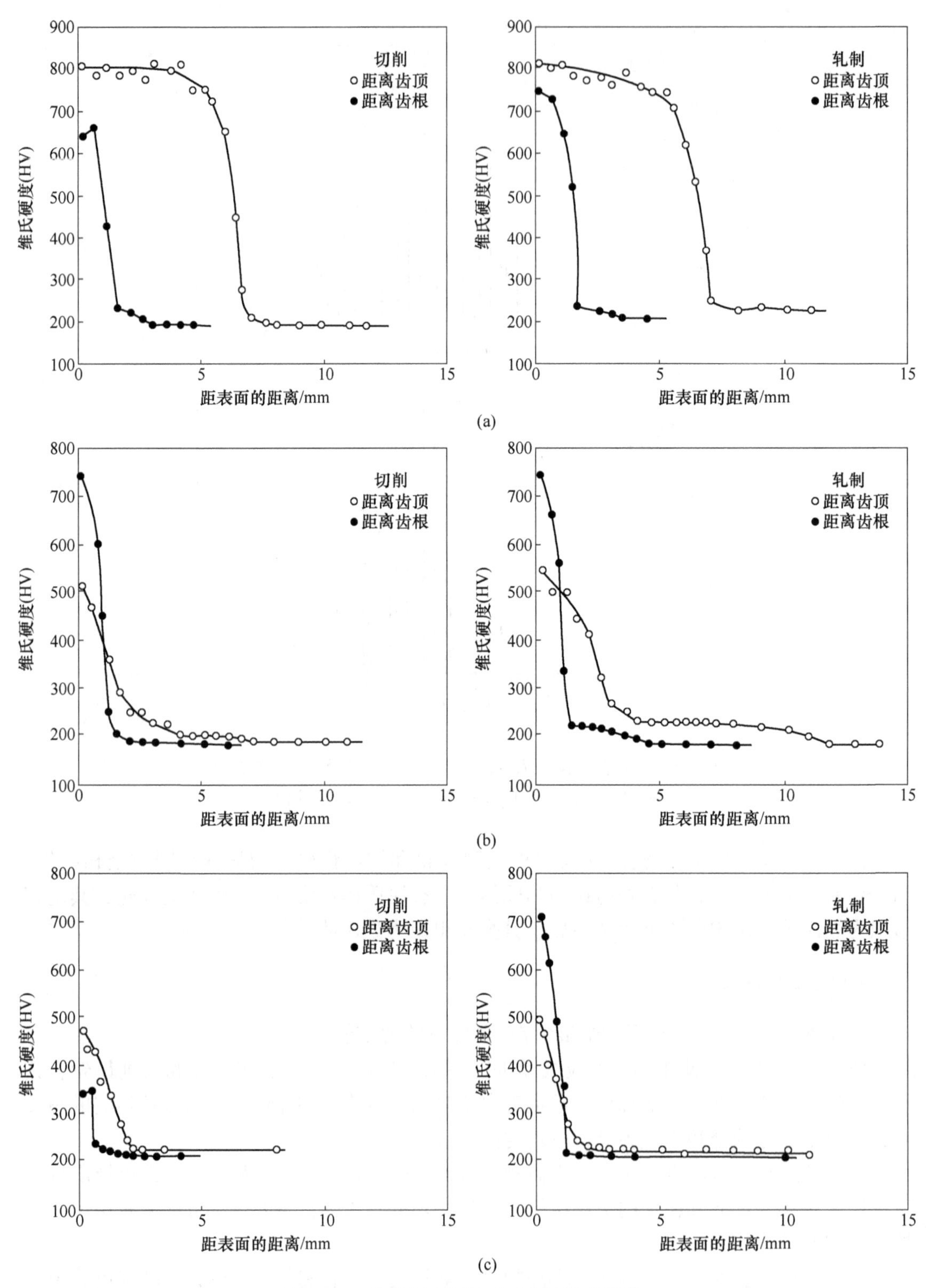

图 4-76　齿轮经高频淬火后的硬度值[8-9]

(a) 圆形高频感应线圈一次淬火；(b) 圆形高频感应线圈预热淬火；(c) 齿形高频感应线圈预热淬火

不论是使用圆形感应线圈，或是使用齿形感应线圈，预热之后以极短的时间进行高频淬火的被轧制齿轮的金相组织要优于切削齿轮的金相组织。

4.6.1.3 渗碳淬火

图 4-77 展示了齿轮在渗碳淬火条件下的硬度值。

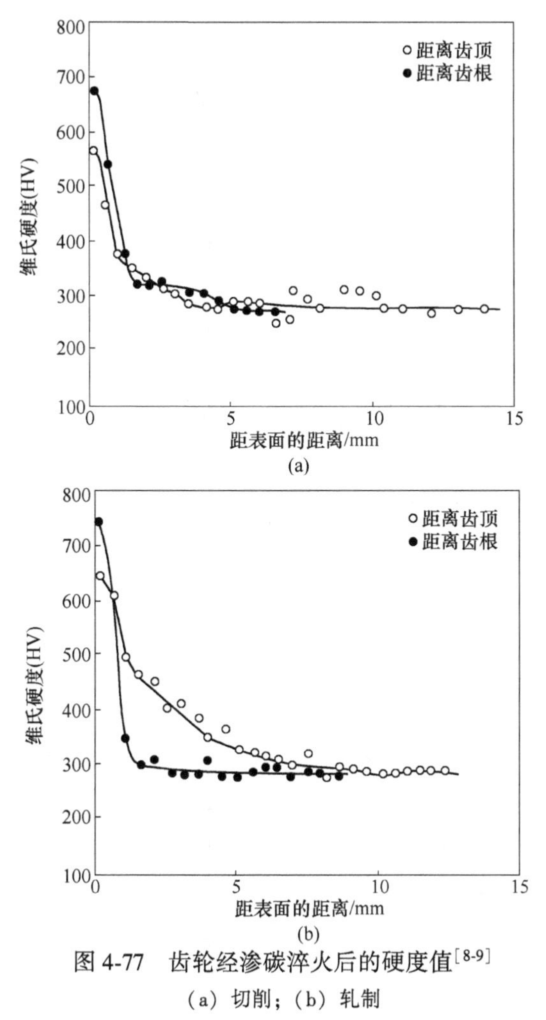

图 4-77　齿轮经渗碳淬火后的硬度值[8-9]

(a) 切削；(b) 轧制

由图 4-77 可知，经过渗碳淬火后的被轧制齿轮和切削齿轮，其金相组织表面为共析结晶组织，越向内部随着碳含量的减少，渗碳的情况就越好；而且被轧制齿轮与切削齿轮的显微组织无差异。

4.6.2 被轧制齿轮经各种后续热处理工艺后的弯曲强度

4.6.2.1 静弯曲试验

图 4-78 展示了经不同后续热处理后的齿轮静弯曲试验时所受载荷与弯曲变形的关系。

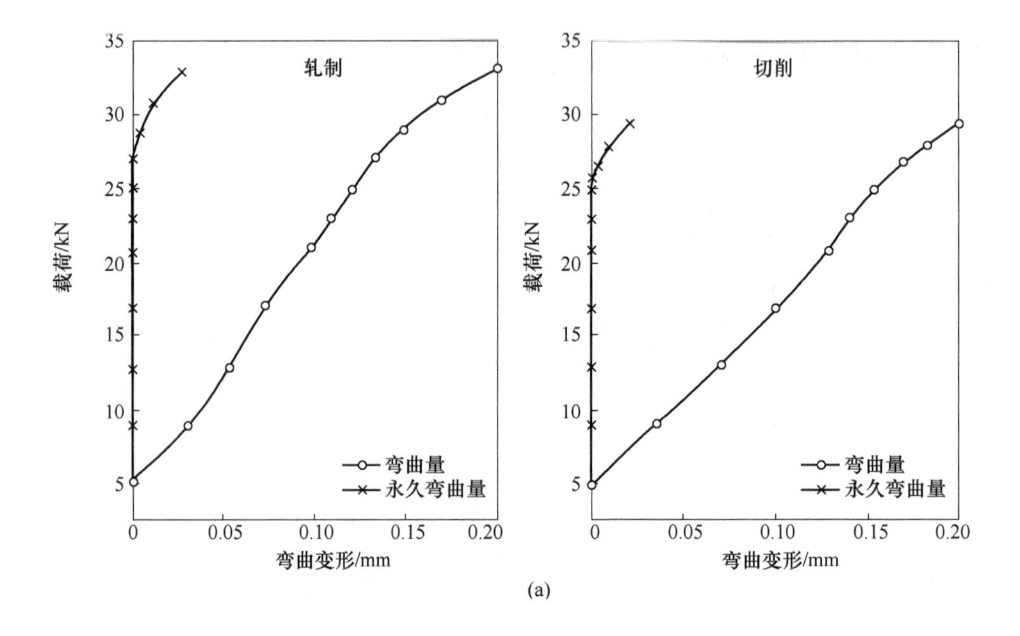
轧制
切削
载荷/kN
弯曲变形/mm
弯曲量
永久弯曲量
35
30
25
20
15
10
5
0
0.05
0.10
0.15
0.20

(a)

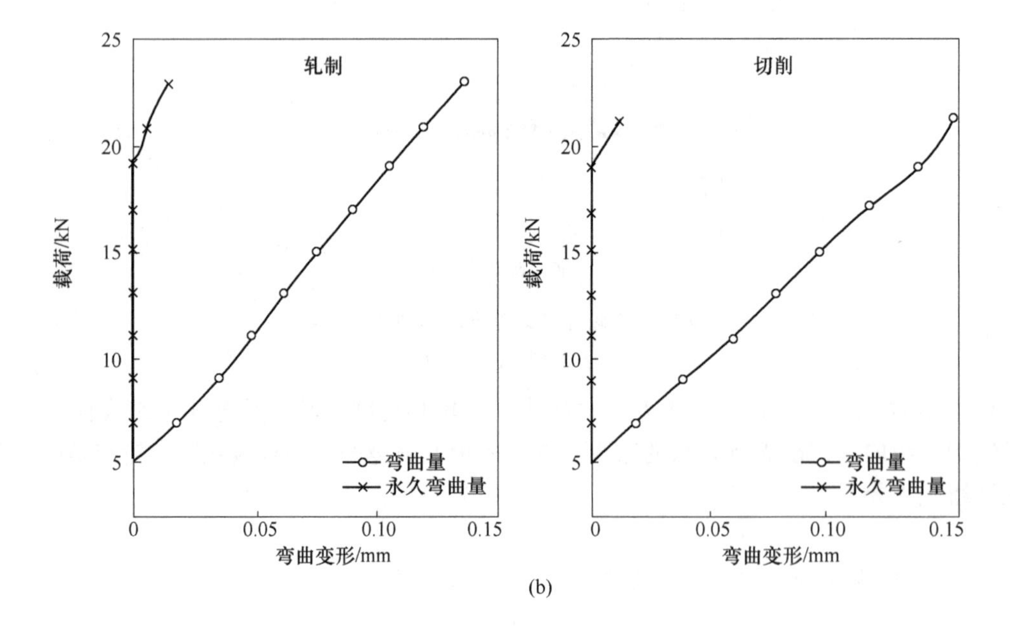
轧制
切削
载荷/kN
弯曲变形/mm
弯曲量
永久弯曲量
25
20
15
10
5
0
0.05
0.10
0.15

(b)

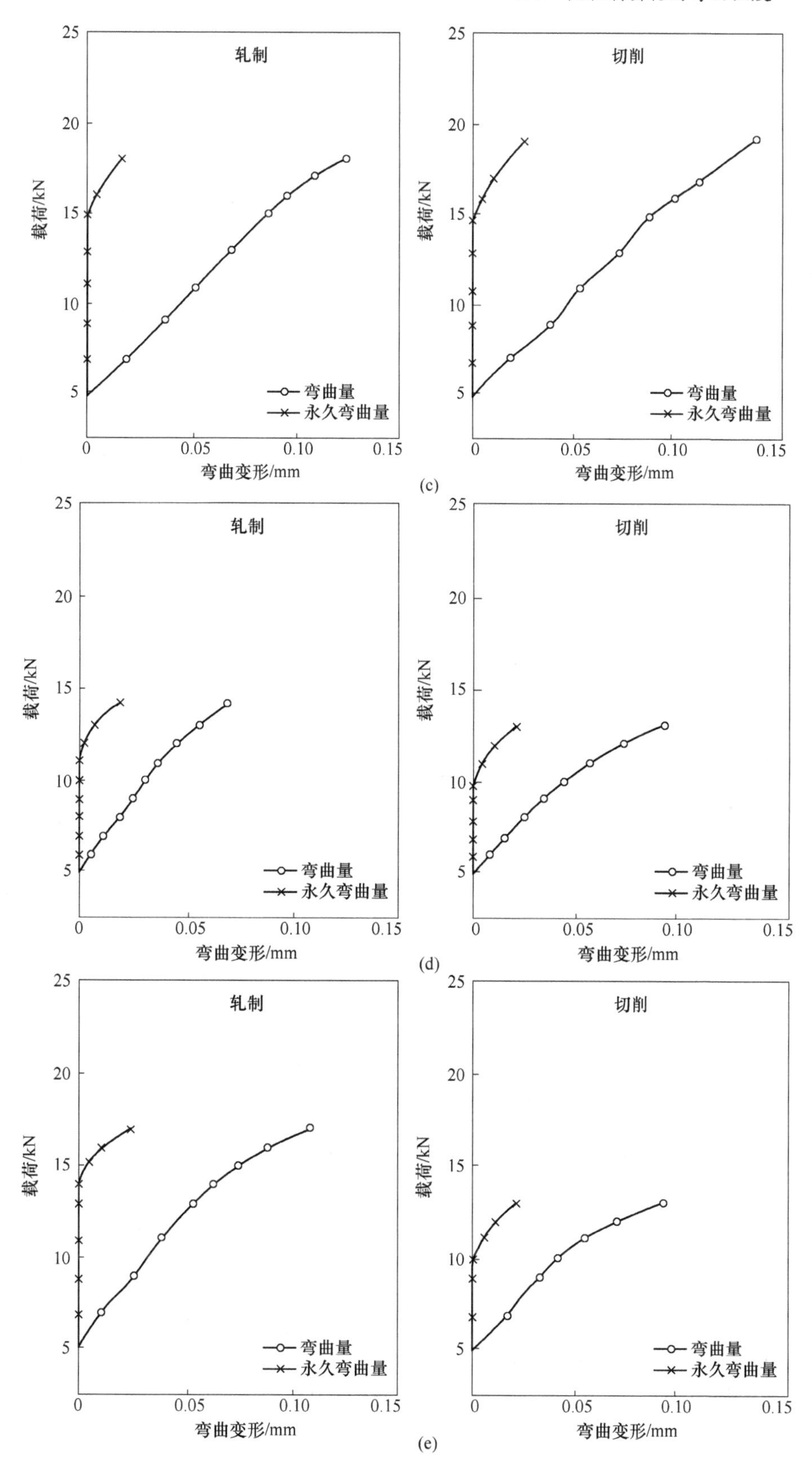
轧制
切削
载荷/kN
弯曲变形/mm
弯曲量
永久弯曲量
25
20
15
10
5
0
0.05
0.10
0.15
(c)
(d)
(e)

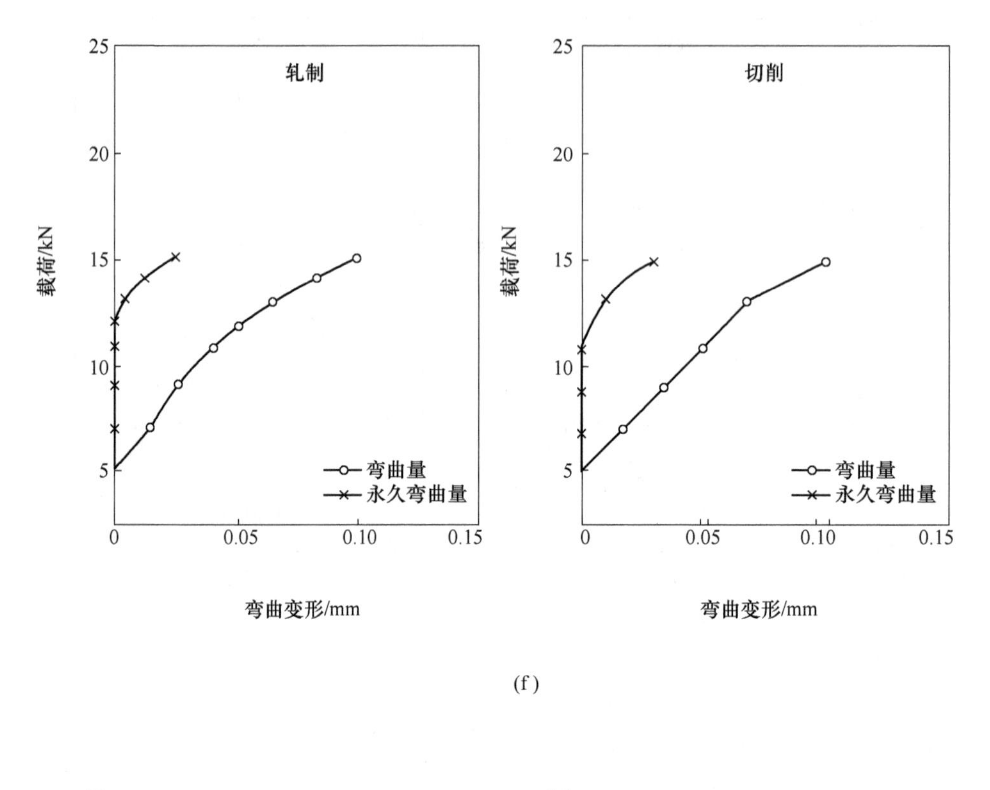

(f)

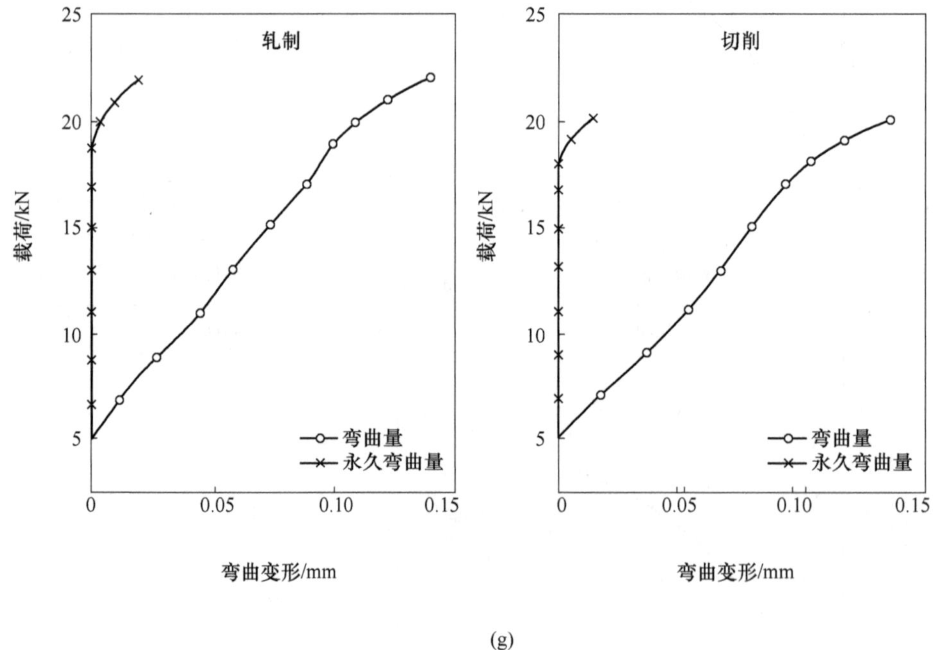

(g)

图 4-78　经不同后续热处理后的齿轮静弯曲试验时所受载荷与弯曲变形的关系[8-9]

(a) 860 ℃油淬火、150 ℃回火；(b) 860 ℃油淬火、300 ℃回火；(c) 860 ℃油淬火、500 ℃回火；(d) 高频一次淬火（圆形线圈）；(e) 高频预热淬火（圆形线圈）；(f) 高频预热淬火（齿形线圈）；(g) 渗碳淬火由图 4-78 可知：

(1) 采用 860 ℃油淬、150 ℃回火的被轧制齿轮与切削齿轮均在出现裂纹的同时即行破坏，其破坏断面为不规则的粒状断面。

(2) 采用 860 ℃油淬、300 ℃回火的切削齿轮，其破坏断面为不规则的粒状断面；而被轧制齿轮的破坏断面则呈弧形的半光泽断面。

(3) 采用 860 ℃油淬、500 ℃回火的被轧制齿轮与切削齿轮，其破坏断面均呈弧形的半光泽断面。

(4) 经高频一次淬火的被轧制齿轮和切削齿轮，其破坏断面为不规则的粒状断面；切削齿轮是在一开始出现裂纹时随即破坏，而被轧制齿轮则在开始出现裂纹以后，仍能经得起增加载荷作用。

(5) 采用圆形感应线圈进行预热、高频淬火后的切削齿轮，其破坏断面为不规则的粒状断面；被轧制齿轮是在开始破裂的部分出现粒状断面，此后则呈弧形的半光泽断面；同时被轧制齿轮与切削齿轮从开始出现裂纹之后，均能经得起增加载荷作用。

(6) 采用齿形感应线圈进行预热、高频淬火后的被轧制齿轮和切削齿轮，其破坏断面均是在开始破裂的部分出现粒状断面，其后则呈弧形的半光泽断面；从开始出现裂纹之后，均能经得起增加载荷作用。

(7) 经渗碳淬火后的被轧制齿轮和切削齿轮，其破坏断面均为不规则的粒状断面；从开始出现裂纹之后，也经得起增加载荷作用。

图 4-79 显示了经不同后续热处理后的齿轮静弯曲试验时所受载荷平均值。

由图 4-79 可知：

(1) 经整体淬火的被轧制齿轮和切削齿轮，其弹性极限与破坏应力均无显著差异；其中被轧制齿轮的弹性极限和破坏应力均比切削齿轮稍大。

(2) 经渗碳淬火的被轧制齿轮和切削齿轮，其试验结果与整体淬火的试验结果相同。

(3) 经高频淬火的被轧制齿轮和切削齿轮，其弹性极限与破坏应力差异较大；且被轧制齿轮的破坏应力比切削齿轮要大 10%～20%，其原因是被轧制齿轮的齿心部具有韧性，从而提高了破坏应力。

4.6.2.2 冲击弯曲试验

图 4-80 显示了经不同后续热处理后的齿轮冲击弯曲试验时所吸收能量的平均值。

由图 4-80 可知：在任何后续热处理条件下，被轧制齿轮所吸收的能量总比切削齿轮吸收的能量要大；整体淬火时，被轧制齿轮吸收的能量是切削齿轮的 1.3 倍左右；高频一次淬火时，被轧制齿轮吸收的能量是切削齿轮的 2.7 倍左右；采用预热、圆形感应线圈高频淬火时，被轧制齿轮吸收的能量是切削齿轮的 4.2 倍左右；采用预热、齿形感应线圈高频淬火时，被轧制齿轮吸收的能量是切削齿轮的 3.3 倍左右；渗碳淬火时，被轧制齿轮吸收的能量是切削齿轮的 1.4 倍左右。

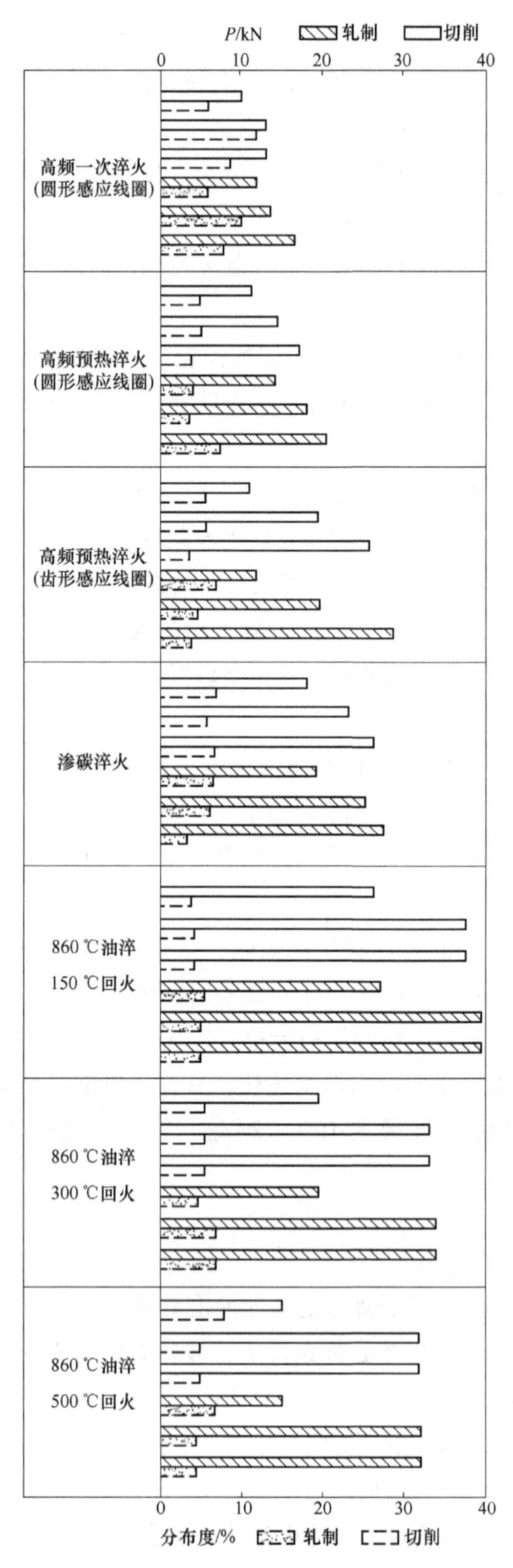

图 4-79 经不同后续热处理后的齿轮静弯曲试验时所受载荷平均值[8-9]

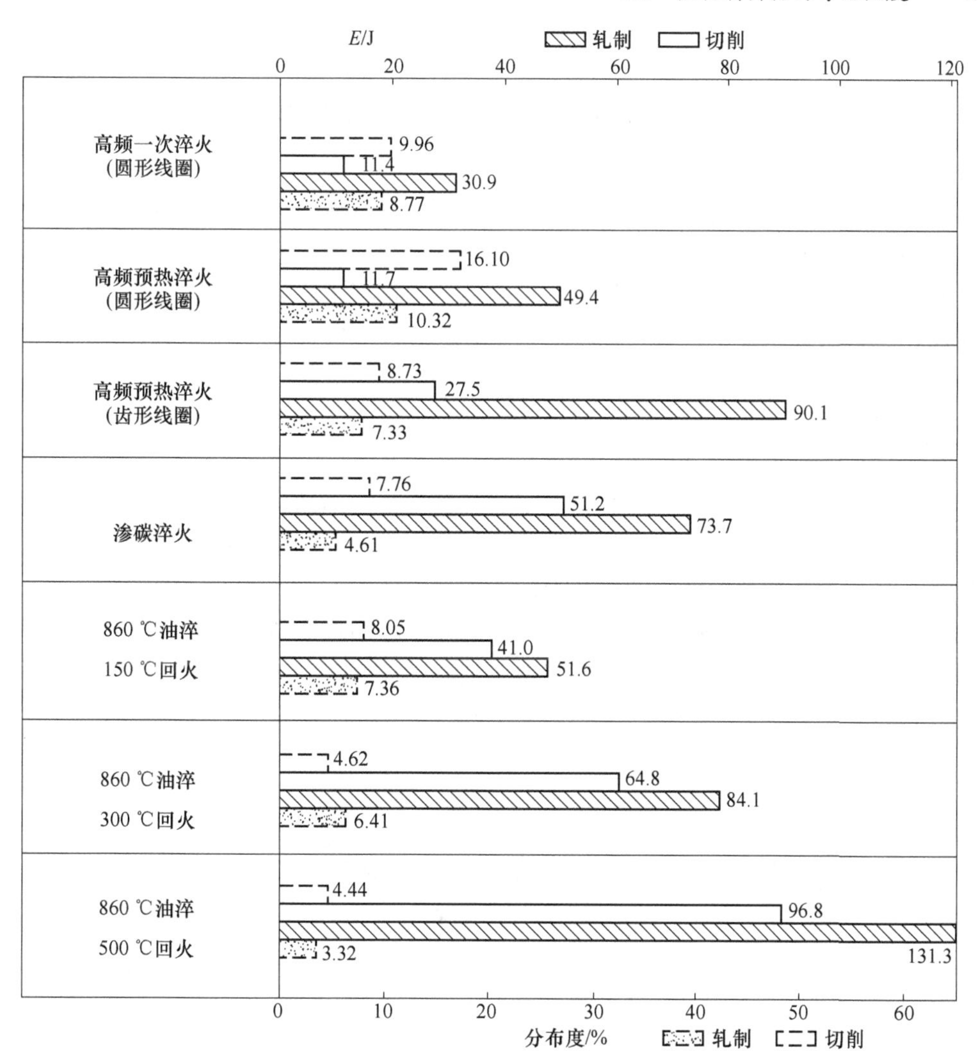

图 4-80 经不同后续热处理后的齿轮冲击弯曲试验时所吸收能量的平均值[8-9]

4.7 被轧制齿轮的后续精加工

热轧成形的被轧制齿轮，其精度为 JIS5 级左右；这种精度的被轧制齿轮可直接用于常规的机械装备，不需要再进行后续精加工[8-9]。

但是，对于汽车或飞机等机械传动所用的齿轮，都要求具有很高的精度，此时需要对被轧制齿轮进行后续精加工，其精加工工艺主要有剃齿和磨齿。

4.7.1 剃齿加工

用剃齿机对被轧制齿轮进行后续精加工时，其齿形表面的可切削性是一个关键问题。

由于齿坯的加热，热轧成形后的被轧制齿轮的齿面上会有一层氧化皮，同时其齿面的硬度较高，从而使其后续精加工的可切削性变差。

图 4-81 展示了碳素钢 S45C 齿坯在空气中高频感应加热到 900～1000 ℃热轧成形时的加热时间与被轧制齿轮表面产生氧化皮的厚度之间的关系。

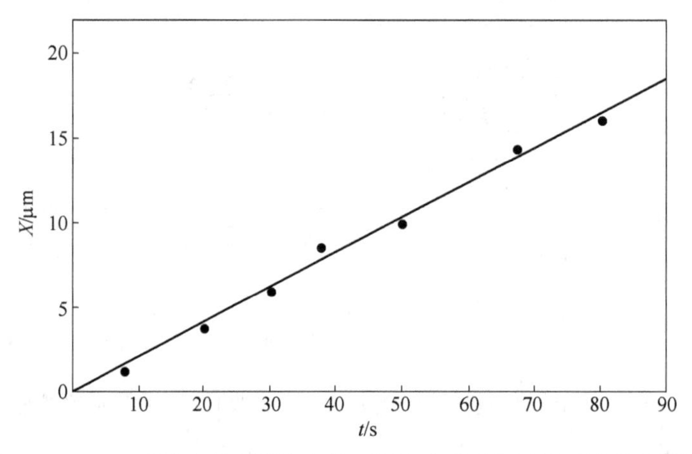

图 4-81　S45C 钢在加热过程中加热时间与氧化皮厚度之间的关系[8-9]

由图 4-81 可知，S45C 钢在加热过程中，其表面氧化皮的厚度随加热时间呈正比例增加；加热时间小于 90 s 时，表面氧化皮厚度与加热时间的关系大致如下：

$$X = 0.207t \times 10^{-3} \tag{4-85}$$

式中　X——氧化皮的厚度，mm；

　　　t——加热时间，s。

这种氧化皮并不存在于被轧制齿轮的整个齿表面上，而是仅残留在其部分齿面上；这是因为齿坯在预热时所产生的大部分氧化皮在随后的热轧成形过程中会被剥离。

齿坯的加热时间越长，则氧化皮的厚度也越厚；若将齿坯的加热时间控制在 25 s 以内，就能保证热轧成形的被轧制齿轮轮齿表面的氧化皮厚度在 5 μm 以下，这种厚度的氧化皮，在随后的精加工过程中很容易切削加工，对可切削性几乎没有影响。

图 4-82 展示了热轧成形的被轧制齿轮的轮齿硬度分布情况。

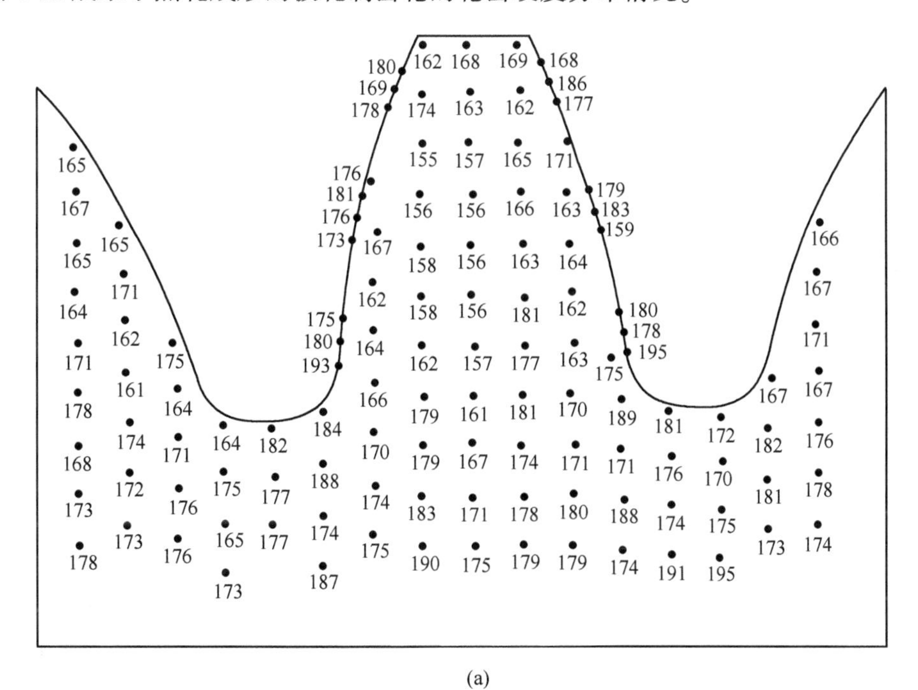

(a)

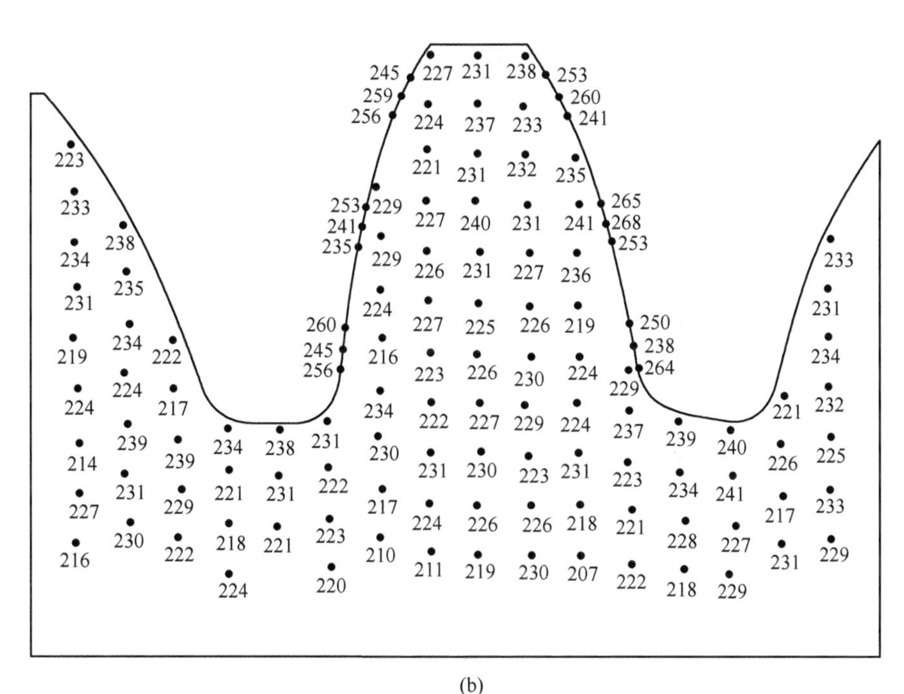

(b)

图 4-82 热轧成形的被轧制齿轮的轮齿硬度[8-9]

(m = 3.0 mm、α = 20°、Z_2 = 32 、直齿圆柱齿轮)

(a) 低碳钢齿坯［齿坯硬度(HV)为 140~150］;(b) 中碳钢齿坯［齿坯硬度(HV)为 180~190］

由图 4-82 可知，热轧成形的被轧制齿轮，其齿表面的硬度比齿坯硬度稍高，其硬度值与调质状态下的硬度值相当，因此采用剃齿加工作为其后续精加工工序是可行的。

如图 4-83 所示为热轧成形的被轧制齿轮剃齿加工前后的精度对比。

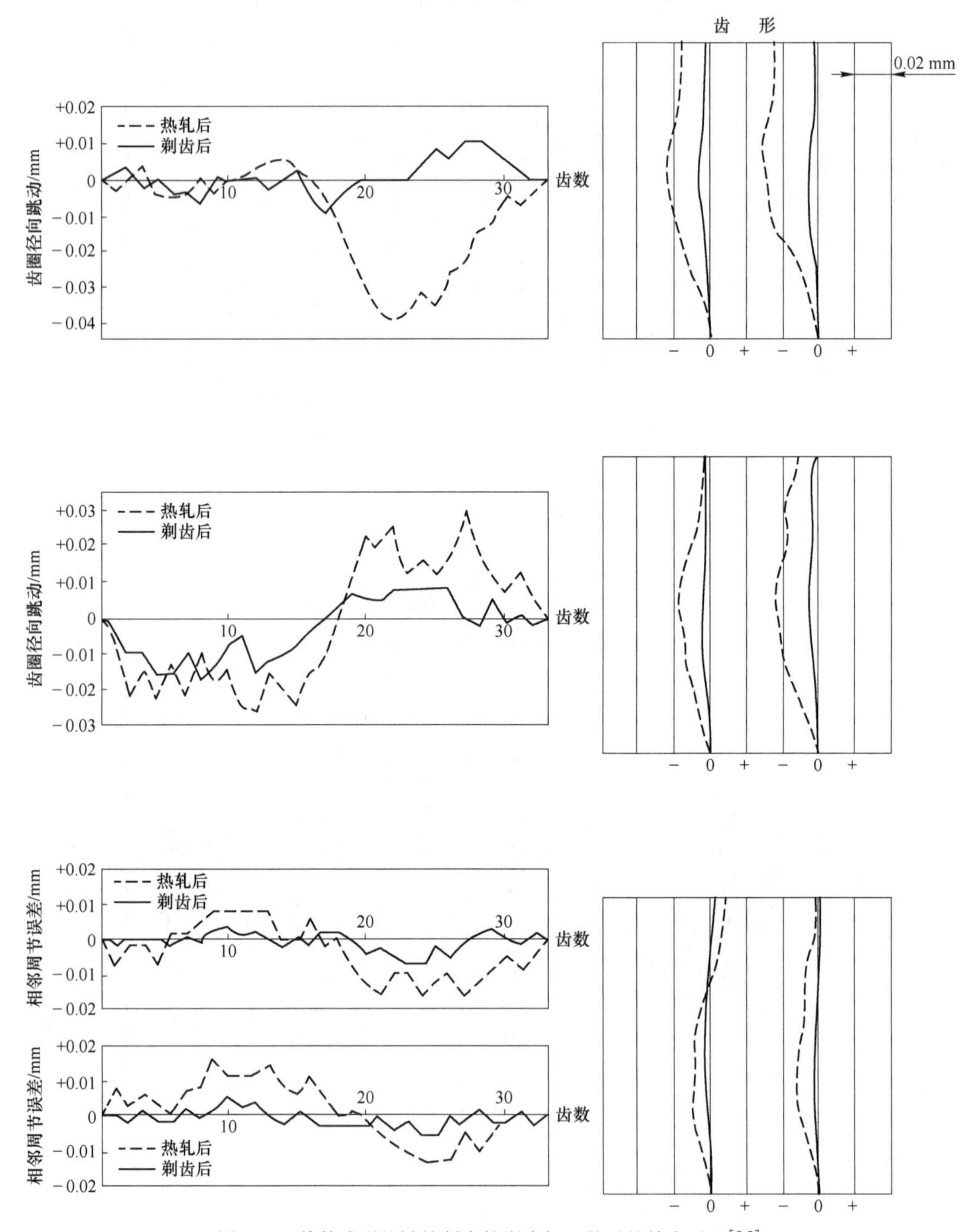

图 4-83 热轧成形的被轧制齿轮剃齿加工前后的精度对比[8-9]

（m = 3.0 mm、α = 20°、Z_2 = 32 、直齿圆柱齿轮）

由图4-83可知，热轧成形的被轧制齿轮，经后续剃齿精加工以后，其齿圈径向跳动、相邻周节误差和齿形精度均有所提高。

由此可知，对热轧成形的被轧制齿轮，采用剃齿工艺进行后续精加工是可行的，并能借助于剃齿加工来提高被轧制齿轮的精度。

4.7.2 磨齿加工

热轧成形的被轧制齿轮经后续淬火之后，用磨齿作为其后续精加工工序是可行的。

采用磨齿加工作为被轧制齿轮的后续精加工工艺时，由于在齿厚上预留有0.20 mm左右的磨削余量，所以即使热轧成形的被轧制齿轮达不到高精度齿轮的要求，仍可通过磨齿加工来完成其后续精加工；而且经过磨齿加工的被轧制齿轮精度要比采用其他精加工方法加工的被轧制齿轮精度高。

如图4-84所示为热轧成形的被轧制齿轮经高频淬火后再用赖斯霍尔齿轮磨床完成后续磨齿加工前后的精度对比。

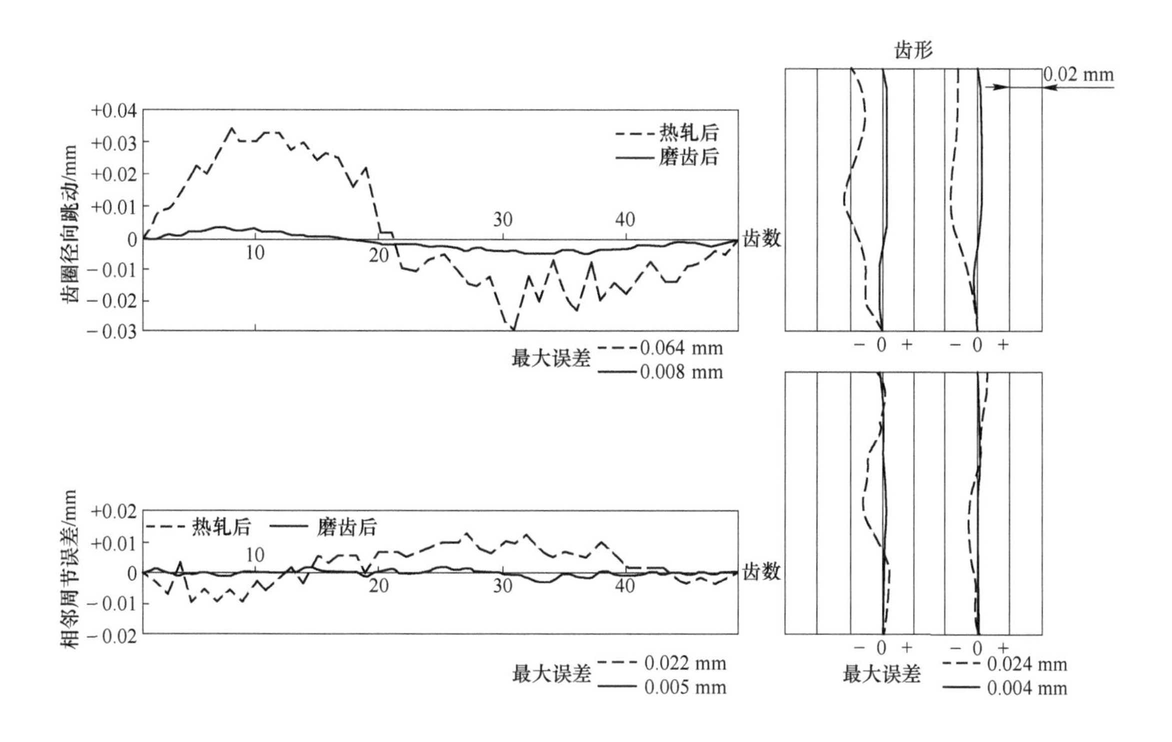

图4-84 热轧成形的被轧制齿轮经高频淬火及磨齿加工前后的精度对比[8-9]

由图4-84可知，热轧成形的被轧制齿轮经高频淬火后再经后续的磨齿加工，其齿圈径向跳动、相邻周节误差以及齿形精度都得到了提高；磨齿加工后的被轧制齿轮，其精度达到了JIS1级。

5

齿形零件的冷挤压成形

5.1 某植保机用计数轴的冷挤压成形

如图 5-1 所示为某植保机用计数轴的零件简图，其材质为 20CrMnTi 低碳低合金结构钢。

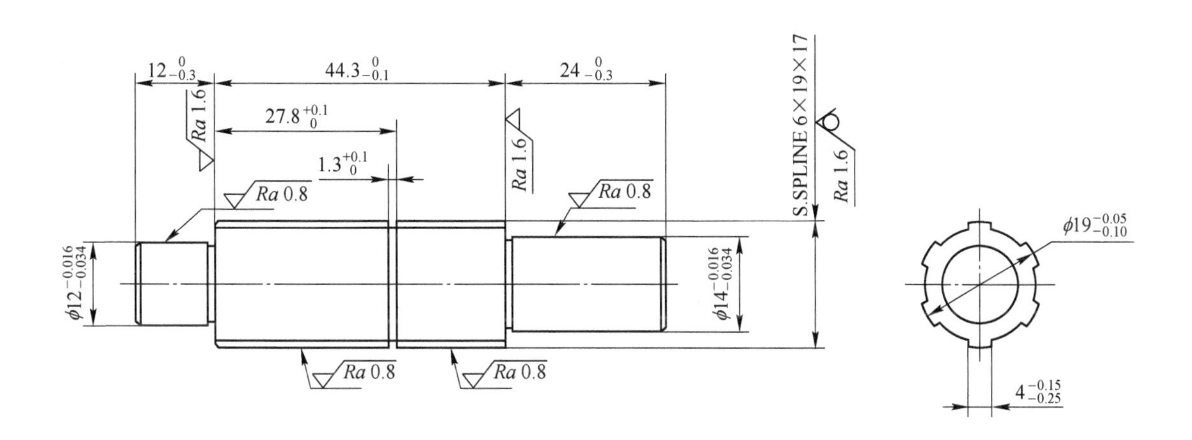

图 5-1 计数轴零件简图

对于这种具有矩形外花键的台阶轴类零件，可采用圆柱体坯料经正挤压成形方法进行生产[10-11]。如图 5-2 所示为计数轴的冷挤压件图。

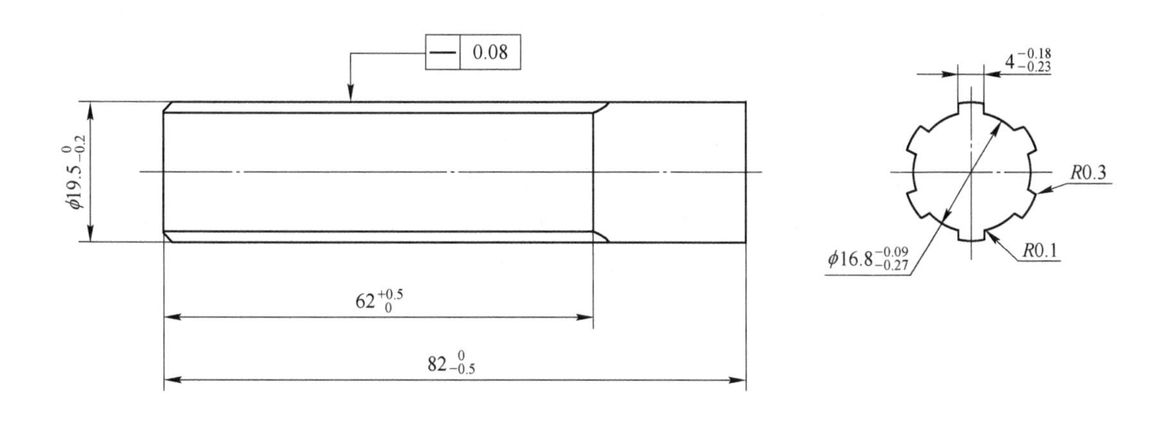

图 5-2 计数轴冷挤压件图

5.1.1　冷挤压成形工艺流程

（1）坯料的制备。首先在带锯床上将直径 ϕ20 mm 的 20CrMnTi 低碳低合金结构钢圆棒料锯切成长度为 73 mm 的下料件（如图 5-3 所示），然后将下料件在车床上车削加工两个端面后再在无心磨床上进行外圆磨削，制成如图 5-4 所示的坯料，保证端面、外圆的表面粗糙度在 *Ra* 3.2 μm 以下，并保证两端面与外形的垂直度在 0.10 mm 以内。

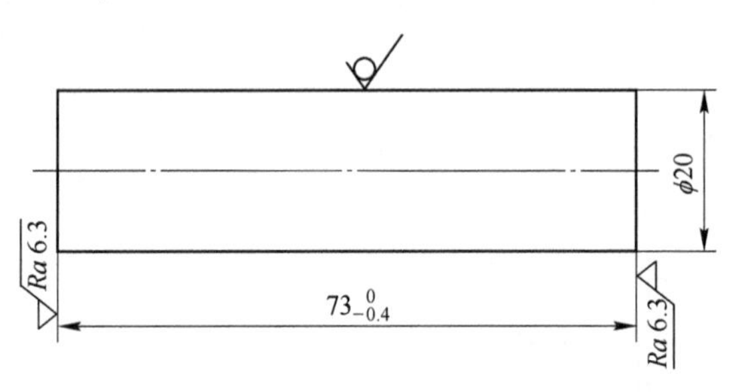

图 5-3　下料件的形状与尺寸

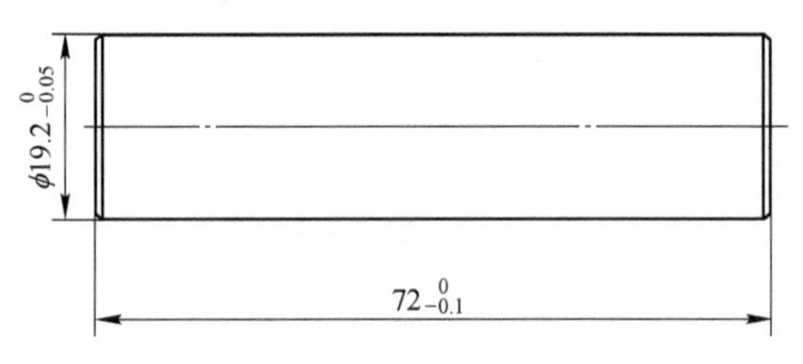

图 5-4　坯料的形状与尺寸

（2）坯料的光亮退火处理。将图 5-4 所示的坯料在大型井式光亮退火炉内进行软化退火处理，其退火工艺规范：加热温度为 860 ℃±20 ℃、保温时间为 240～280 min，炉冷；软化退火后的坯料硬度（HB）控制在 120～140。

（3）坯料的磷化处理。将光亮退火处理后的坯料在磷化生产线上进行磷化处理，使坯料表层覆盖一层致密的、多孔的磷酸盐膜。

（4）润滑处理。用 MoS_2 和少许机油作为润滑剂，将磷化处理后的坯料倒入盛有润滑剂的振荡容器中；当振荡容器振荡 5～8 min 后，MoS_2 就会进入坯料表面的多孔磷酸盐膜层中，使坯料的表面在随后的冷挤压成形过程中起到良好的润滑作用。

（5）冷挤压成形。将已经润滑处理的坯料置于冷挤压成形模具的凹模型腔中，随着冲头向下运动，将正挤压出如图 5-2 所示的冷挤压件。

5.1.2　冷挤压成形模具结构

如图 5-5 所示为计数轴冷挤压成形模具结构图。如图 5-6 所示为冷挤压成形模具中的关键零件图。表 5-1 列出了关键模具零件的材料牌号及热处理硬度。

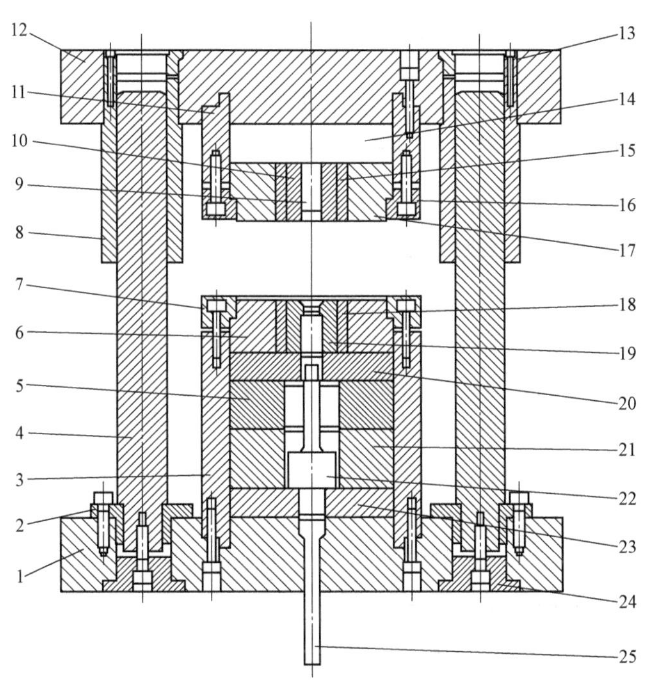

图 5-5 计数轴冷挤压成形模具结构图

1—下模板；2—导柱安装座；3—下模座；4—导柱；5—下模垫板；6—下模外套；7—下模压板；8—导套；9—上模芯块；10—上模芯；11—上模座；12—上模板；13—导套固定套；14—上模垫块；15—上模中套；16—上模压板；17—上模外套；18—下模中套；19—下模芯；20—下模垫块；21—下模衬垫；22—顶料杆；23—下模承载垫；24—导柱固定套；25—顶杆

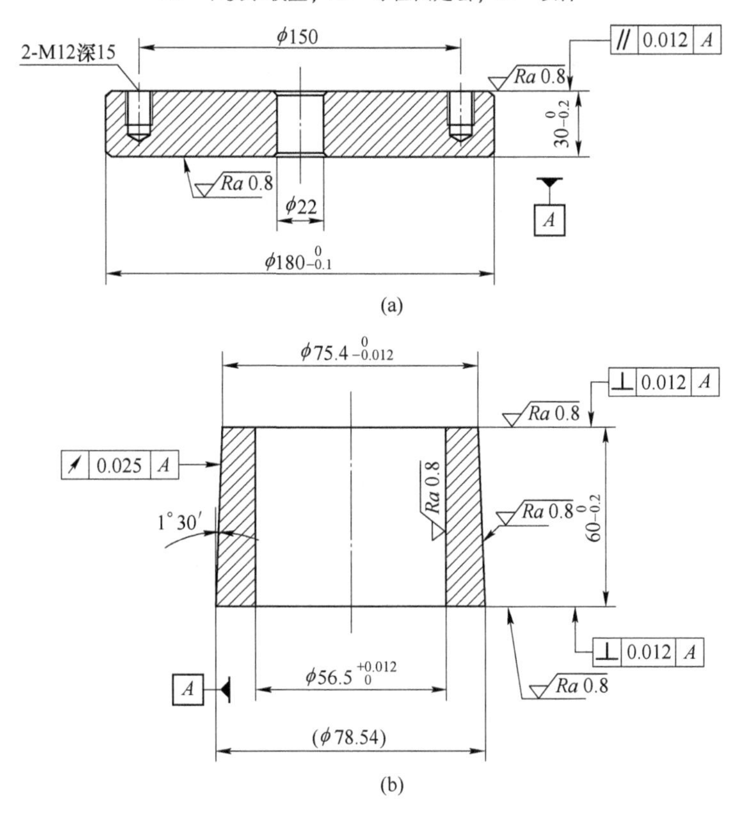

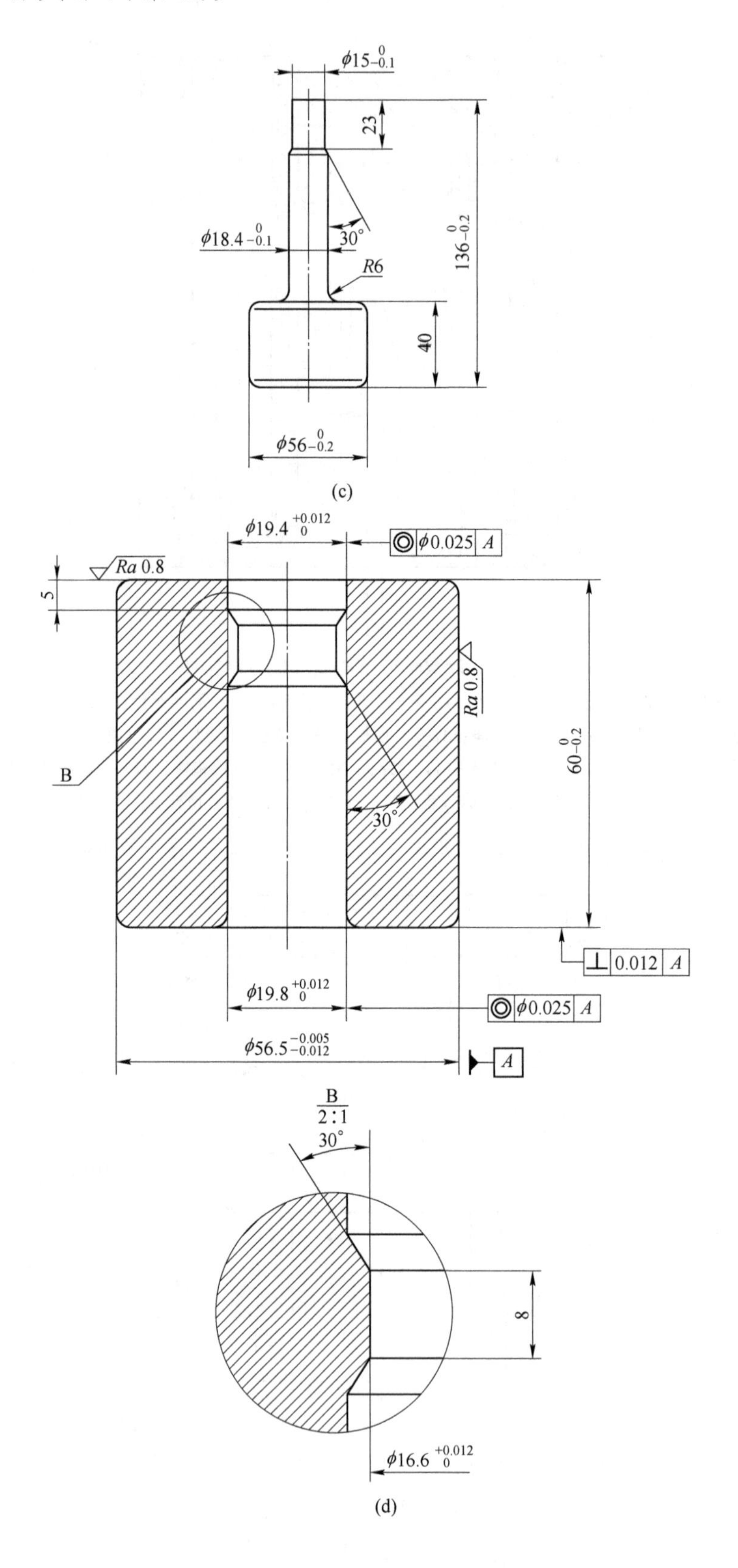

ϕ15 0 -0.1
23
136 0 -0.2
30°
ϕ18.4 0 -0.1
R6
40
ϕ56 0 -0.2
(c)
ϕ19.4 +0.012 0
ϕ0.025 A
Ra 0.8
5
Ra 0.8
60 0 -0.2
B
30°
0.012 A
ϕ19.8 +0.012 0
ϕ0.025 A
ϕ56.5 -0.005 -0.012
A
B
2:1
30°
8
ϕ16.6 +0.012 0
(d)

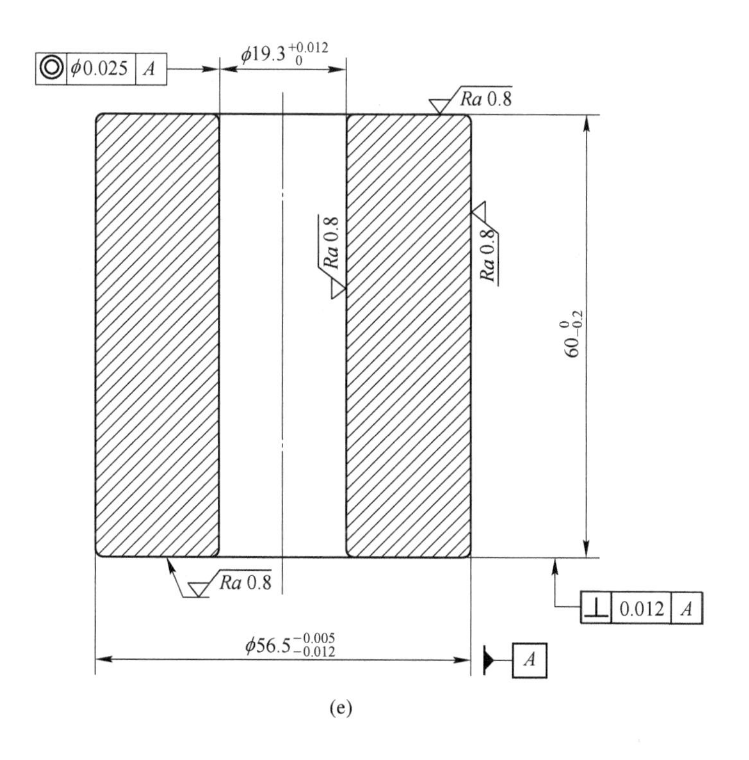

$\phi19.3^{+0.012}_{0}$
ϕ0.025 A
Ra 0.8
Ra 0.8
Ra 0.8
$60^{0}_{-0.2}$
Ra 0.8
0.012 A
$\phi56.5^{-0.005}_{-0.012}$
A

(e)

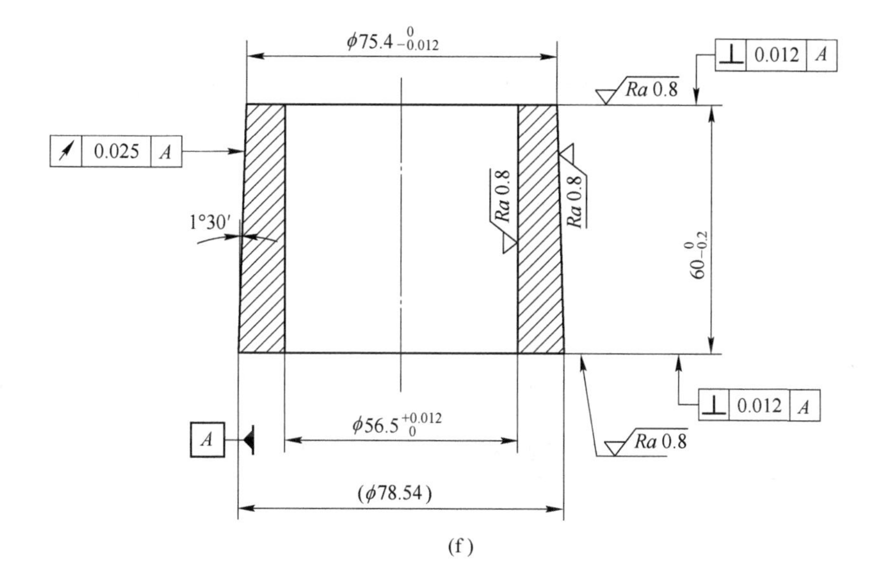

$\phi75.4^{0}_{-0.012}$
0.012 A
Ra 0.8
0.025 A
Ra 0.8
Ra 0.8
1°30′
$60^{0}_{-0.2}$
0.012 A
$\phi56.5^{+0.012}_{0}$
A
Ra 0.8
(ϕ78.54)

(f)

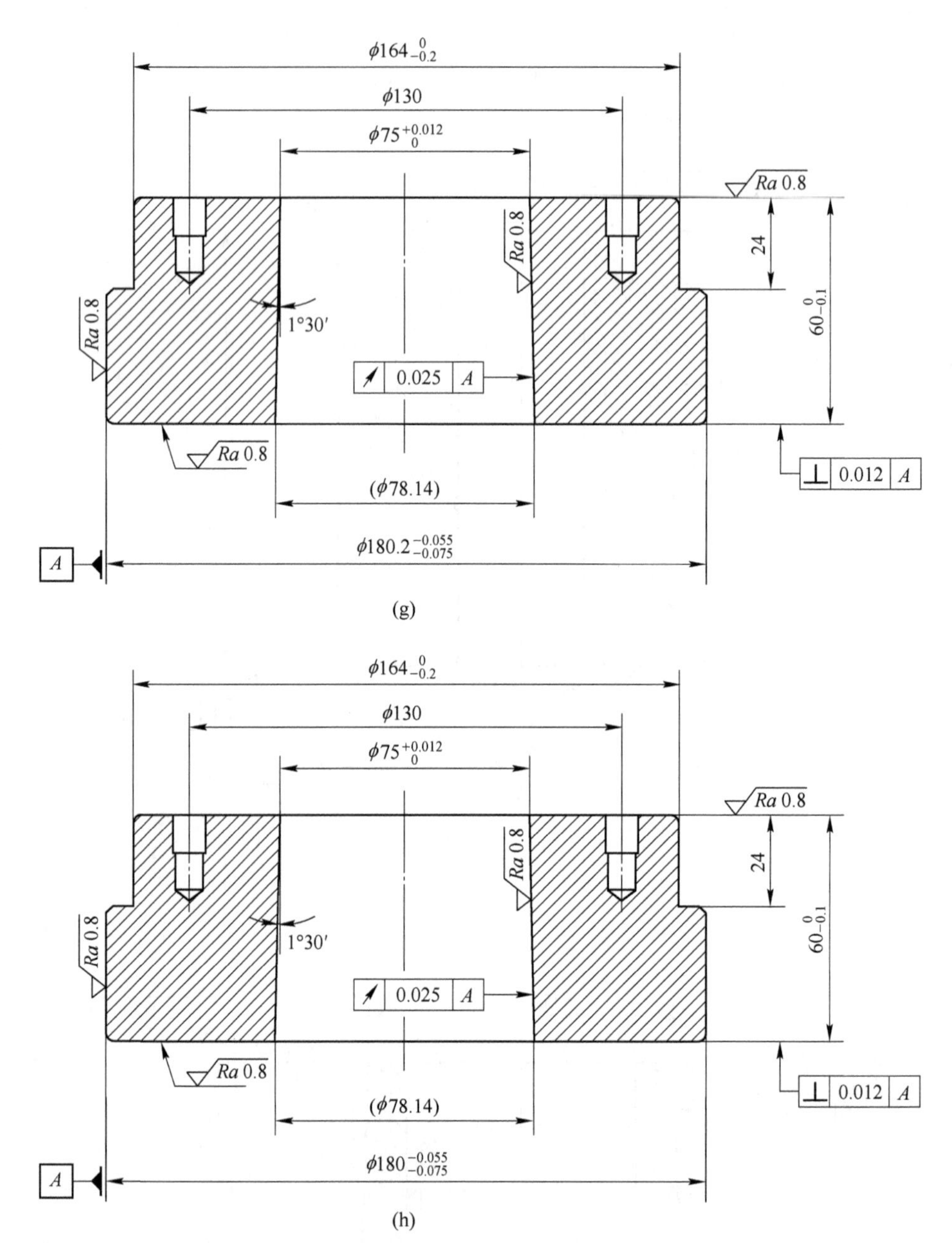

图 5-6　冷挤压成形模具中的关键零件图

（a）下模垫块；（b）下模中套；（c）顶料杆；（d）下模芯；（e）上模芯；
（f）上模中套；（g）下模外套；（h）上模外套

表 5-1　关键模具零件的材料牌号及热处理硬度

模具零件名称	材料牌号	热处理硬度（HRC）
上模芯	LD	56～60
上模外套	45	32～38
上模中套	H13	44～48

续表 5-1

模具零件名称	材料牌号	热处理硬度（HRC）
顶料杆	LD	56~60
下模垫块	H13	48~52
下模外套	45	32~38
下模中套	H13	44~48
下模芯	LD	56~60

5.2 某摩托车启动主动齿轮的冷挤压成形

对于具有锯齿状内齿的启动主动齿轮（如图 5-7 所示），为了提高材料的利用率以及产品的合格率，进一步提高生产效率，降低生产成本，满足大批量工业生产的需要，采用冷挤压成形方法加工其锯齿状内齿是较好的选择[12-14]。

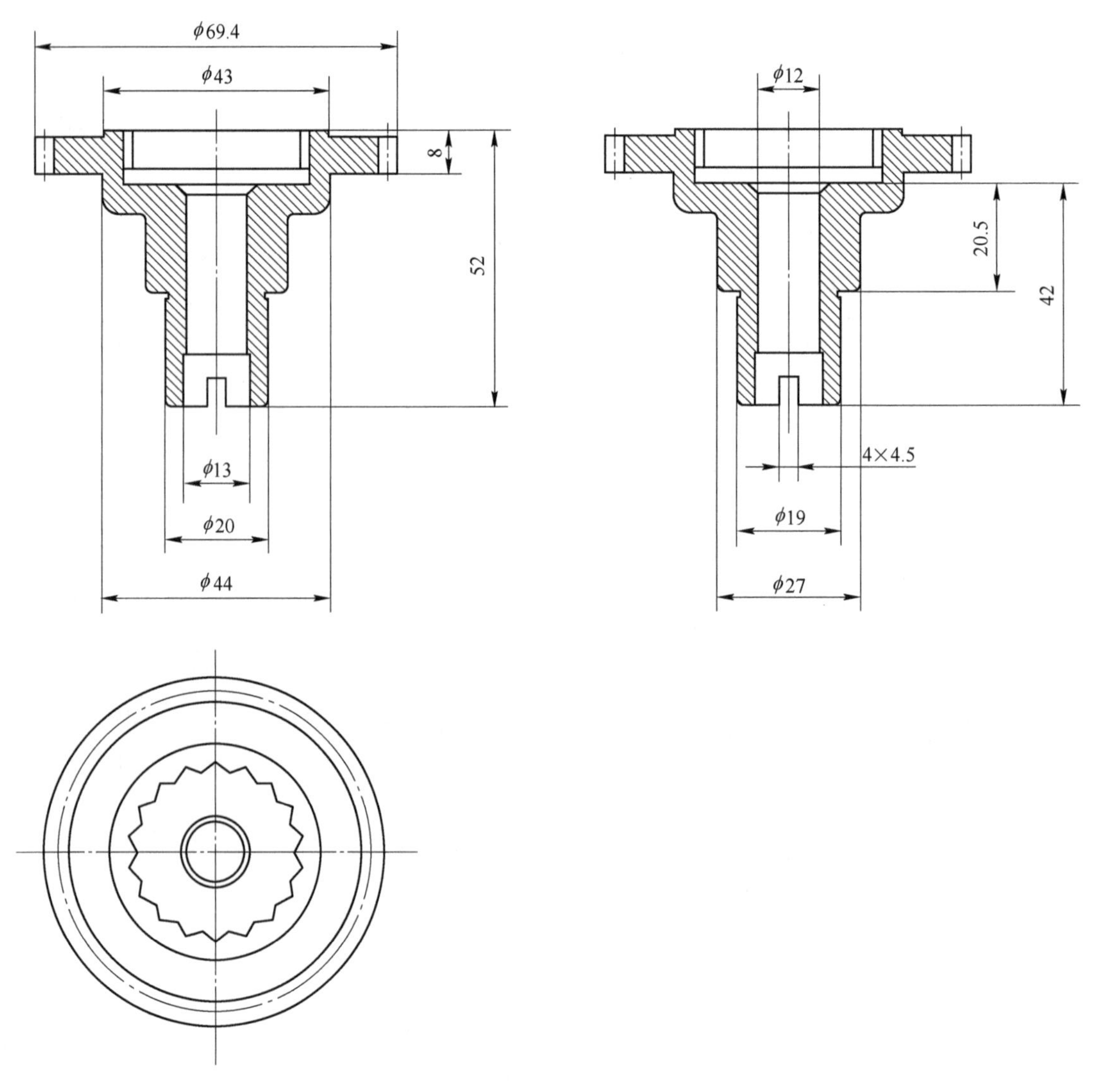

图 5-7　启动主动齿轮零件简图

5.2.1 冷挤压件图的制订

如图 5-7 所示的启动主动齿轮是某启动机构上的一个关键零件，材料为 20CrMo，渗碳淬火处理。它是一种典型的多台阶宽法兰轴类零件，其各截面变化较大、内齿为锯齿状齿形且精度要求较高、内齿齿顶圆角太小，挤压工艺性较差。

对于该锯齿状内齿，若坯料经过充分的软化退火处理，并选择高耐磨性、高强韧性的模具钢以及合适的热处理工艺来制作齿形冲头，是可以冷挤压成形的。

为了保证冷挤压成形工艺的顺利进行，冷挤压件图的制订至关重要。在制订冷挤压件图时应考虑如下因素：

(1) 对于 ϕ44 mm 和 ϕ27 mm 两部分，由于没有尺寸公差要求，可以用冷挤压直接成形，不留加工余量。

(2) 对于内孔 ϕ12 mm 及 ϕ13 mm 部分，由于精度要求高，孔径较小、孔高径比较大(高径比 H/D>3.0)，冷挤压成形十分困难；因此内孔 ϕ12 mm 和 ϕ13 mm 部分只能做成实心的，待冷挤压后再进行后续切削加工。

(3) 对于 ϕ20 mm 以及 ϕ19 mm 部分，由于 ϕ20 mm 部分的尺寸精度要求高，因此该部分应留后续机加工余量；同时为了便于金属流动，减少挤压变形力，在 ϕ27 mm 和 ϕ20 mm 两截面的过渡部分应采用光滑的斜面过渡。

(4) 对于小端面上的小槽 (4×4.5 mm) 部分，冷挤压加工极其困难，只能在后续机加工过程中铣出。

基于以上考虑，启动主动齿轮的冷挤压件图如图 5-8 所示。

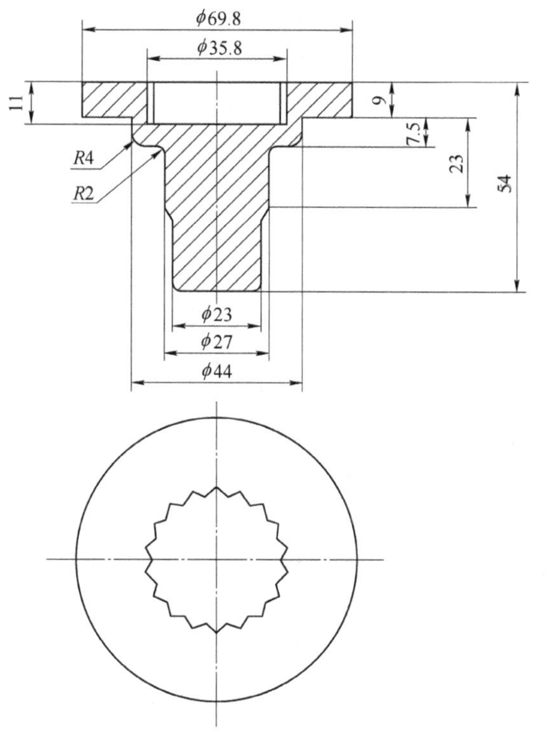

图 5-8 启动主动齿轮冷挤压件图

5.2.2 冷挤压成形过程中的几个关键问题

5.2.2.1 坯料形状、尺寸的合理确定

坯料的形状及尺寸对于启动主动齿轮的冷挤压成形至关重要。它不仅影响冷挤压件的充填性能和内齿齿形质量，而且对冷挤压模具（特别是具有锯齿状的冲头）的使用寿命也有较大影响。根据图 5-8 所示启动主动齿轮冷挤压件的形状特点，对如图 5-9 所示的 4 种坯料进行了试验。

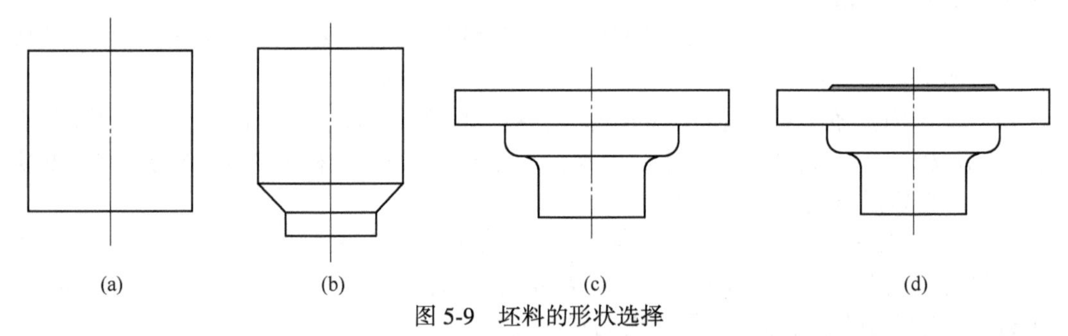

图 5-9 坯料的形状选择

（a）圆柱体坯料；（b）带台阶的圆柱体坯料；（c）带法兰的圆柱台阶坯料；（d）法兰有凸台的圆柱台阶坯料

A 圆柱体坯料

对于如图 5-9（a）所示的坯料，靠坯料的外径 ϕ44 mm 定位。在冷挤压成形过程中，随着齿形冲头的逐渐压入，金属主要沿轴向流动，以复合挤压方式形成锯齿形内齿部分的同时形成 ϕ27. 5 mm 和 ϕ23. 5 mm 两部分；当齿形冲头的齿形部分完全压入时，锯齿形内齿完全成形，ϕ27. 5 mm部分也已经完全充填，但由于受 ϕ23. 5 mm 和 ϕ27. 5 mm 两截面之间的斜面影响，金属流动阻力增大，金属的轴向流动受到限制，因此 ϕ23. 5 mm 部分仅有一小部分成形。随着冲头的进一步压入，由于 ϕ27. 5 mm 和 ϕ23. 5 mm 两部分已经成形，金属主要沿径向流动，以镦粗方式形成 ϕ69. 8 mm 大法兰部分；由于内齿已经完全成形，此镦粗过程相当于环形件的镦粗，其内齿部分尺寸要扩大；当径向流动的金属与挤压凹模内壁完全接触以后，随着冲头的继续压入，ϕ69. 8 mm 部分得到完全充填，而已经扩大的内齿又被压缩到原来的尺寸；由于内齿的扩大与压缩，在内齿的中部将形成一折叠。因此，采用这种坯料成形时，除 ϕ23. 5 mm 部分充填不满外，其余部分都能完全成形；但是其内齿部分始终有折叠存在，这种折叠缺陷在后续机械加工中不能完全消除，该冷锻件如图 5-10（a）所示；同时由于金属流动剧烈，变形程度大，凹凸模的接触面积较大，因此变形力很大，需要 500 t 以上的大吨位液压机才能成形，冲头寿命仅有 1500 件左右。

B 带台阶的圆柱体坯料

对于如图 5-9（b）所示的坯料，靠坯料的外径 ϕ44 mm 定位。其成形过程如下：刚开始成形时，金属主要沿轴向流动，以复合挤压方式形成 ϕ27. 5 mm 和 ϕ23. 5 mm 两部分以

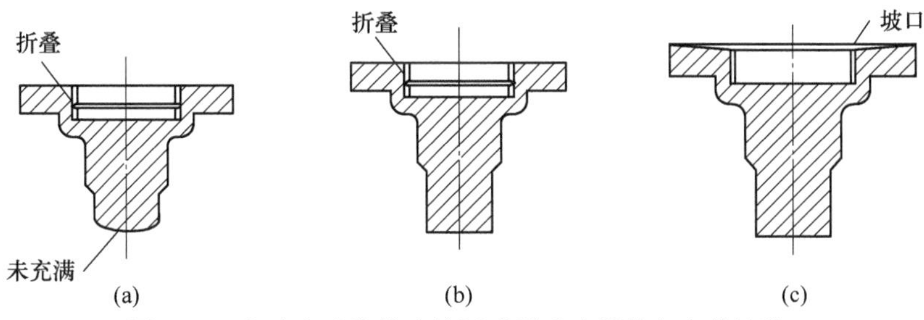

图 5-10　启动主动齿轮冷挤压成形后冷锻件存在的缺陷

（a）内腔有折叠、杆端未充满的冷锻件；（b）内腔有折叠的冷锻件；

（c）法兰盘上端面有坡口的冷锻件

及锯齿形内齿部分；当齿形冲头的齿形部分完全压入时，锯齿形内齿完全成形，ϕ27.5 mm部分也已经完全充填，且由于坯料上有 ϕ23.5 mm 的预制部分，因此 ϕ23.5 mm 部分也能完全充填。随着变形的继续进行，由于 ϕ27.5 mm 和 ϕ23.5 mm 两部分已经完全成形，金属只能沿径向流动，以镦粗方式形成 ϕ69.8 mm 大法兰部分；以后的挤压变形情况与图 5-9（a）坯料相同，冲头寿命仍然较低，成形状况如图 5-10（b）所示。

C　带法兰的圆柱台阶坯料

采用图 5-9（c）所示的坯料成形时，靠坯料的法兰外径 ϕ69.8 mm 定位。在冷挤压成形过程中，金属主要沿轴向流动，以复合挤压方式形成锯齿状内齿和 ϕ23.5 mm 部分；当齿形冲头完全压入时，锯齿形内齿和 ϕ23.5 mm 部分都能完全成形。由于坯料上已经预制有 ϕ69.8 mm 部分，此成形过程不存在镦粗变形，因此凹凸模的接触面积大幅度减少，变形力也大幅度降低，只需要 250 t 的液压机就能够成形；同时由于金属流动均匀、变形程度小，变形力小，因此模具寿命特别是冲头寿命大幅度提高。采用这种坯料成形时，可以得到充填饱满的冷挤压件，但其上端面的坡口较大，如图 5-10（c）所示。

D　法兰有凸台的圆柱台阶坯料

采用图 5-9（d）所示的坯料成形时，不仅能够得到充填饱满的冷挤压件，而且该冷挤压件无任何缺陷存在。

试验结果表明，如图 5-9（d）所示的坯料是冷挤压成形启动主动齿轮的适宜坯料。该坯料的具体形状与尺寸如图 5-11 所示。

5.2.2.2　坯料的前处理

（1）退火软化处理。为了减少挤压变形抗力，必须对车加工后的坯料进行退火软化处理，使其硬度（HB）控制在 125~145；为防止坯料氧化脱碳，将坯料装在具有内外盖的铁箱内，用砂子和铸铁屑密封后装入箱式电阻炉内进行退火；其退火加热温度为 820 ℃±10 ℃，保温时间为 6~8 h，随炉冷至 500 ℃后空冷。

（2）表面润滑处理。对坯料进行良好的润滑处理是获得表面质量良好、成形容易、充填饱满以及内齿轮光洁度高的冷挤压件所必须的。采用磷化、皂化处理工艺对坯料进行表面处理，处理过程如下：坯料在酸洗槽内进行酸洗→流动的冷水槽内清洗→具有碳酸钠

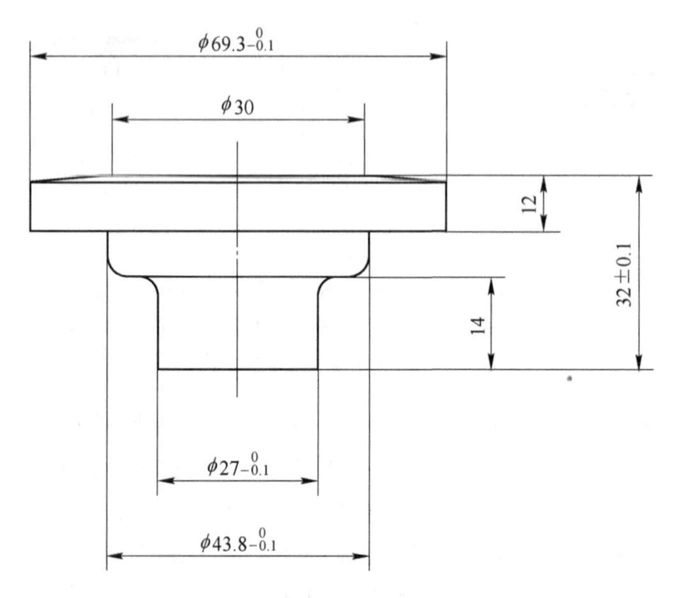

图 5-11　坯料的具体形状与尺寸

溶液的中和槽内进行中和处理→流动的冷水槽内清洗→具有磷化液的磷化槽内进行磷化处理→流动的热水槽内进行清洗→具有溶融肥皂的皂化槽内进行皂化处理。同时在坯料冷挤压成形过程中，涂二硫化钼（MoS_2）于冲头工作部分，保证冷挤压内齿轮的尺寸精度和表面光洁度。

5.2.3　冷挤压成形模具的设计

5.2.3.1　冷挤压成形模具总体结构的合理设计

冷挤压成形模具总体结构合理与否，直接影响冷挤压件的充填质量和模具的使用寿命。启动主动齿轮的冷挤压成形模具结构如图 5-12 所示，是一种下模可调式通用模架结构，能快速、方便地更换组合凹模、冲头、顶杆等零部件，同时还可以快速、精确地调节冲头和凹模芯的同轴度。

它具有如下特性：

（1）便于冲头的加工。采用预应力组合冲头结构，如图 5-13 所示，冲头 3 与带内齿形的冲头紧固套 2 之间采用热压配，压配过盈量为 0.15～0.2 mm。这种冲头结构使冲头制造容易、加工方便，冲头更换也方便，缩短了生产周期，降低了制造成本；而且还消除了模具尖角的应力集中，使模具承载条件得到改善，从而提高了冲头的使用寿命。

（2）提高凹模芯的承载能力。采用预应力组合凹模结构，如图 5-14 所示。凹模芯 2与凹模外套 1 之间采用 1.5°的锥度冷压配，其压配过盈量为 0.25～0.3 mm，既增强了凹模芯的强度又缩小了凹模外套的尺寸，从而提高了模具寿命，降低了模具材料消耗。

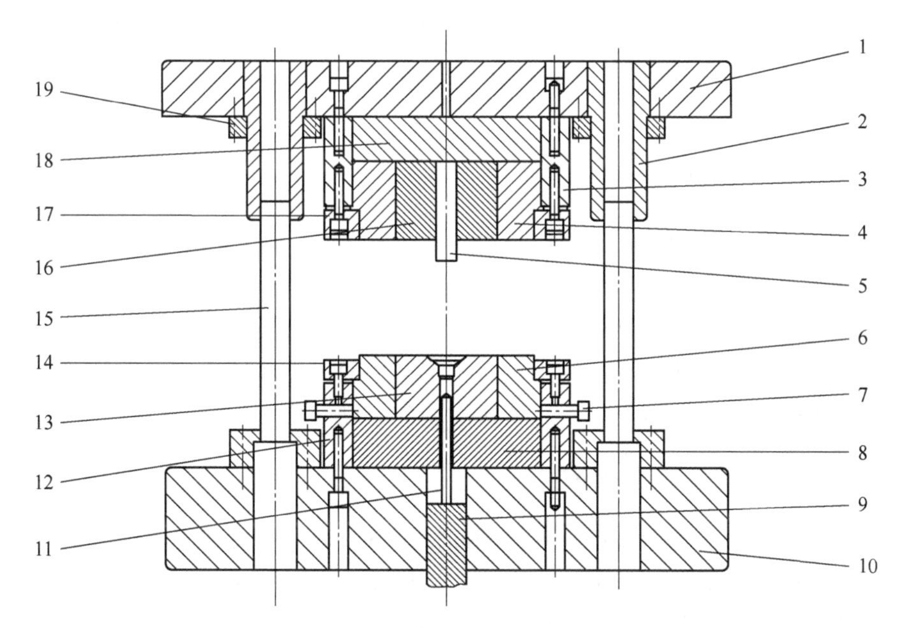

图 5-12 启动主动齿轮冷挤压成形模具结构图

1—上模板；2—导套；3—上模座；4—上模外套；5—冲头；6—凹模外套；7—调节螺钉；8—下模承载垫；9—下顶杆；10—下模板；11—顶料杆；12—下模座；13—凹模芯；14—凹模压板；15—导柱；16—冲头紧固套；17—上模压板；18—上模承载垫；19—导套固定板

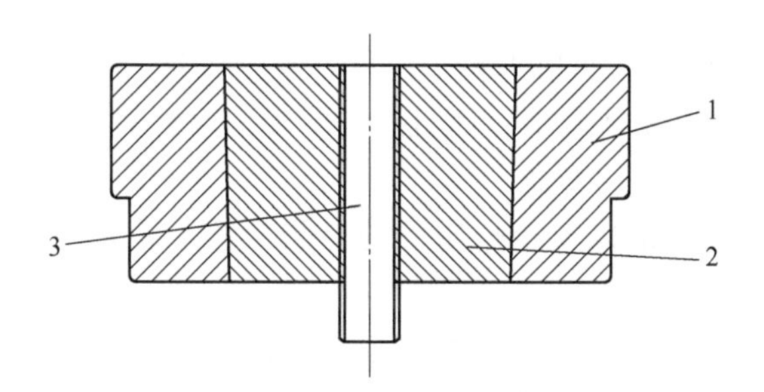

图 5-13 预应力组合冲头结构示意图

1—上模外套；2—冲头紧固套；3—冲头

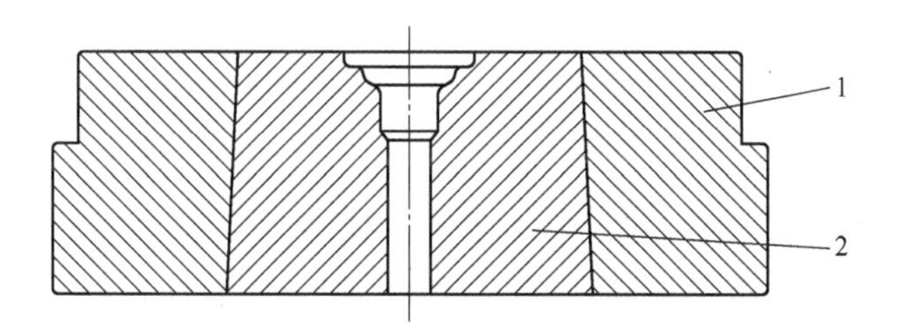

图 5-14 预应力组合凹模结构示意图

1—凹模外套；2—凹模芯

（3）保证冷挤压件的内齿与外径的同轴度符合要求。为了保证冷挤压过程中冲头与凹模芯的同轴度在 0. 10 mm 以内，在下模座上设计了 4 个对称分布的调节螺钉。它可以在 x 轴和 y 轴方向上调节凹模芯的位置，可以方便地调节冲头和凹模芯之间的同轴度。

5. 2. 3. 2　刚性限位器的使用

该冷挤压工艺是在 YX32-315 型四柱液压机上进行的。为了精确控制压力机的滑块行程，保证冷挤压内齿轮的深度稳定性，在模架两旁的工作台上各安装一个可以调节高度的刚性限位器；同时为了防止在挤压过程中的不确定因素所造成的压力过大对模具寿命特别是对具有齿形冲头的模具使用寿命的影响，本工艺中通过控制压力值来控制压力机的滑块行程，即挤压力达到某一给定值后，压力机滑块就自动回程。

5. 2. 3. 3　上、下模具的“对中”

为了保证冷挤压成形的内齿形与外径的同轴度符合要求，应首先将预应力组合冲头紧固，保证冲头的位置不动；然后再调整安放在下模座上的调节螺钉的长度，以调整凹模芯的位置，保证冲头与凹模芯之间的同轴度在要求的范围内。

5. 2. 4　冲头的结构设计与加工质量

5. 2. 4. 1　设计原则

（1）冲头的加工经济性。设计的冲头不仅要容易制造、加工方便，而且要求更换方便，以缩短生产周期、降低制造成本；而且还应尽量消除冲头尖角部分的应力集中，使承载条件得到改善，从而提高使用寿命。

（2）考虑材料的弹性变形以及冷挤压件的热胀冷缩。冲头工作部分的齿形角度及尺寸应进行适当的修正。

（3）控制内齿形的锥度。为了保证冷挤压的内齿轮上、下锥度控制在误差许可范围内，将冲头朝挤压方向带一后角以避免先成形的内齿轮变大的趋势。

（4）防止冲头纵向开裂。冲头工作端面设计成 176°的锥面，从而使冲头在冷挤压过程中不仅承受轴向力作用，还承受径向力作用；这种径向力可以有效防止冲头的纵向开裂。

（5）便于更换。

5. 2. 4. 2　冲头材料的选择及热处理

冲头的使用寿命除了与冲头的结构有关外，还与冲头的材料及热处理方法有关。对于冷挤压的冲头，除了要求具有高强度、高硬度和高耐磨性以外，还需要有足够的韧性，以保证冲头既具有较高的刚度、小的弹性变形，冲头工作部分的齿形还不容易断裂。

常用的高碳高铬冷作模具钢如 Cr12、Cr12MoV 等，当其热处理硬度（HRC）达到 60

左右时具有高强度、高硬度和高耐磨性，但其韧性很差。采用这类模具材料制造的冲头，其使用寿命一般在1000~1500件。

W6Mo5Cr4V2高速钢是一种钨含量较少的高速钢，其碳化物颗粒细小、分布较均匀，当其热处理硬度（HRC）达到60左右时不仅具有高强度、高硬度和高耐磨性，还具有良好的韧性，完全能够满足冲头的工作需要。采用这类模具材料制造的冲头，其使用寿命一般在3000~5000件。

本工艺采用的冲头如图5-15所示，冲头材料选用W6Mo5Cr4V2。

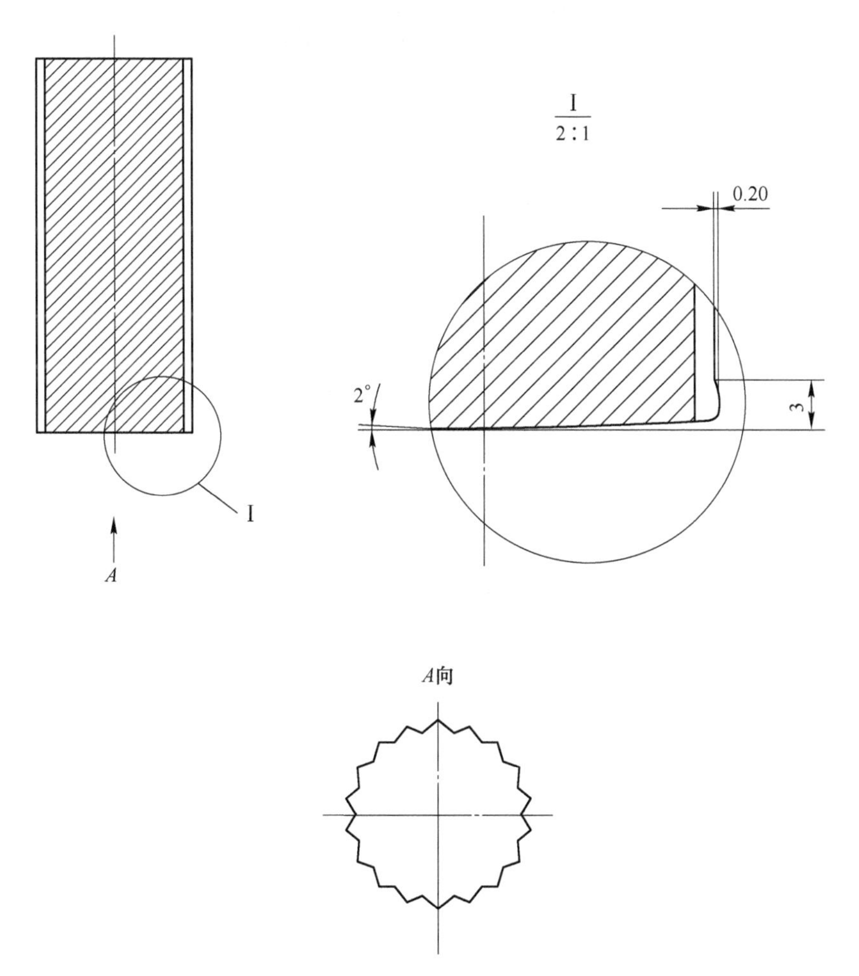

图5-15 冲头工作部位的形状

5.2.4.3 冲头的加工工艺过程

其制造过程如下：原材料改锻→球化退火→粗加工→热处理→平磨→线切割→精加工→研抛→去应力退火。

如图5-16所示为实际批量生产过程中的启动主动齿轮冷挤压件实物。

图 5-16　启动主动齿轮冷挤压件实物

5.3 某重型汽车传动系统用空心轴的冷挤压成形

如图 5-17 所示为某重型汽车传动系统用空心轴的零件简图，其材质为 42CrMo 中碳低合金结构钢。对于这种具有梯形外花键的管体类零件，可采用圆筒形坯料经冷正挤压成形方法进行生产[15-16]。如图 5-18 所示为空心轴的冷挤压件图。

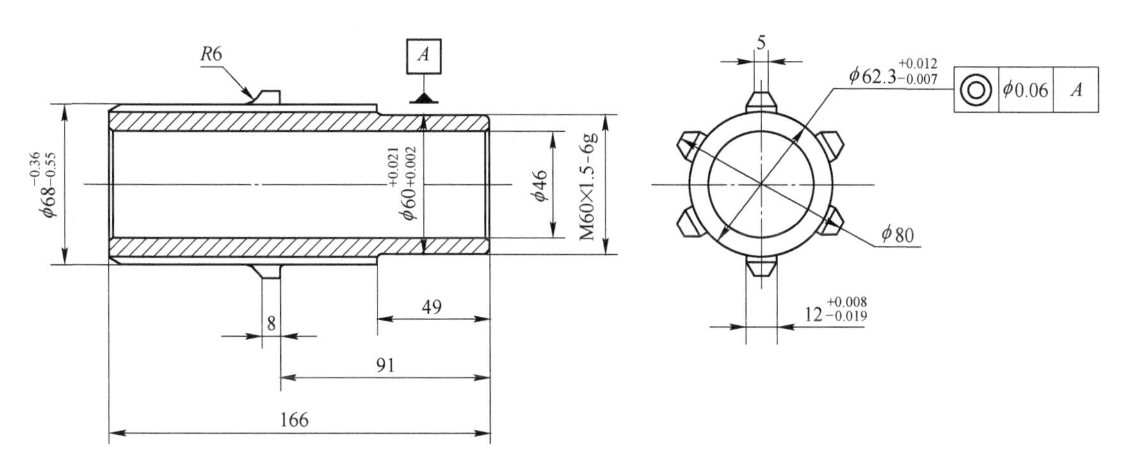

图 5-17　空心轴的零件简图

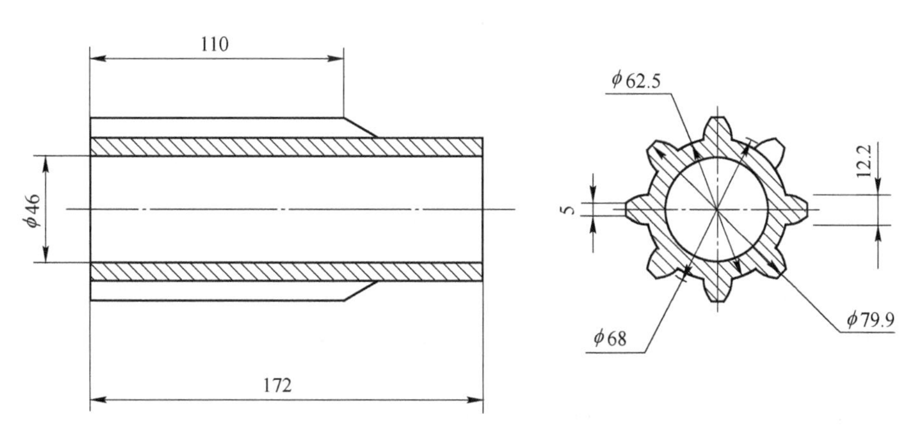

图 5-18　空心轴的冷挤压件图

5.3.1 冷挤压成形工艺流程

（1）坯料的制备。首先在带锯床上将外径 $\phi 80$ mm、壁厚 17 mm 的 42CrMo 中碳低合金结构钢厚壁无缝钢管锯切成长度为 155 mm 的下料件（如图 5-19 所示），再将下料件在车床上车削加工成如图 5-20 所示的坯料。

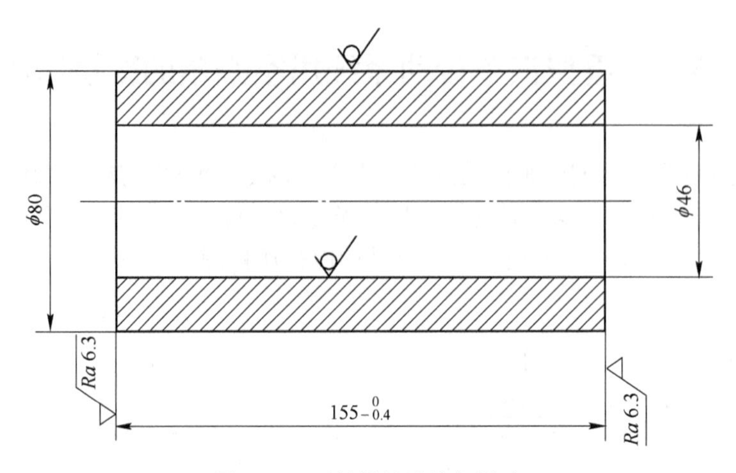

图 5-19　下料件的形状与尺寸

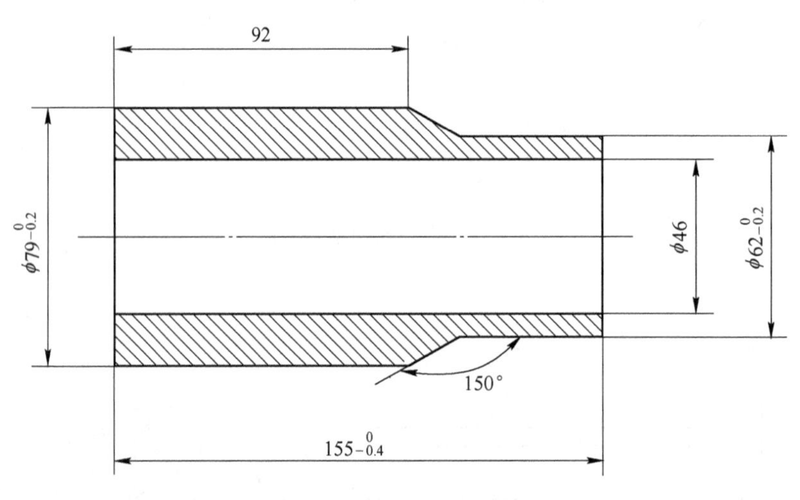

图 5-20　坯料的形状与尺寸

（2）坯料的光亮退火处理。将如图 5-20 所示的坯料在大型井式光亮退火炉内进行软化退火处理，其退火工艺规范：加热温度为 820 ℃±20 ℃、保温时间为 120~180 min，炉冷；软化退火后的坯料硬度（HB）控制在 140~180。

（3）坯料的磷化处理。将已经光亮退火处理的坯料在磷化生产线上进行磷化处理，使坯料表层覆盖一层致密的、多孔的磷酸盐膜。

（4）润滑处理。用 MoS_2 和少许机油作为润滑剂，将磷化后的坯料倒入盛有润滑剂的振荡容器中；当振荡容器振荡 5~8 min 后，MoS_2 就会进入坯料表面的多孔磷酸盐膜层中，使坯料的表面在随后的冷挤压成形过程中起到良好的润滑作用。

（5）冷挤压成形。将已经润滑处理的坯料置于冷挤压成形模具的凹模型腔中，随着冲头向下运动，将反挤压出如图 5-18 所示的冷挤压件。

如图 5-21 所示为空心轴的冷挤压件实物。

图 5-21　空心轴的冷挤压件实物

5.3.2　空心轴冷挤压成形模具结构

如图 5-22 所示为空心轴冷挤压成形模具结构图。如图 5-23 所示为该冷挤压成形模具中的各个零件图。表 5-2 列出了各个模具零件的材料牌号及热处理硬度。

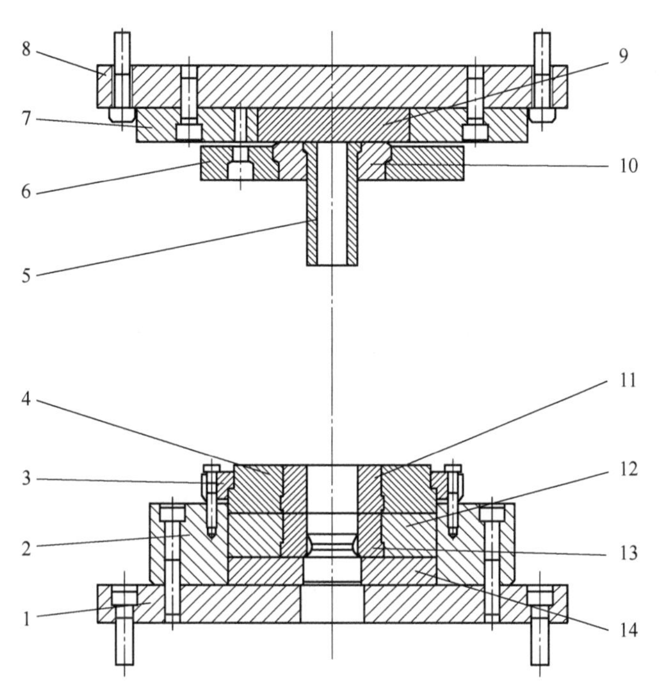

图 5-22　空心轴冷挤压成形模具结构图

1—下模板；2—下模座；3—下模压板；4—上凹模外套；5—冲套；6—上模压板；7—上模垫套；8—上模板；9—上模承载垫；10—冲套固定套；11—上凹模芯；12—下凹模外套；13—下凹模芯；14—下模承载垫

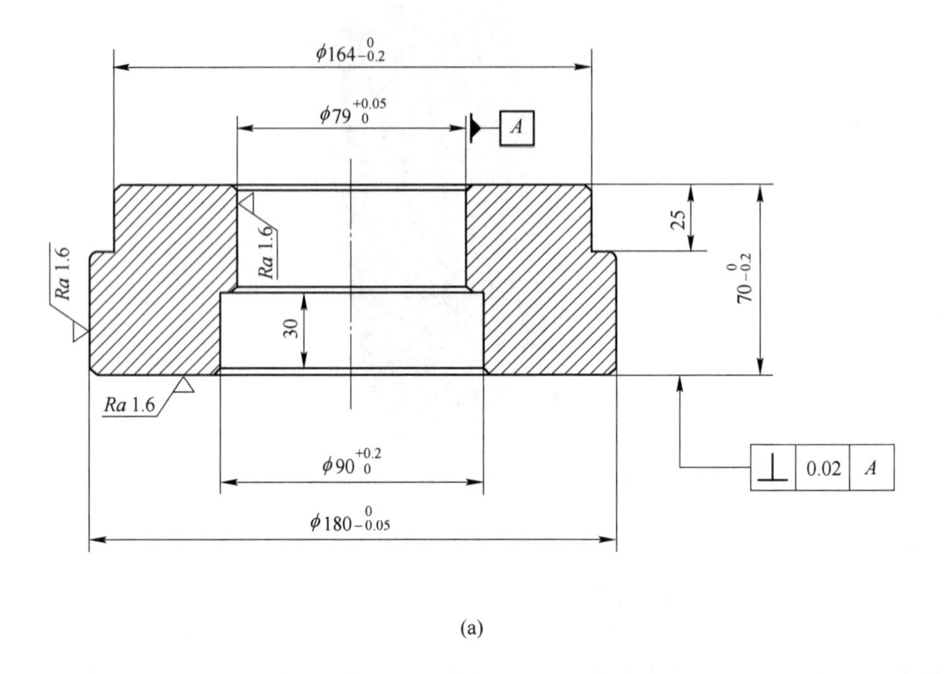
ϕ164 0 −0.2
ϕ79 +0.05 0
A
25
70 0 −0.2
Ra 1.6
Ra 1.6
30
Ra 1.6
ϕ90 +0.2 0
0.02
A
ϕ180 0 −0.05

(a)

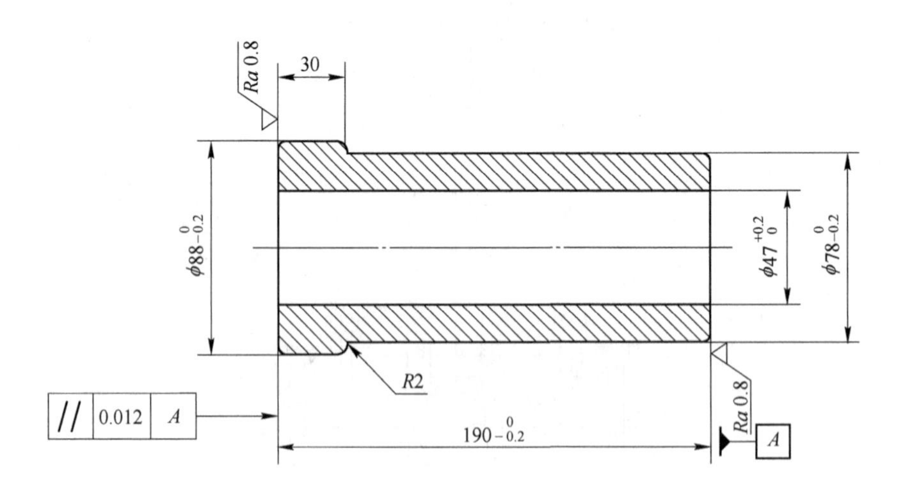
Ra 0.8
30
ϕ88 0 −0.2
ϕ47 +0.2 0
ϕ78 0 −0.2
R2
0.012
A
Ra 0.8
190 0 −0.2
A

(b)

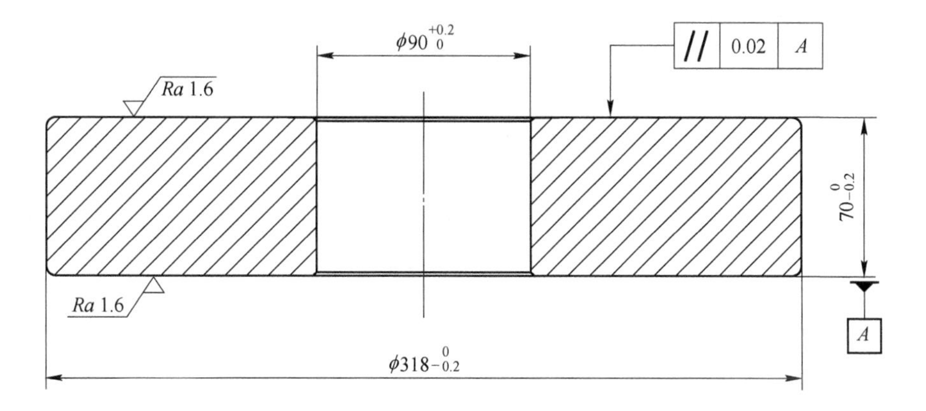

φ90 +0.2 0
// 0.02 A
Ra 1.6
70 0 −0.2
Ra 1.6
A
φ318 0 −0.2

(c)

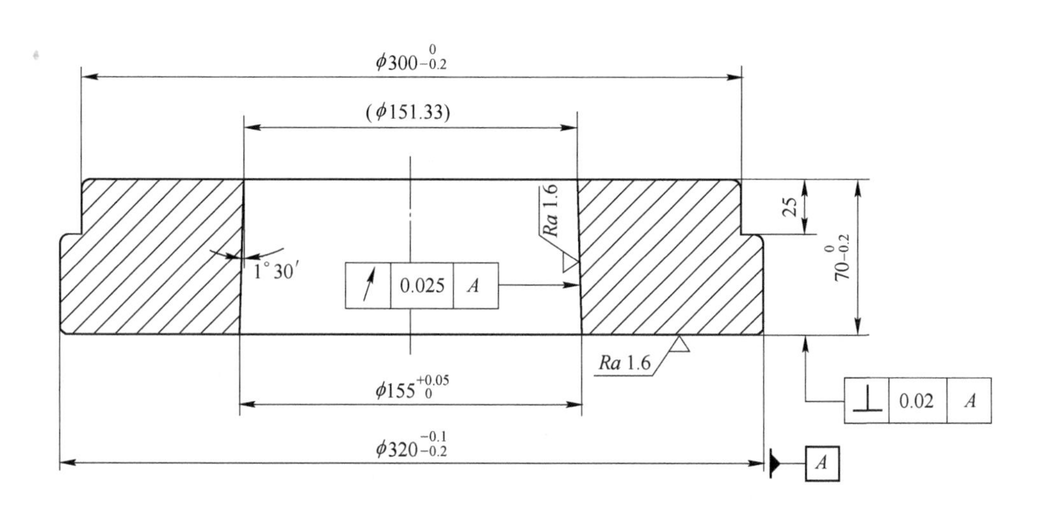

φ300 0 −0.2
(φ151.33)
Ra 1.6
25
70 0 −0.2
1°30′
0.025 A
Ra 1.6
φ155 +0.05 0
0.02 A
φ320 −0.1 −0.2
A

(d)

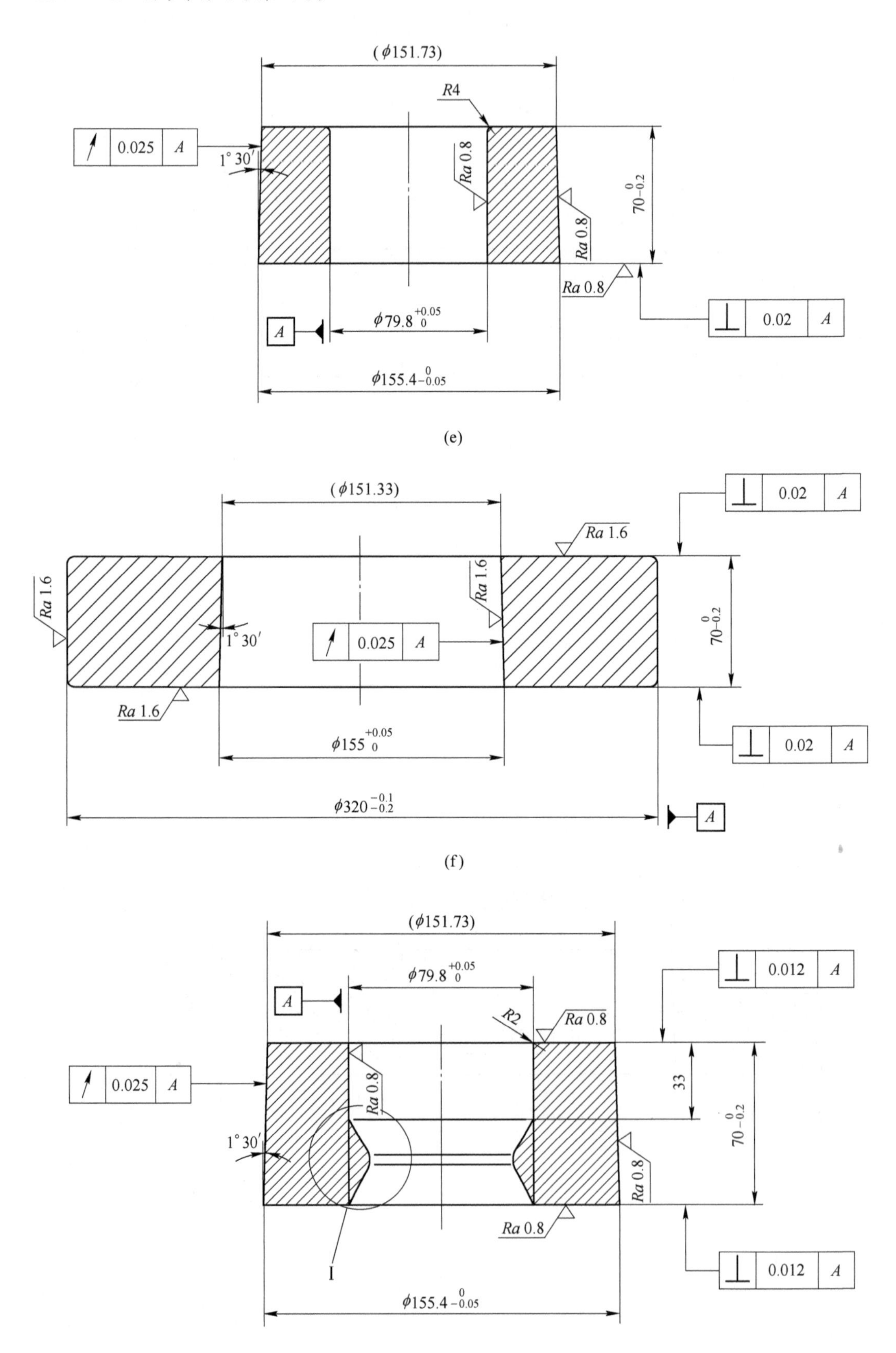

(ϕ151.73)
R4
0.025 A
1°30′
Ra 0.8
Ra 0.8
70 0 −0.2
Ra 0.8
0.02 A
A
ϕ79.8 +0.05 0
ϕ155.4 0 −0.05
(e)
(ϕ151.33)
0.02 A
Ra 1.6
Ra 1.6
Ra 1.6
1°30′
0.025 A
70 0 −0.2
Ra 1.6
ϕ155 +0.05 0
0.02 A
ϕ320 −0.1 −0.2
A
(f)
(ϕ151.73)
ϕ79.8 +0.05 0
0.012 A
A
R2
Ra 0.8
0.025 A
Ra 0.8
33
70 0 −0.2
1°30′
Ra 0.8
Ra 0.8
I
0.012 A
ϕ155.4 0 −0.05

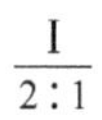

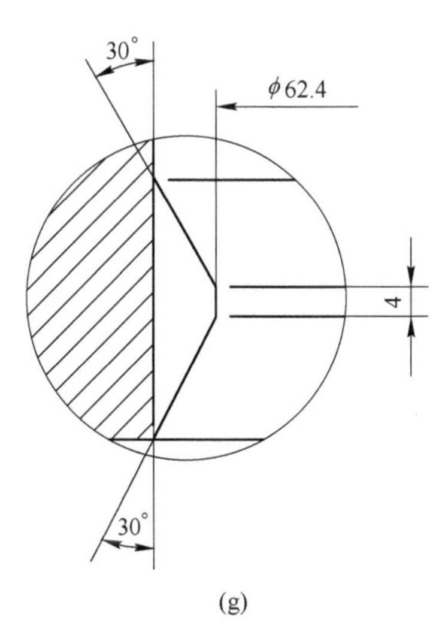

(g)

图 5-23 冷挤压成形模具中的各个零件图

(a) 冲套固定套；(b) 冲套；(c) 下模承载垫；(d) 上凹模外套；(e) 上凹模芯；
(f) 下凹模外套；(g) 下凹模芯

表 5-2 模具零件的材料牌号及热处理硬度

模具零件名称	材料牌号	热处理硬度（HRC）
下凹模芯	Cr12MoV	56~60
下凹模外套	45	32~38
上凹模芯	LD	56~60
上凹模外套	45	32~38
下模承载板	H13	44~48
冲套固定套	45	32~38
冲套	H13	48~52

6

齿形零件的冷镦挤成形

6.1 某电动工具用小型电机主轴的冷镦挤成形

如图 6-1 所示为某电动工具用小型电机主轴的精锻件图，其材质为 16MnCr5 低碳低合金结构钢；其渐开线齿形参数见表 6-1。对于这种具有渐开线齿形外花键的小型多台阶轴类零件，可采用圆柱体坯料经冷镦挤成形方法进行生产[17-18]。

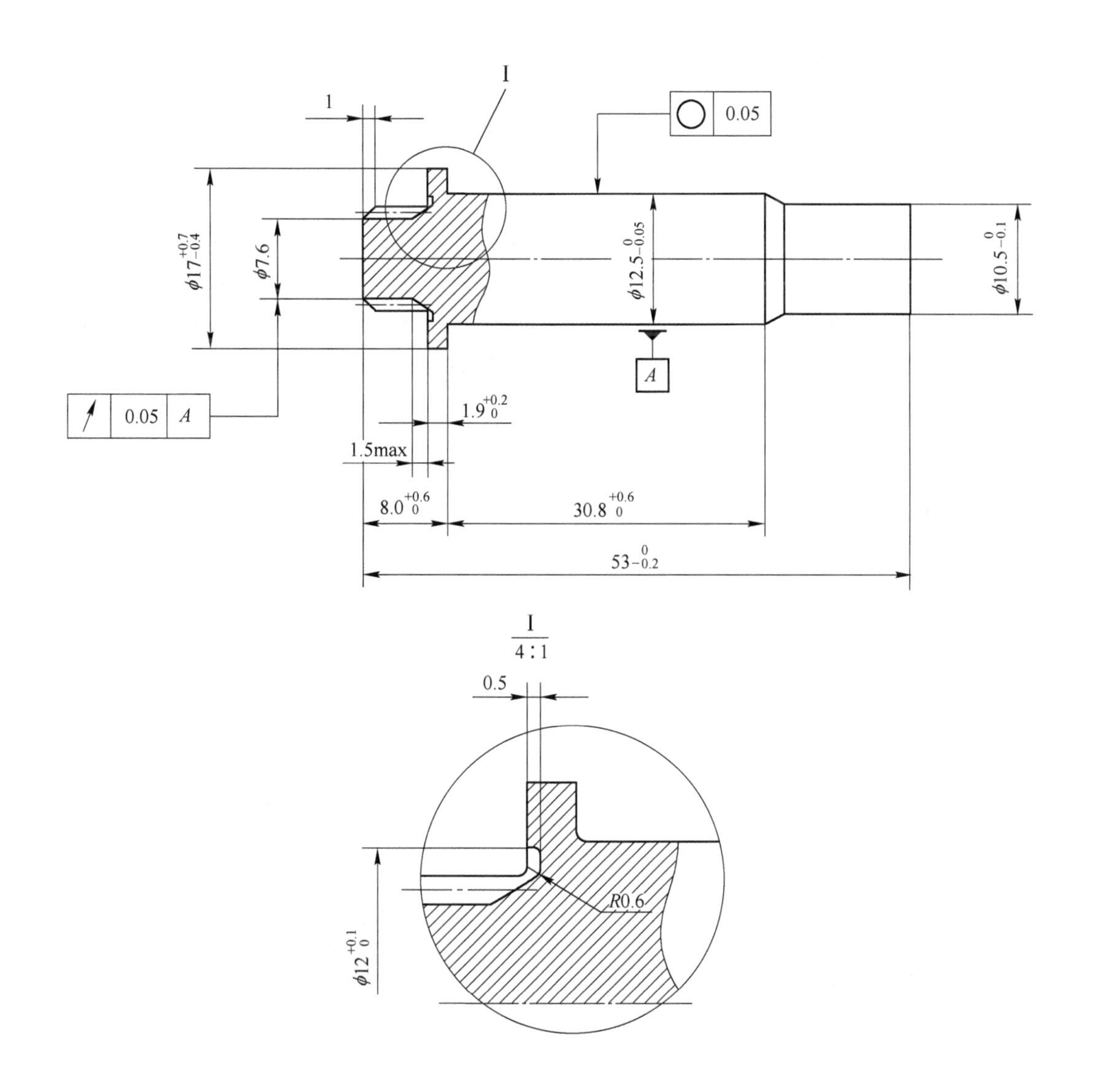

图 6-1 某小型电机主轴精锻件图

表 6-1　小型电机主轴的渐开线齿形参数表

模数/mm	1. 0
齿数	8
压力角/(°)	20
变位系数	+0. 8
分度圆直径/mm	ϕ8. 0
齿顶圆直径/mm	ϕ9. 8
齿根圆直径/mm	ϕ7. 6
跨齿数	2
跨齿厚/mm	4. 92~5. 02

6. 1. 1　冷镦挤成形工艺流程

（1）坯料的制备。首先在带锯床上将直径 ϕ14 mm 的 16MnCr5 低碳低合金结构钢圆钢棒锯切成长度为 55 mm 的下料坯件（如图 6-2 所示），再将下料坯件在车床上车削加工成如图 6-3 所示的粗车坯件；然后将粗车坯件在无心磨床上进行大外圆磨削加工，制成如图 6-4 所示的无心磨坯件，保证大外圆的表面粗糙度在 *Ra* 1. 6 μm 左右，并保证两端面与大外圆的垂直度在 0. 10 mm 以内。

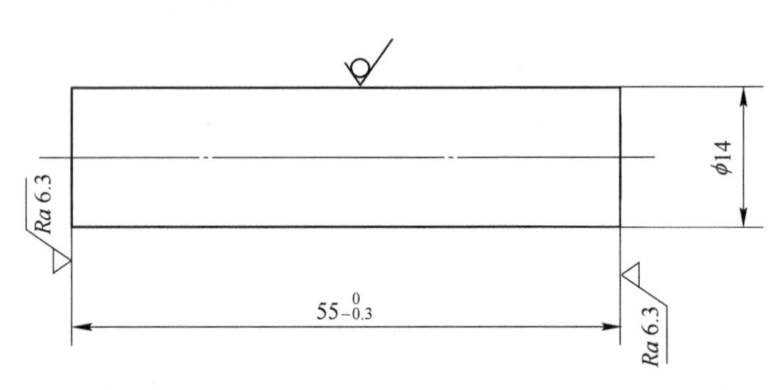

图 6-2　下料坯件

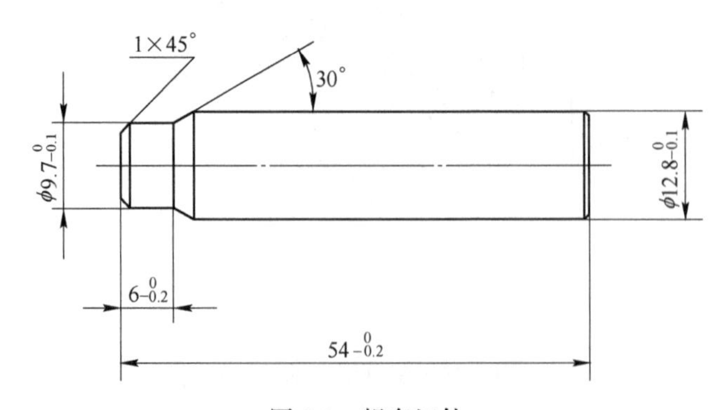

图 6-3　粗车坯件

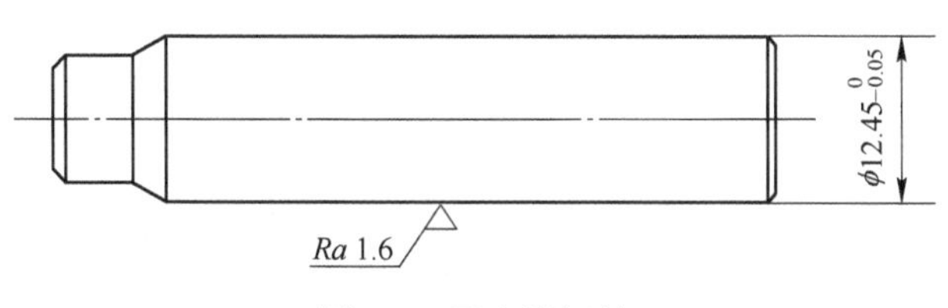

图 6-4 无心磨坯件

（2）光亮退火处理。将图 6-4 所示的无心磨坯件在大型井式光亮退火炉内进行软化退火处理，其退火工艺规范：加热温度为 820 ℃±20 ℃、保温时间为 120~180 min，炉冷；软化退火后的坯料硬度（HB）控制在 120~140。

（3）磷化处理。将已经光亮退火处理的无心磨坯件在磷化生产线上进行磷化处理，使坯件表层覆盖一层致密的、多孔的磷酸盐膜。

（4）润滑处理。用 MoS_2 和少许机油作为润滑剂，将磷化后的无心磨坯件倒入盛有润滑剂的振荡容器中；当振荡容器振荡 2~3 min 后，MoS_2 就会进入坯件表面的多孔磷酸盐膜层中，使坯件的表面在随后的冷镦挤成形过程中起到良好的润滑作用。

（5）冷镦挤成形。将已经润滑处理的无心磨坯件置于冷镦挤成形模具的凹模型腔中，随着上模向下运动，将冷镦挤成形出如图 6-1 所示的精锻件。

如图 6-5 所示为某小型电机主轴冷镦挤成形的精锻件（外圆 ϕ12. 5 mm 部分经过无心磨加工）实物。

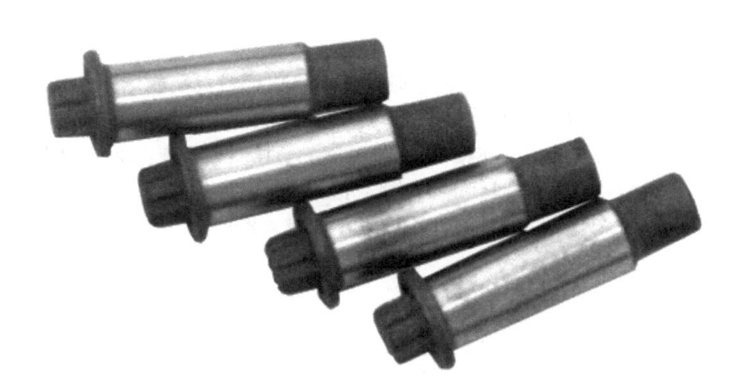

图 6-5 某小型电机主轴冷镦挤成形的精锻件（外圆 ϕ12. 5 mm 部分经过无心磨加工）实物

6. 1. 2 冷镦挤成形模具结构

如图 6-6 所示为某小型电机主轴的冷镦挤成形模具结构图。如图 6-7 所示为该冷镦挤成形模具中的关键零件图。表 6-2 列出了该模具中关键零件的材料牌号及热处理硬度。

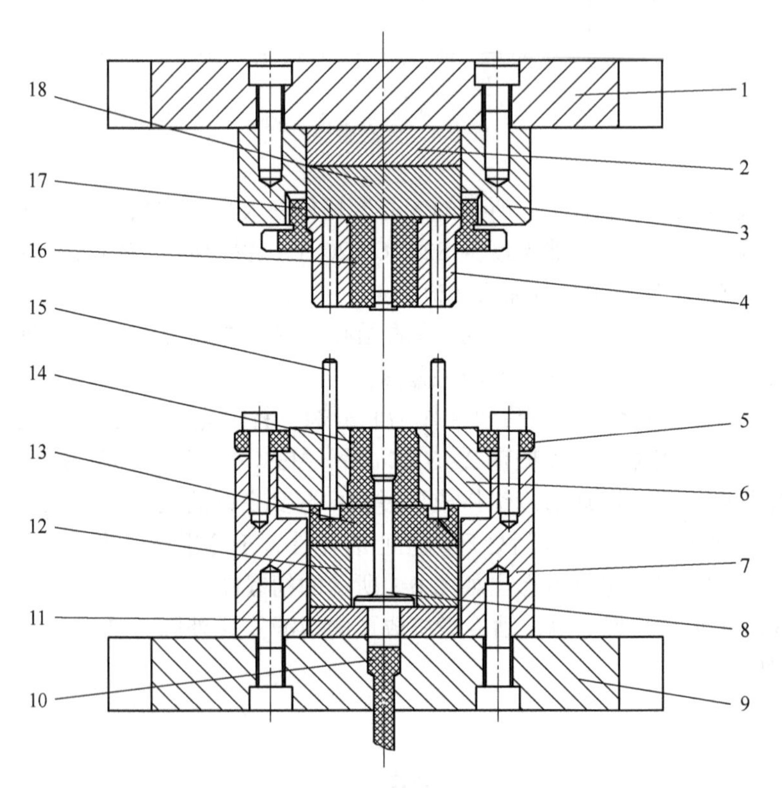

图 6-6　某小型电机主轴的冷镦挤成形模具结构图

1—上模板；2—上模衬垫；3—上模座；4—上模外套；5—凹模压板；6—凹模外套；7—下模座；8—顶料杆；9—下模板；10—下顶杆；11—下模垫板；12—下模衬垫；13—凹模承载垫；14—凹模芯；15—小导柱；16—上模芯；17—上模紧固套；18—上模承载垫

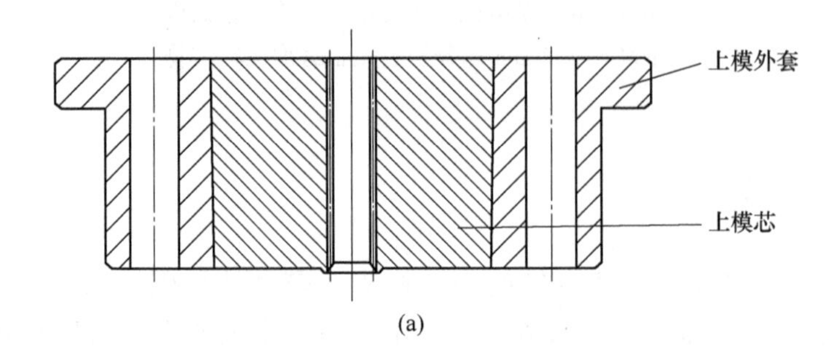

(a)

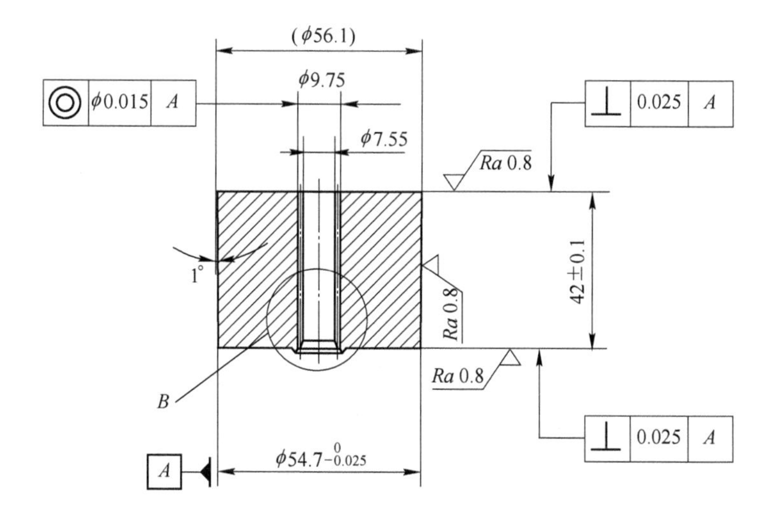
(ϕ56.1)
ϕ9.75
ϕ0.015 A
0.025 A
ϕ7.55
Ra 0.8
1°
Ra 0.8
42±0.1
Ra 0.8
B
0.025 A
A
ϕ54.7 0 -0.025

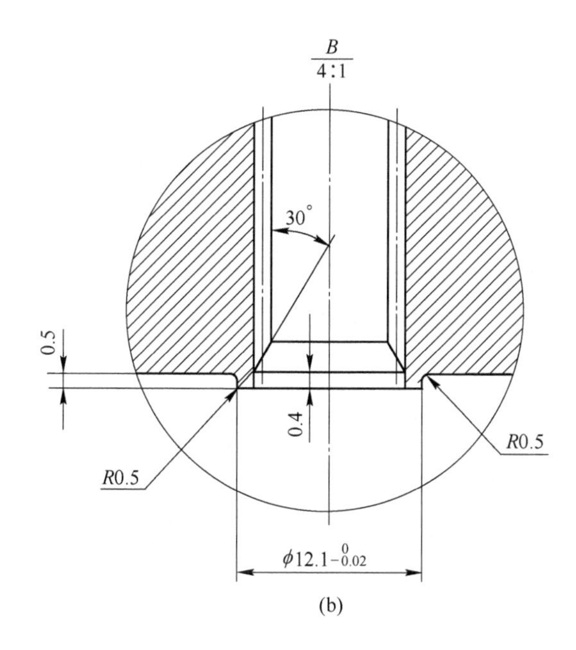
B
4:1
30°
0.5
0.4
R0.5
R0.5
ϕ12.1 0 -0.02

(b)

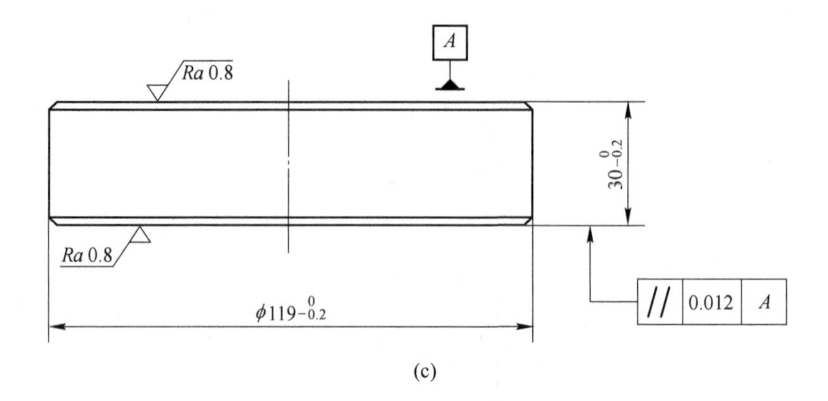
A
Ra 0.8
Ra 0.8
$30^{\ 0}_{-0.2}$
0.012 A
$\phi 119^{\ 0}_{-0.2}$

(c)

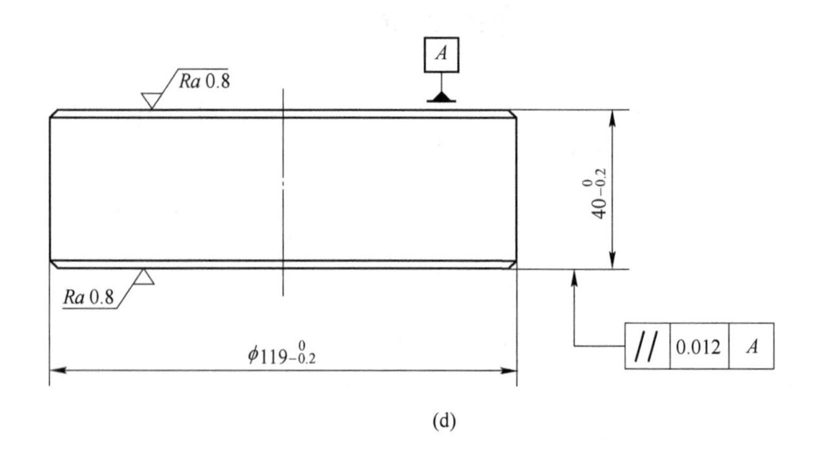
A
Ra 0.8
Ra 0.8
$40^{\ 0}_{-0.2}$
0.012 A
$\phi 119^{\ 0}_{-0.2}$

(d)

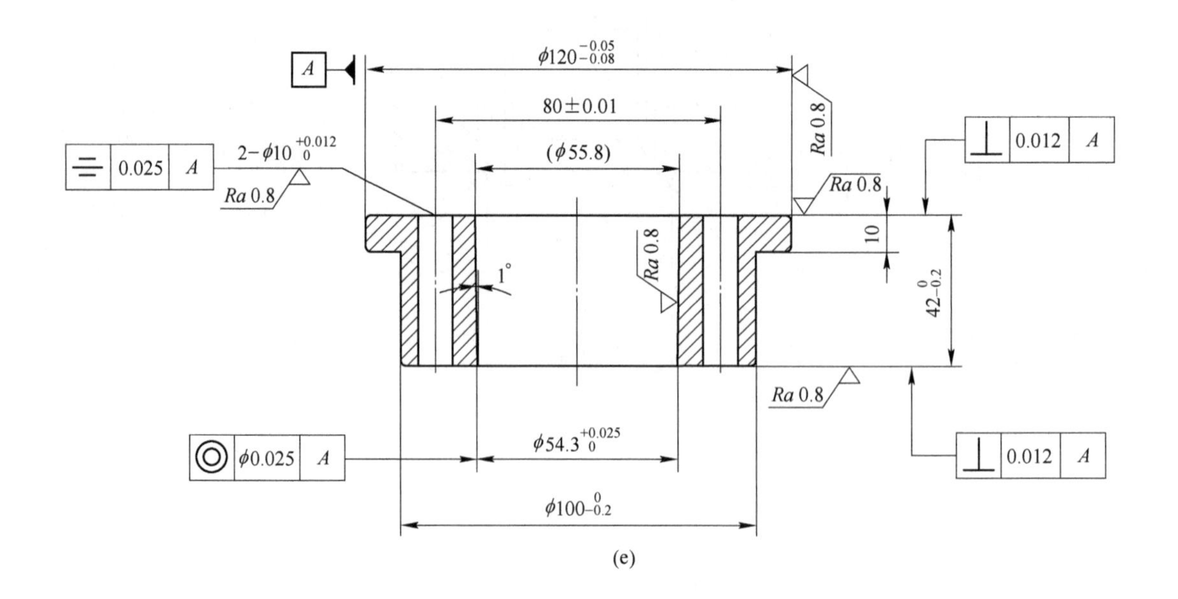
A
$\phi 120^{-0.05}_{-0.08}$
80±0.01
(ϕ55.8)
0.025 A
2−$\phi 10^{+0.012}_{\ 0}$
Ra 0.8
Ra 0.8
Ra 0.8
0.012 A
Ra 0.8
10
1°
$42^{\ 0}_{-0.2}$
Ra 0.8
Ra 0.8
ϕ0.025 A
$\phi 54.3^{+0.025}_{\ 0}$
0.012 A
$\phi 100^{\ 0}_{-0.2}$

(e)

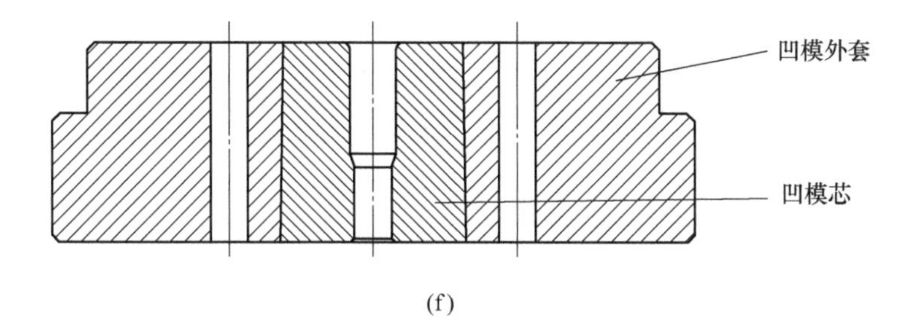
凹模外套
凹模芯

(f)

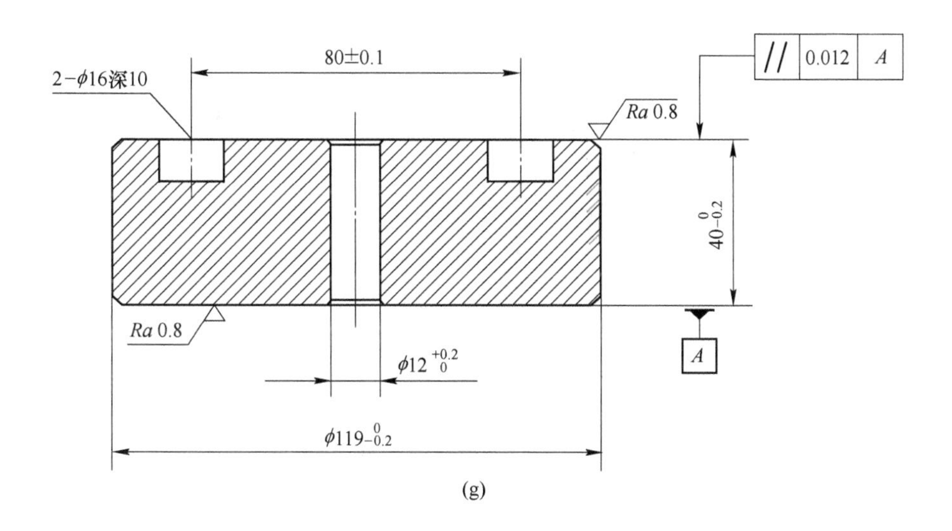
2-ϕ16深10
80±0.1
// 0.012 A
Ra 0.8
$40^{0}_{-0.2}$
Ra 0.8
A
$\phi 12^{+0.2}_{0}$
$\phi 119^{0}_{-0.2}$

(g)

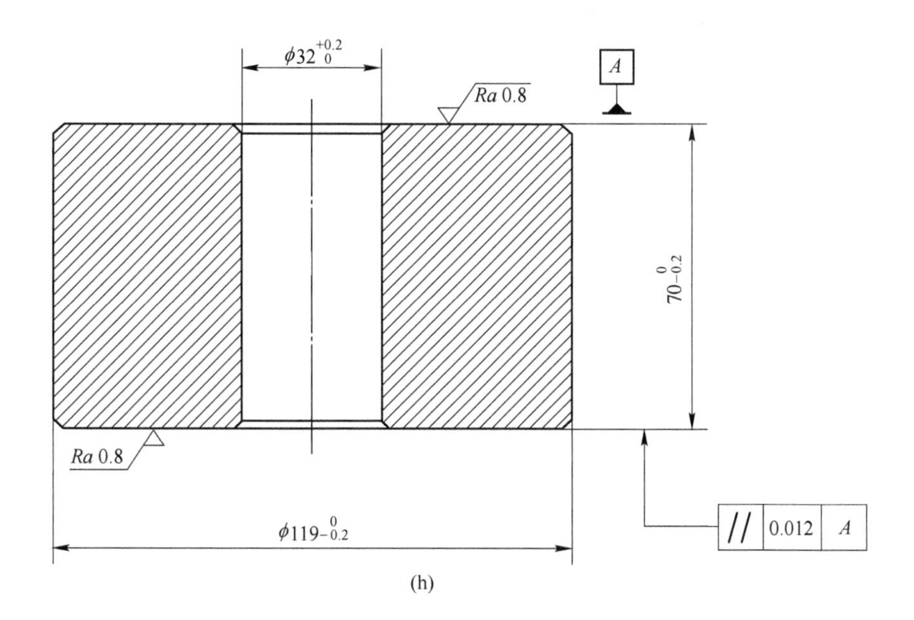
$\phi 32^{+0.2}_{0}$
A
Ra 0.8
$70^{0}_{-0.2}$
Ra 0.8
$\phi 119^{0}_{-0.2}$
// 0.012 A

(h)

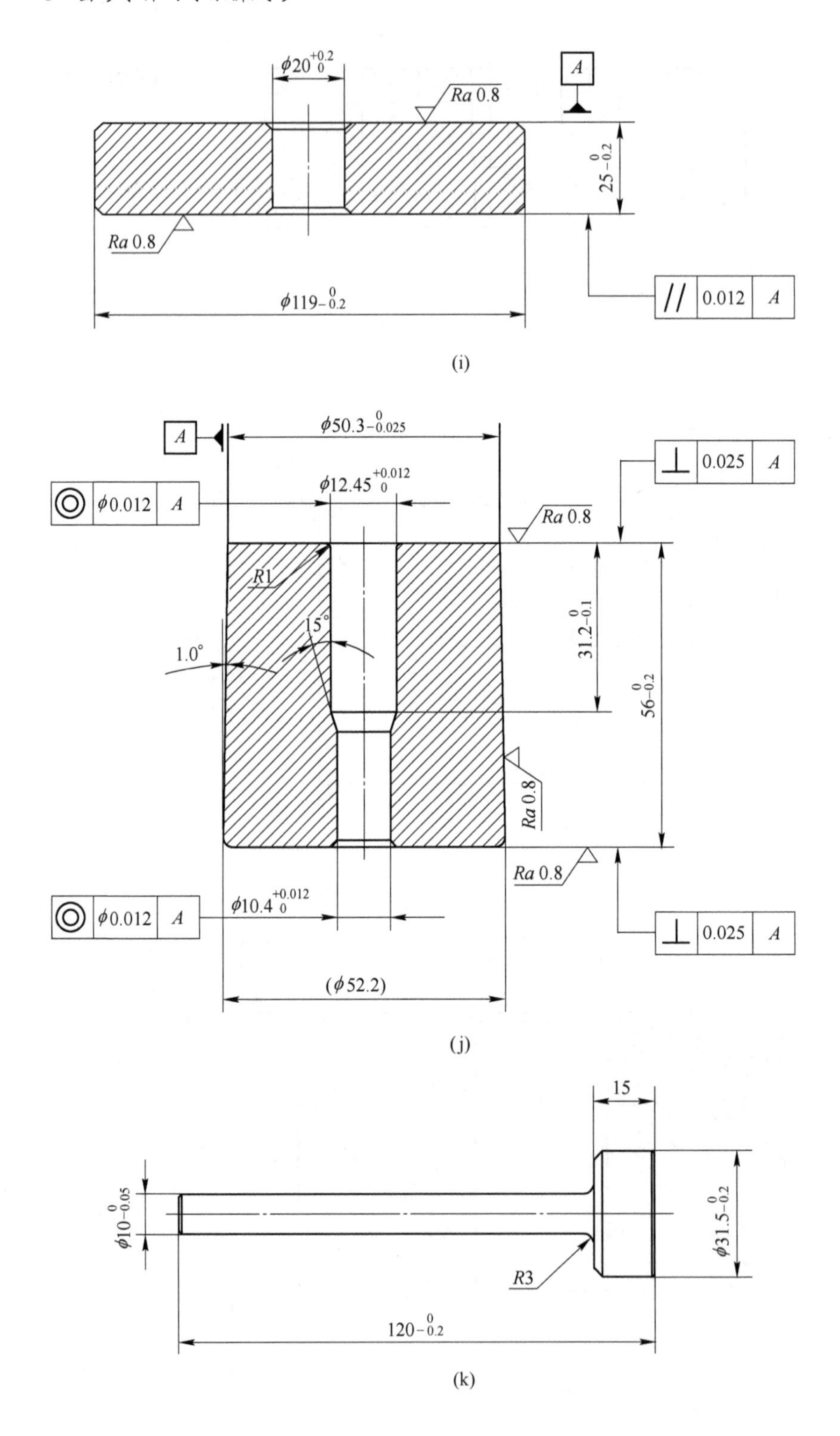

ϕ20 +0.2 0
Ra 0.8
A
25 0 −0.2
Ra 0.8
ϕ119 0 −0.2
// 0.012 A
(i)
A
ϕ50.3 0 −0.025
⊥ 0.025 A
ϕ12.45 +0.012 0
◎ ϕ0.012 A
Ra 0.8
R1
15°
1.0°
31.2 0 −0.1
56 0 −0.2
Ra 0.8
Ra 0.8
◎ ϕ0.012 A
ϕ10.4 +0.012 0
⊥ 0.025 A
(ϕ52.2)
(j)
15
ϕ10 0 −0.05
ϕ31.5 0 −0.2
R3
120 0 −0.2
(k)

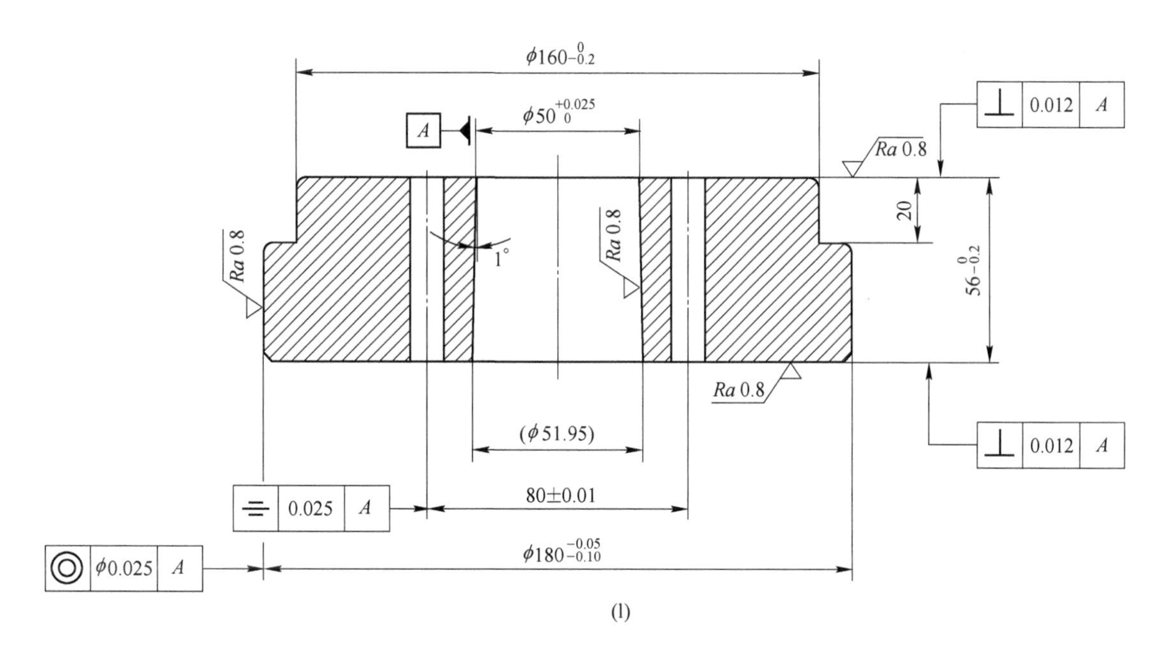

(l)

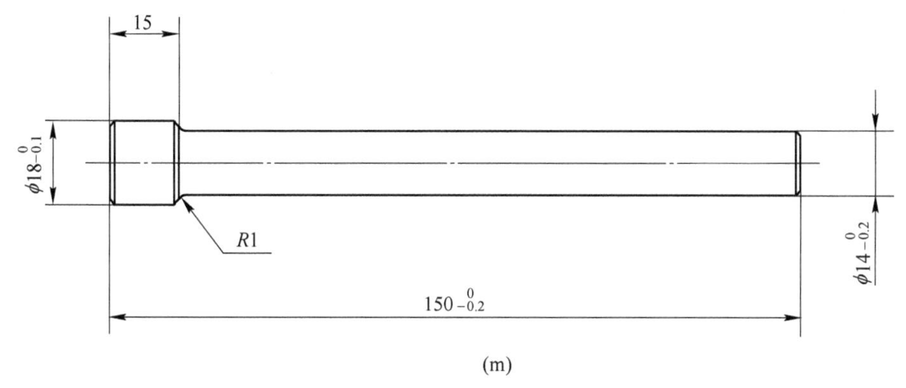

(m)

图 6-7 冷镦挤成形模具中的关键零件图

(a) 预应力组合上模；(b) 上模芯；(c) 上模衬垫；(d) 上模承载垫；
(e) 上模外套；(f) 预应力组合凹模；(g) 凹模承载垫；(h) 下模衬垫；(i) 下模垫板；
(j) 凹模芯；(k) 顶料杆；(l) 凹模外套；(m) 下顶杆

表 6-2 冷镦挤成形模具中关键零件的材料牌号及热处理硬度

模具零件名称	材料牌号	热处理硬度（HRC）
下顶杆	Cr12MoV	54~58
顶料杆	Cr12MoV	54~58
凹模外套	45	32~38
凹模芯	LD	56~60
下模垫板	Cr12MoV	54~58
下模衬垫	45	32~38

续表 6-2

模具零件名称	材料牌号	热处理硬度（HRC）
上模芯	LD	56~60
凹模承载垫	Cr12MoV	54~58
上模承载垫	Cr12MoV	54~58
上模外套	45	32~38
上模衬垫	Cr12MoV	54~58

6.2 某车用小型电机驱动轴的冷镦挤成形

如图 6-8 所示为某车用小型电机驱动轴精锻件图，其材质为 16MnCr5 低碳低合金结构钢；其渐开线齿形参数见表 6-1。对于这种具有渐开线齿形外花键的小型多台阶轴类零件，可采用圆柱体坯料经冷镦挤成形方法进行生产[17-18]。

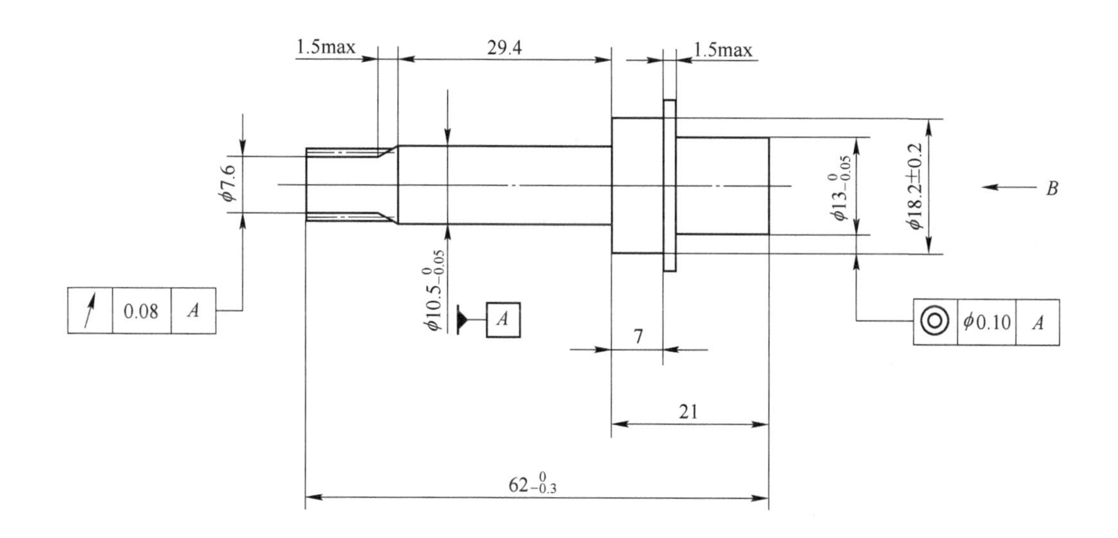

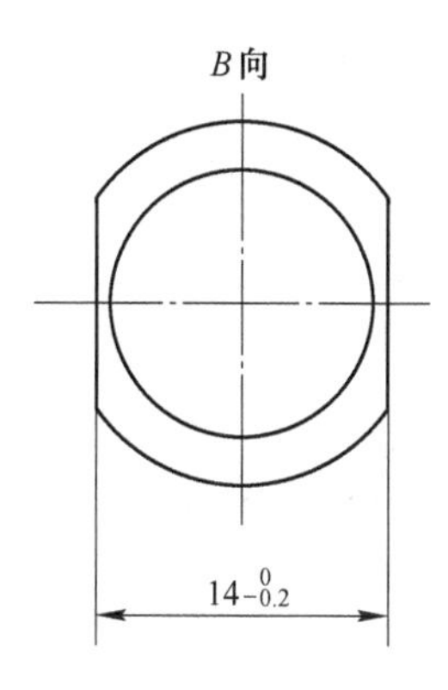

图 6-8 某车用小型电机驱动轴精锻件图

6.2.1 冷镦挤成形工艺流程

（1）下料。首先在带锯床上将直径 ϕ14 mm 的 16MnCr5 低碳低合金结构钢圆钢棒锯切成长度为 72 mm 的下料坯件，如图 6-9 所示。

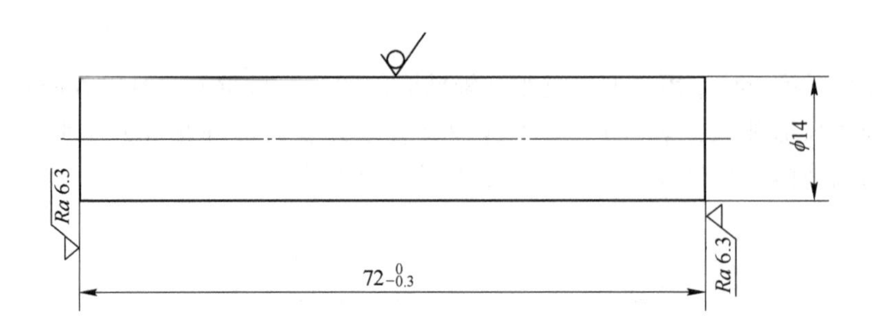

图 6-9　下料坯件

（2）无心磨加工。将下料坯件在无心磨床上磨削加工成如图 6-10 所示的无心磨坯件。

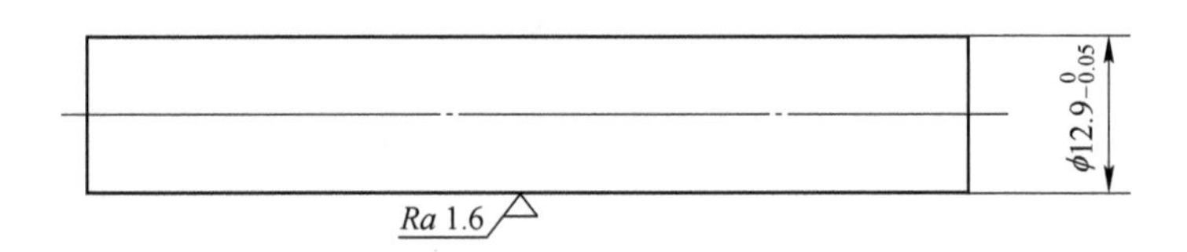

图 6-10　无心磨坯件

（3）粗车加工。将无心磨坯件在车床上加工成如图 6-11 所示的粗车坯件，保证粗车加工的表面粗糙度在 Ra 1. 6 μm 左右，并保证粗车加工的外圆柱面与大外圆之间的同轴度在 0. 10 mm 以内。

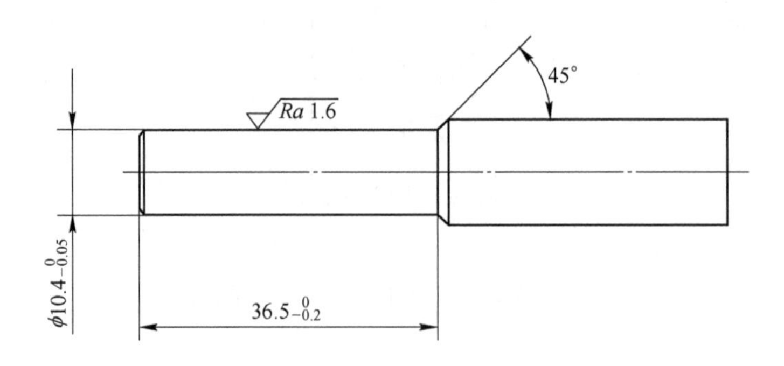

图 6-11　粗车坯件

（4）光亮退火处理。将图 6-11 所示的粗车坯件在大型井式光亮退火炉内进行软化退火处理，其退火工艺规范：加热温度为 820 ℃±20 ℃、保温时间为 90~150 min，炉冷；软化退火后的坯料硬度（HB）控制在 120~140。

（5）磷化处理。将已经光亮退火处理的粗车坯件在磷化生产线上进行磷化处理，使坯件表层覆盖一层致密的、多孔的磷酸盐膜。

（6）润滑处理。用 MoS_2和少许机油作为润滑剂，将磷化后的粗车坯件倒入盛有润滑剂的振荡容器中；当振荡容器振荡 2~3 min 后，MoS_2就会进入坯件表面的多孔磷酸盐膜层中，使坯件的表面在随后的冷镦挤成形过程中起到良好的润滑作用。

（7）冷镦挤成形。将已经润滑处理的粗车坯件置于冷镦挤成形模具的凹模型腔中，随着上模向下运动，将冷镦挤出如图 6-8 所示的精锻件。

如图 6-12 所示为某车用小型电机驱动轴冷镦挤成形的精锻件实物。

图 6-12 某车用小型电机驱动轴冷镦挤成形的精锻件实物

6.2.2 冷镦挤成形模具结构

如图 6-13 所示为在 J23-100 型 1000 kN 冲床上冷镦挤成形该小型电机驱动轴的冷镦挤成形模具结构图。如图 6-14 所示为冷镦挤成形模具中的关键零件图。表 6-3 列出了该模具中关键零件的材料牌号及热处理硬度。

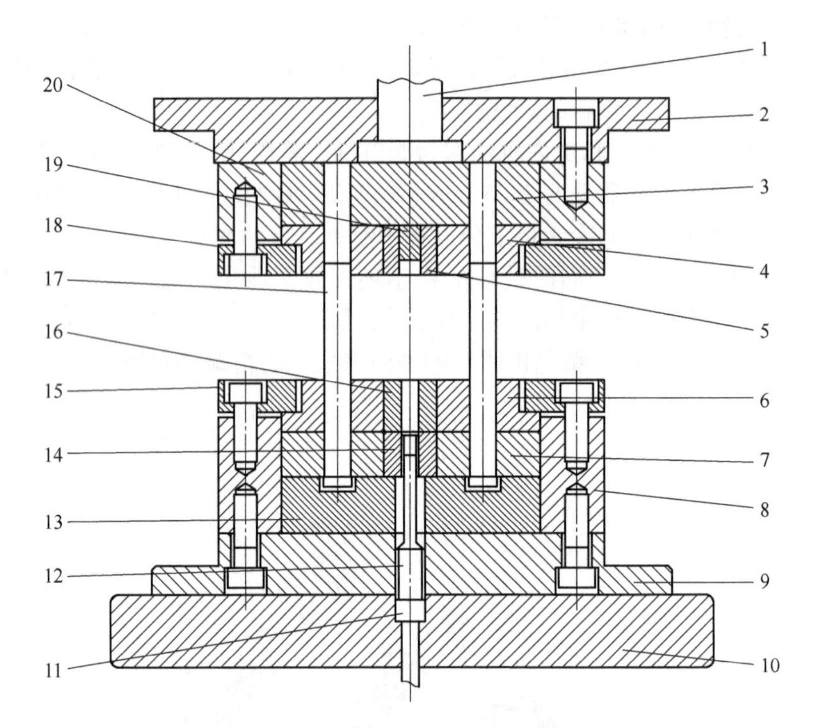

图 6-13　小型电机驱动轴冷镦挤成形模具结构图

1—模柄；2—上模板；3—上模承载垫；4—上模外套；5—上模芯；6—凹模上外套；7—凹模下外套；8—下模座；9—下模板；10—下模垫板；11—下顶杆；12—顶料杆；13—下模承载垫；14—凹模下芯；15—凹模压板；16—凹模上芯；17—小导柱；18—上模压板；19—上模芯垫；20—上模座

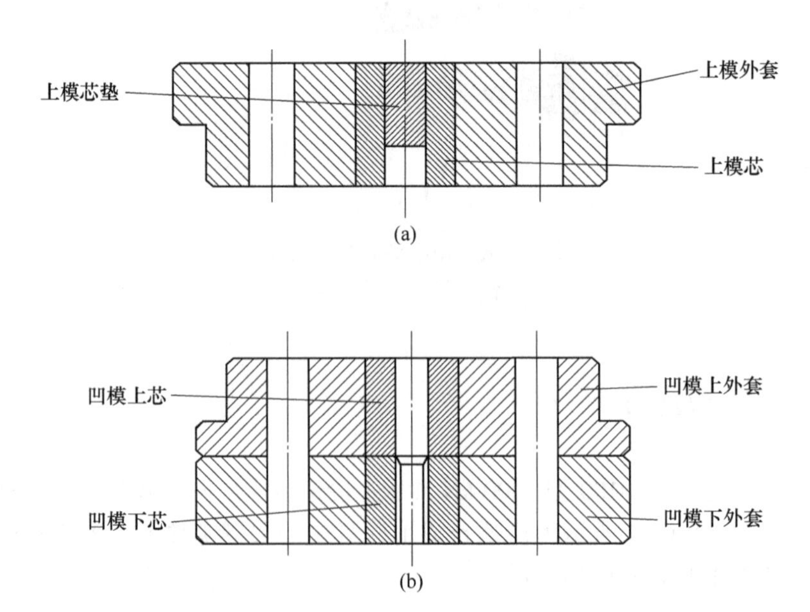

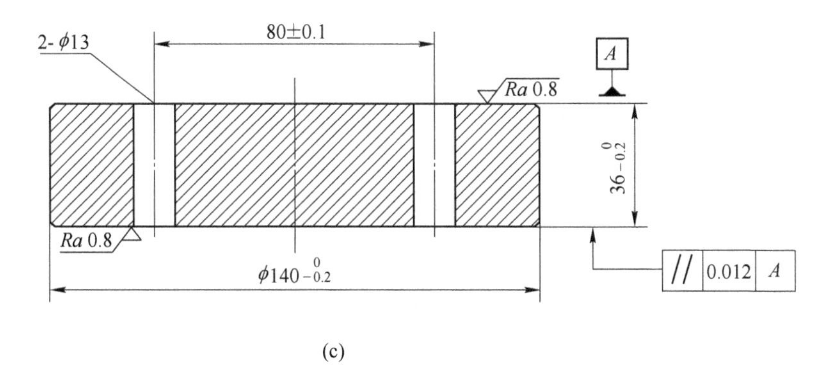
2-ϕ13
80±0.1
Ra 0.8
A
36 -0.2 0
Ra 0.8
ϕ140 -0.2 0
// 0.012 A

(c)

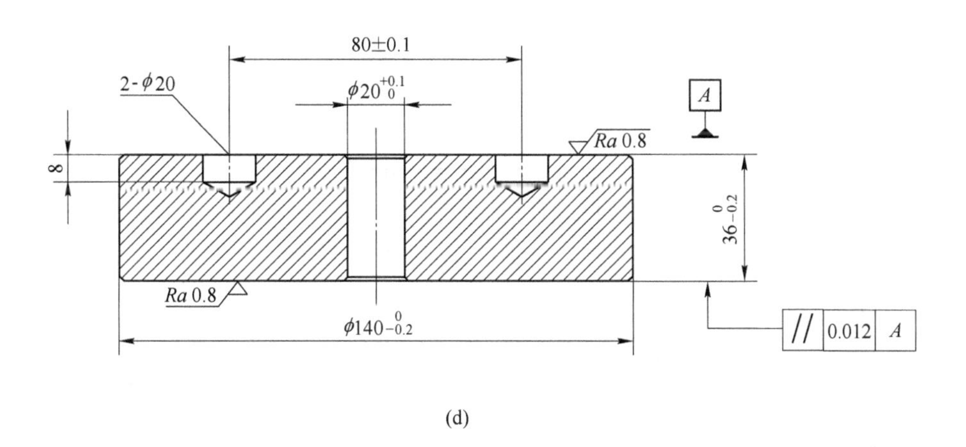
80±0.1
2-ϕ20
ϕ20 +0.1 0
A
Ra 0.8
8
36 -0.2 0
Ra 0.8
ϕ140 -0.2 0
// 0.012 A

(d)

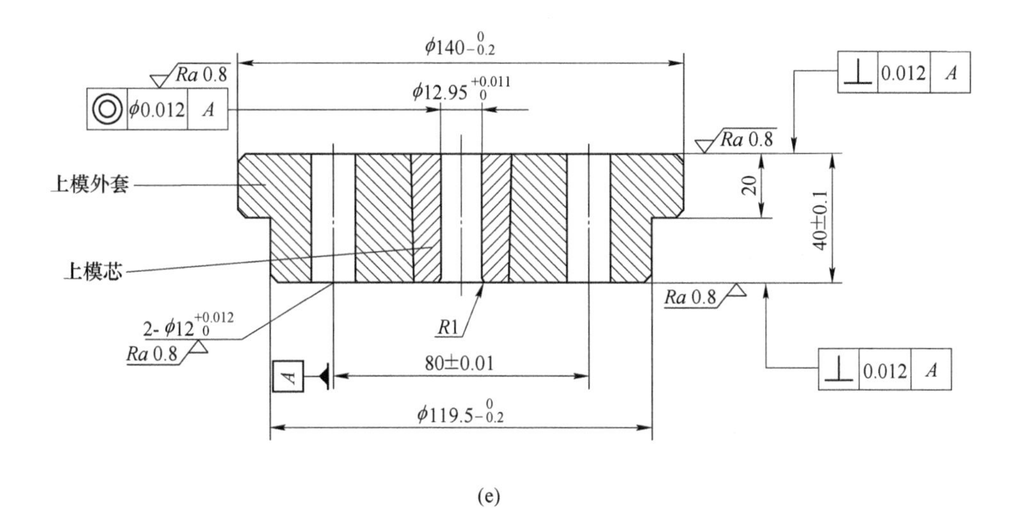
ϕ140 -0.2 0
Ra 0.8
ϕ0.012 A
ϕ12.95 +0.011 0
⊥ 0.012 A
Ra 0.8
上模外套
20
40±0.1
上模芯
Ra 0.8
2-ϕ12 +0.012 0
Ra 0.8
R1
A
80±0.01
⊥ 0.012 A
ϕ119.5 -0.2 0

(e)

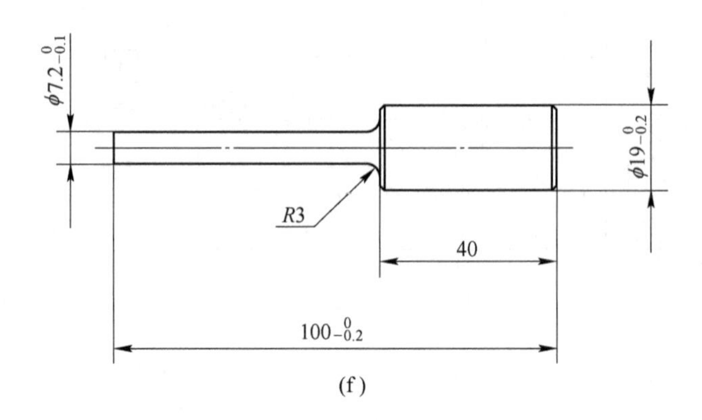
ϕ7.2-0 -0.1
ϕ19-0 -0.2
R3
40
100-0 -0.2

(f)

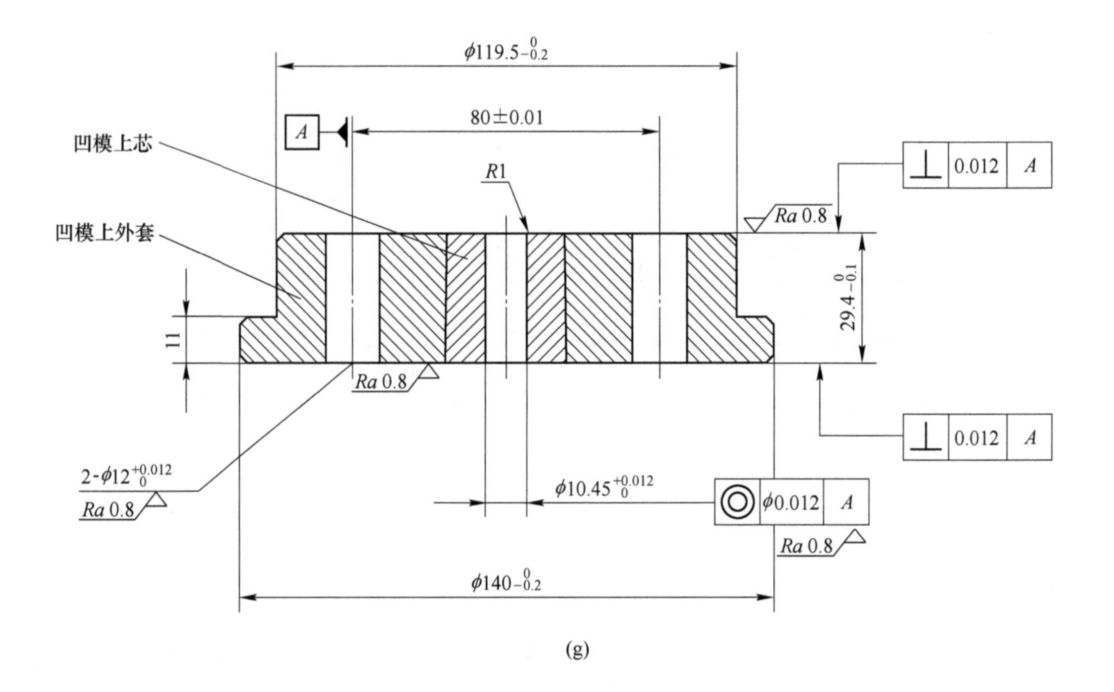
ϕ119.5-0 -0.2
A
80±0.01
凹模上芯
R1
凹模上外套
Ra 0.8
0.012
A
29.4-0 -0.1
11
Ra 0.8
2-ϕ12+0.012 0
Ra 0.8
ϕ10.45+0.012 0
ϕ0.012
A
Ra 0.8
ϕ140-0 -0.2

(g)

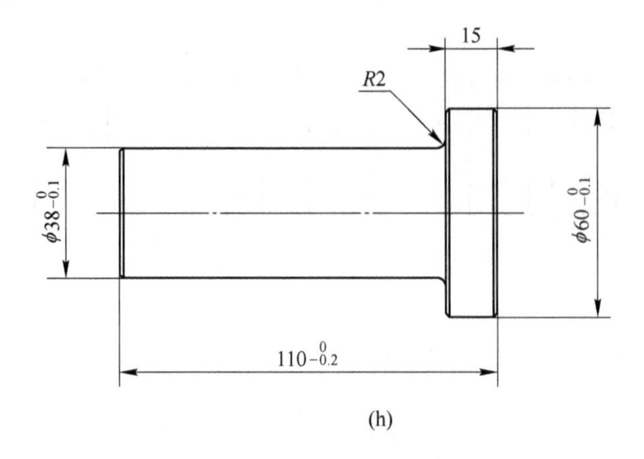
15
R2
ϕ38-0 -0.1
ϕ60-0 -0.1
110-0 -0.2

(h)

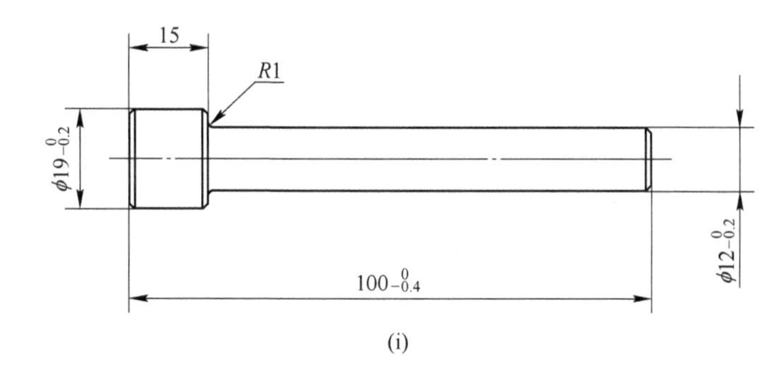
15
R1
ϕ19 0 −0.2
ϕ12 0 −0.2
100 0 −0.4

(i)

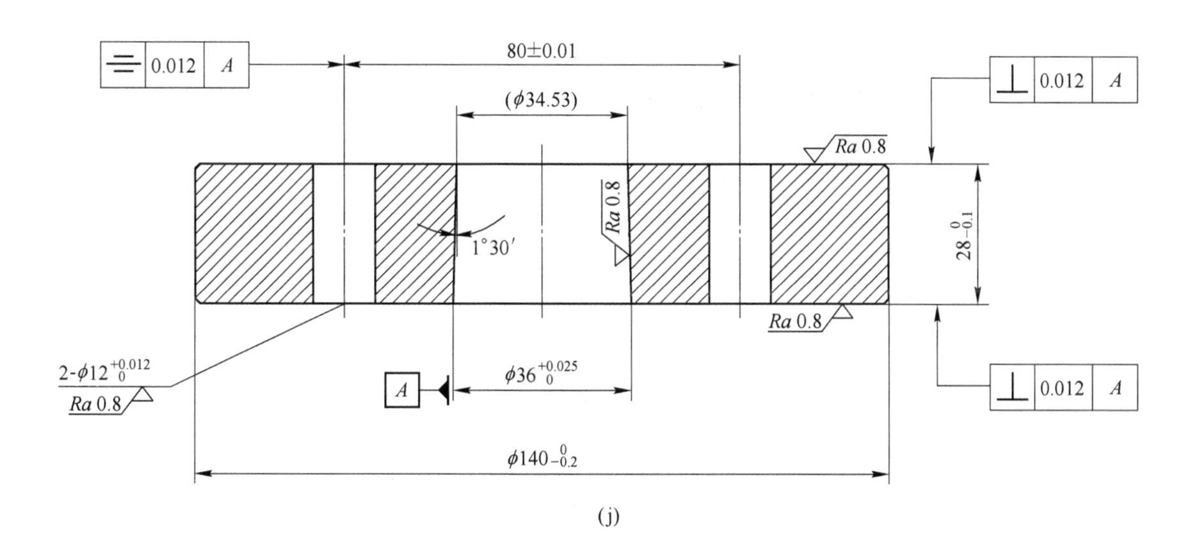
0.012 A
80±0.01
(ϕ34.53)
0.012 A
Ra 0.8
Ra 0.8
1°30′
28 0 −0.1
Ra 0.8
2-ϕ12 +0.012 0
Ra 0.8
A
ϕ36 +0.025 0
0.012 A
ϕ140 0 −0.2

(j)

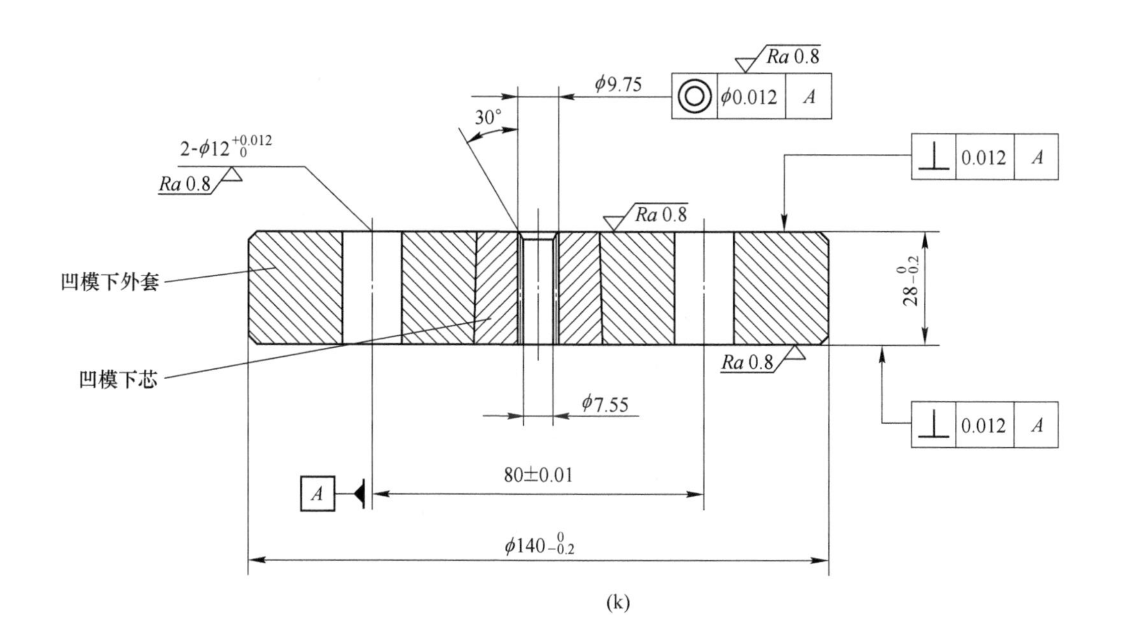
Ra 0.8
ϕ9.75
ϕ0.012 A
30°
2-ϕ12 +0.012 0
Ra 0.8
0.012 A
Ra 0.8
凹模下外套
28 0 −0.2
凹模下芯
Ra 0.8
ϕ7.55
0.012 A
80±0.01
A
ϕ140 0 −0.2

(k)

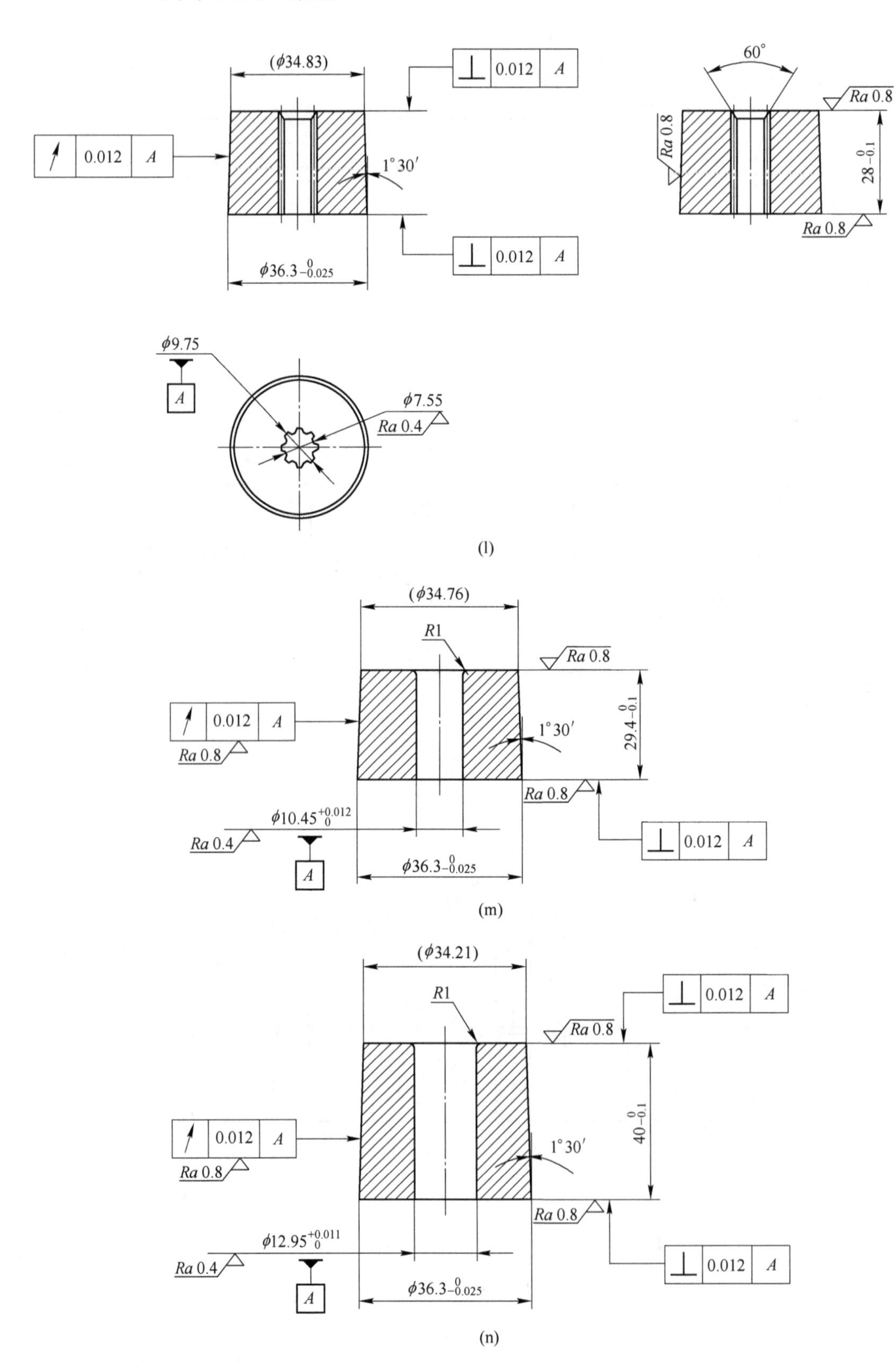

(ϕ34.83)
0.012 A
0.012 A
1°30′
0.012 A
ϕ36.3$_{-0.025}^{0}$
60°
Ra 0.8
Ra 0.8
28$_{-0.1}^{0}$
Ra 0.8
ϕ9.75
A
ϕ7.55
Ra 0.4
(ϕ34.76)
R1
Ra 0.8
0.012 A
Ra 0.8
1°30′
29.4$_{-0.1}^{0}$
Ra 0.8
ϕ10.45$_{0}^{+0.012}$
Ra 0.4
A
ϕ36.3$_{-0.025}^{0}$
0.012 A
(ϕ34.21)
R1
0.012 A
Ra 0.8
0.012 A
Ra 0.8
40$_{-0.1}^{0}$
1°30′
Ra 0.8
ϕ12.95$_{0}^{+0.011}$
Ra 0.4
A
ϕ36.3$_{-0.025}^{0}$
0.012 A

(l)

(m)

(n)

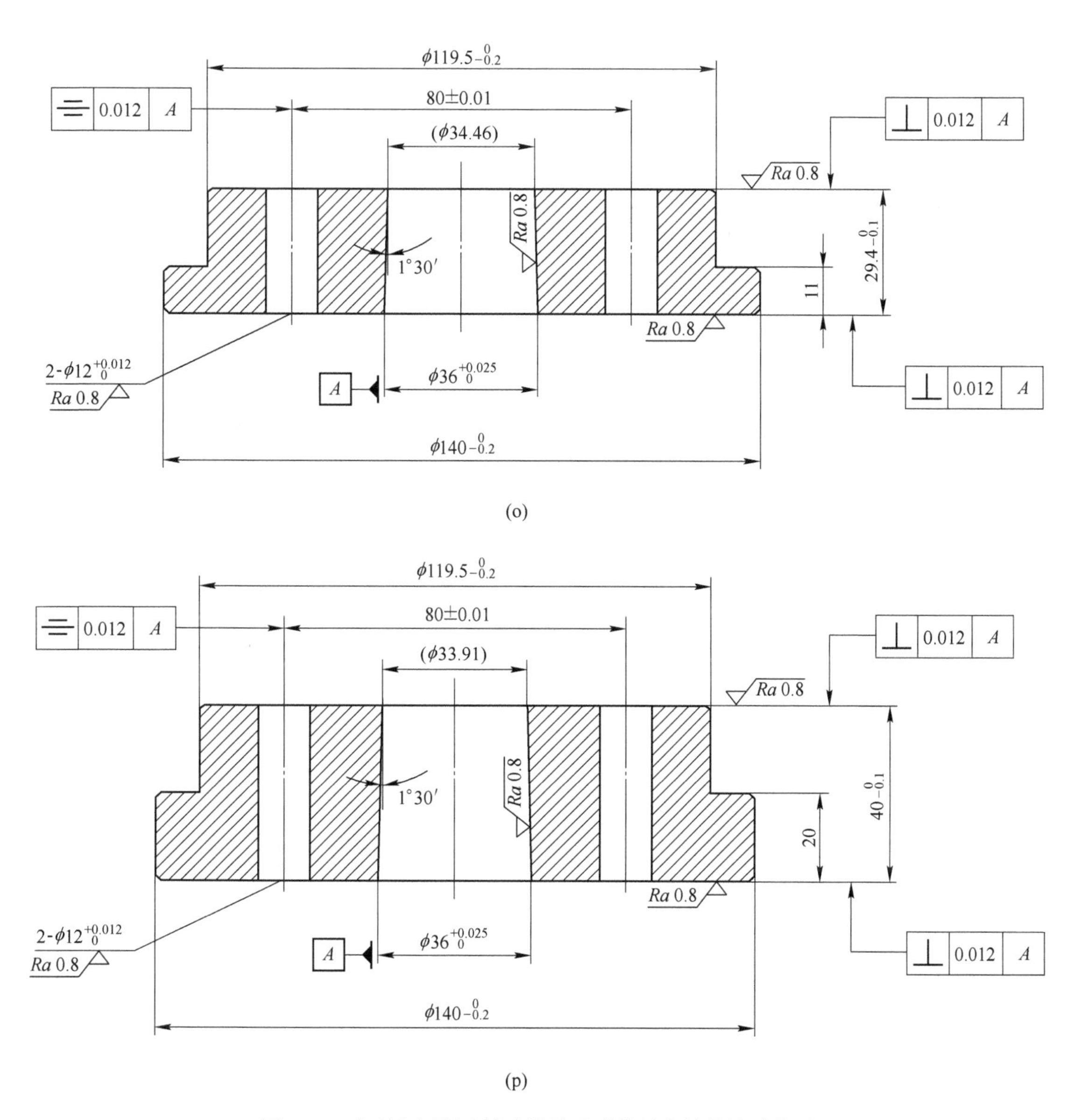

图 6-14 小型电机驱动轴冷镦挤成形模具中的关键零件图

(a) 上模总成；(b) 凹模总成；(c) 上模承载垫；(d) 下模承载垫；(e) 预应力组合上模；(f) 顶料杆；(g) 预应力组合上凹模；(h) 模柄；(i) 下顶杆；(j) 凹模下外套；(k) 预应力组合下凹模；(l) 凹模下芯；(m) 凹模上芯；(n) 上模芯；(o) 凹模上外套；(p) 上模外套

表 6-3 小型电机驱动轴冷镦挤成形模具中关键零件的材料牌号及热处理硬度

模具零件名称	材料牌号	热处理硬度（HRC）
上模承载垫	Cr12MoV	54~58
下模承载垫	Cr12MoV	54~58
上模外套	45	32~38

续表 6-3

模具零件名称	材料牌号	热处理硬度（HRC）
上模芯	LD	56～60
凹模上芯	LD	56～60
凹模上外套	45	32～38
凹模下芯	LD	56～60
凹模下外套	45	32～38
下顶杆	Cr12MoV	54～58
顶料杆	Cr12MoV	54～58
模柄	45	32～38

7

齿形零件的精密热模锻成形

7.1 东-20 行星齿轮的精密热模锻

直齿圆锥齿轮的精密热模锻成形技术在我国已获得了广泛的工业应用。精密热模锻成形的直齿圆锥齿轮锻件，其轮齿有沿齿廓合理分布而连续的金属流线和致密组织，轮齿的强度、轮齿齿面的耐磨能力、轮齿的热处理变形量、啮合噪声等都比常规切削加工的直齿圆锥齿轮优越；而且，与切削加工相比较，精密热模锻成形的直齿圆锥齿轮，其轮齿的硬度可提高 20%、抗弯疲劳寿命可提高 20%、热处理变形量可减少 30%、生产成本可降低 20%以上[6,10,19-21]。

如图 7-1 所示为东-20 行星齿轮零件简图，其材质为 18CrMnTi 低碳低合金结构钢；其齿形参数见表 7-1。

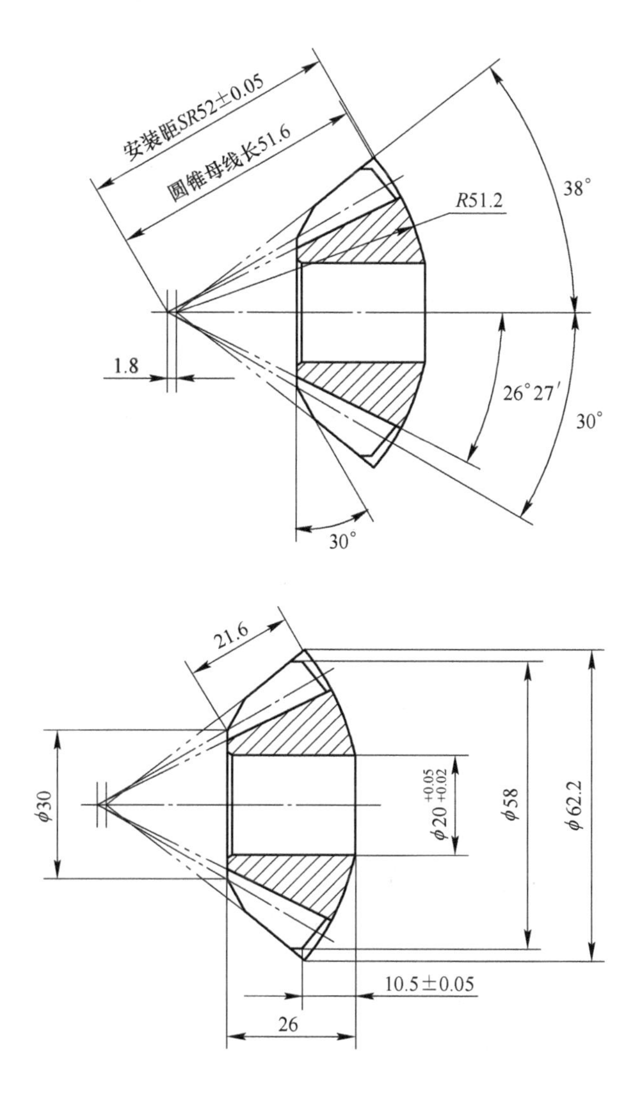

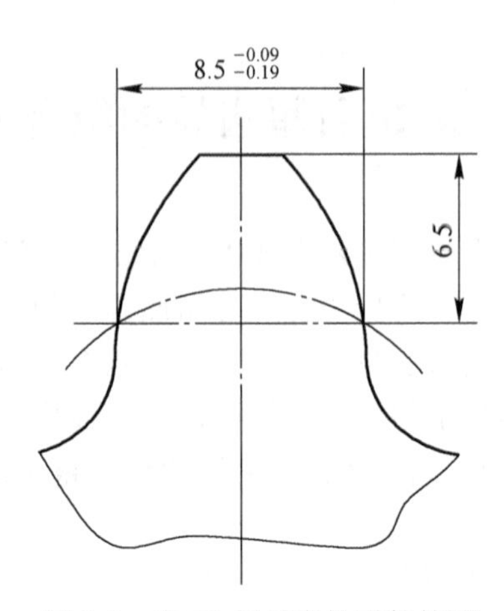

图 7-1　东-20 行星齿轮零件简图

表 7-1　行星齿轮的齿形参数

齿　数	12
模数/mm	4. 3
齿形角/(°)	20
分度圆直径/mm	ϕ51. 6
齿高系数	1. 0
径向移距系数	0. 50
切向移距系数	0. 05
齿顶高/mm	6. 162
齿全高/mm	9. 39
分度圆上理论弧齿厚/mm	8. 534
精度等级	8 级

7.1.1　精密热模锻成形工艺过程

行星齿轮精密热模锻成形的生产流程如下：下料→车削外圆、除去表面缺陷层（切削余量为 1. 0~1. 5 mm)→加热→精密热模锻预成形→冷切边→酸洗（或喷砂)→加热→温精锻成形→冷切边→酸洗（或喷砂)→检验。

在精密热模锻预成形过程中，其坯料是在燃油环形转底式快速少无氧化加热炉中进行加热。温精锻成形加工时，是将精密热模锻预成形的预锻件加热至 800 ~ 900 ℃，在高精度的温锻成形模具中进行温精锻成形；采用温精锻成形工序有利于保证行星齿轮精锻件的齿形精度以及提高模具的使用寿命。

7.1.2 精锻件图的制订

制订精锻件图时主要考虑如下几方面：

（1）分模面位置。把分模面安置在锻件最大直径处，能锻出全部齿形和顺利脱模。

（2）加工余量。齿形和小端面不需机械加工，不留余量。背锥面是安装基准面，精锻时不能达到精度要求，预留 1.0 mm 机械加工余量。

（3）冲孔连皮。对于直齿圆锥齿轮的精密热模锻，当锻出中间孔时，冲孔连皮的位置对齿形充满情况有很大的影响；当冲孔连皮至端面的距离约为 0.6H 时，其齿形充满情况最好，其中 H 为锻件高度（如图 7-2 所示）。

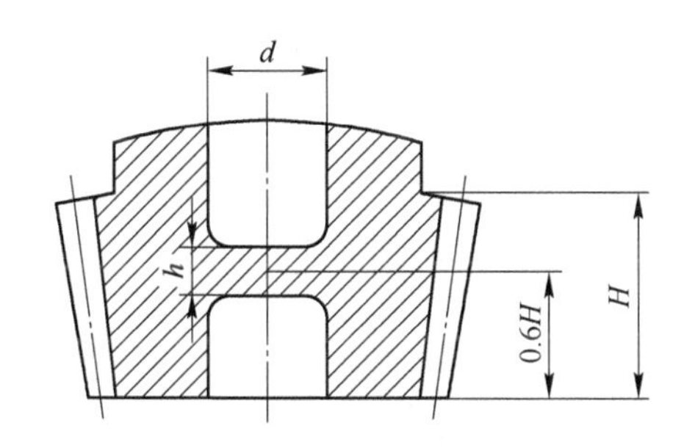

图 7-2 冲孔连皮的位置

［连皮厚度 $h=(0.2\sim0.3)d$，但不宜小于 6~8 mm］

对于图 7-1 所示的行星齿轮，其内孔直径 $d=20$ mm；由于该行星齿轮的内孔直径较小，不需要锻造成形，但在其小端部分可锻造成形 1×45°的孔倒角，以省去后续切削加工时的倒角工序。

如图 7-3 所示为东-20 行星齿轮的精锻件图，其齿形参数与表 7-1 相同。

7.1.3 坯料尺寸的选择

7.1.3.1 坯料体积的确定

采用少无氧化加热时，不考虑氧化烧损，坯料体积应等于锻件体积加飞边体积，如图 7-4 所示，可按下式计算：

$$V_0=V_1+V_2+V_3 \tag{7-1}$$

$$V_1=\frac{\pi}{4}d_1^2(h_3-h_4)+\pi h_4^2\left(R-\frac{h_4}{3}\right) \tag{7-2}$$

$$V_2\approx\frac{\pi}{3}\tan^2\delta_m[(R_0\cos\delta_m)^3-h_1^3]+\frac{\pi}{3}\cot^2\delta_0\left[(R_0\sin\delta_m\tan\delta_0)^2-\left(\frac{d_1}{2}\tan\delta_0\right)^3\right]+\left(R_1+\frac{\Delta R_1}{2}\right)\sec\left(\frac{3\delta_k-2\delta_0+\delta_r}{4}\right)\sin\left(\frac{3\delta_k+\delta_r}{4}\right)\times2\pi\Delta R_1\times\frac{h_k-h_f}{2} \tag{7-3}$$

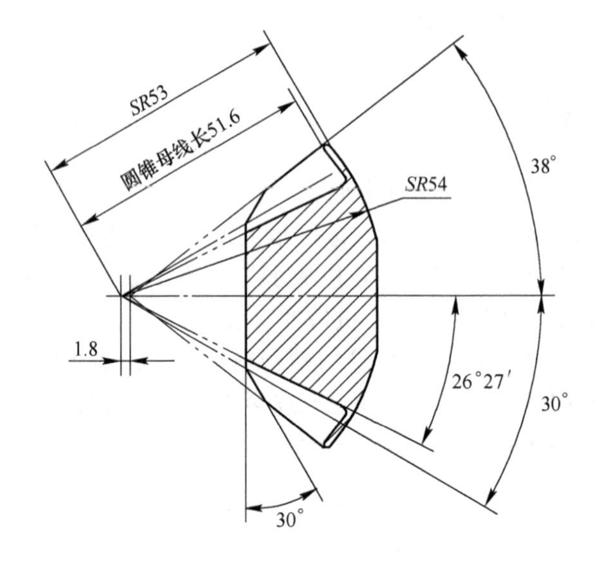

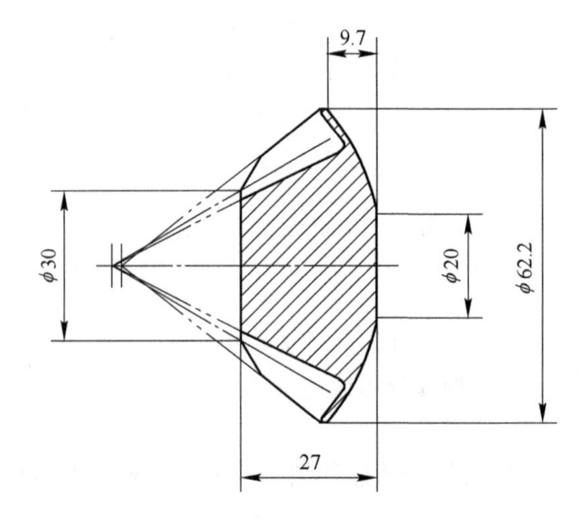

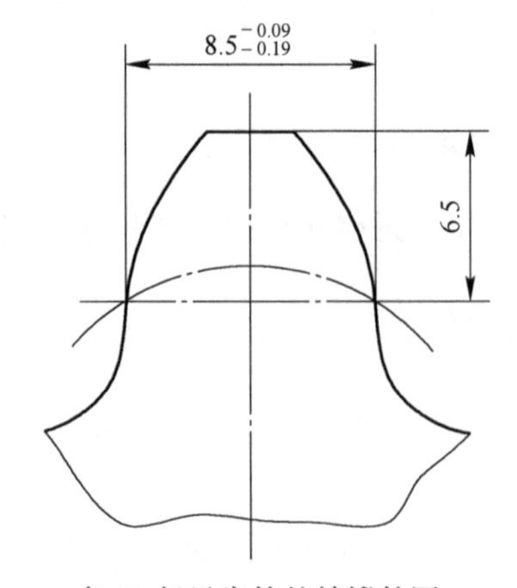

图 7-3 东-20 行星齿轮的精锻件图

$$V_3 \approx \frac{\pi}{4}\Delta R_1(d_3^2 - d_1^2)\sec\delta_0 \tag{7-4}$$

式中 V_0——毛坯体积，mm^3；

V_1——高度 h_3 部分的锻件体积，mm^3；

V_2——高度 h_2 部分的锻件体积，mm^3；

V_3——飞边体积，mm^3；

ΔR_1——飞边厚度，mm；

h_k——齿顶高，mm；

h_f——齿根高，mm；

d_3——飞边直径，mm。

$$R_0 = (R_1 + \Delta R_1)\sec(\delta_0 - \delta_m) \tag{7-5}$$

$$\delta_m = \frac{\delta_r + \delta_k}{2} \tag{7-6}$$

$$h_4 = R - \frac{1}{2}\sqrt{4R^2 - d_1^2} \tag{7-7}$$

其余符号见图7-4。

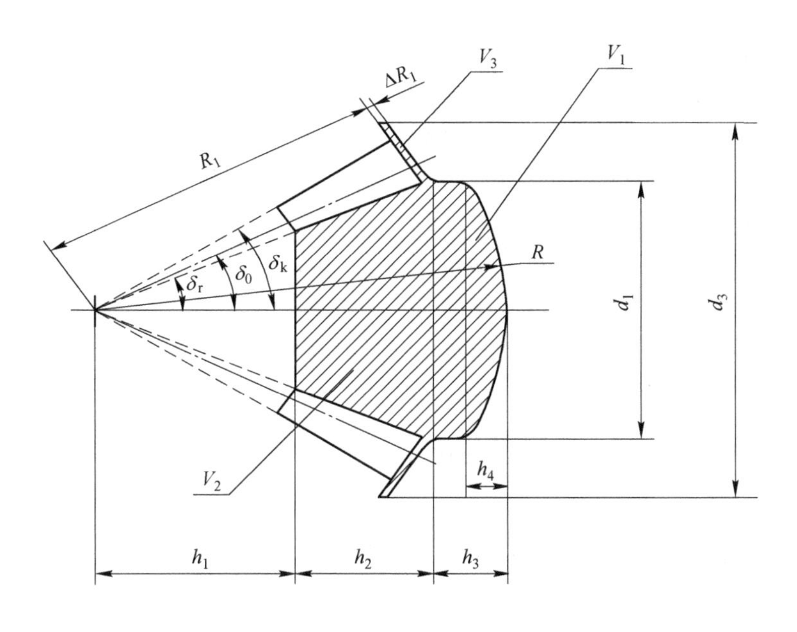

图7-4 计算直齿圆锥齿轮坯料体积的简图

7.1.3.2　坯料形状的选择

坯料形状的选择有如下三种：

（1）采用平均锥形锻坯（即预锻锻坯）。

（2）采用较大直径的圆柱形坯。

（3）采用较小直径的圆柱形坯，即坯料直径很接近小端齿根圆直径。

采用前两种坯料的优点是模锻时金属流动速度低，模具磨损较小；其缺点是采用预锻锻坯，则增加了一道预锻工序。采用较大直径圆柱形坯时，由于坯料较短、较大，精锻齿轮小端纤维分布不好，并且模锻时可能产生折叠、充不满等缺陷；同时，短而粗大的坯料也不利于精密剪切下料；需要在模膛小端齿根处开排气孔以利于模膛的充满，使模具加工复杂化，并且如果挤入排气孔中的金属小长条较长时，模锻后就得磨去，否则温精锻时会形成折叠。

采用较小直径圆柱形坯的优点是不必在模膛中开排气孔，有利于精密剪切下料；但缺点是模膛磨损较大。

因此，在模锻时不产生纵向弯曲的前提下，宜采用小直径坯料。

采用圆柱形坯时，为了保证锻件齿形没有折叠和充不满等缺陷，并且在齿形和齿根部分具有沿齿形圆滑分布的金属纤维流线，坯料除了有足够的体积外，其尺寸（如图 7-5 所示）还应满足如下的条件：

（1）坯料的高度 h_B 与齿轮的齿宽 b 的关系为

$$h_B \geqslant \frac{b}{K_h} \tag{7-8}$$

式中　K_h——实验确定的系数；当节圆锥角 $\delta_0 = 32°$ 时，$K_h = 0.37$；当节圆锥角 $\delta_0 = 45°$ 时，$K_h = 0.33$；当节圆锥角 $\delta_0 = 58°$ 时，$K_h = 0.275$。

（2）坯料直径 d_B 与模膛参数（即齿轮参数）的关系为

$$0.03Zm_i + d_{ri} \leqslant d_B \leqslant (d_{ki} - d_{ri})\sin^2\delta_r + d_{ri} \tag{7-9}$$

对于图 7-5 所示的情况，有

$$d_{ki} - d_{ri} = Zm_i(\tan\delta_k - \tan\delta_r)\cot\delta_0 \tag{7-10}$$

所以有

$$0.03Zm_i + d_{ri} \leqslant d_B \leqslant Zm_i(\tan\delta_k - \tan\delta_r)\sin^2\delta_r\cot\delta_0 + d_{ri} \tag{7-11}$$

式中　Z——齿轮的齿数；

m_i——小端面模数，$m_i = \dfrac{d_{oi}}{Z}$，mm；

d_{ri}——小端面齿根圆直径，mm；

d_{ki}——小端面齿顶圆直径，mm；

δ_k——齿顶圆锥角，(°)；

δ_r——齿根圆锥角，(°)；

δ_0——节圆锥角，(°)。

上式适用于模数 $m = 2.0 \sim 6.5$ mm、齿宽 $b = (0.2 \sim 0.5)R_1$、压力角 $\alpha_0 = 20° \sim 22.5°$、节圆锥角 $\delta_0 = 32° \sim 58°$ 的各种直齿圆锥齿轮的热精密模锻。对于齿顶圆锥、齿

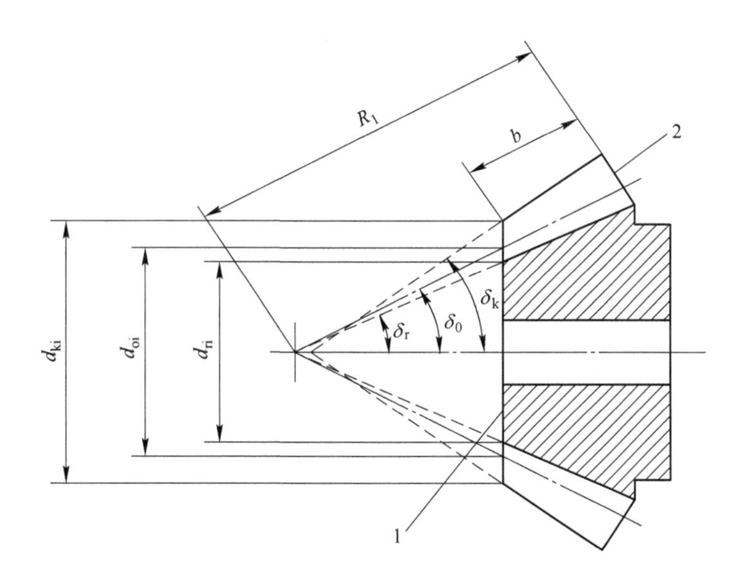

图 7-5 圆锥齿轮的尺寸及锥角

1—齿轮轮体部位；2—齿轮轮齿部位

根圆锥和节圆锥顶点不在同一点的齿轮，若顶点相差不远，可按上式计算。

经过计算并结合以往的工程实践经验，可采用 ϕ28 mm×68 mm 的圆柱形坯料，其质量约为 0.311 kg。

7.1.4 精密热模锻成形时的变形力

在摩擦压力机上进行精密热模锻时，其变形力 P 可按下式计算：

$$P = 9.8\alpha\left(2 + 0.1 \times \frac{F_n\sqrt{F_n}}{V_n}\right)\sigma_b F_n \tag{7-12}$$

式中 P——精密热模锻成形力，kN；

α——经验系数，开式热模锻时取 $\alpha = 4.0$，闭式热模锻时取 $\alpha = 5.0$，不形成纵向毛刺的简单锻件的闭式热模锻取 $\alpha = 3.0$；

F_n——锻件水平投影面积，mm^2；

V_n——锻件体积，mm^3；

σ_b——终锻温度下锻件材料的抗拉强度，kN/mm^2。

对于行星齿轮的精密热模锻，可按表 7-2 所示的经验数据选择摩擦压力机的吨位。如表 7-3 所示为该行星齿轮精密热模锻时变形力计算值与实测值的比较。

表 7-2 摩擦压力机的吨位选择

齿轮质量/kg	0.4~1.0	1.0~4.5	4.5~7.0	7.0~18.0	18.0~28.0
摩擦压力机吨位/t	300~400	500	650~700	1250	2000

表 7-3　行星齿轮精密热模锻时变形力计算值与实测值的比较

<table>
<tr><th colspan="2">计　算　值</th><th rowspan="2">实测值/kN</th><th rowspan="2">计算值与实测值的误差/%</th></tr>
<tr><th>计算公式</th><th>变形力/kN</th></tr>
<tr><td>$P = 9.8\alpha\left(2 + 0.1 \times \frac{F_n\sqrt{F_n}}{V_n}\right)\sigma_b F_n$</td><td>2810</td><td rowspan="4">2700</td><td>4.0</td></tr>
<tr><td>$P_t = C_1\,\overline{\sigma_a}A_t$
[契伊（Schey）公式]
美国钢铁研究所</td><td>2780</td><td>3.0</td></tr>
<tr><td>$P_t = p_a A_t$
[内伯格（Neuburger）和班纳奇（Pannasch）公式]</td><td>2900</td><td>7.4</td></tr>
<tr><td>摩擦压力机上模锻变形力
$P = 10YA_t$</td><td>2950</td><td>9.2</td></tr>
<tr><td>推荐的经验数据</td><td>3000</td><td></td><td></td></tr>
</table>

表 7-3 中的变形力计算时采用了如下数据：锻件材料为 18CrMnTi 钢，终锻温度为 900 ℃，σ_b = 97 kN/mm²、$\overline{\sigma_a}$ = 85 kN/mm²、C_1 = 9.0，飞边厚度在 1.0 mm 左右。

7.1.5　精密热模锻成形模具结构

7.1.5.1　模具结构总装图

如图 7-6 所示为东-20 行星齿轮精密热模锻成形模具的总装结构图。

对于热模锻成形，一般是将具有齿形型腔的模具安装在摩擦压力机的锤头上，这样有利于齿形的充填和提高齿形模具的使用寿命。但对于行星齿轮的精密热模锻而言，为了安放坯料方便和便于顶出精锻件，应将具有齿形型腔的模具安装在摩擦压力机的砧座上；这样安装对于清除具有齿形型腔的模具中的氧化皮或润滑剂残渣、提高模具寿命是不利的。

本模具结构中采用了双层预应力组合凹模，凹模芯用凹模外套进行预应力加强；凹模压板仅起紧固双层预应力组合凹模的作用。模锻成形完成后，由顶料杆将精锻件从双层预应力组合凹模中顶出。

7.1.5.2　凹模芯和凸模的设计

图 7-7 展示了凹模芯的形状与尺寸，图 7-8 展示了凸模的形状与尺寸，其材料均为 3Cr2W8V 钢，热处理硬度（HRC）为 48~52。

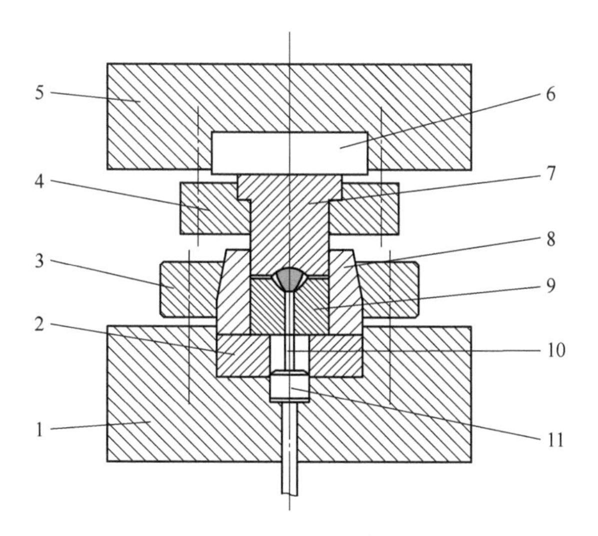

图7-6 东-20行星齿轮精密热模锻成形模具的总装结构图

1—摩擦压力机砧座；2—下模承载垫；3—凹模压板；4—凸模压板；5—锤头座；6—上模承载垫；7—凸模；8—凹模外套；9—凹模芯；10—顶料杆；11—顶杆

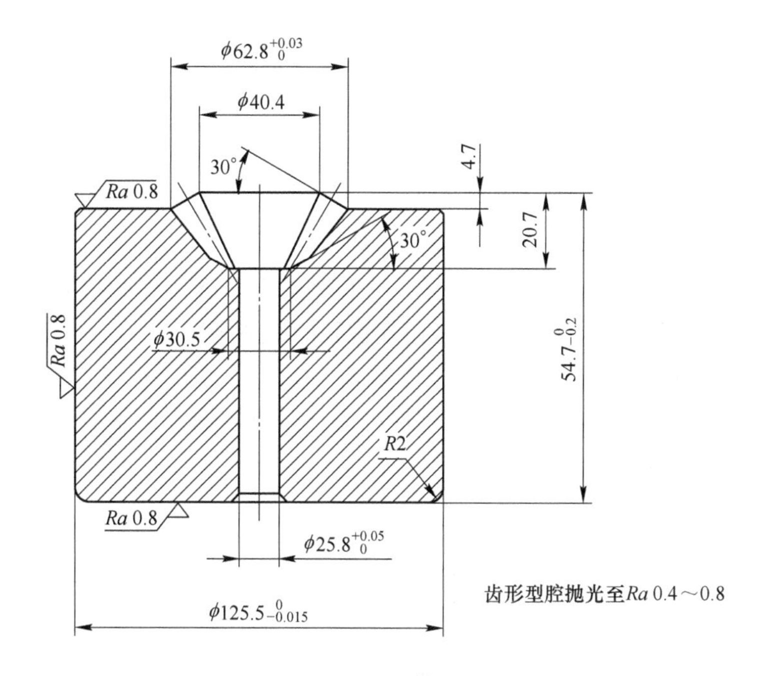

图7-7 凹模芯

7.1.5.3 凹模芯的加工

在行星齿轮精密热模锻成形过程中，具有齿形型腔的凹模芯的加工是精密热模锻该行星齿轮的关键技术之一。

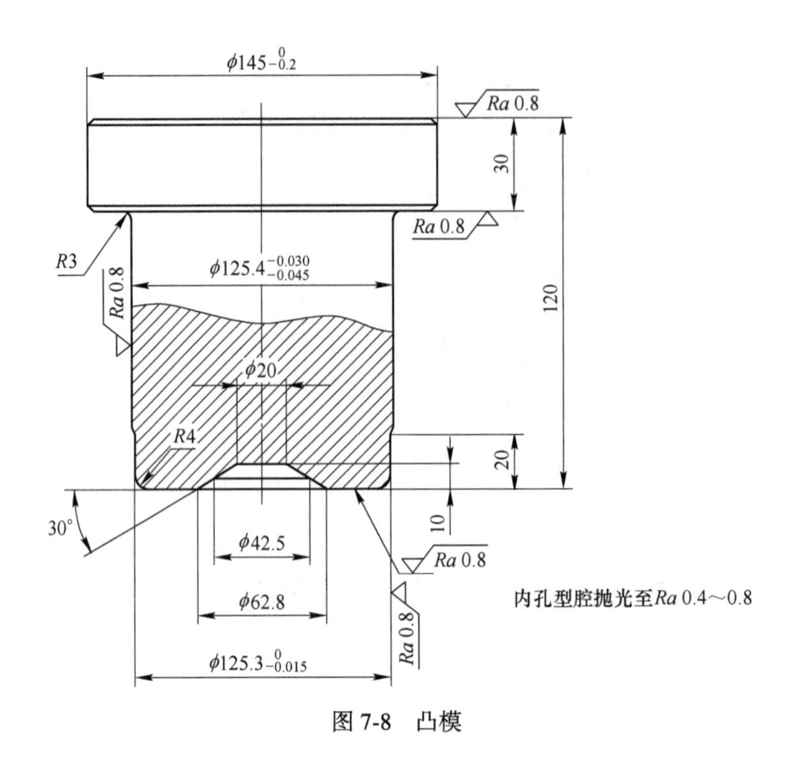

图 7-8　凸模

凹模芯的齿形型腔的加工是在完成初加工、热处理和磨削加工后，用电火花加工机床加工出该齿形型腔的。

A　凹模芯中齿形型腔精度的检测方法

目前有两种方法来检验凹模芯中的齿形型腔：

（1）低熔点合金浇铸法。将收缩率极小的低熔点合金浇铸到凹模芯的齿形型腔中获得铸件，测量铸件的精度来衡量凹模芯中齿形型腔的制造精度。

（2）用样板检验。利用标准的固定弦齿厚 S_x 和齿高 h_x 的样板测量凹模芯中齿形型腔的大端固定弦齿厚（如图 7-9 所示），利用齿形样板测量凹模芯中齿形型腔的齿形（如图 7-10 所示）。

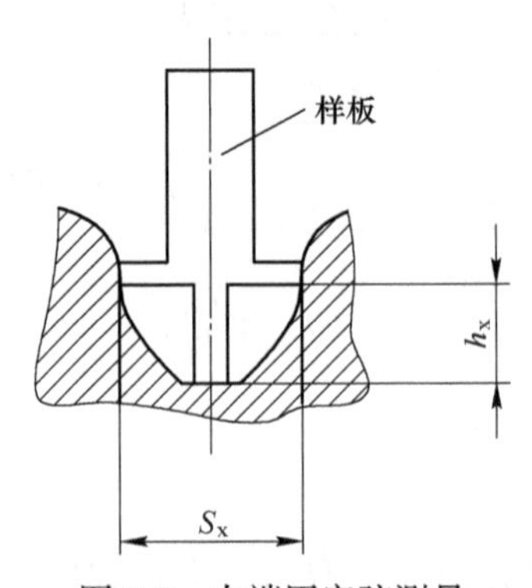

图 7-9　大端固定弦测量

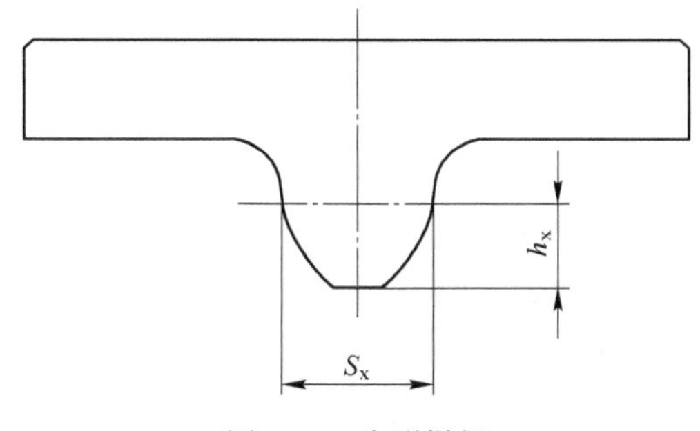

图 7-10 齿形样板

B 齿形电极的设计

当用电火花加工凹模芯的齿形型腔时，其齿形型腔的设计实际上就是齿形电极的设计。设计齿形电极时，应根据行星齿轮的零件图，并考虑下述因素：

（1）精锻件冷却时的收缩。

（2）凹模芯工作时的弹性变形和模具的磨损。

（3）电火花加工时的放电间隙。

（4）电火花加工时的电极损耗。

齿形电极相关参数的确定：

（1）齿形电极的齿形精度。一般地，齿形电极的齿形精度要比齿轮零件图中的齿形精度提高 2 级。由于图 7-1 所示的行星齿轮的轮齿齿形精度为 IT8 级，因此该齿形电极的齿形精度取为 IT6 级；该精度的提高，应包括齿圈径向跳动、安装距等全部检验项目。

齿形电极的接触斑点要求如下：由于图 7-1 所示行星齿轮的轮齿接触斑点为 50%且为中间接触，故齿形电极的接触斑点应提高到 80%且为中间接触、略偏小头。

（2）齿形电极的齿形表面粗糙度。一般地，齿形电极的齿形表面粗糙度要比图 7-1 所示的行星齿轮零件图高 1~2 级。

（3）齿形电极的齿根高。一般地，齿形电极的齿根高等于图 7-1 所示行星齿轮零件的齿根高或比图 7-1 所示行星齿轮零件的齿根高增加 $0.1m$（m 为模数）；相应地，齿形电极的全齿高等于图 7-1 所示行星齿轮零件的全齿高或比图 7-1 所示行星齿轮零件的全齿高增加约 $0.1m$。这样可延长凹模芯的使用寿命。因为在精密热模锻成形过程中凹模芯中齿形型腔的齿顶和棱角处容易磨损和压塌，反映到精锻件上则是精锻件的轮齿齿根有较大的圆角，从而使精锻件轮齿的齿根变浅。

电火花成形加工时把凹模芯中齿形型腔的齿根加深，就不会影响精锻件轮齿的正确啮合和引起齿根干涉。

（4）分度圆的压力角。一般地，齿形电极的轮齿分度圆压力角的修正，主要考虑如下因素：

1）凹模芯的弹性变形和磨损。要计算凹模芯的弹性变形量，就需要知道在精密热模锻成形过程中变形金属对凹模芯中齿形型腔的压力分布，然后利用有限元法进行计算。

精密热模锻成形过程中凹模芯中齿形型腔的磨损规律大致为：使精锻件轮齿的齿厚增加，造成轮齿压力角增大。

2）电火花成形加工时齿形电极的损耗。电火花成形加工时，齿形电极的小端和齿顶部分加工时间较长，其损耗较齿根和大端为大，使得其齿顶厚度相对较薄，引起齿形渐开线的畸变，其结果就是使轮齿的压力角和收缩角（一个齿从小端到大端的齿长方向上齿面间的夹角为收缩角）增大。因此，在电火花成形加工的精加工阶段应合理调整电火花加工参数、正确选择电极材料，尽量减少电极的损耗或使损耗均匀稳定。

3）锻造成形时温度分布不均匀。由于精密热模锻的凹模芯中齿形型腔内的温度比坯料的温度低，因此在精密热模锻成形时精锻件轮齿的齿顶部分温度往往比齿根部分温度下降较快些；在锻造成形结束时，如果精锻件轮齿的齿顶温度低于齿根温度，那么精锻件在随后的冷却过程中轮齿齿顶的收缩小些，这就相当于其齿顶厚度相对变厚、齿根厚度相对变薄，从而引起精锻件轮齿的齿形渐开线畸变，其结果就是使精锻件轮齿的压力角减小。

4）精锻件的冷收缩。精锻件从凹模芯的齿形型腔模中取出后，在随后的冷却过程中要发生收缩。如果精锻件的温度均匀，则是均匀地线性收缩。

一般地，对于尺寸较小的齿轮，设计齿形电极时可以不考虑精锻件的冷收缩，而是对精锻件轮齿进行后续机械加工时采用标准齿形夹具，以保证精锻件轮齿的安装距 R_a 完全符合零件图要求即可。

对于尺寸较大的齿轮，由于精锻件在冷却过程中的冷收缩绝对值较大，因此需要在设计齿形电极时考虑精锻件的冷收缩量；此时，实际上仍然是修正齿形电极的安装距，使精锻件轮齿冷收缩后的分度圆锥与齿轮零件图的分度圆锥一致，即在齿形电极上增加安装距修正量 ΔR_a。

考虑冷收缩时，根据收缩率确定的精锻件尺寸：节圆直径 d_2（单位是 mm）为

$$d_2 = (1 + \alpha\Delta t)d_0 \tag{7-13}$$

大端模数 m_2（单位是 mm）为

$$m_2 = \frac{d_2}{Z} \tag{7-14}$$

大端齿顶高 h_1（单位是 mm）为

$$h_1 = m_2 \tag{7-15}$$

大端齿根高 h_2（单位是 mm）为

$$h_2 = 1.2m_2 \tag{7-16}$$

大端齿顶圆直径 D_e（单位是 mm）为

$$D_e = m_2(Z + 2\cos\delta_0) \tag{7-17}$$

大端固定弦齿厚 $S_{弦}$（单位是 mm）为

$$S_{弦} = 1.387m_2 \tag{7-18}$$

大端固定弦齿高 $h_{弦}$（单位是 mm）为

$$h_{弦} = 0.7476m_2 \tag{7-19}$$

式中　d_0——齿轮零件大端节圆直径，mm；

Z——齿数；

α——齿轮材料的线膨胀系数；

Δt——终锻时锻件温度与模具温度之差，℃；

δ_0——节圆锥角，（°）。

最后根据精锻件图，并考虑凹模芯的弹性变形和磨损、电火花成形加工的放电间隙、齿形电极的损耗来确定齿形电极尺寸。

综合考虑上述因素后设计了如图7-11所示的齿形电极，其齿形参数见表7-4。

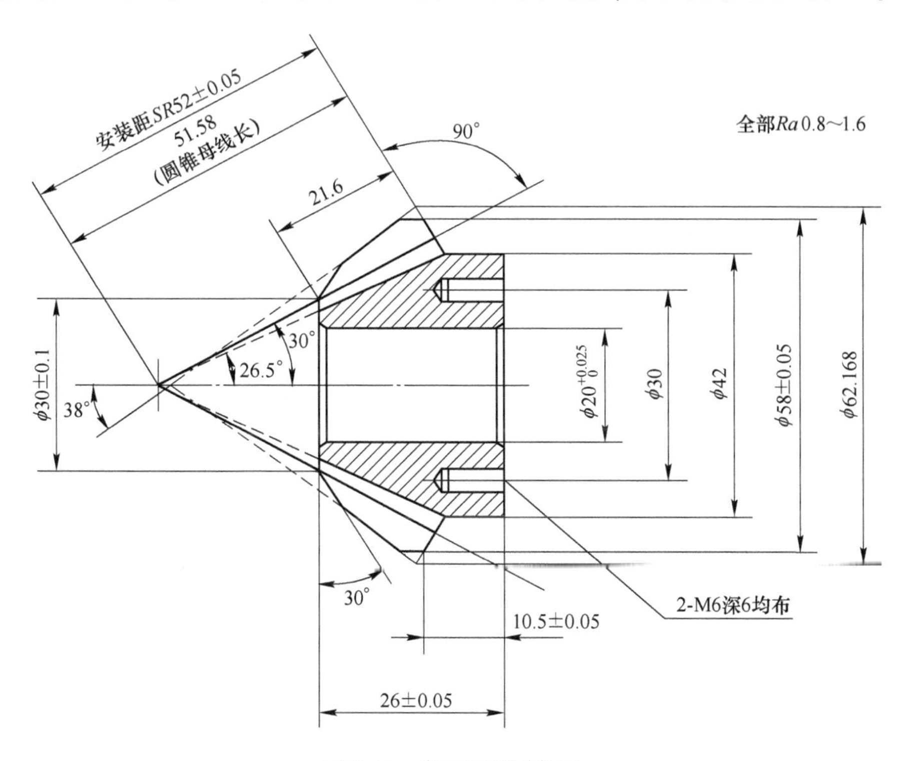

图7-11 齿形电极零件图

表7-4 齿形电极的齿形参数

齿　数	12
模数/mm	4.3
齿形角/(°)	19
分度圆直径/mm	51.6
齿高系数	1.0
径向移距系数	0.50
切向移距系数	0.05
齿顶高/mm	6.162
齿全高/mm	9.39
分度圆上理论弧齿厚/mm	8.534
精度等级	6-DC

7.1.6　精密热模锻成形工艺试验

东-20 行星齿轮的精密热模锻成形加工是在公称压力为 3000 kN 的摩擦压力机上进行的。该工艺中使用的润滑剂为 70%机油+30%石墨混合而成的热模锻润滑剂。

精密热模锻成形的东-20 行星齿轮精锻件的尺寸精度和内部组织完全达到了图 7-1 所示行星齿轮零件的设计要求。

东-20 行星齿轮由原有的切削加工工艺改为精密热模锻成形加工工艺后，其材料利用率由原来的 41. 6%提高到 83%左右、生产效率提高了 2 倍左右。

 2A12 硬铝合金皮带轮的精密热模锻成形

如图 7-12 所示为皮带轮零件简图，其材质为 2A12 硬铝合金。对于这种具有外齿形的空心类法兰盘零件，可采用圆柱体坯料经热反挤压制坯+热镦挤成形的精密热模锻成形方法进行生产[22-23]。如图 7-13 所示为皮带轮锻件图。

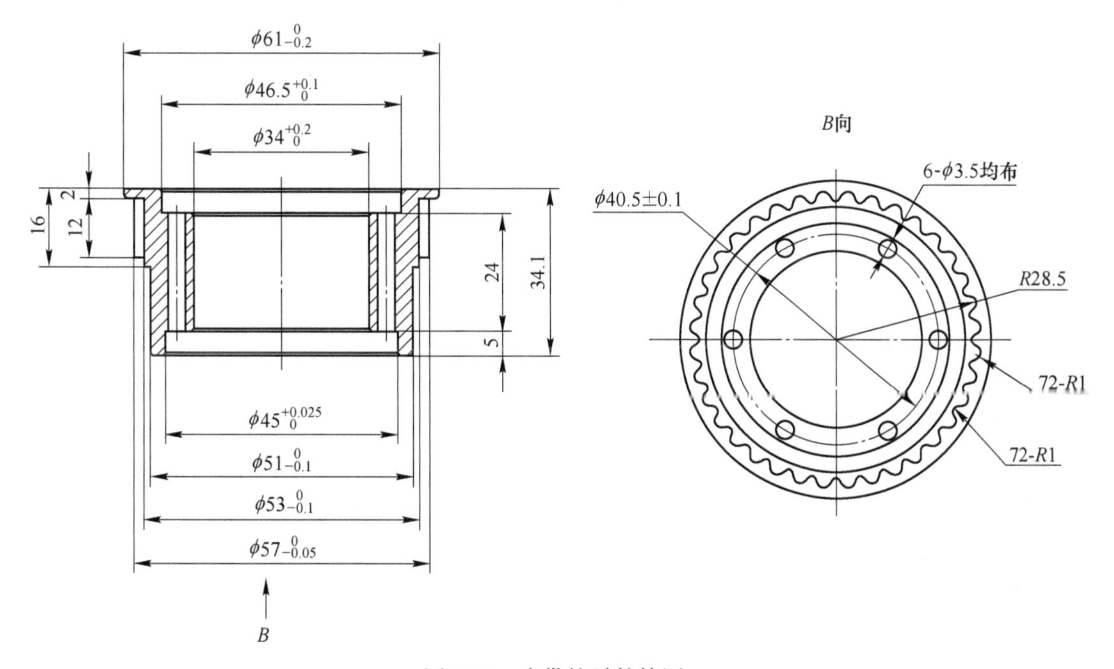

图 7-12 皮带轮零件简图

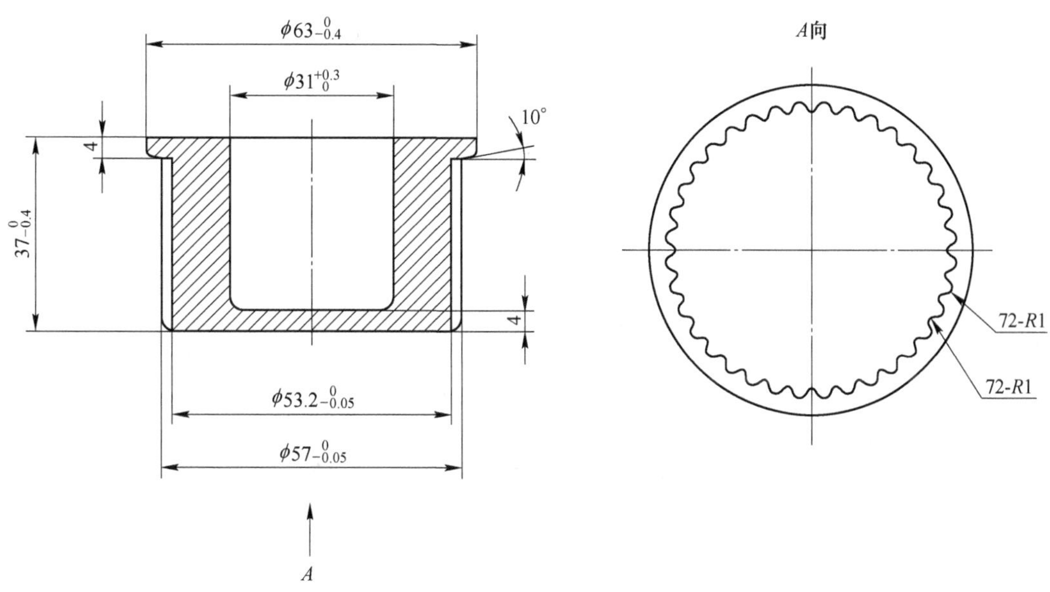

图 7-13 皮带轮锻件图

7.2.1　精密热模锻成形工艺流程

（1）坯料的制备。在带锯床上将直径 $\phi55$ mm 的 2A12 硬铝合金圆棒料锯切成长度为 28 mm 的坯料，如图 7-14 所示。

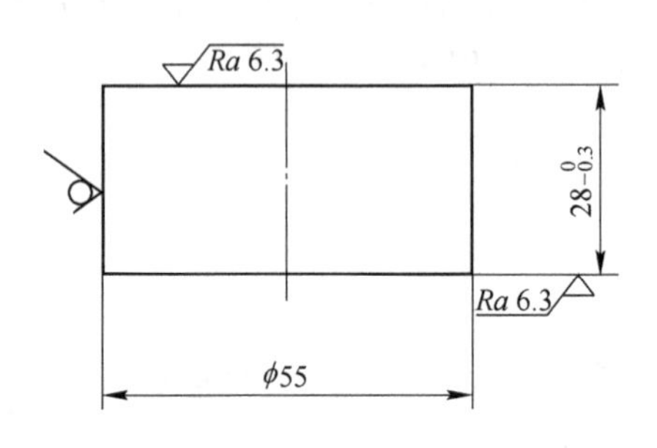

图 7-14　坯料的形状和尺寸

（2）坯料的加热和保温。坯料的加热规范：加热温度为 450 ℃±20 ℃、保温时间为 60~90 min。

（3）模具预热。模具的预热温度为 150 ℃±50 ℃。

（4）润滑处理。用猪油作为润滑剂，将加热、保温后的坯料快速浸入盛有猪油润滑剂的容器中；用粘有猪油的毛刷涂抹冲头的工作表面和凹模的型腔表面。

（5）热反挤压制坯。将浸有猪油的坯料置于反挤压制坯模具的凹模型腔中，随着冲头向下运动，将反挤压出如图 7-15 所示的制坯件。

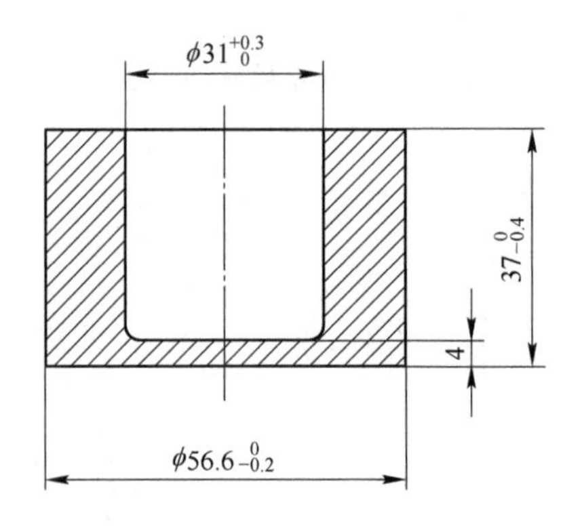

图 7-15　反挤压坯件

（6）制坯件的加热和保温。制坯件的加热规范：加热温度为 450 ℃±20 ℃、保温时间为 30~45 min。

（7）热镦挤成形。将浸有猪油的制坯件置于热镦挤成形模具的凹模型腔中，随着冲头向下运动，将热镦挤成形出如图 7-13 所示的锻件。

7.2.2 热镦挤成形模具的设计

对于图7-13所示的锻件，其热镦挤成形的主要目的是挤压成形外齿形部分和镦粗成形直径 ϕ63 mm、高4.0 mm的法兰盘部分。

如图7-16所示为热镦挤成形模具结构图，如图7-17所示为该模具中的主要零件图。

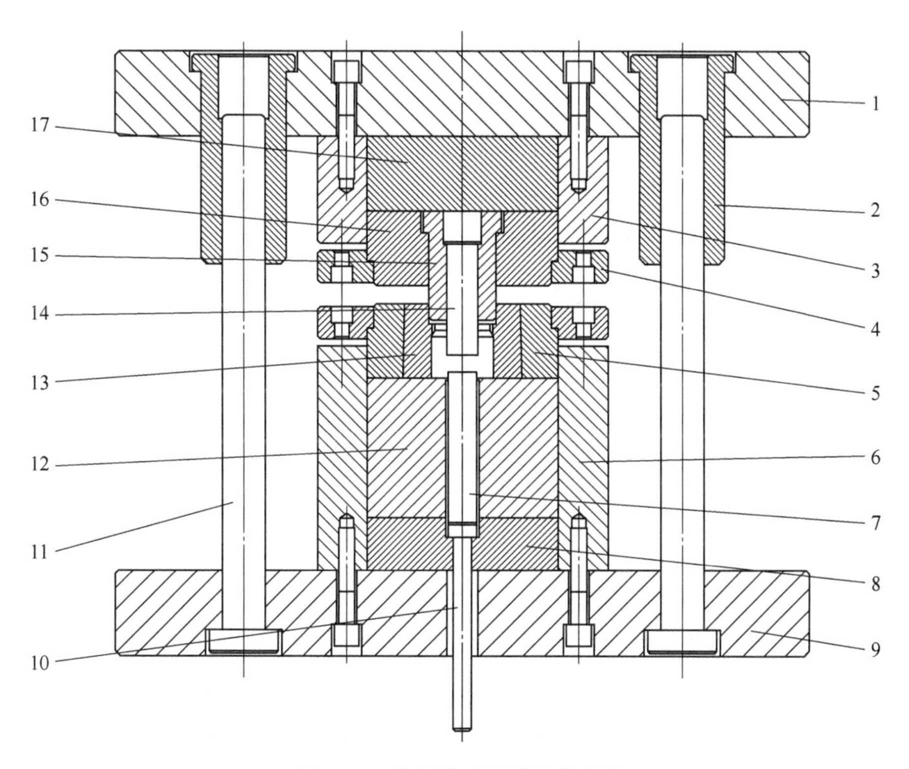

图7-16 热镦挤成形模具结构图

1—上模板；2—导套；3—上模座；4—上模压板；5—凹模外套；6—下模座；
7—顶料杆；8—顶杆垫板；9—下模板；10—顶杆；11—导柱；12—凹模垫板；13—凹模芯；
14—冲头芯轴；15—冲套；16—上模外套；17—上模垫块

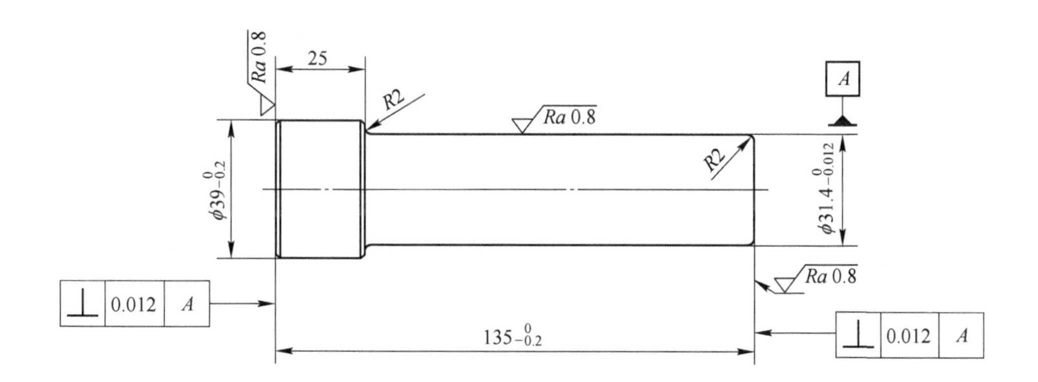

(a)

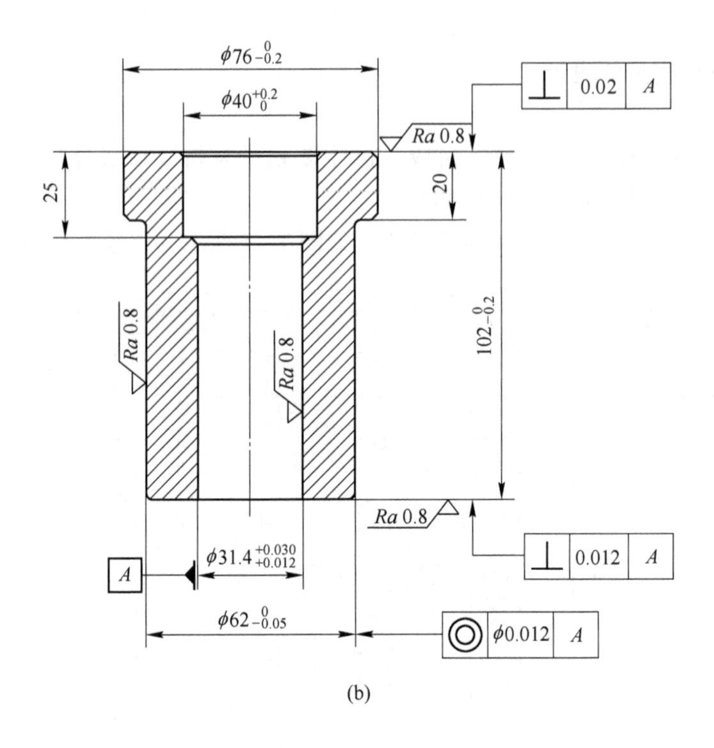

ϕ76 0/−0.2
ϕ40 +0.2/0
Ra 0.8
0.02 A
25
20
102 0/−0.2
Ra 0.8
Ra 0.8
Ra 0.8
0.012 A
A
ϕ31.4 +0.030/+0.012
ϕ62 0/−0.05
ϕ0.012 A

(b)

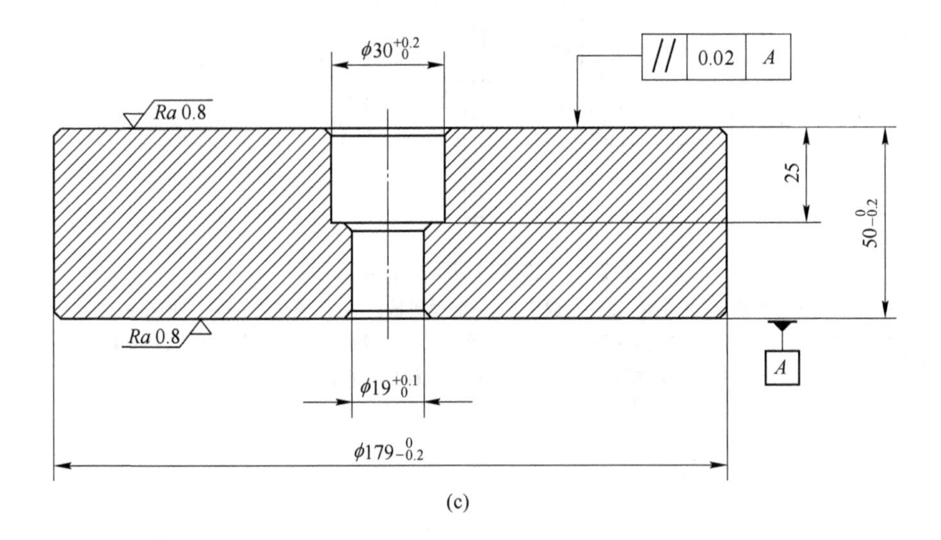

ϕ30 +0.2/0
0.02 A
Ra 0.8
25
50 0/−0.2
Ra 0.8
A
ϕ19 +0.1/0
ϕ179 0/−0.2

(c)

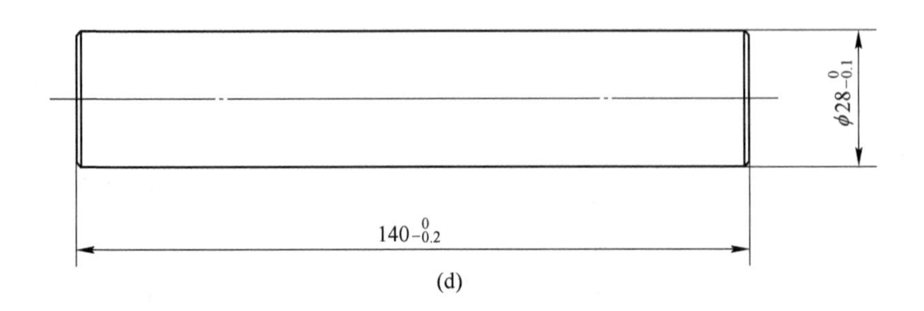

ϕ28 0/−0.1
140 0/−0.2

(d)

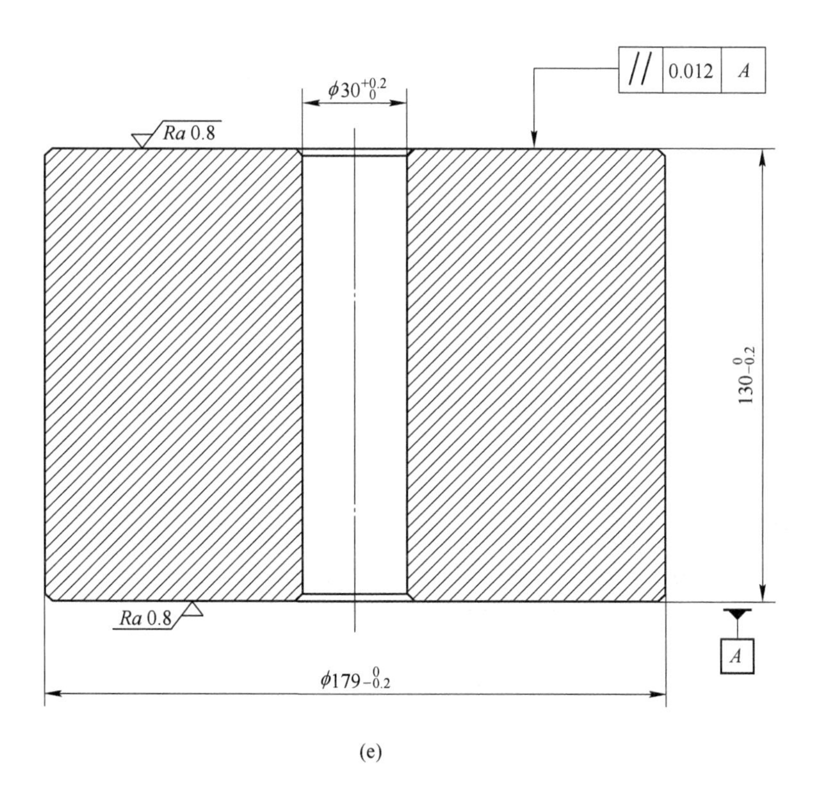

φ30 +0.2 0
// 0.012 A
Ra 0.8
Ra 0.8
130 0 -0.2
A
φ179 0 -0.2

(e)

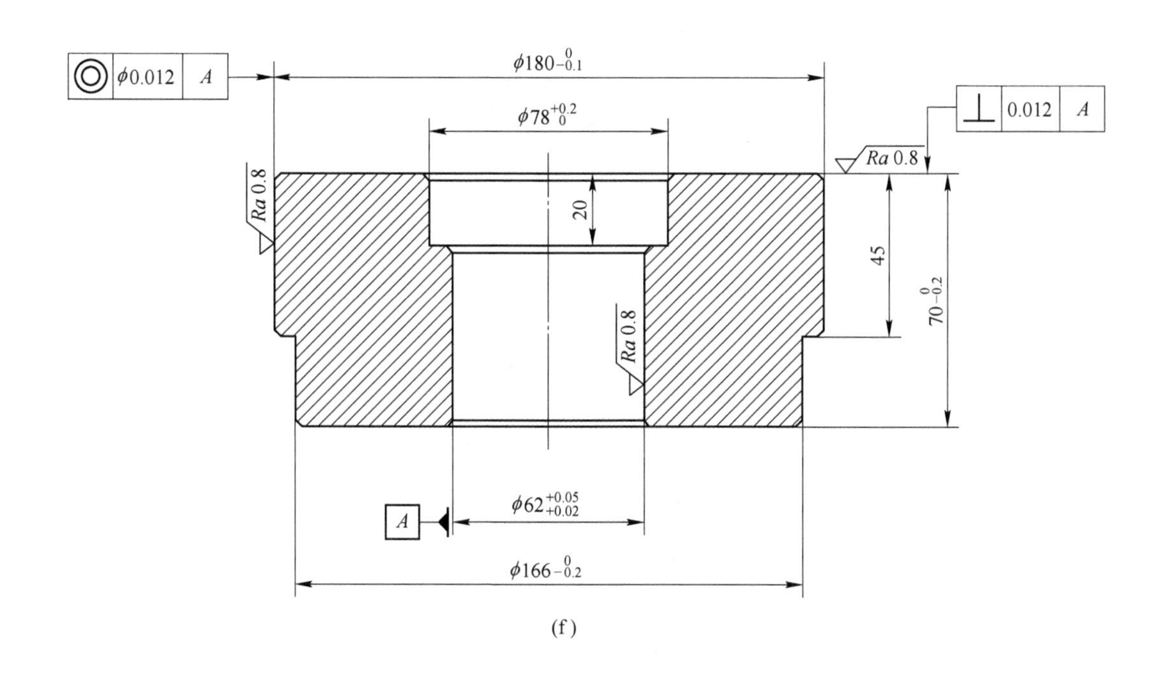

◎ φ0.012 A
φ180 0 -0.1
φ78 +0.2 0
⊥ 0.012 A
Ra 0.8
Ra 0.8
20
45
70 0 -0.2
Ra 0.8
φ62 +0.05 +0.02
A
φ166 0 -0.2

(f)

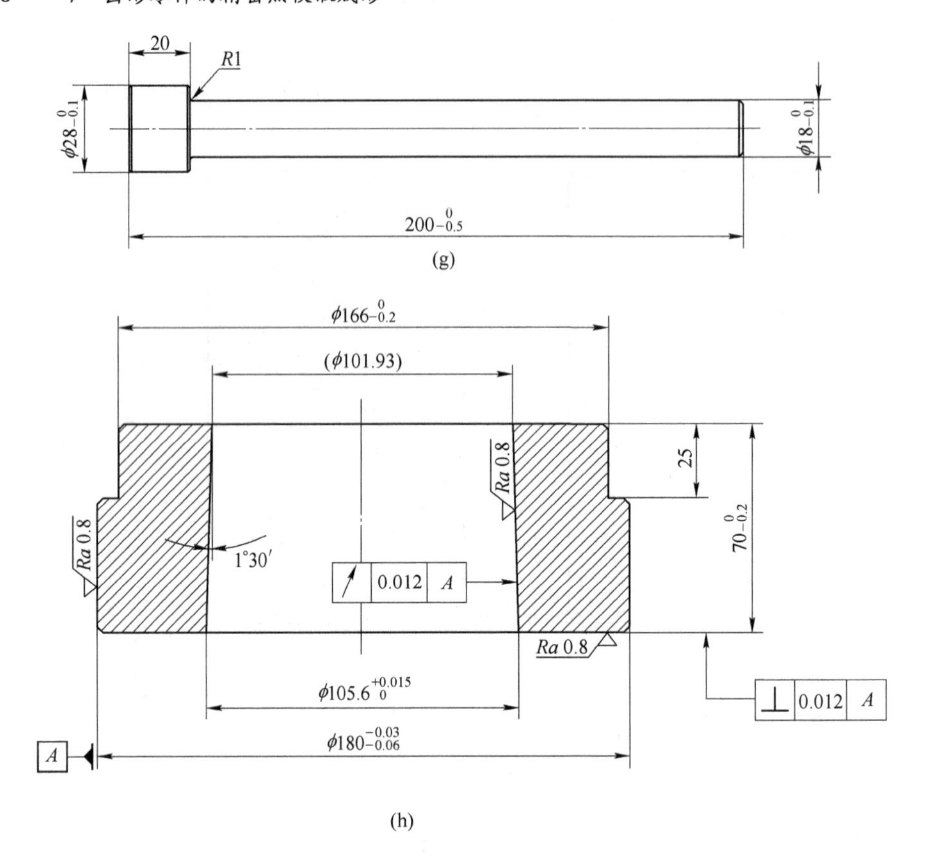
20
R1
φ28 0 -0.1
φ18 0 -0.1
200 0 -0.5
(g)
φ166 0 -0.2
(φ101.93)
25
70 0 -0.2
Ra 0.8
Ra 0.8
1°30′
0.012 A
Ra 0.8
φ105.6 +0.015 0
0.012 A
A
φ180 -0.03 -0.06

(h)

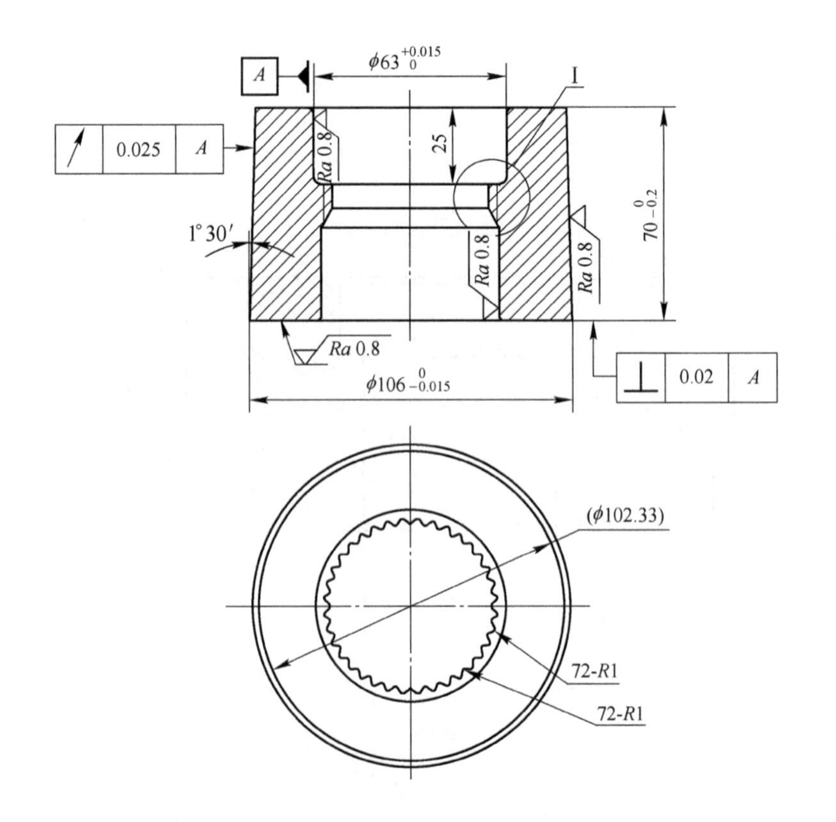
A
φ63 +0.015 0
I
0.025 A
Ra 0.8
25
70 0 -0.2
1° 30′
Ra 0.8
Ra 0.8
Ra 0.8
0.02 A
φ106 0 -0.015
(φ102.33)
72-R1
72-R1

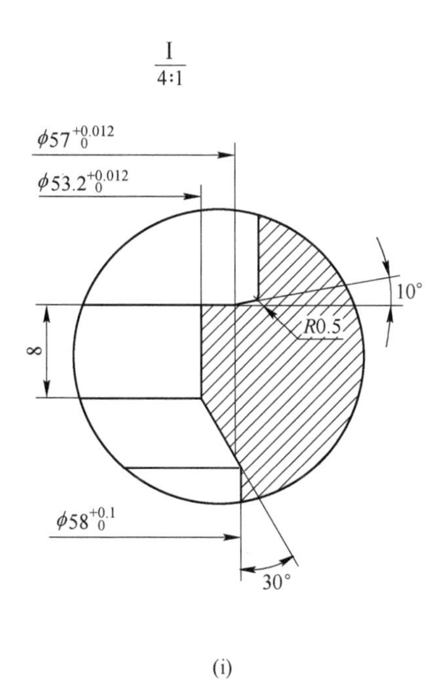

(i)

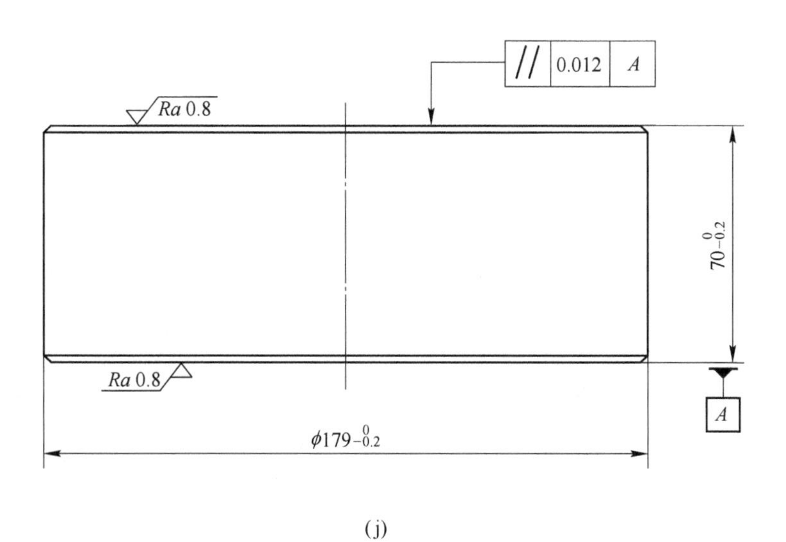

(j)

图 7-17 主要模具零件图

(a) 冲头芯轴；(b) 冲套；(c) 顶杆垫板；(d) 顶料杆；(e) 凹模垫板；
(f) 上模外套；(g) 顶杆；(h) 凹模外套；(i) 凹模芯；(j) 上模垫块

7.3 T-234 行星齿轮的精密热模锻

如图 7-18 所示为 T-234 行星齿轮零件简图，其材质为 18CrMnTi 低碳低合金结构钢；零件质量为 0.62 kg，下料质量为 0.8 kg，精锻件（如图 7-19 所示）质量为 0.75 kg，飞边质量为 0.03 kg。

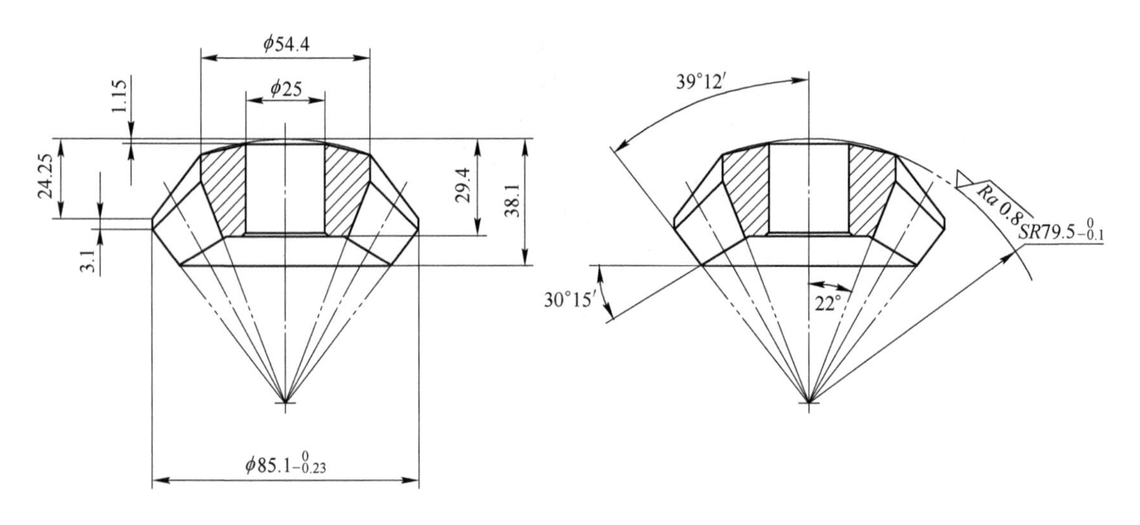

图 7-18　T-234 行星齿轮零件简图

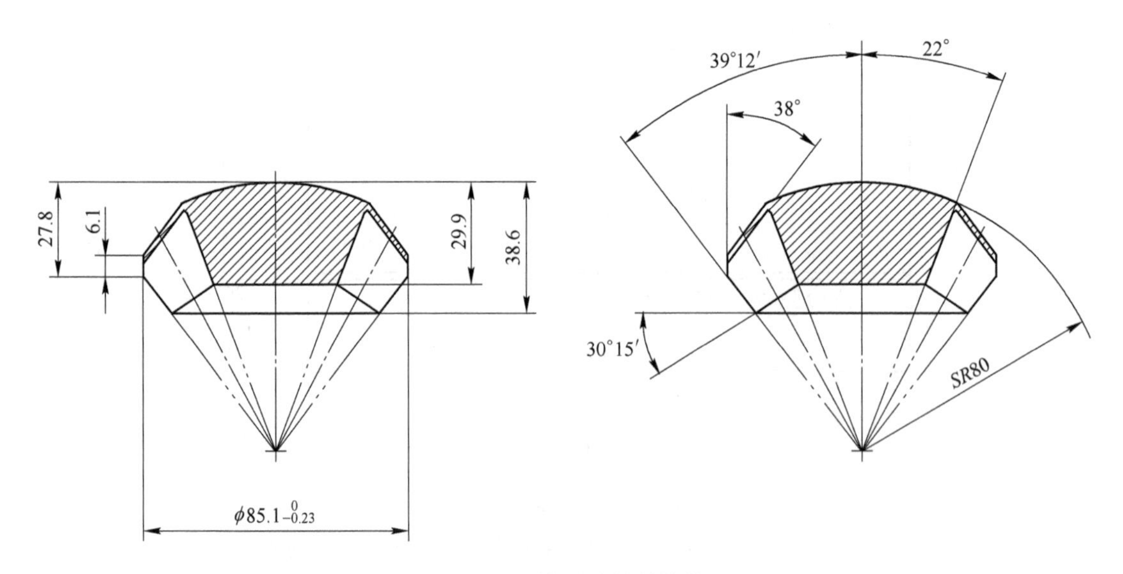

图 7-19　T-234 行星齿轮精锻件图

该行星齿轮精锻件在公称压力为 3000 kN 的摩擦压力机上精密热模锻成形的工艺过程见表 7-5[6,10,24]。

表 7-5 T-234 行星齿轮精密热模锻成形工艺过程

加热火次	精锻成形工序	简 图
1	（1）清理； （2）在预制坯模中制坯成形	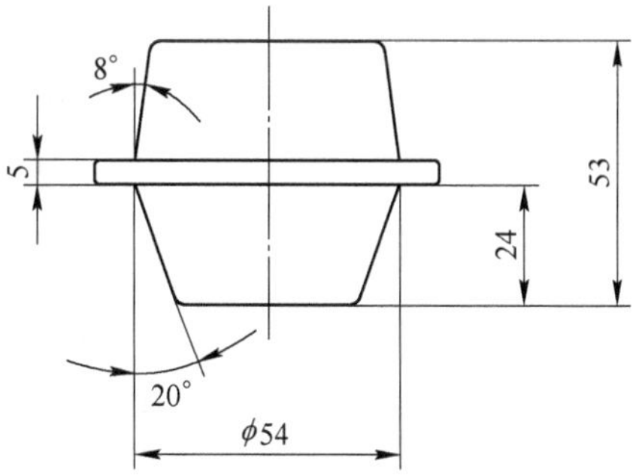 （a）预制坯成形件
	（3）切边； （4）清理	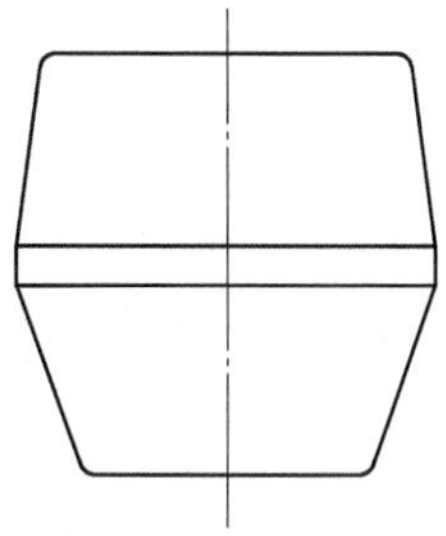 （b）预制坯件
2	（5）在精锻模中精锻成形； （6）砂坑中冷却； （7）冷切飞边	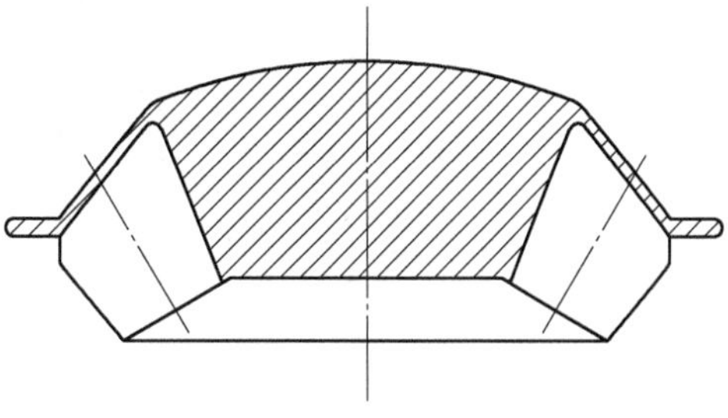 （c）精锻成形件

如图 7-20 所示为该行星齿轮在公称压力为 3000 kN 的摩擦压力机上精密热模锻成形的精锻模具结构总装图。

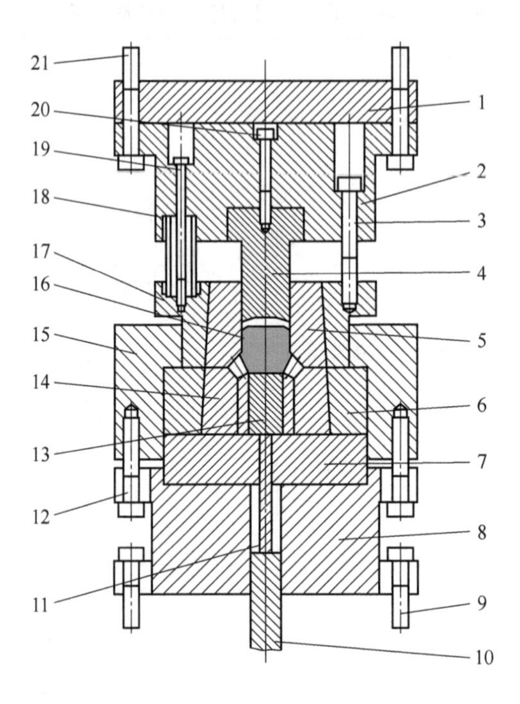

图 7-20　T-234 行星齿轮精锻模具结构总装图

1—上模板；2—上模座；3—凸模紧固螺钉；4—冲头；5—凸模芯；6—凹模外套；7—凹模承载垫；8—下模座；9—下模紧固螺钉；10—下顶杆；11—顶料杆；12—凹模紧固螺钉；13—凹模芯垫；14—凹模芯；15—凹凸模对中套；16—预制坯件；17—凸模外套；18—压缩弹簧；19—拉杆；20—冲头紧固螺钉；21—上模紧固螺钉

为了防止凹模芯 14 在精密热模锻成形过程中开裂破坏，在凹模芯 14 外热压配凹模外套 6，其热压配过盈量为 0. 40~0. 45 mm；在热压配时先将凹模外套 6 加热到 400~450 ℃，然后压进凹模芯 14，得到如图 7-21 所示的预应力组合凹模。

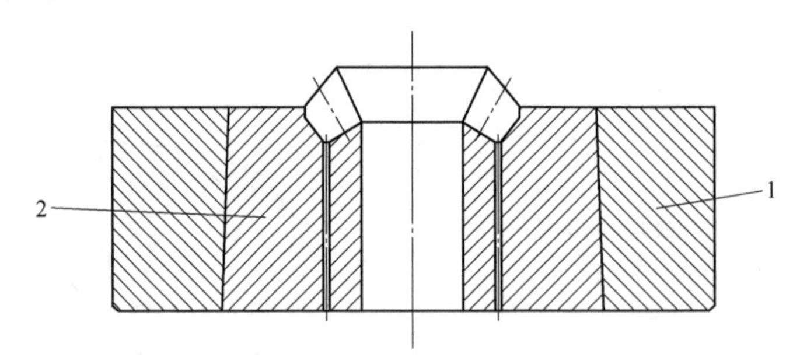

图 7-21　预应力组合凹模

1—凹模外套；2—凹模芯

同时，为了防止凸模芯 5 在精密热模锻成形过程中开裂破坏，在凸模芯 5 外热压配凸模外套 17，其热压配过盈量为 0. 40~0. 45 mm；在热压配时先将凸模外套 17 加热到 400~450 ℃，然后压进凸模芯 5，得到如图 7-22 所示的预应力组合凸模。

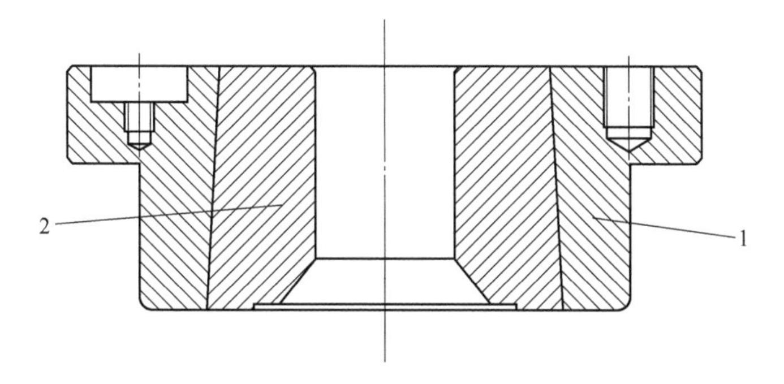

图 7-22 预应力组合凸模

1—凸模外套；2—凸模芯

8

齿形零件的冷摆辗成形

8.1 某植保机用离合器齿轮的冷摆辗成形

如图 8-1 所示为某植保机用离合器齿轮零件简图，其材质为 20CrMnTi 低碳低合金结构钢。

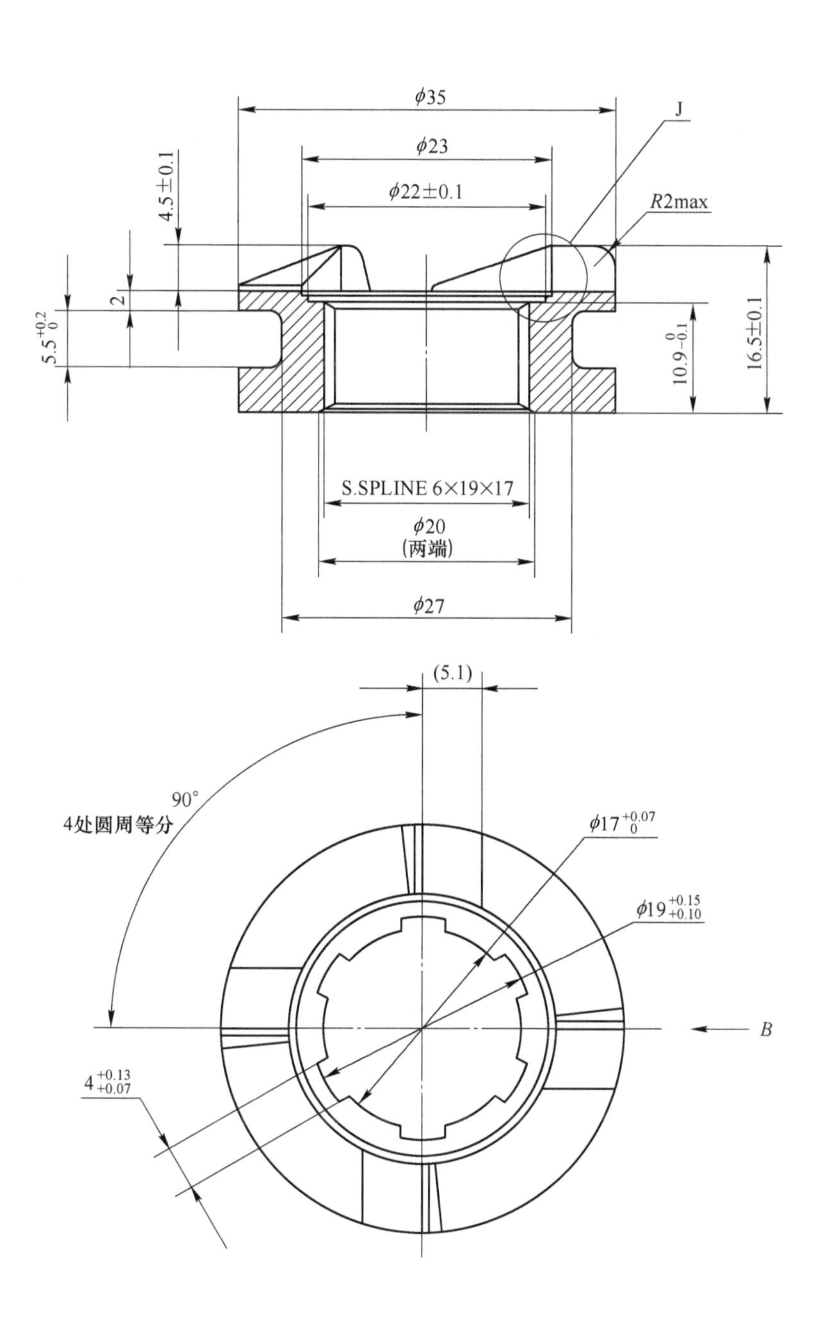

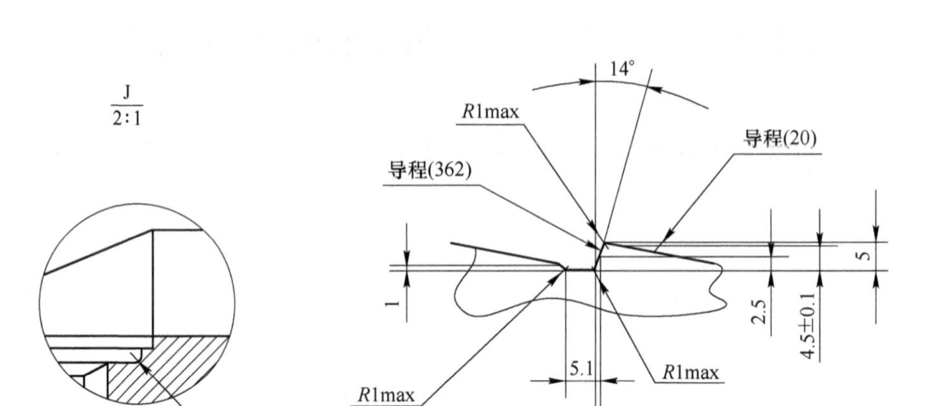

图 8-1　某植保机用离合器齿轮零件简图

对于这种具有端面齿形的小型轴套类零件，可采用圆柱体坯料经冷摆辗成形的加工方法进行生产[7,10,25]。

如图 8-2 所示为该离合器齿轮冷摆辗件图。

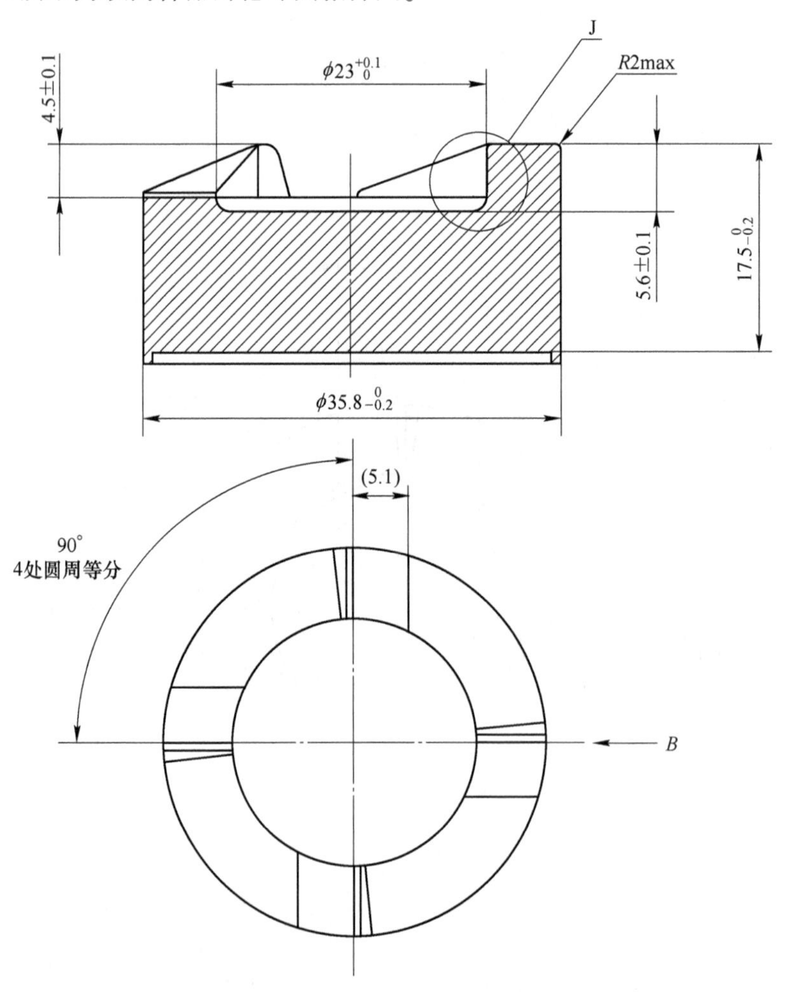

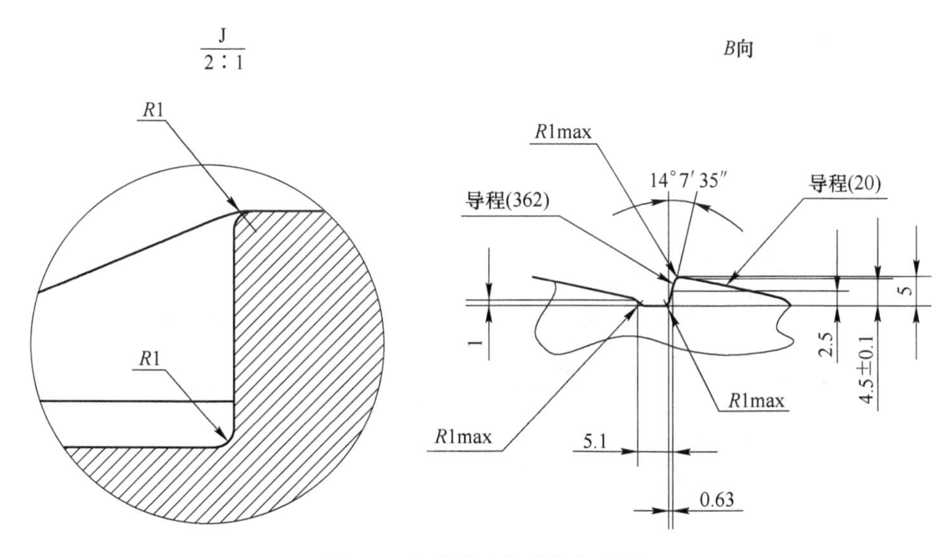

图 8-2 离合器齿轮冷摆辗件图

8.1.1 冷摆辗成形工艺流程

（1）带锯床下料。将 ϕ35 mm 的 20CrMnTi 低碳低合金结构钢圆棒料在带锯床上锯切成长度为 24 mm 的下料件，如图 8-3 所示。

（2）无心磨加工。将下料后的下料件在无心磨床上进行外圆磨削加工，得到如图 8-4 所示的无心磨坯件。

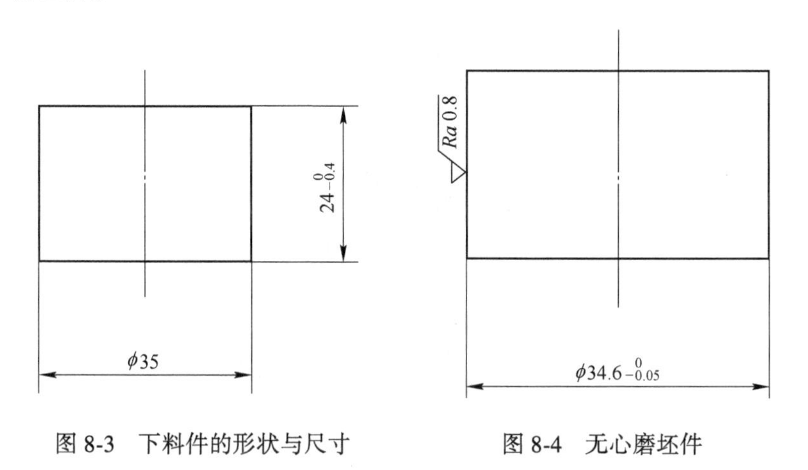

图 8-3 下料件的形状与尺寸　　图 8-4 无心磨坯件

（3）无心磨坯件的光亮退火处理。将图 8-4 所示的无心磨坯件在大型井式光亮退火炉内进行软化退火处理，其退火工艺规范：加热温度为 860 ℃±20 ℃、保温时间为 360~480 min，炉冷；软化退火后的坯件硬度（HB）控制在 120~140。

（4）坯件的磷化处理。将已经光亮退火处理的坯件在磷化生产线上进行磷化处理，使坯件表层覆盖一层致密的、多孔的磷酸盐膜。

（5）润滑处理。用 MoS_2 和少许机油作为润滑剂，将磷化后的坯件倒入盛有润滑剂的振荡容器中；当振荡容器振荡 5~8 min 后，MoS_2就会进入坯件表面的多孔磷酸盐膜层中，使坯件的表面在随后的冷摆辗成形过程中起到良好的润滑作用。

（6）冷摆辗成形。将已经润滑处理的坯件置于冷摆辗成形模具的组合凹模型腔中，随着摆头的摆动以及组合凹模的轴向进给运动，将冷摆辗成形出如图 8-2 所示的冷摆辗件。

如图 8-5 所示为冷摆辗成形的离合器齿轮冷摆辗件实物。

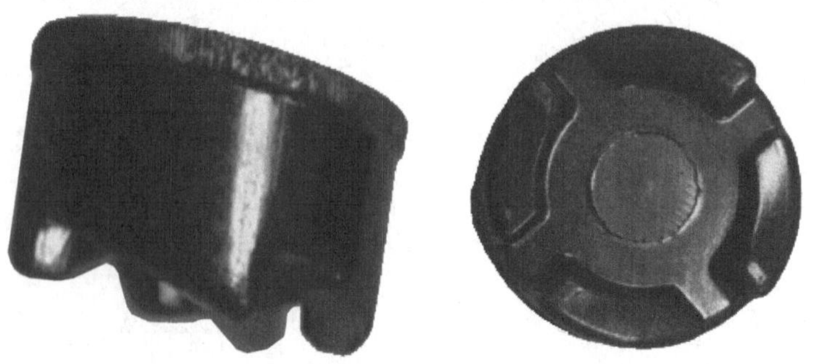

图 8-5 离合器齿轮冷摆辗件实物（已切边）

8.1.2 离合器齿轮的冷摆辗成形模具结构

如图 8-6 所示为离合器齿轮冷摆辗成形模具结构总装图。如图 8-7 所示为该模具中的主要零件图。表 8-1 列出了各个模具零件的材料牌号及热处理硬度。

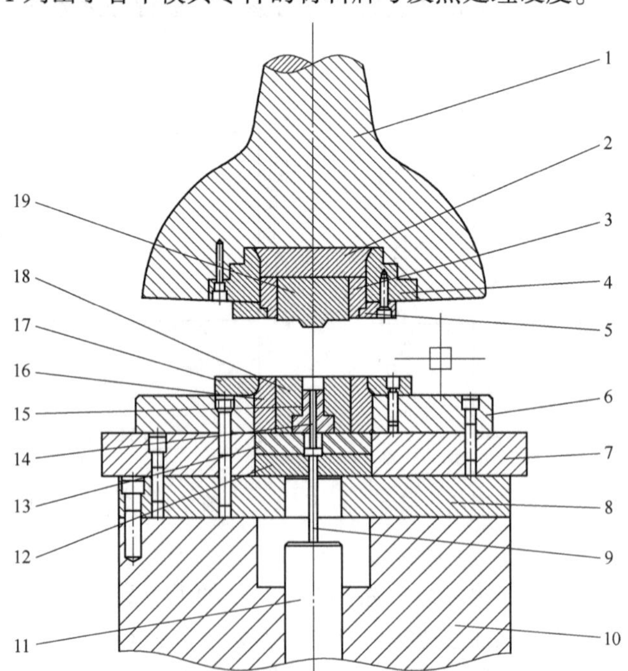

图 8-6 离合器齿轮冷摆辗成形模具结构总装图

1—摆辗机球头座；2—摆头承载垫；3—摆头套；4—摆头固定座；5—摆头压板；6—下模座；7—下模座板；8—下模板；9—顶杆；10—摆辗机滑块；11—摆辗机顶出活塞杆；12—下模垫块；13—凹模垫块；14—顶料杆；15—凹模芯块；16—凹模外套；17—下模压板；18—凹模芯；19—摆头

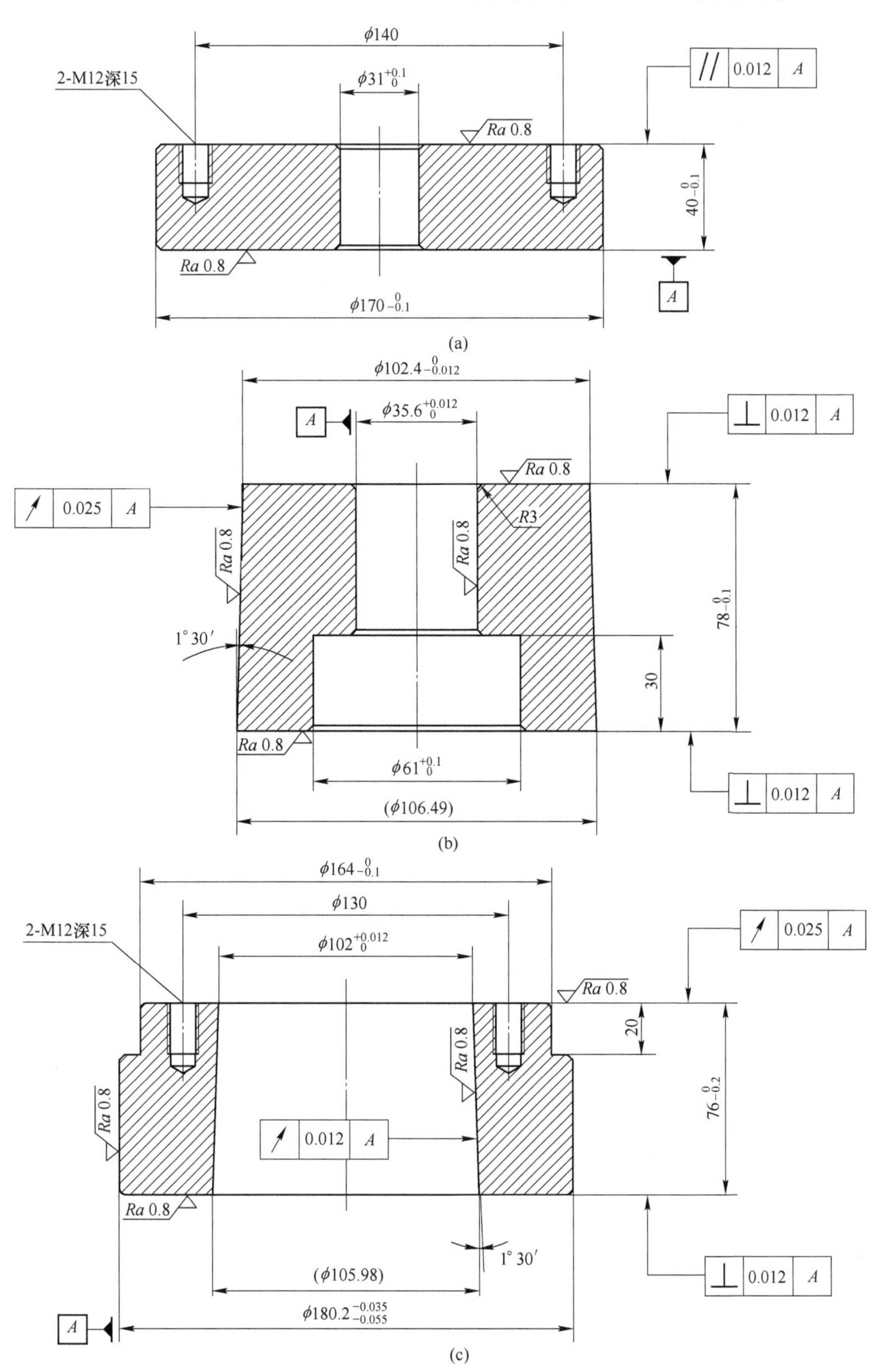

φ140
2-M12深15
φ31 +0.1 0
0.012 A
Ra 0.8
40 0 -0.1
Ra 0.8
A
φ170 0 -0.1
(a)
φ102.4 0 -0.012
A
φ35.6 +0.012 0
0.012 A
Ra 0.8
0.025 A
R3
Ra 0.8
Ra 0.8
78 0 -0.1
1°30′
30
Ra 0.8
φ61 +0.1 0
0.012 A
(φ106.49)
(b)
φ164 0 -0.1
φ130
2-M12深15
0.025 A
φ102 +0.012 0
Ra 0.8
20
Ra 0.8
Ra 0.8
76 0 -0.2
0.012 A
Ra 0.8
1°30′
(φ105.98)
0.012 A
φ180.2 -0.035 -0.055
A
(c)

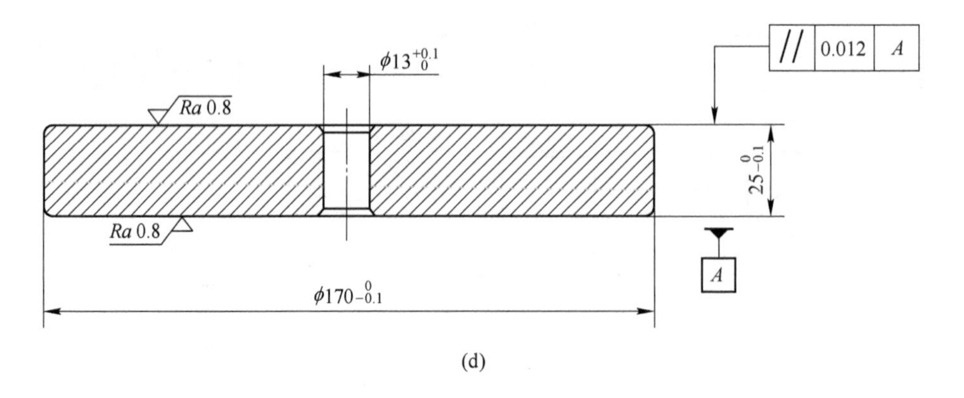

$\phi 13^{+0.1}_{0}$
Ra 0.8
0.012 A
$25^{0}_{-0.1}$
Ra 0.8
A
$\phi 170^{0}_{-0.1}$

(d)

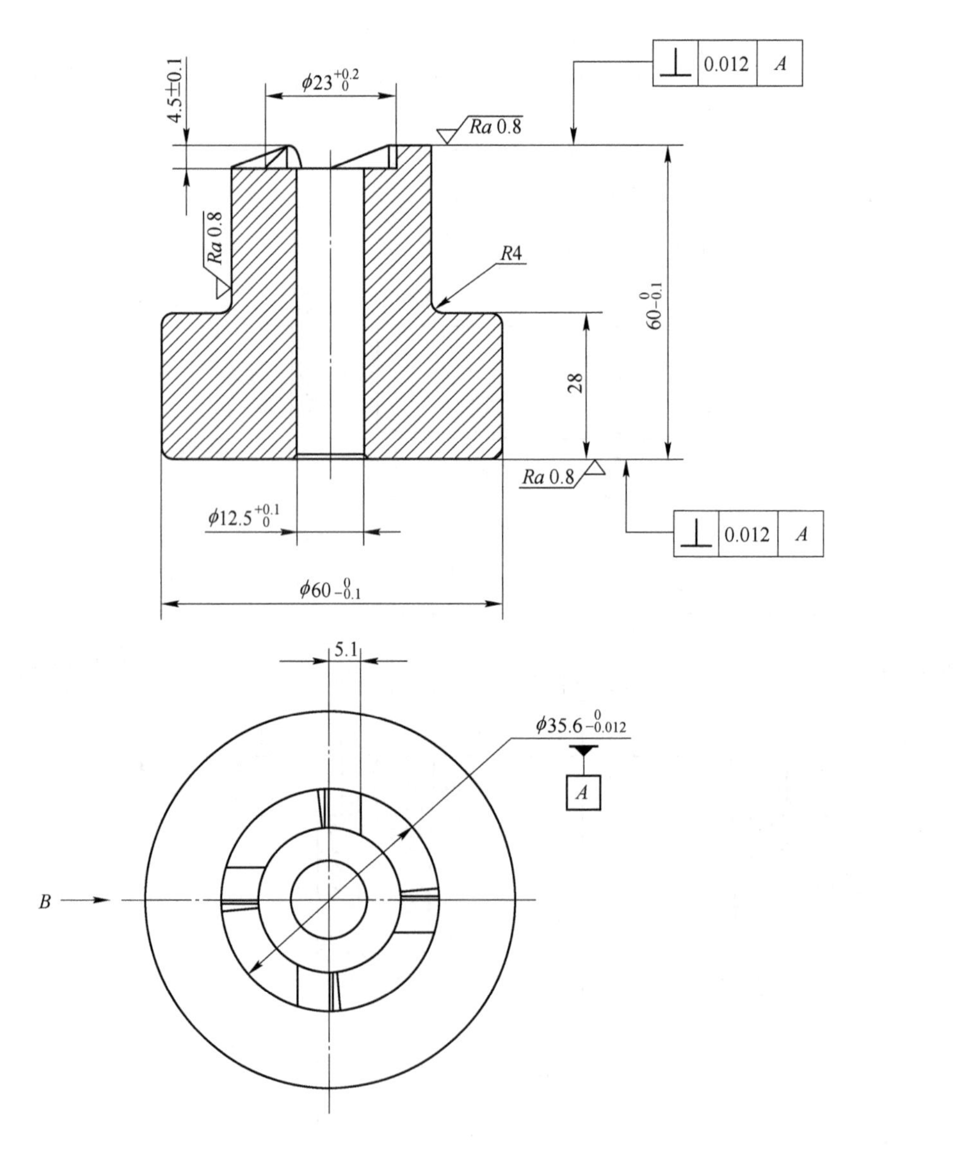

4.5 ± 0.1
$\phi 23^{+0.2}_{0}$
0.012 A
Ra 0.8
Ra 0.8
R4
$60^{0}_{-0.1}$
28
Ra 0.8
$\phi 12.5^{+0.1}_{0}$
0.012 A
$\phi 60^{0}_{-0.1}$
5.1
$\phi 35.6^{0}_{-0.012}$
A
B

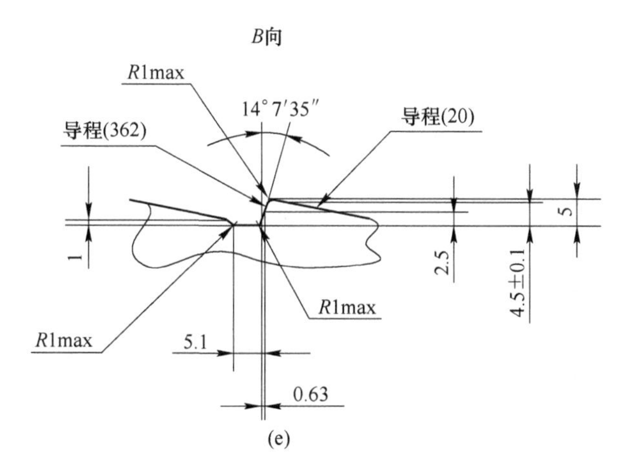
B向
R1max
14°7′35″
导程(362)
导程(20)
1
2.5
4.5±0.1
5
R1max
R1max
5.1
0.63
(e)

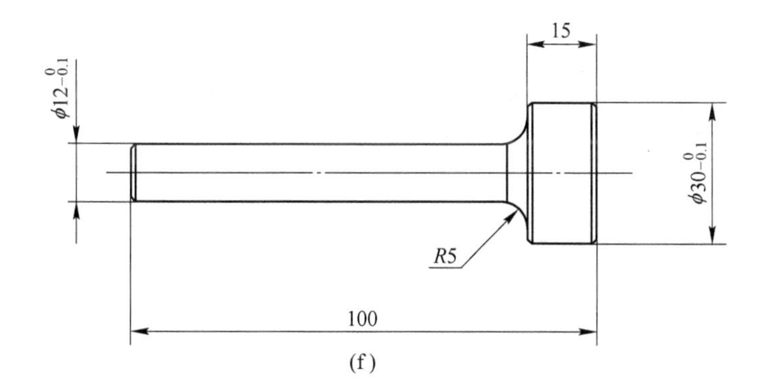
15
ϕ12-0/0.1
ϕ30-0/0.1
R5
100
(f)

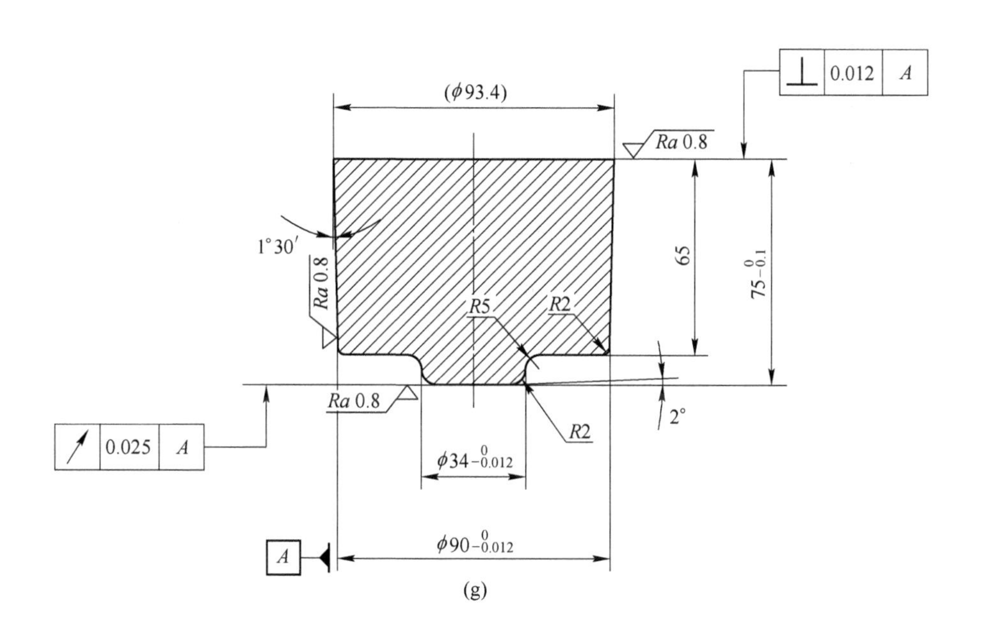
(ϕ93.4)
⊥ 0.012 A
Ra 0.8
1°30′
Ra 0.8
65
75-0/0.1
R5
R2
2°
Ra 0.8
R2
0.025 A
ϕ34-0/0.012
A
ϕ90-0/0.012
(g)

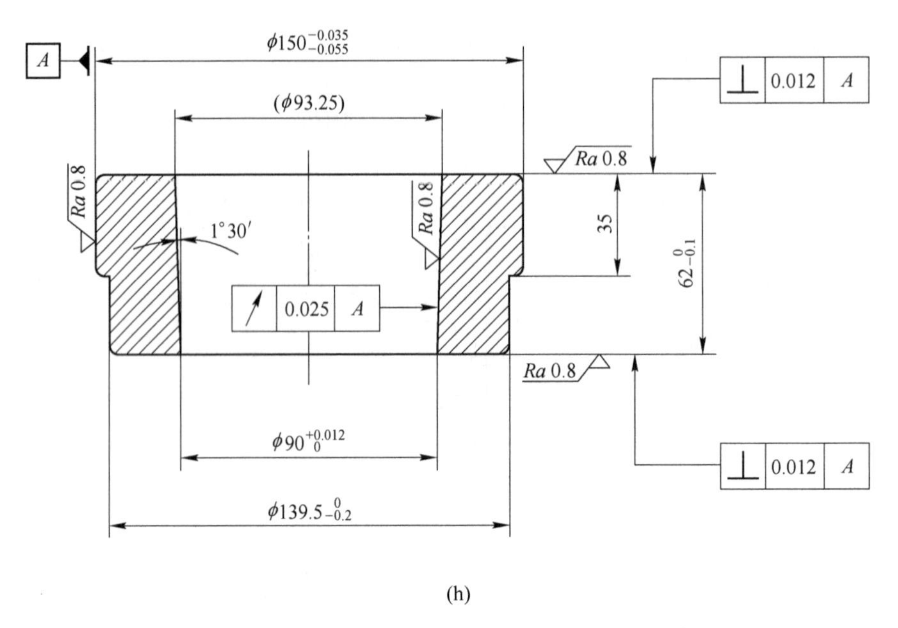

(h)

图 8-7　离合器齿轮冷摆辗成形模具中的主要零件图

(a) 凹模垫块；(b) 凹模芯；(c) 凹模外套；(d) 下模垫块；(e) 凹模芯块；(f) 顶料杆；(g) 摆头；(h) 摆头套

表 8-1　该冷摆辗成形模具中关键零件的材料牌号及热处理硬度

模具零件	材料牌号	热处理硬度（HRC）
摆头套	40Cr	38~42
凹模外套	40Cr	28~32
凹模芯	Cr12MoV	54~58
凹模芯块	LD	56~60
顶料杆	Cr12MoV	54~58
凹模垫块	H13	48~52
下模垫块	40Cr	38~42
摆头	Cr12MoV	56~60

8. 2 某型汽车用摆动齿块的冷摆辗成形

如图 8-8 所示为某型汽车用摆动齿块零件简图，其齿形参数见表 8-2。该摆动齿块的材质为 20CrMnTi 低碳低合金结构钢。

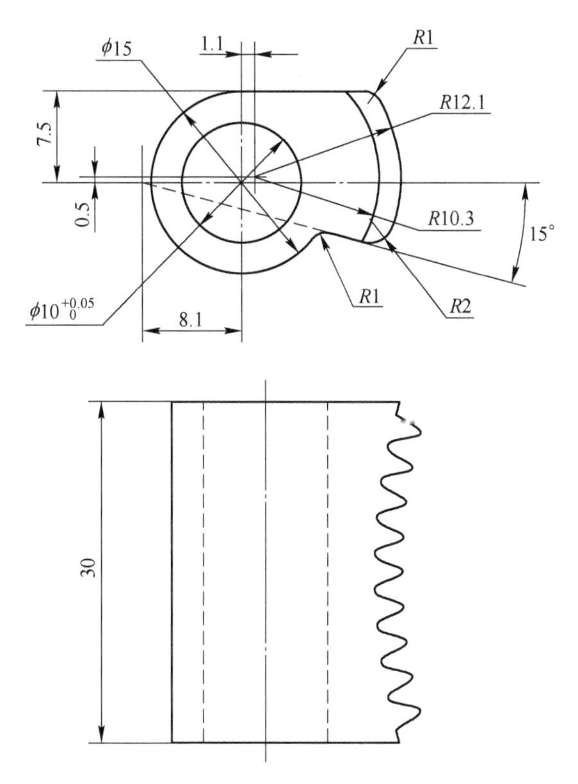

图 8-8　某型汽车用摆动齿块零件简图

表 8-2　摆动齿块的齿形参数

齿数	160
模数/mm	1. 0
齿形角/(°)	20
齿顶高系数	1. 0
齿顶隙系数	0. 25
齿顶圆角半径/mm	0. 20
齿根圆角半径/mm	0. 20
齿顶圆直径/mm	φ108
齿根圆直径/mm	φ112. 5

对于这种扇形圆柱面上具有渐开线齿形的小型轴零件，可采用圆柱体坯料经冷摆辗成形的加工方法进行生产[7,10,25]。

如图 8-9 所示为摆动齿块的冷摆辗成形件图，如图 8-10 所示为摆动齿块冷摆辗成形件经过切边和铣加工后的半精加工件，其齿形参数见表 8-2。

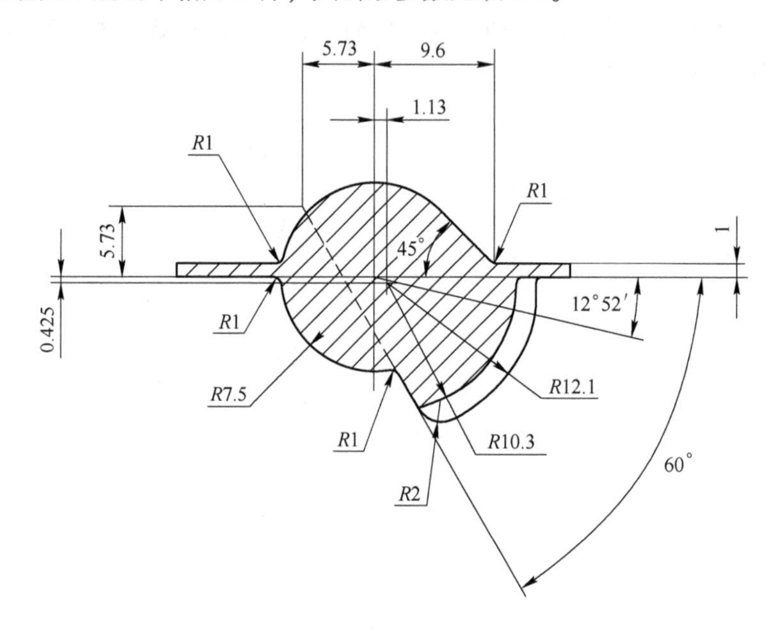

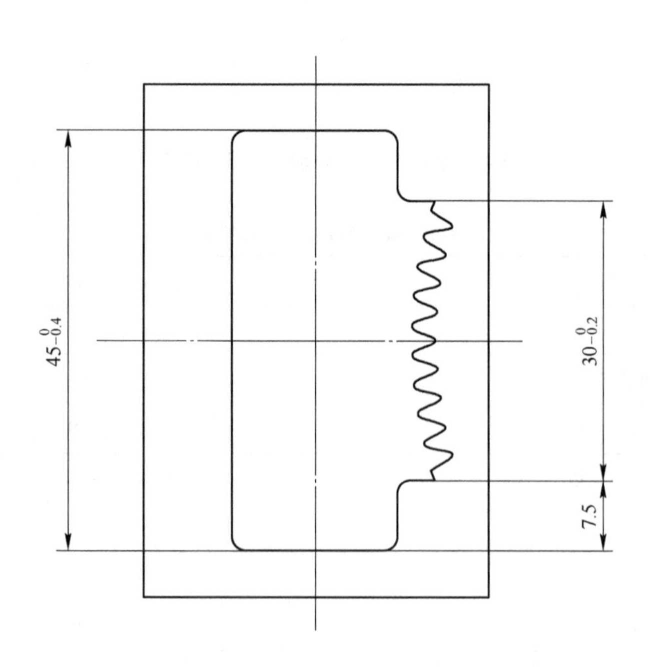

图 8-9 摆动齿块的冷摆辗成形件图

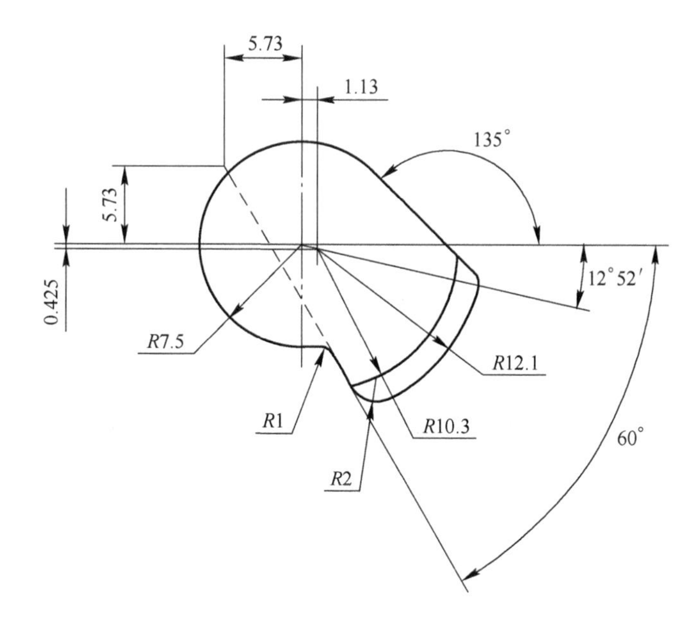

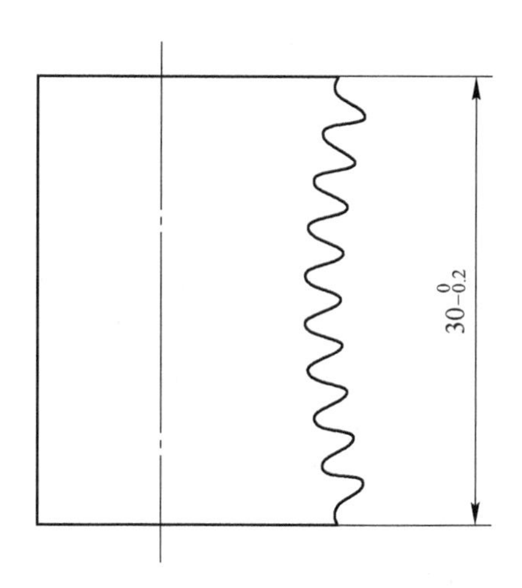

图 8-10 摆动齿块半精加工件

8.2.1 冷摆辗成形工艺流程

（1）带锯床下料。将 ϕ20 mm 的 20CrMnTi 低碳低合金结构钢圆棒料在带锯床上锯切成长度为 44.5 mm 的下料坯件，如图 8-11 所示。

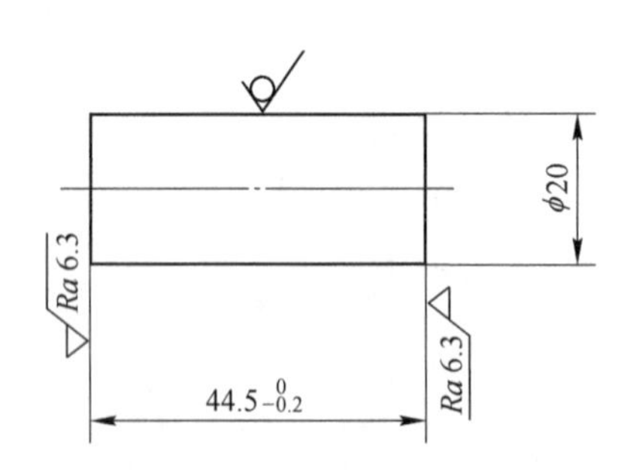

图 8-11　下料坯件的形状与尺寸

（2）无心磨加工。将下料后的下料坯件在无心磨床上进行外圆磨削加工，得到如图 8-12 所示的无心磨坯件。

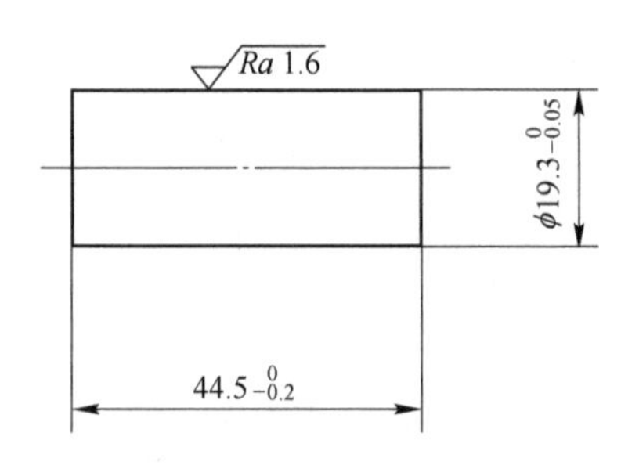

图 8-12　无心磨坯件

（3）无心磨坯件的光亮退火处理。将图 8-12 所示的无心磨坯件在大型井式光亮退火炉内进行软化退火处理，其退火工艺规范：加热温度为 860 ℃±20 ℃、保温时间为 360～480 min，炉冷；软化退火后的坯件硬度（HB）控制在 120～140。

（4）无心磨坯件的磷化处理。将已经光亮退火处理的无心磨坯件在磷化生产线上进行磷化处理，使坯件表层覆盖一层致密的、多孔的磷酸盐膜。

（5）润滑处理。用 MoS_2 和少许机油作为润滑剂，将磷化后的无心磨坯件倒入盛有润滑剂的振荡容器中；当振荡容器振荡 5～8 min 后，MoS_2 就会进入坯件表面的多孔磷酸盐膜层中，使坯件的表面在随后的冷摆辗成形过程中起到良好的润滑作用。

（6）冷摆辗成形。将已经润滑处理的无心磨坯件置于冷摆辗成形模具的组合凹模型腔中，随着摆头的摆动以及组合凹模的轴向进给运动，将冷摆辗成形出如图 8-9 所示的冷摆辗成形件。

8.2.2　摆动齿块的冷摆辗成形模具结构

如图 8-13 所示为摆动齿块冷摆辗成形模具结构总装图。如图 8-14 所示为该模具中的主要零件图。表 8-3 列出了各个模具零件的材料牌号及热处理硬度。

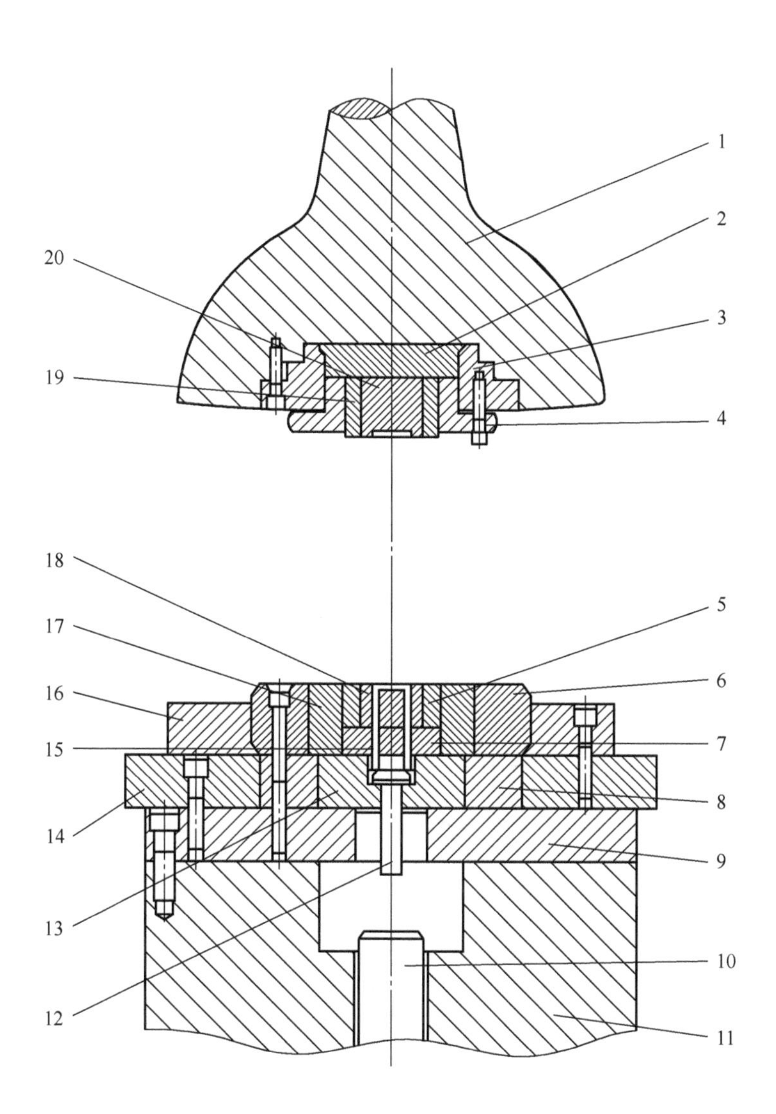

图 8-13 摆动齿块冷摆辗成形模具结构总装图

1—摆头座；2—摆头承载垫；3—上模座；4—摆头外套；5—凹模中套；6—下模压套；7—凹模承载垫；8—下模垫中套；9—下模板；10—下顶杆；11—摆辗机滑块；12—顶杆；13—下模垫芯；14—下模垫外套；15—顶料杆；16—下模座；17—凹模外套；18—凹模芯；19—摆头中套；20—摆头芯

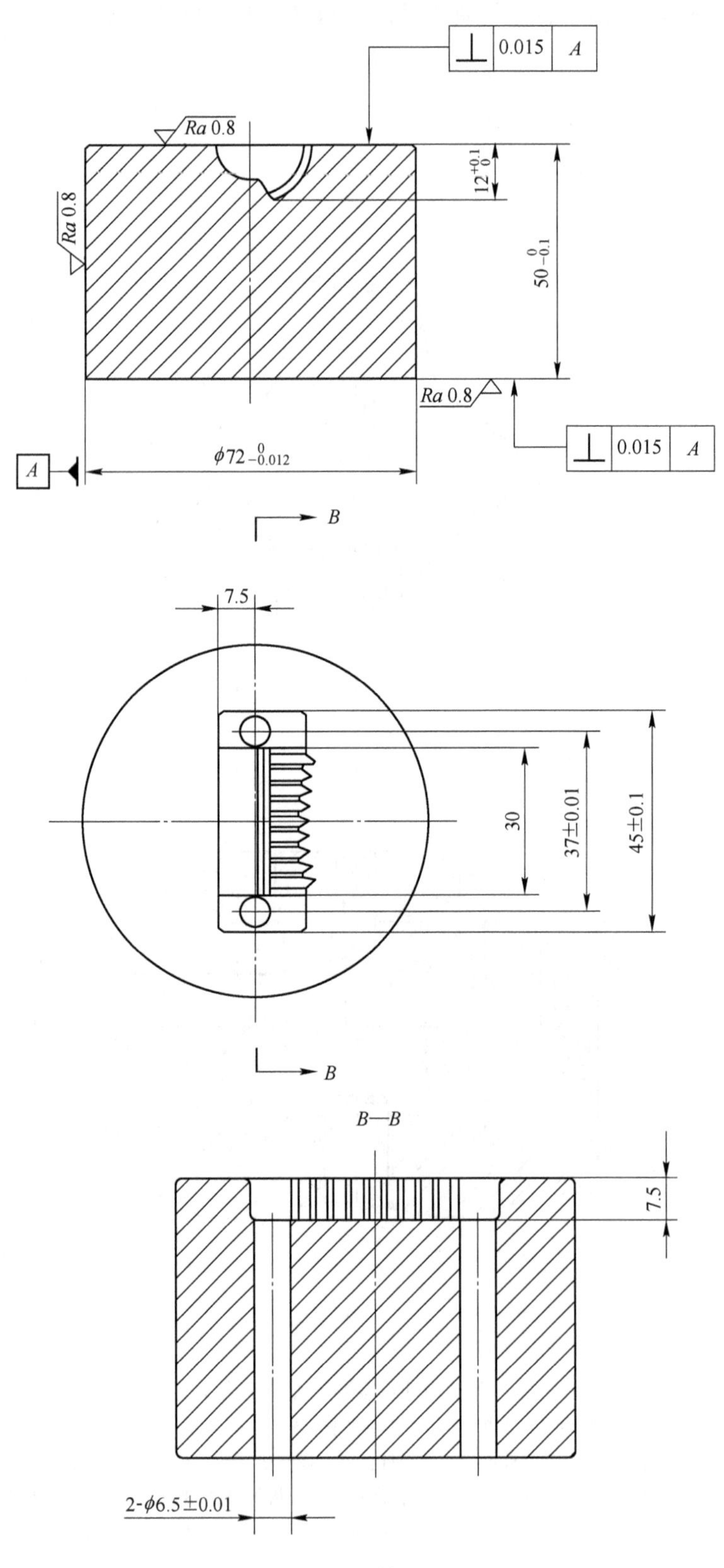
0.015
A
Ra 0.8
Ra 0.8
$12^{+0.1}_{0}$
$50^{0}_{-0.1}$
Ra 0.8
0.015
A
A
$\phi 72^{0}_{-0.012}$
B
7.5
30
37±0.01
45±0.1
B
B—B
7.5
2-φ6.5±0.01

(a)

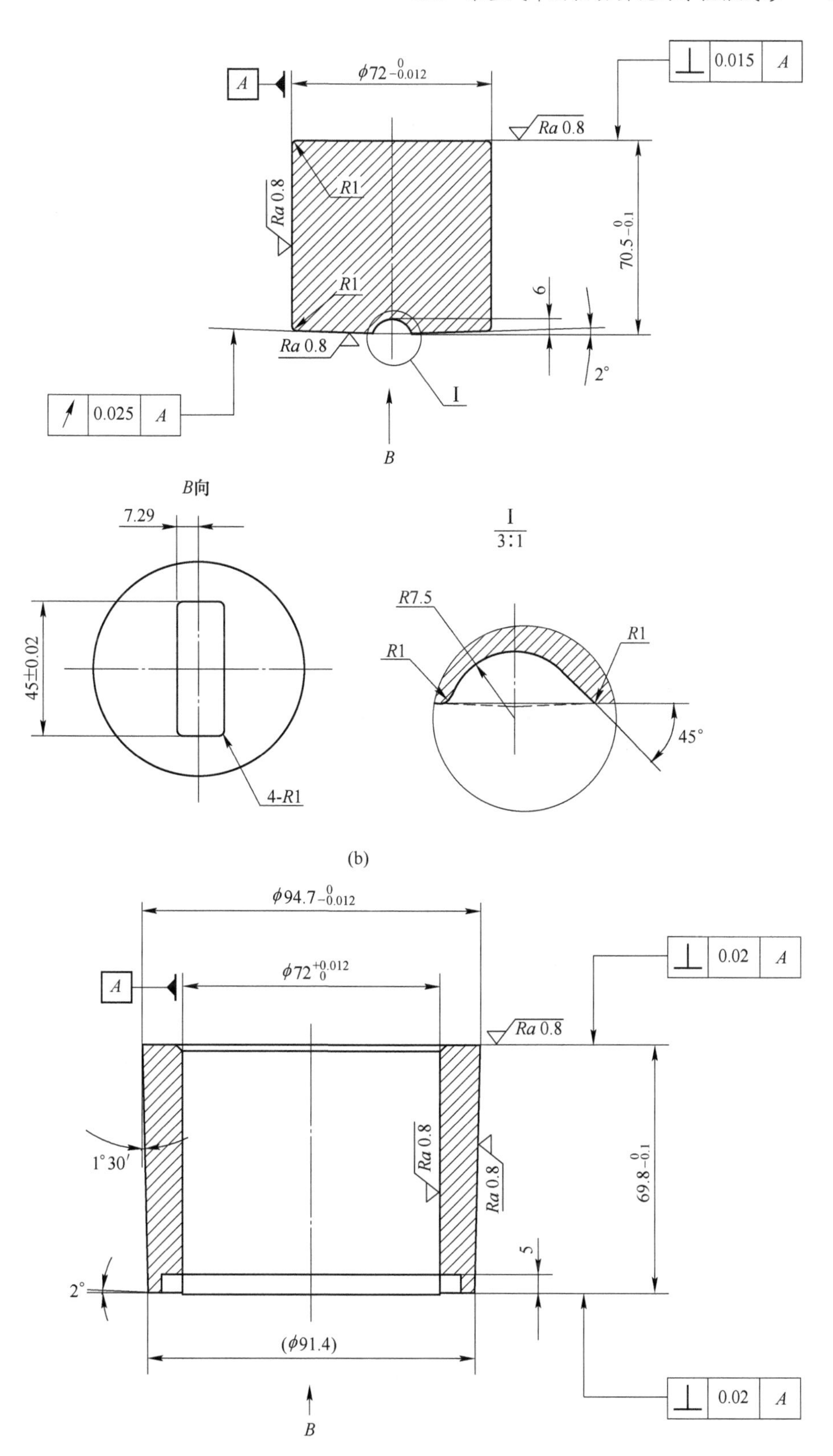
A
$\phi72_{-0.012}^{0}$
0.015
Ra 0.8
R1
70.5$_{-0.1}^{0}$
6
2°
0.025
I
B
B向
7.29
45±0.02
4-R1
I
3∶1
R7.5
R1
45°
(b)
$\phi94.7_{-0.012}^{0}$
0.02
$\phi72_{0}^{+0.012}$
1°30′
69.8$_{-0.1}^{0}$
5
2°
(ϕ91.4)

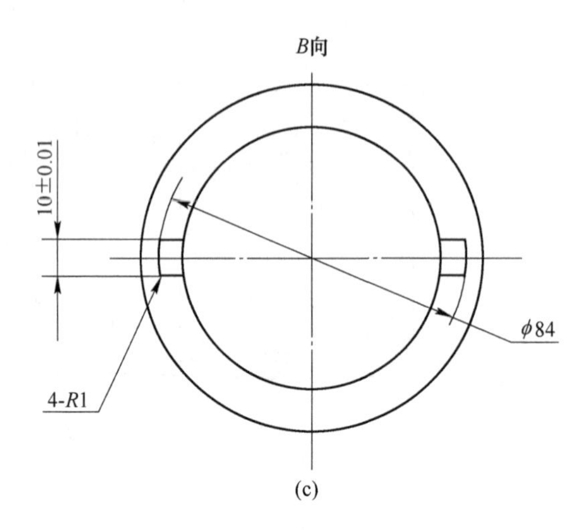
B向
10±0.01
ϕ84
4-R1
(c)

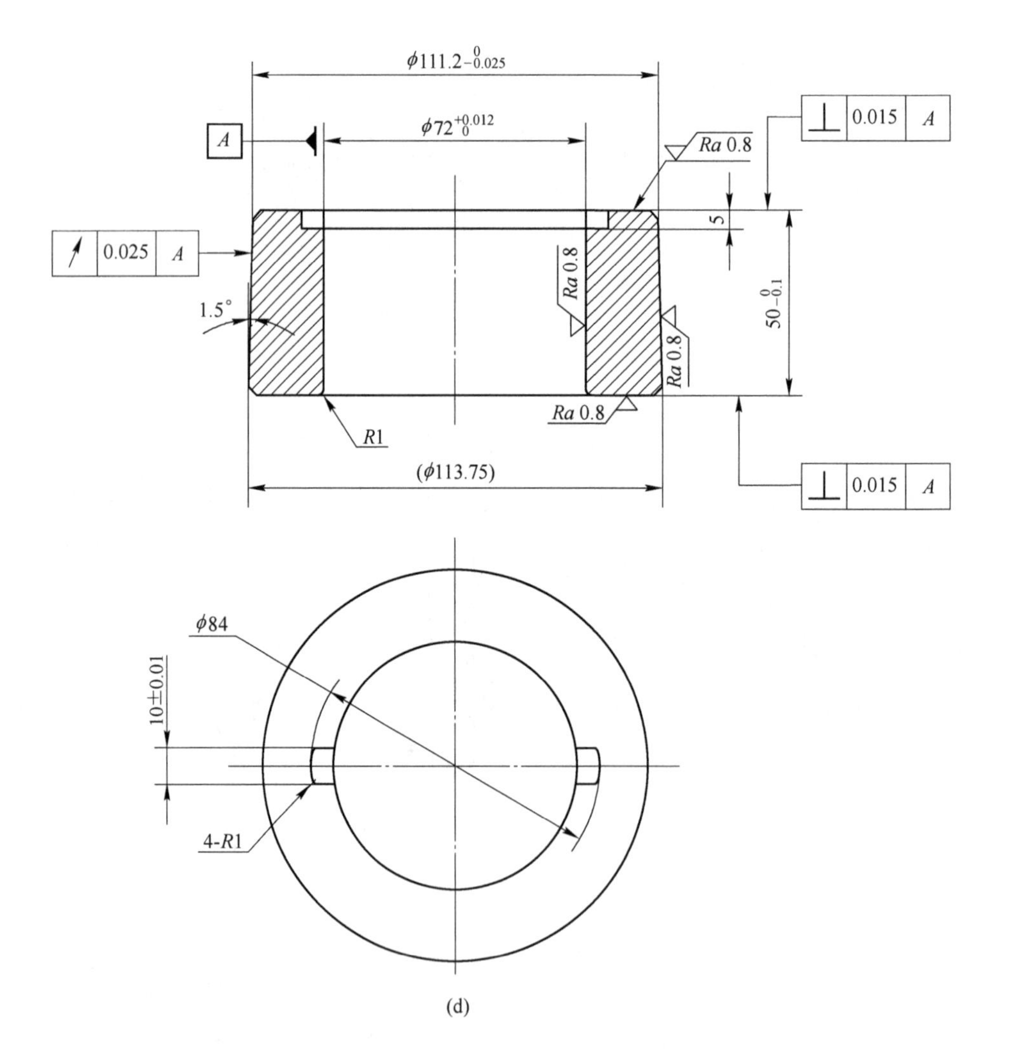
ϕ111.2 0 −0.025
ϕ72 +0.012 0
A
0.015
A
Ra 0.8
5
0.025
A
Ra 0.8
1.5°
50 0 −0.1
Ra 0.8
Ra 0.8
R1
(ϕ113.75)
0.015
A
ϕ84
10±0.01
4-R1
(d)

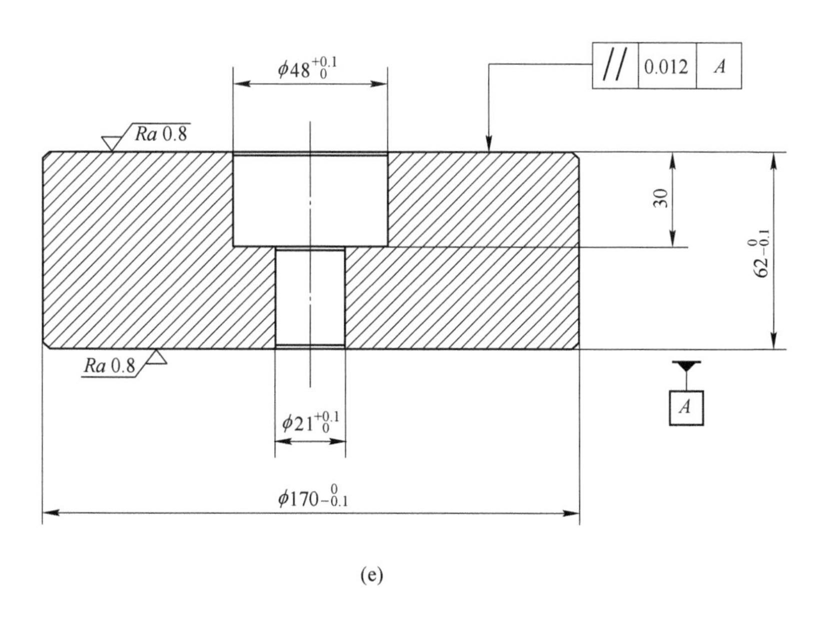
$\phi48^{+0.1}_{0}$
0.012
A
Ra 0.8
30
$62^{0}_{-0.1}$
Ra 0.8
A
$\phi21^{+0.1}_{0}$
$\phi170^{0}_{-0.1}$

(e)

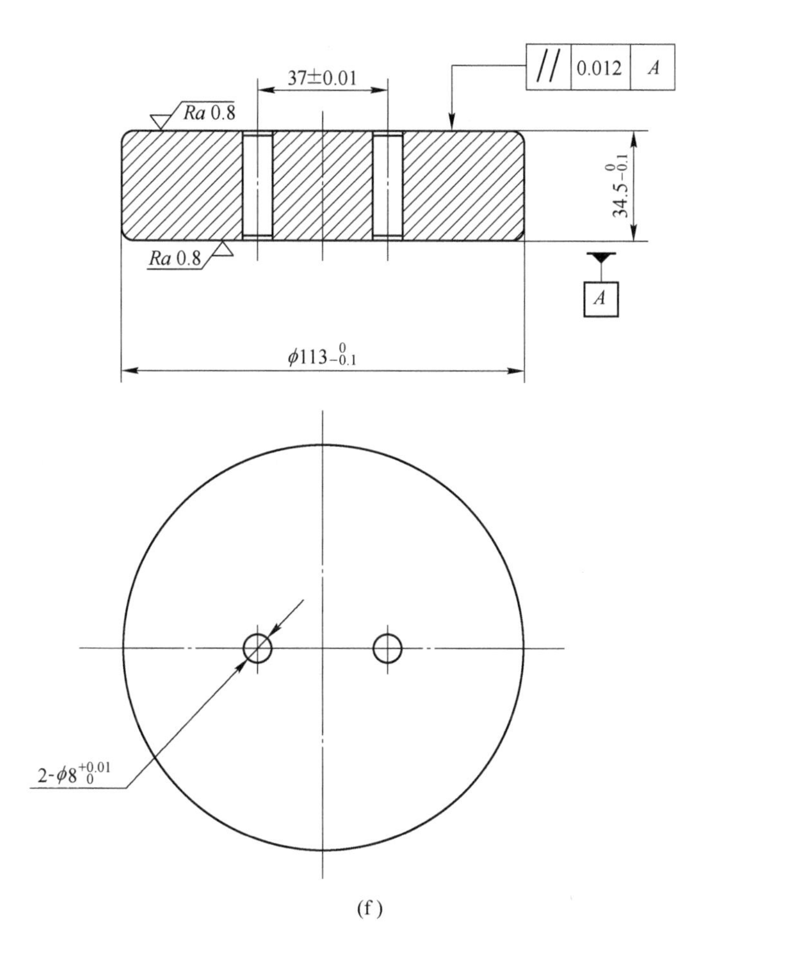
37±0.01
0.012
A
Ra 0.8
$34.5^{0}_{-0.1}$
Ra 0.8
A
$\phi113^{0}_{-0.1}$
2-$\phi8^{+0.01}_{0}$

(f)

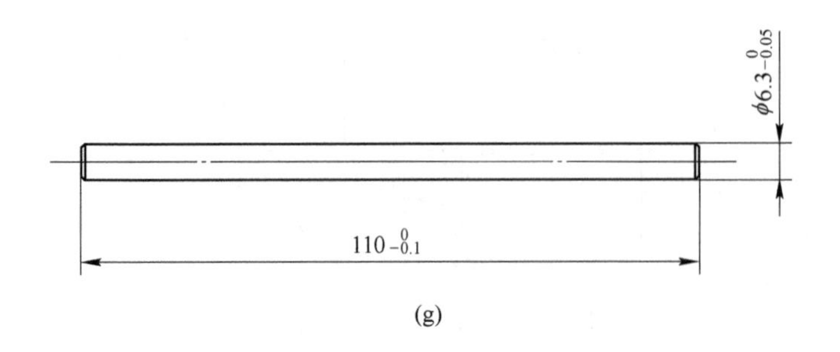
$\phi6.3_{-0.05}^{0}$
$110_{-0.1}^{0}$

(g)

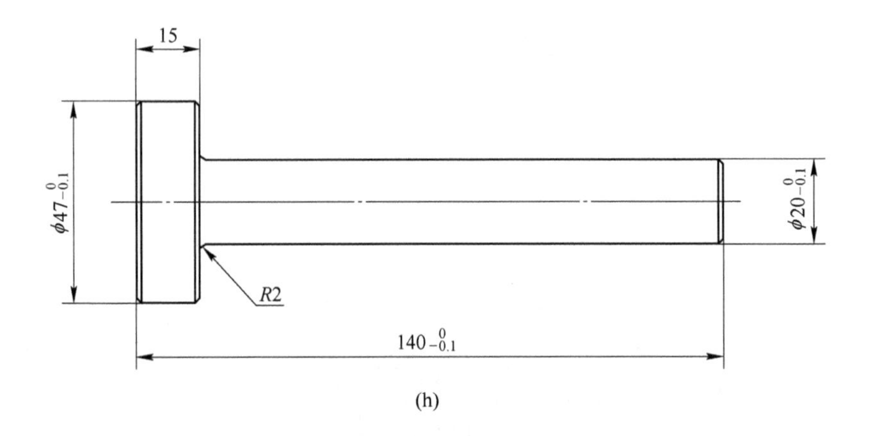
15
$\phi47_{-0.1}^{0}$
$\phi20_{-0.1}^{0}$
R2
$140_{-0.1}^{0}$

(h)

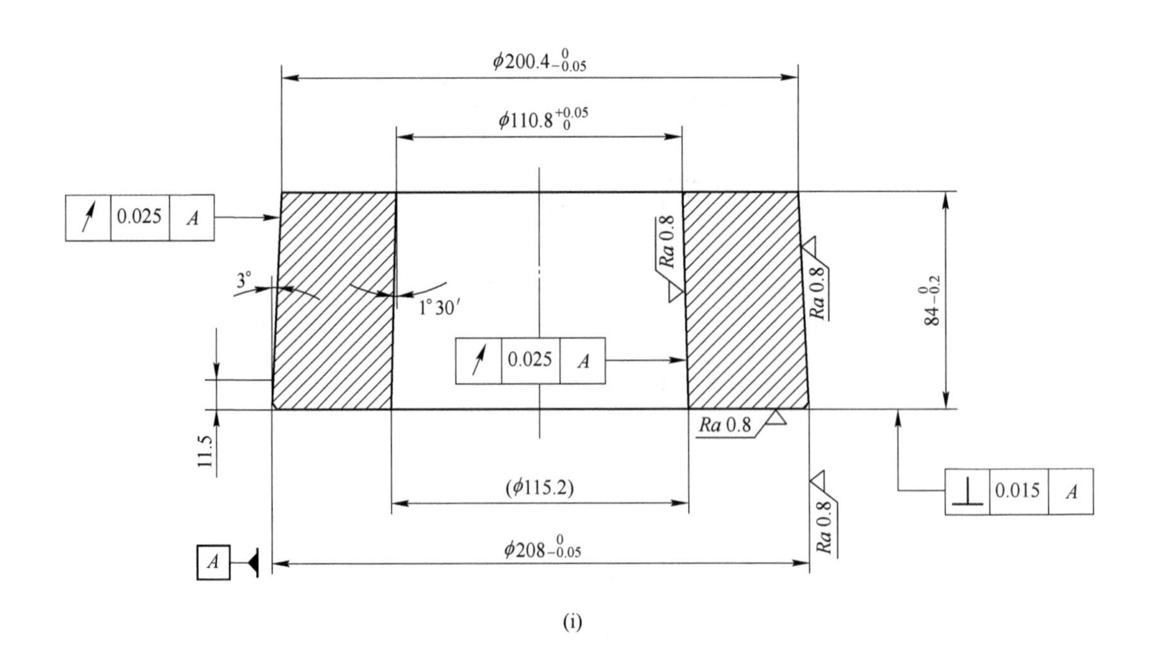
$\phi200.4_{-0.05}^{0}$
$\phi110.8_{0}^{+0.05}$
0.025 A
3°
1°30′
Ra 0.8
Ra 0.8
$84_{-0.2}^{0}$
0.025 A
Ra 0.8
11.5
(ϕ115.2)
0.015 A
Ra 0.8
A
$\phi208_{-0.05}^{0}$

(i)

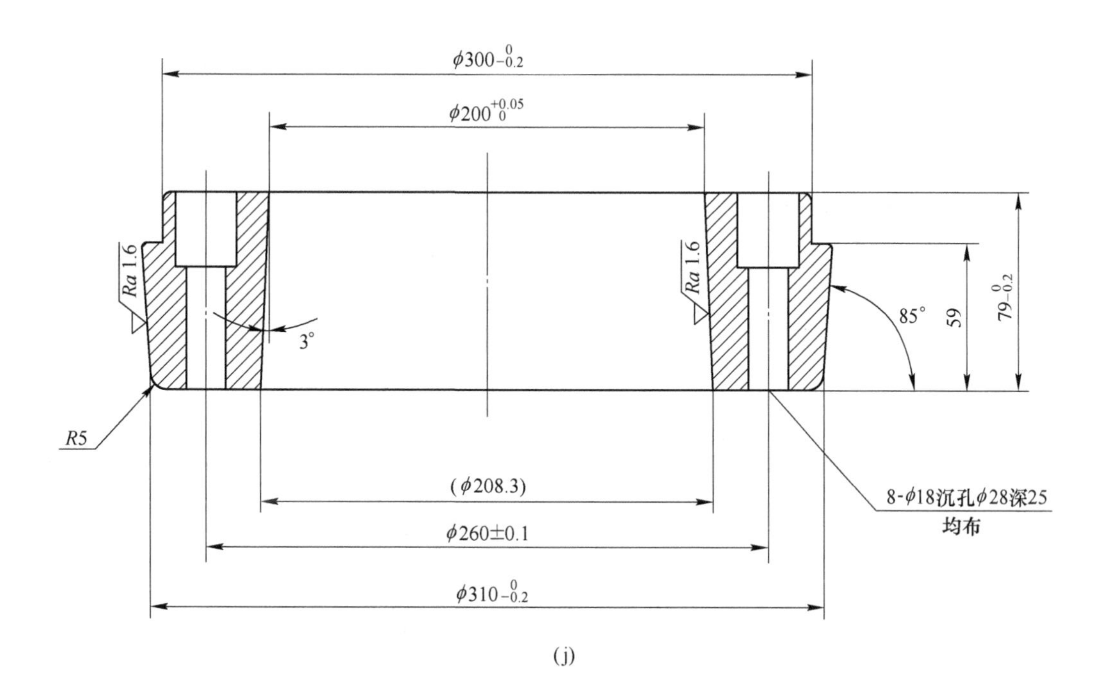
φ300-0.2 0
φ200+0.05 0
Ra 1.6
Ra 1.6
3°
85°
59
79-0.2 0
R5
(φ208.3)
φ260±0.1
φ310-0.2 0
8-φ18沉孔φ28深25
均布

(j)

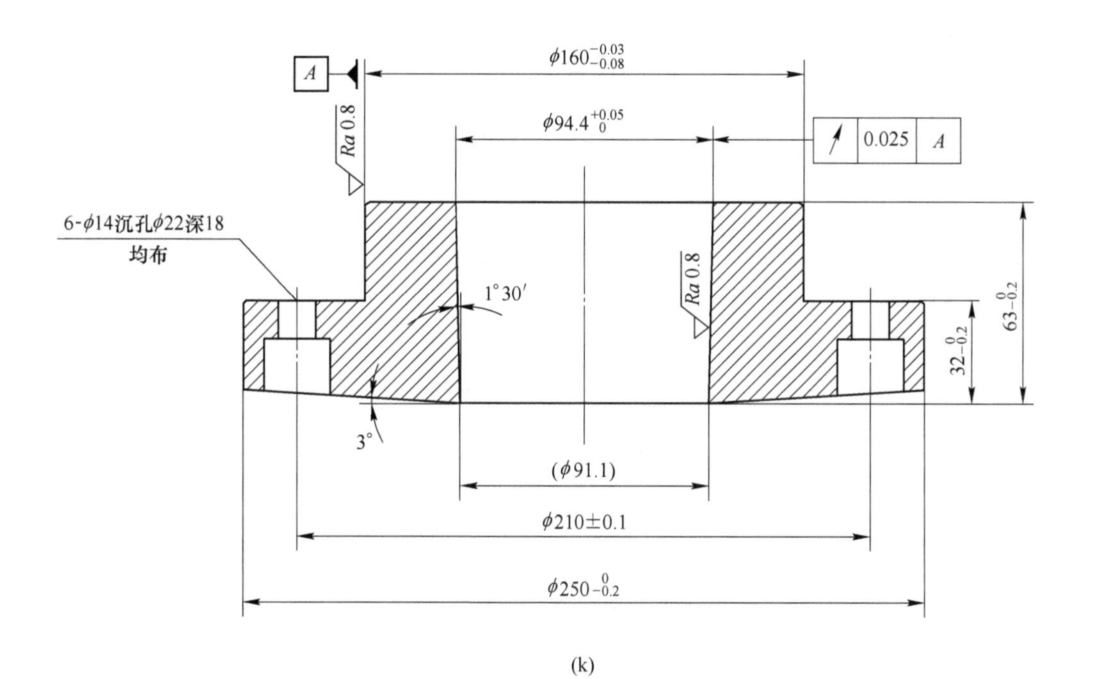
A
φ160-0.03 -0.08
Ra 0.8
φ94.4+0.05 0
0.025
A
6-φ14沉孔φ22深18
均布
1°30′
Ra 0.8
32-0.2 0
63-0.2 0
3°
(φ91.1)
φ210±0.1
φ250-0.2 0

(k)

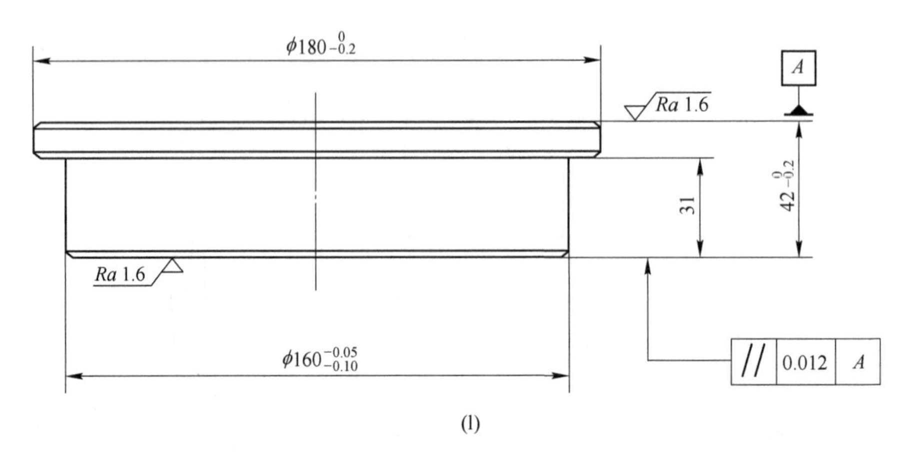

(l)

图 8-14　摆动齿块冷摆辗模具中的主要零件图

(a) 凹模芯；(b) 摆头芯；(c) 摆头中套；(d) 凹模中套；(e) 下模垫芯；(f) 凹模承载垫；(g) 顶料杆；(h) 顶杆；(i) 凹模外套；(j) 下模压套；(k) 摆头外套；(l) 摆头承载垫

表 8-3　各个模具零件的材料牌号及热处理硬度

模具零件	材料牌号	热处理硬度（HRC）
摆头外套	45	32~38
凹模外套	45	32~38
凹模芯	LD	56~60
凹模中套	Cr12MoV	54~58
顶料杆	W6Mo5Cr4V2	60~62
摆头承载垫	Cr12MoV	54~58
摆头芯	Cr12MoV	56~60
摆头中套	Cr12MoV	54~58
下模压套	45	32~38
顶杆	Cr12MoV	54~58
凹模承载垫	Cr12MoV	54~58
下模垫芯	H13	48~52

9

齿形零件的复合成形

9.1 某载重汽车用端面凸轮的复合成形

VE 型燃油分配泵是某载重汽车发动机的关键部件，它体积小、功率大、噪声低，是当今轻型载重汽车发动机燃油系统的首选部件之一，属于技术密集型产品；其中的端面凸轮（如图 9-1 所示）结构复杂、精度要求高、加工难度大，采用常规的锻造成形加工和机械加工方法进行大批量工业生产是有一定难度的。

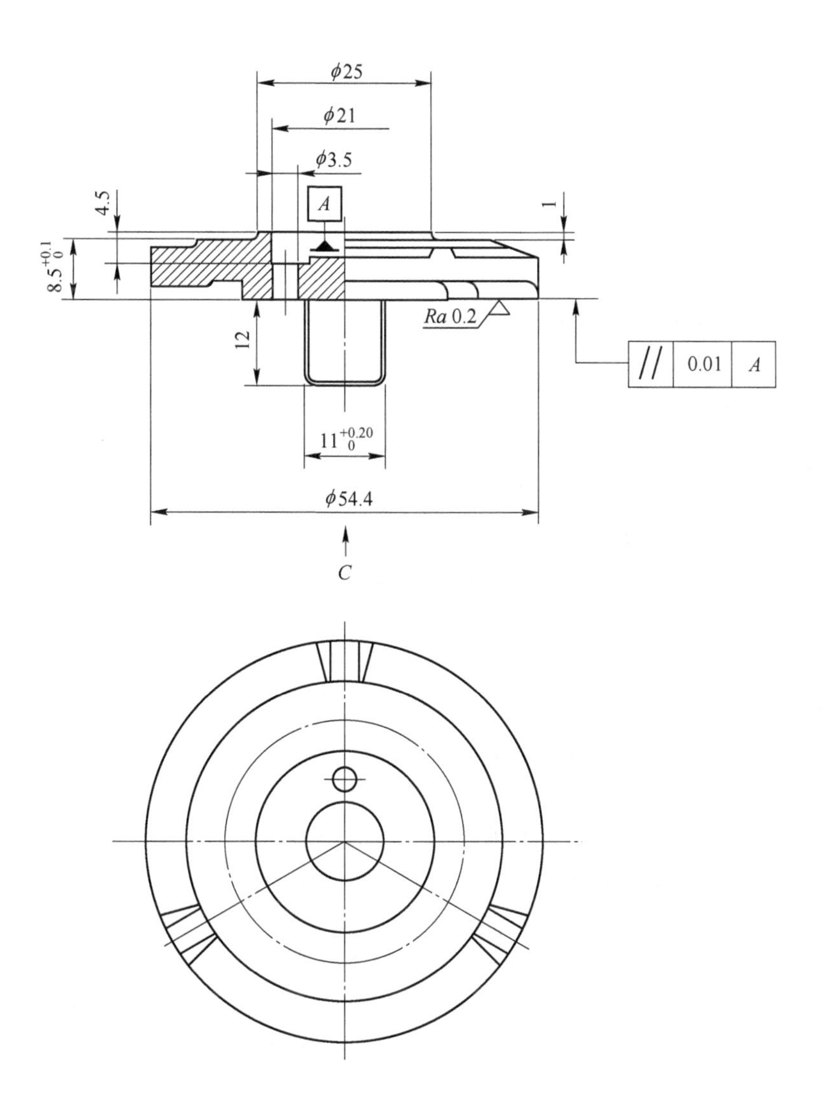

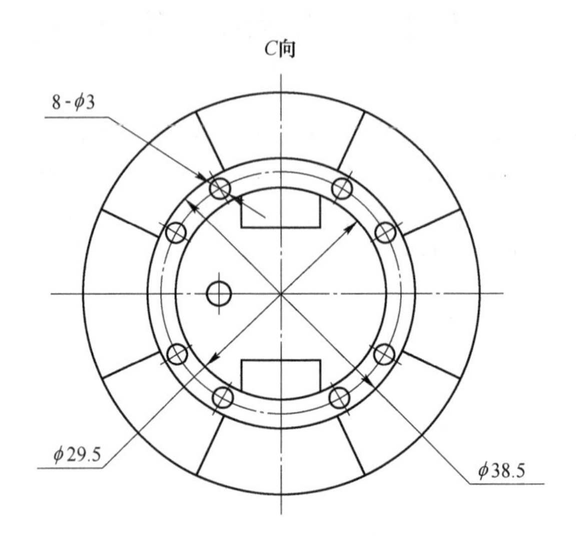

图 9-1 某载重汽车用端面凸轮零件简图

对于图 9-1 所示的端面凸轮这种具有复杂异形型面的薄盘类零件，其塑性成形加工方法主要有：

（1）精密热模锻成形加工方法。德国博世（BOSCH）公司采用精密热模锻成形加工工艺来成形图 9-1 所示端面凸轮的精锻件。该成形加工方法需要进行制坯、预锻和终锻三道工序，需要三副模具和多次加热才能成形；该方法的加工工序多、工艺流程长、能源消耗大；同时由于热锻成形时坯料的氧化和烧损严重，因此精锻件的尺寸精度差、表面粗糙度大、机械加工余量大，从而使后续仿形磨削加工的生产效率大幅降低，生产成本显著提高，难以进行大批量的工业生产。

（2）瑞士、日本和中国一些企业采用冷摆辗成形加工方法来生产图 9-1 所示端面凸轮的冷摆辗件，如图 9-2 所示。该成形加工方法只需要一副模具，其加工工序少、工艺流程短、能源消耗少；而且冷摆辗成形的端面凸轮冷摆辗件轮廓清晰、尺寸精度高、表面粗糙度达到 Ra 1.6~3.2 μm；与精密热模锻成形加工方法相比，冷摆辗成形的端面凸轮冷摆辗件机械加工余量大大减少，从而显著地降低了后续仿形磨削加工的工作量，使生产效率大大提高，制造成本大幅度地降低；但是由于该成形加工方法是采用圆柱体坯料一次大变形量的冷摆辗成形工艺直接成形，因此金属流动剧烈，金属变形程度大，坯料表面的润滑层不能为新生表面提供良好的润滑作用，因而模具寿命较低（即使是采用剖分式组合凹模，其凹模寿命也仅 2000 件左右）；而且冷摆辗成形的端面凸轮冷摆辗件升程面的粗糙度大，其升程面上常常有拉毛现象存在，因此后续的机械加工余量较大，从而使后续仿形磨削加工的工作量仍然较大，不便于组织大批量的工业生产；而且由于变形不均匀，局部位置的变形程度较大，若坯料软化退火处理不当，在冷摆辗成形加工时，端面凸轮冷摆辗件常常会出现局部裂纹甚至炸裂的情况。

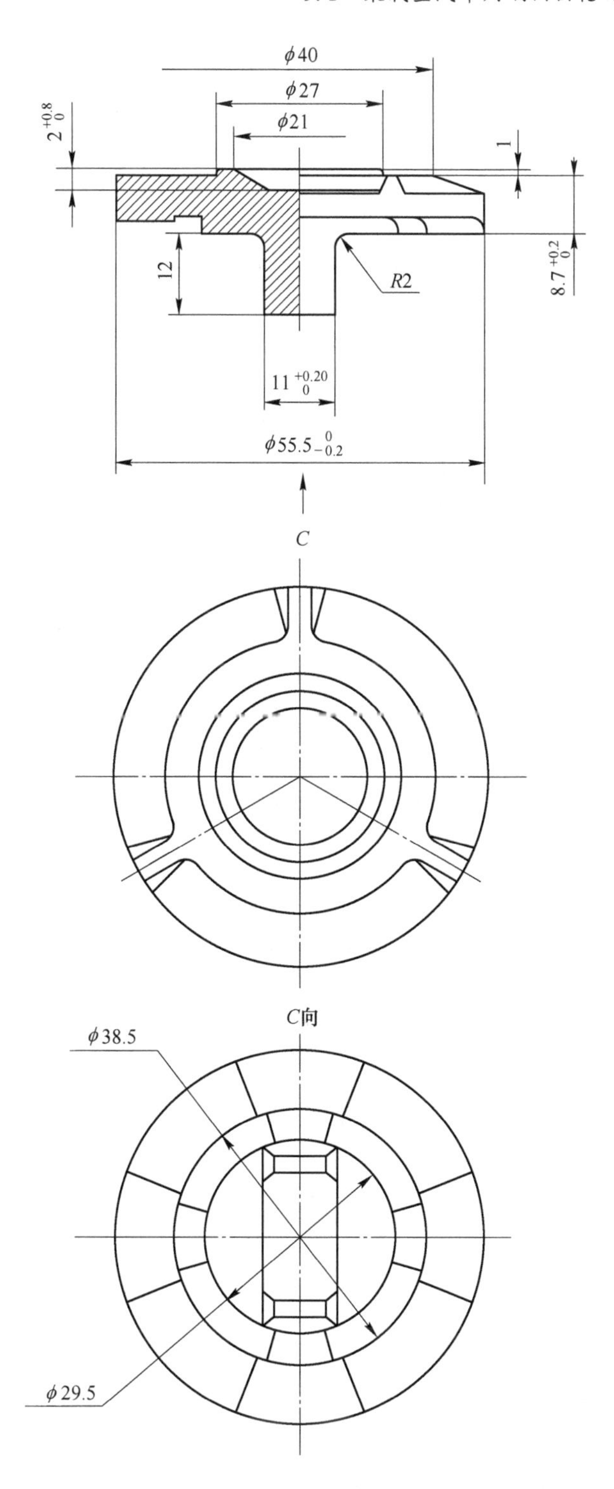

图 9-2 端面凸轮的冷摆辗件图

（3）我国一些企业采用温锻制坯+冷摆辗成形的复合成形方法来生产图 9-1 所示端面凸轮的精锻件（如图 9-2 所示）。采用温锻制坯与冷摆辗成形相结合的复合成形方法生产

图 9-1 所示端面凸轮的精锻件，不仅材料利用率可达到 95%左右；而且精锻件的尺寸精度高、表面粗糙度小、尺寸一致性好，能有效地减少后续仿形磨削加工的余量；同时该成形方法由于冷摆辗成形过程中的变形均匀、变形程度不大，有效地避免了端面凸轮精锻件在冷摆辗成形过程中可能存在的炸裂问题；从而有效地提高了精锻件的合格率，达到了提高材料利用率、提高合格率、提高生产效率、降低制造成本的目的；采用该成形方法可以进行大批量工业生产，能满足我国某载重汽车的大批量工业生产需要[26-28]。

9.1.1　温锻制坯工艺

（1）预制坯形状与尺寸的确定。预制坯形状与尺寸直接影响后续冷摆辗加工时的充填性和模具的使用寿命。基于端面凸轮是一种形状复杂的带轴法兰类零件，因此其预制坯也应该是带轴的法兰类零件；预制坯的轴杆部分尺寸与端面凸轮摆辗件尺寸基本相同，保证预制坯能放入摆辗凹模型腔内，并精确定位。

为了确保冷摆辗成形时金属流动均匀、变形程度小，以及新生表面有良好的润滑，从而获得尺寸精度高、表面粗糙度小的冷摆辗件，要求预制坯的法兰部分直径应尽量大；同时为了确保端面凸轮上端面三个凸起部分在冷摆辗成形过程中不会产生折叠等缺陷，也要求预制坯的法兰部分直径尽量大一些。为了保证中间预制坯成形容易、模具寿命高，端面凸轮升程面留在冷摆辗过程中成形，从而确保冷摆辗成形时凸轮升程面的尺寸一致性好。

综合以上各因素，采用的中间预制坯形状与尺寸如图 9-3 所示。

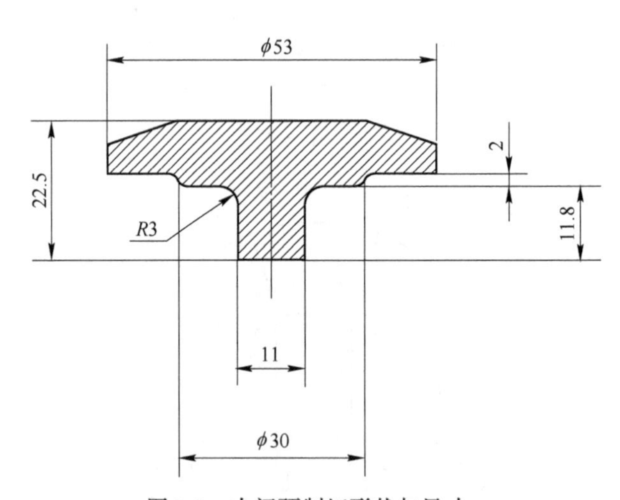

图 9-3　中间预制坯形状与尺寸

（2）原始坯料的制备。采用的原始坯料是用直径 ϕ28 mm 的 20CrMo 热轧圆棒料经冲床剪切下料制成的，如图 9-4 所示。

（3）加热规范的确定。采用中频感应加热原始坯料，加热温度为 750～800 ℃。端面凸轮所用的 20CrMo 是一种低碳低合金结构钢，在温锻制坯时，原始坯料可以直接加热到 750～800 ℃，不需要透热保温；从而可以提高生产效率、降低能源消耗，而且原始坯料表面的氧化烧损非常少。

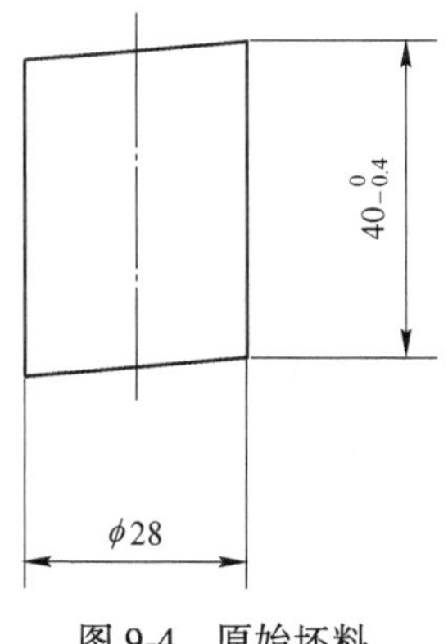

图 9-4 原始坯料

（4）润滑剂及其润滑方式的选择。采用水基高分子润滑剂，其成膜良好，可以保证中间预制坯的顺利成形；而且这种润滑剂粘在中间预制坯件上容易清除，无工业污染。模具润滑方式为压缩空气喷涂。

（5）温锻制坯模具结构。为了保证中间预制坯轴杆部分的完全充填，采用闭式模锻进行中间预制坯的生产，温锻制坯模具结构总装图如图 9-5 所示。

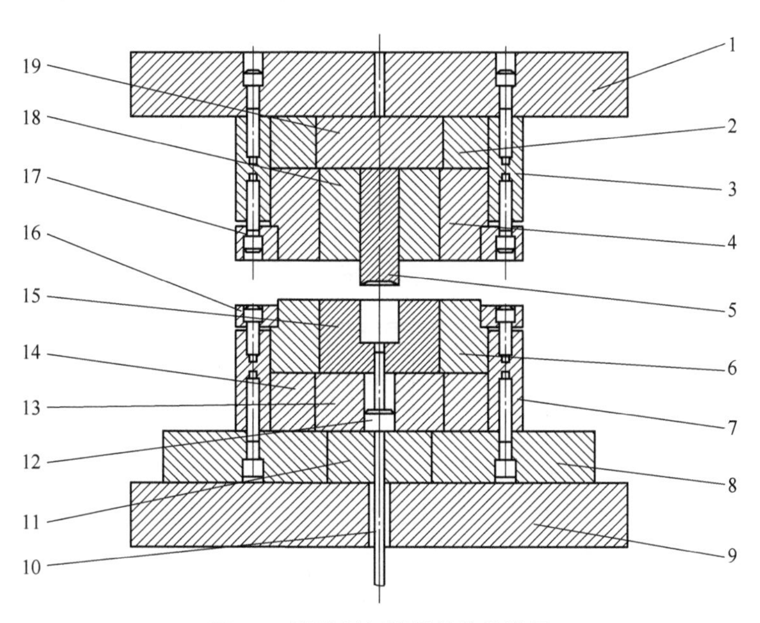

图 9-5 温锻制坯模具结构总装图

1—上模板；2—上承载垫套；3—上模座；4—凸模外套；5—凸模；6—凹模外套；7—下模座；8—下模板；9—下模垫板；10—顶杆；11—顶杆垫块；12—顶料杆；13—下承载垫芯块；14—下承载垫套；15—凹模芯；16—凹模压板；17—凸模压板；18—凸模芯块；19—上承载垫芯块

该制坯模具具有如下特点：首先采用单层预应力圈组合凹模以增加凹模强度，从而提高凹模使用寿命，同时由于凹模尺寸小，节约了优质模具材料，便于加工和热处理；其次是采用凹凸模模口定位，不需要复杂的导柱、导套定位系统，使模具结构简单，加工和制造容易。

9.1.2　冷摆辗成形工艺

9.1.2.1　中间预制坯的软化处理

温锻制坯成形的中间预制坯各部位的硬度不均匀、塑性差、变形抗力大，若不经软化退火处理而直接进行冷摆辗，则成形困难，模具容易损坏；因此在冷摆辗成形前需对中间预制坯进行软化退火处理。经软化退火的中间预制坯硬度（HB）应控制在 120～140。

9.1.2.2　中间预制坯的表面处理及其润滑

为了获得尺寸精度高、表面光洁的端面凸轮冷摆辗件，要求在冷摆辗成形前对已经退火处理的中间预制坯件进行良好的表面净化和润滑处理。采用磷化与涂 MoS_2 的表面处理工艺，其工艺流程：碱洗→水洗→酸洗→水洗→磷化→清洗→振荡机上涂 MoS_2。

9.1.2.3　冷摆辗成形模具结构

本工艺采用的冷摆辗成形模具结构总装图如图 9-6 所示。

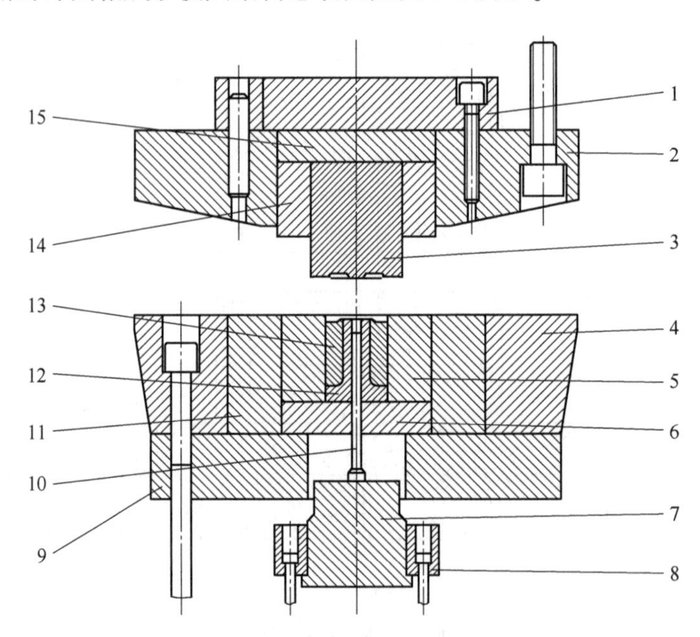

图 9-6　冷摆辗成形模具结构总装图

1—上承载垫板；2—摆头外套；3—摆头；4—凹模外套；5—凹模芯；6—下承载垫板；7—顶杆；8—顶杆套；9—下模垫板；10—顶料杆；11—凹模中套；12—凹模芯垫；13—凹模芯块；14—摆头芯套；15—摆头垫块

由于凹模曲面部位形状复杂，在这里金属流动剧烈，容易磨损和崩块，且加工难度大，因此采用镶块组合凹模，它有如下优点：

（1）采用镶块组合凹模，消除了模具尖角部位的应力集中，使模具承载条件得到改善。

（2）采用镶块组合凹模，可使模具加工容易，更换模具方便，减少了制模工时和更换时间。

9.1.2.4 凹模芯块的加工过程

对于图 9-2 所示的端面凸轮冷摆辗件，其冷摆辗成形模具的加工主要是凹模芯块（如图 9-7 所示）的加工。

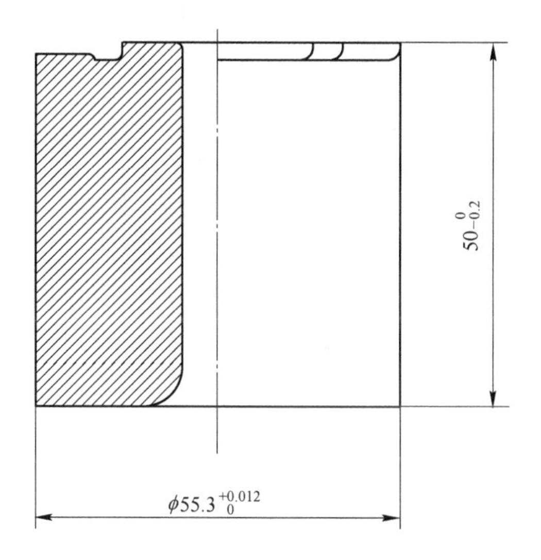

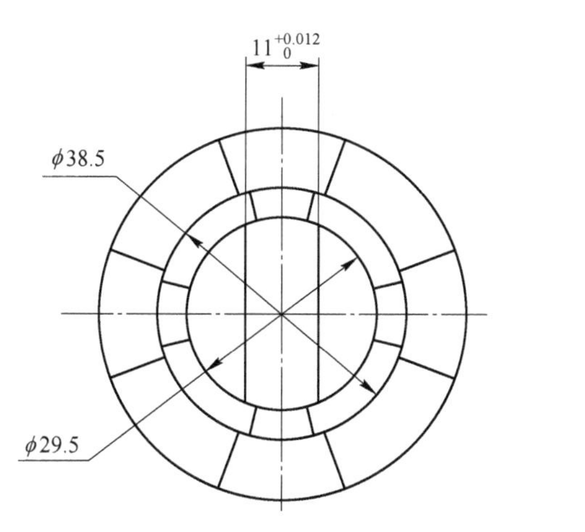

图 9-7 凹模芯块

本工艺采用的凹模芯块加工过程如下：

（1）采用数控仿形铣加工粗打电极和精打电极毛坯。

（2）采用数控仿形磨床加工粗打电极和精打电极的三维曲面，保证曲面表面粗糙度达到 Ra 0.4~0.8 μm。

（3）用瑞士 CHARMLESS 公司的电火花加工机床粗打和精打凹模芯块曲面部分，保证凹模芯块曲面表面粗糙度达到 Ra 0.4~0.8 μm。

（4）用橡皮抛光砂轮研抛凹模芯块的三维曲面，使其表面粗糙度达到 Ra 0.2~

0.4 μm。

（5）将抛光后的凹模芯块置于 170~200 ℃的油炉内保温 6~8 h，以消除残余应力。

如图 9-8 所示为端面凸轮冷摆辗件实物。

图 9-8　端面凸轮冷摆辗件实物

9.2 某轴传动车辆用差速轮的复合成形

如图 9-9 所示的差速轮是大功率轴传动摩托车差速机构上的关键零件，其材质为低碳低合金结构钢 20CrMo；它与滚动体配对使用，其端面上分布着 6 个齿（齿面为双螺旋面）。为了保证摩托车在行驶过程中差速轮与滚动体的接触良好、运动平稳可靠、无打滑和异响等现象，要求差速轮的齿面表面粗糙度达到 *Ra* 1.6 μm 以下、双螺旋齿面的尺寸精度为 IT7～IT8 级。

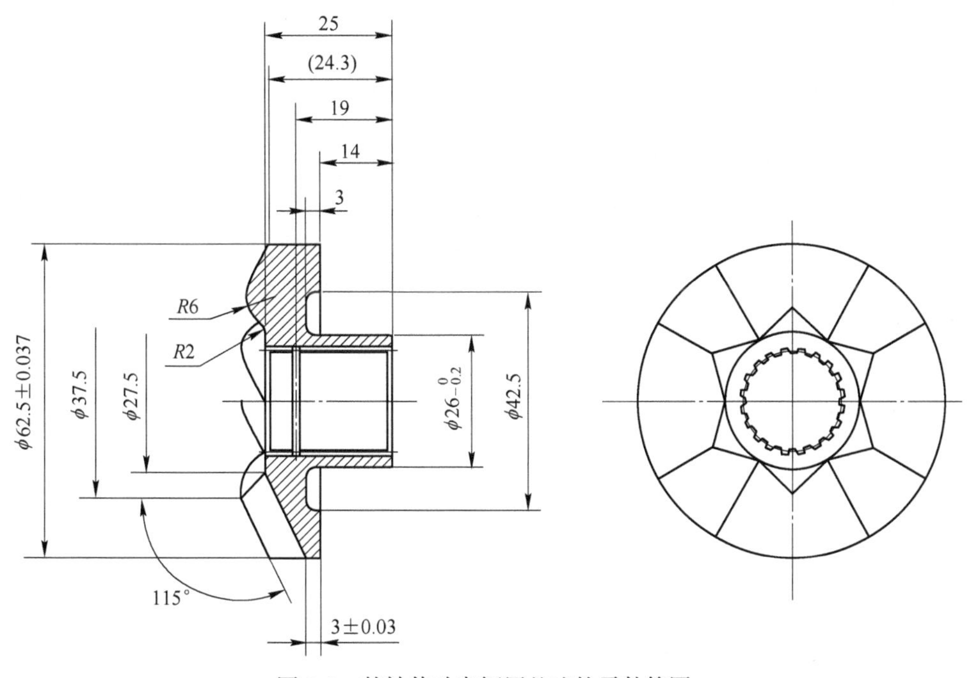

图 9-9 某轴传动车辆用差速轮零件简图

由于差速轮的齿面为双螺旋曲面，其尺寸精度和表面品质要求高，且差速轮轮齿的齿顶宽度很小，采用常规的锻造成形加工和机械加工方法生产相当困难。

冷摆辗成形工艺非常适合生产异型端面高精度零件，冷摆辗成形件的尺寸精度一般能达到 IT7～IT8 级、表面粗糙度一般可达到 *Ra* 0.8～1.6 μm。

采用冷锻制坯+冷摆辗成形的复合成形工艺生产的差速轮精锻件完全可以达到所要求的设计指标和精度[29-31]。

9.2.1 复合成形工艺方案

从图 9-9 所示差速轮的结构特点以及冷摆辗成形工艺的成形特点可知，该差速轮的精锻件是可以采用圆柱体坯料一次冷摆辗成形的工艺方案来进行成形加工的。虽然一次冷摆辗成形方法只需要一副模具，加工工序少、工艺流程短、能源消耗少，但是由于该工艺是采用圆柱体坯料一次冷摆辗工艺直接成形，变形量大，金属流动剧烈，坯料表面的润滑层不能为新生表面提供良好的润滑作用，因而模具寿命较低；而且冷摆辗的差速轮齿面粗糙，常常有拉毛现象。

因此，为了保证差速轮的齿面精度和表面品质、减小变形程度，在冷摆辗成形加工以前增加一道冷锻制坯工序。冷锻制坯成形的制坯件齿形与冷摆辗件齿形基本相同，但制坯件的齿形齿顶圆角半径大、齿形高、齿厚小。

其复合成形工艺过程如下：原材料→锯长料→软化退火→锯短料→车圆柱体坯→表面润滑处理→冷锻制坯→保护气氛软化退火→表面润滑处理→冷摆辗成形→检验、入库。

9.2.2　精锻件图的设计

为了保证差速轮的齿面精度和表面品质，将差速轮齿面由摆辗凹模型腔成形，轴杆部分由摆头成形。由于差速轮的齿形为双螺旋曲面，齿面的后续精加工困难，因此要求冷摆辗成形的差速轮齿面尺寸精度和表面粗糙度直接达到差速轮产品的设计要求，不留机加工余量。由于差速轮的内孔直径较小，冷摆辗成形较困难，因此在冷摆辗件图里应加余块敷料，成形后对其进行后续切削加工。对于零件图中的环形凹槽，虽然其尺寸精度和表面品质要求不高、深度较浅，可以冷摆辗成形，但这会使摆头的强度大大降低，从而降低其使用寿命；因此，为了提高摆头的使用寿命，零件图中的环形凹槽也应添加余块敷料，摆辗成形后进行切削加工。

如图 9-10 所示为差速轮精锻件图。

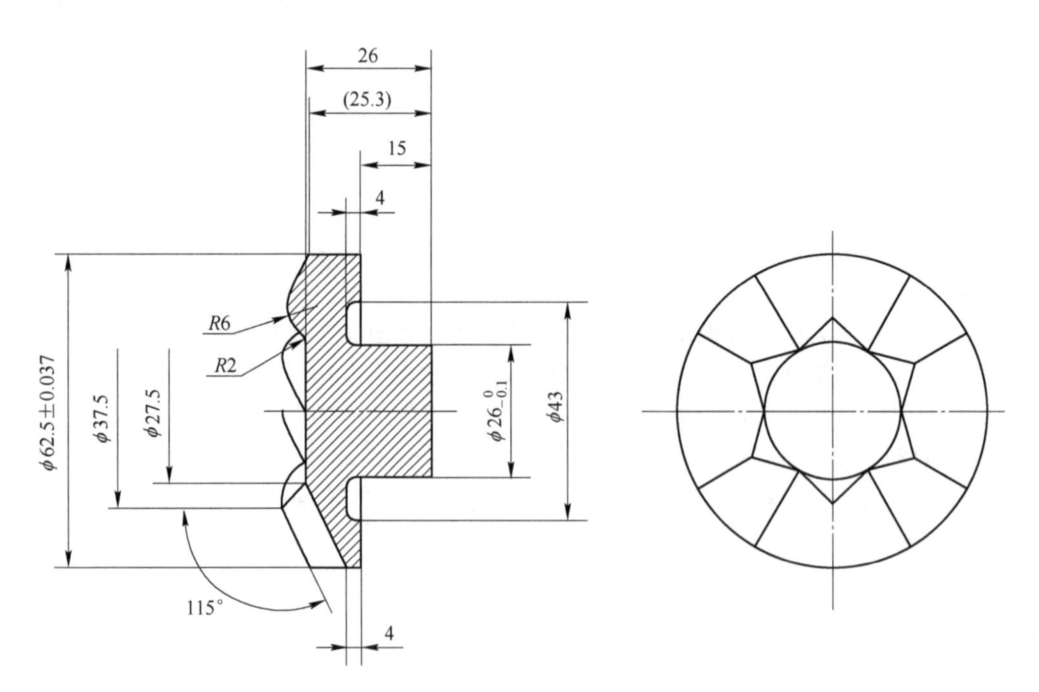

图 9-10　差速轮精锻件图

9.2.3 制坯件的形状与尺寸

差速轮是一种具有端面齿形的带轴法兰类零件，因此其制坯件也应该是具有端面齿形的带轴法兰；制坯件的轴杆部分尺寸与冷摆辗件相应部位的尺寸基本相同，保证制坯件放入摆头型腔内，并精确定位。

为了确保冷摆辗成形时金属流动均匀、变形程度小，以及新生表面有良好的润滑，获得尺寸精度高、表面光洁的冷摆辗件，要求制坯件齿形部分的尺寸比冷摆辗件的齿形尺寸小，但制坯件在高度方向的尺寸应比冷摆辗件大。

综合以上各因素，采用的制坯件形状与尺寸如图 9-11 所示。

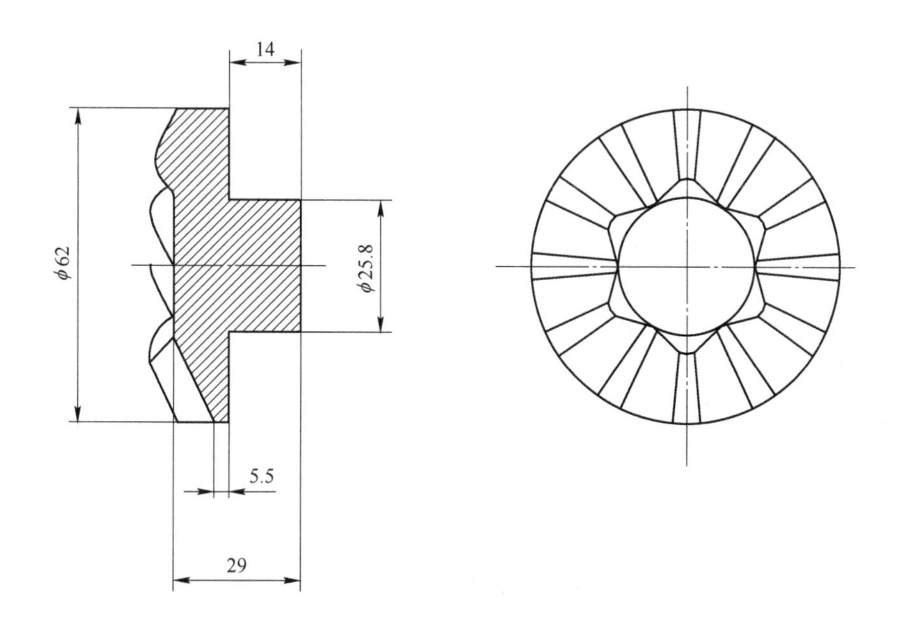

图 9-11 制坯件形状与尺寸

9.2.4 冷锻制坯成形工艺

（1）原材料直径的确定。原材料直径由制坯件的轴杆部分直径决定。为了避免原材料的表面微裂纹、氧化皮等表面缺陷对制坯件的表面品质和成形性能的影响，原材料的直径应比制坯件轴杆部分直径大。这里采用的原材料是直径 ϕ28 mm 的 20CrMo 热轧圆棒料。

（2）长棒料的软化退火工艺。将原材料下料成 500 mm 长的棒料，然后将其放在箱式电阻炉中软化退火，使硬度（HB）降到 140 以下。其目的是获得细小、均匀的晶粒组织，降低变形抗力、提高塑性，便于后续冷锻制坯成形。

（3）圆柱体坯料的加工。将退火处理后的长棒料在带锯床上下料成 ϕ28 mm×75 mm 的短料，然后再在仪表车床上加工成如图 9-12 所示的坯料。

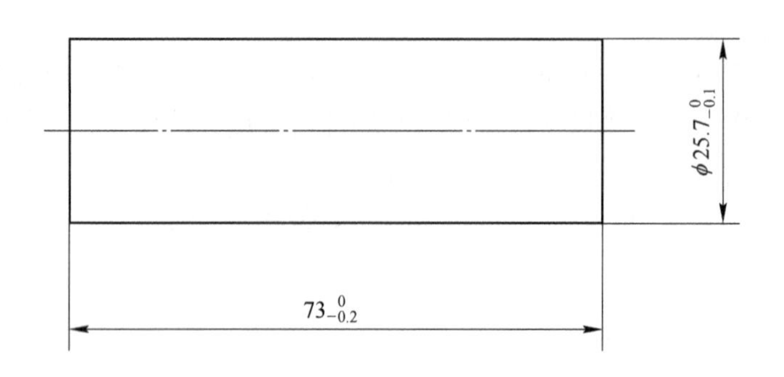

图 9-12　坯料的形状与尺寸

（4）坯料的表面润滑处理。为了获得表面光洁的冷锻制坯件，要求在冷锻成形前对圆柱体坯料进行良好的表面净化和润滑处理。采用磷化与涂 MoS_2 的表面处理工艺，其工艺流程：碱洗→水洗→酸洗→水洗→磷化→清洗→振荡机上涂 MoS_2。

（5）冷锻制坯成形。该冷锻制坯成形工序是在 YA32-630 型四柱液压机上进行的。为了控制上模行程，保证冷锻成形的制坯件尺寸一致，在模架两旁的工作台上各安装一个可以调节高低的刚性限位器。

9.2.5　冷摆辗成形工艺

9.2.5.1　制坯件的软化退火及表面润滑处理

冷锻制坯成形的制坯件由于形变强化强度、硬度显著提高而塑性、韧性急剧降低，同时由于制坯件的各个部分变形程度不同，形变强化效果不同，因此制坯件各个部分的硬度相差较大。

为了保证后续冷摆辗成形过程的顺利进行，保证冷摆辗件的尺寸精度和表面品质，要求对制坯件进行退火软化和表面润滑。

退火软化处理是在钟罩式真空炉内进行的，避免制坯件在退火过程中的氧化和表面脱碳；表面润滑处理同样采用表面磷化处理后再在振动机上涂覆 MoS_2。

9.2.5.2　冷摆辗成形

冷摆辗成形采用瑞士 Schmid 公司的 T-200 型摆辗机。其摆头摆角取 2°，摆头运动轨迹为圆轨迹，冷摆辗成形模具结构总装图如图 9-13 所示。冷摆辗成形的差速轮精锻件实物如图 9-14 所示。

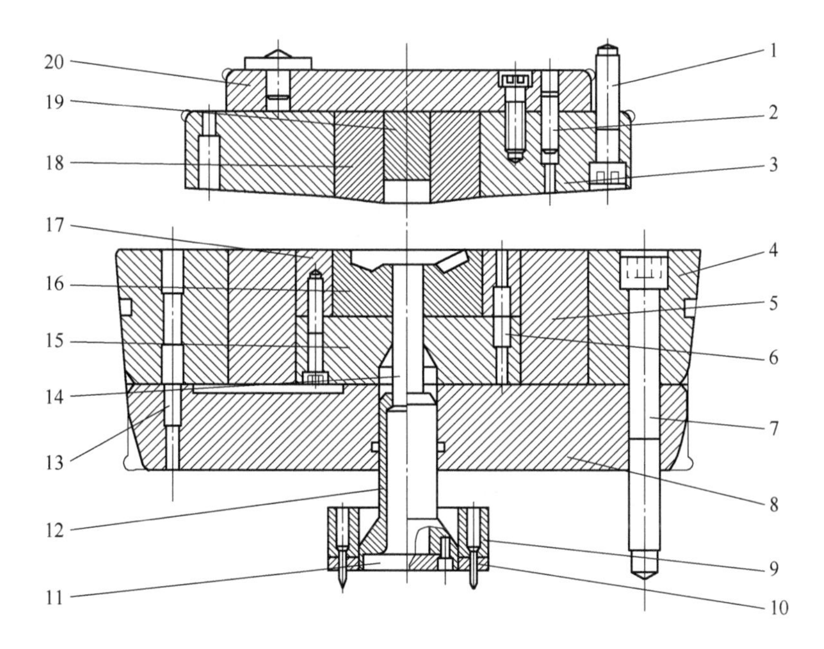

图 9-13 差速轮冷摆辗成形模具结构总装图

1—上模紧固螺钉；2—上模导销；3—摆头外套；4—凹模外套；5—凹模中套；6—凹模导销；
7—凹模紧固螺钉；8—下模垫板；9—顶杆紧固套；10—顶杆定位套；11—顶杆座；12—顶杆固定套；
13—下模导销；14—顶杆；15—凹模承载垫块；16—凹模芯；17—凹模内套；18—摆头；
19—摆头芯块；20—摆头承载垫

图 9-14 冷摆辗成形的差速轮精锻件实物

9.3 某三轮摩托车用中花键轴的复合成形

如图 9-15 所示为某三轮摩托车用中花键轴零件简图，其材质为 20CrMo 低碳低合金结构钢。对于这种具有矩形外花键的台阶轴类零件，可采用圆柱体下料件经冷缩径制坯+冷镦挤预成形+正挤压成形的复合成形方法进行生产。如图 9-16 所示为中花键轴精锻件图。

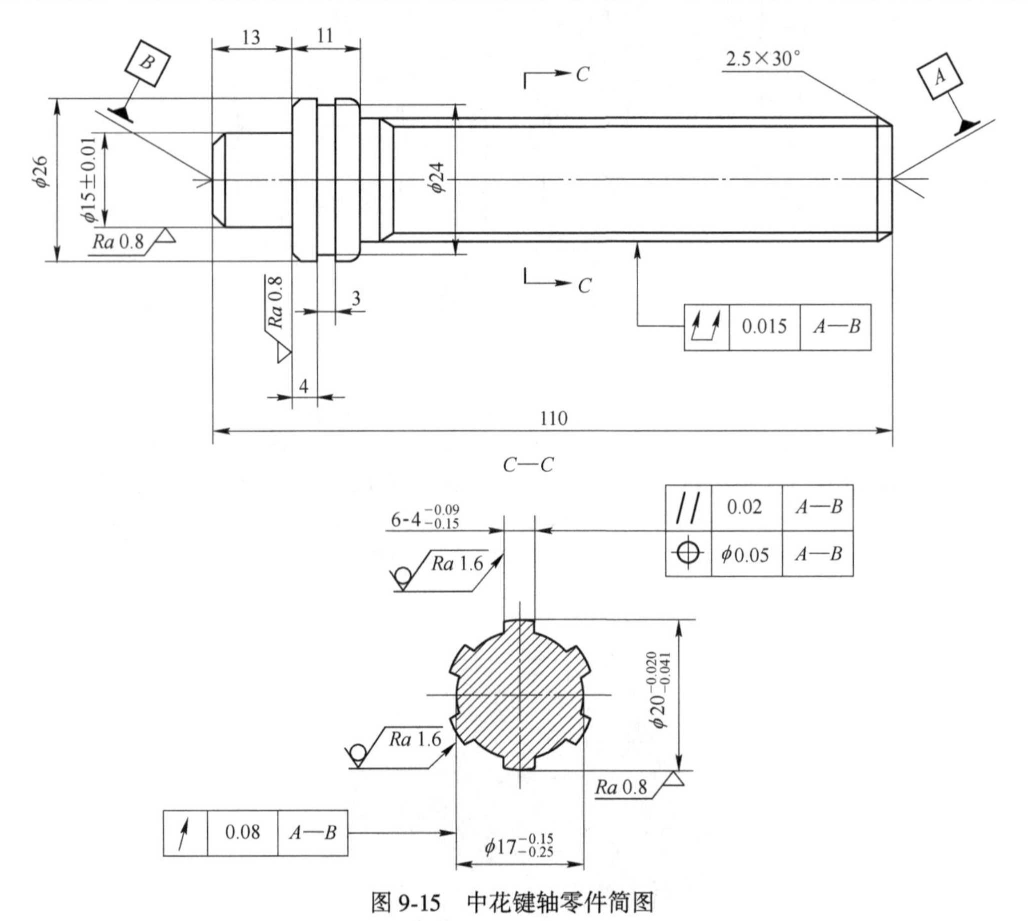

图 9-15 中花键轴零件简图

9.3.1 复合成形工艺流程

（1）下料件的锯切。首先在带锯床上将直径 φ20 mm 的 20CrMo 低碳低合金结构钢圆棒料锯切成长度为 112 mm 的下料件，如图 9-17 所示。

（2）下料件的抛丸处理。将图 9-17 所示的下料件在抛丸机上进行抛丸处理，去除其表面的氧化皮和端部毛刺。

（3）下料件的磷化处理。将已经抛丸处理的下料件在磷化生产线上进行磷化处理，使坯料表层覆盖一层致密的、多孔的磷酸盐膜。

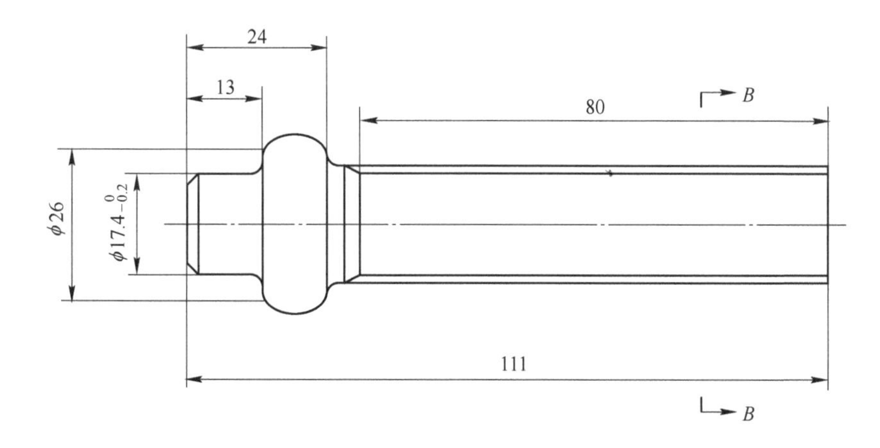

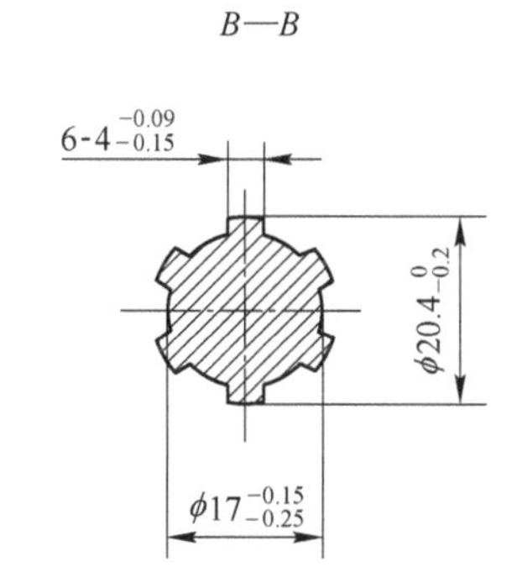

图 9-16 中花键轴精锻件图

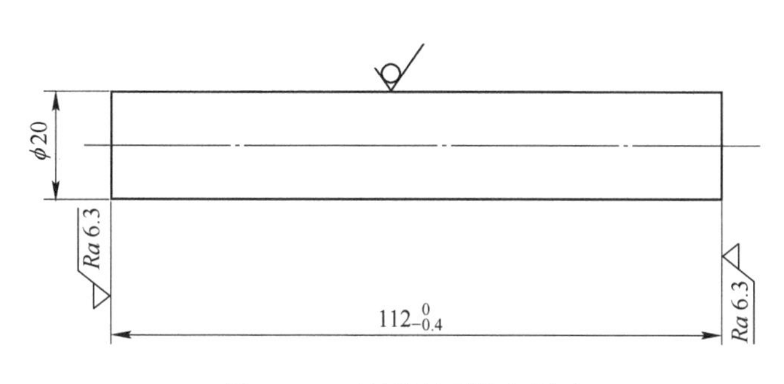

图 9-17 下料件的形状与尺寸

（4）下料件的润滑处理。用 MoS_2 和少许机油作为润滑剂，将磷化后的下料件倒入盛有润滑剂的振荡容器中；当振荡容器振荡 3～5 min 后，MoS_2 就会进入下料件表面的多孔磷酸盐膜层中，使下料件的表面在随后的冷缩径制坯过程中起到良好的润滑作用。

（5）冷缩径制坯。将已经润滑处理的下料件置于冷缩径制坯模具的凹模型腔中，随着冲头向下运动，将缩径出如图 9-18 所示的冷缩径坯件。

（6）无心磨加工。将冷缩径坯件在无心磨床上进行磨削加工，制成如图 9-19 所示的无心磨坯件，保证大外圆的表面粗糙度在 *Ra* 3.2 μm 以下。

（7）冷镦挤预成形。将无心磨坯件表面均匀地涂覆一层润滑油脂，再将其置于冷镦

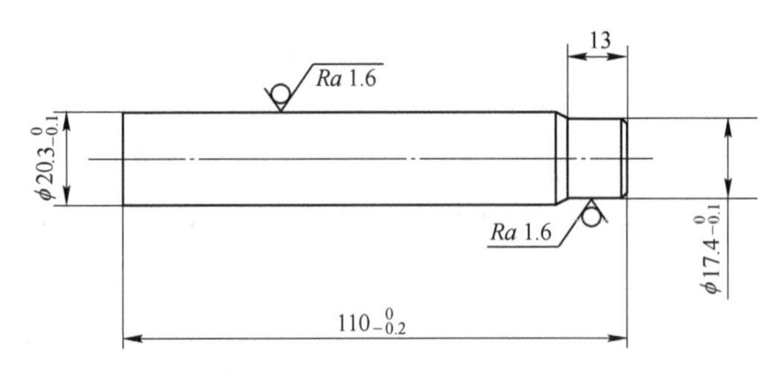

图 9-18　冷缩径坯件

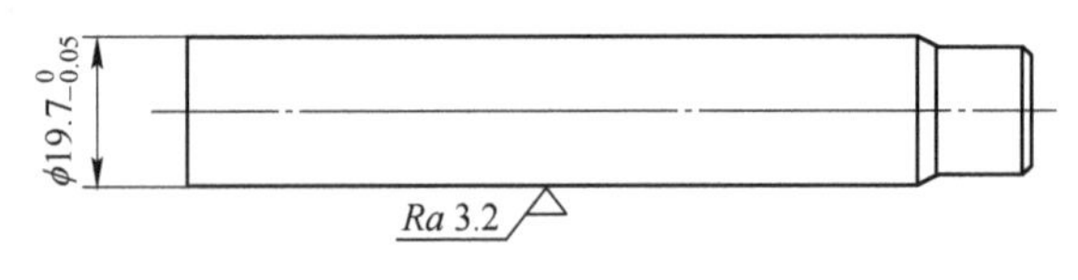

图 9-19　无心磨坯件

挤预成形模具的凹模型腔中进行冷镦挤预成形，得到如图 9-20 所示的冷镦挤预成形件。

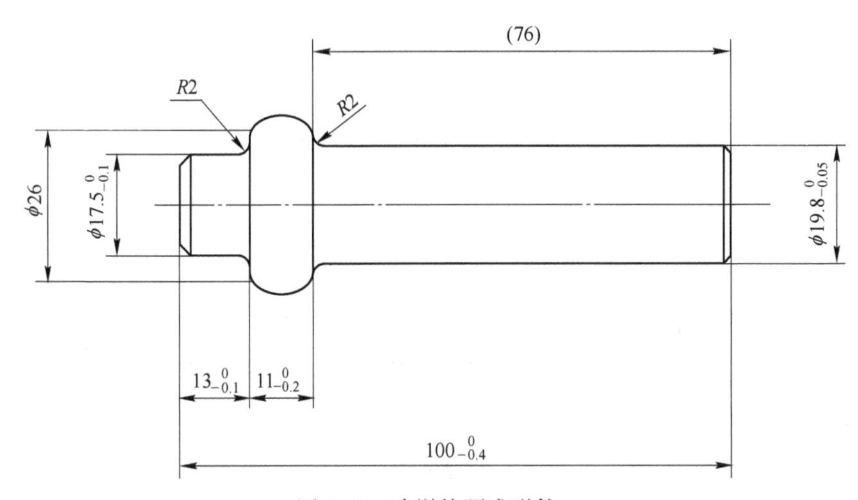

图 9-20　冷镦挤预成形件

（8）预成形件的光亮退火处理。将冷镦挤预成形件在大型井式光亮退火炉内进行软化退火处理，其退火工艺规范：加热温度为 860 ℃±20 ℃、保温时间为 240～280 min，炉冷；软化退火后的预成形件硬度（HB）控制在 120～140。

（9）预成形件的磷化处理。将光亮退火处理后的预成形件在磷化生产线上进行磷化处理，使其表层覆盖一层致密的、多孔的磷酸盐膜。

（10）预成形件的润滑处理。用 MoS_2 和少许机油作为润滑剂，将磷化后的预成形件倒入盛有润滑剂的振荡容器中；当振荡容器振荡 3～5 min 后，MoS_2 就会进入预成形件表面的多孔磷酸盐膜层中，使预成形件的表面在随后的正挤压成形过程中起到良好的润滑作用。

（11）矩形外花键的正挤压成形。将已经润滑处理的预成形件置于正挤压成形模具的凹模型腔中，随着上模向下运动，将正挤压出如图 9-16 所示的精锻件。

9.3.2 复合成形模具结构

如图 9-21 所示为中花键轴复合成形通用模架的结构总装图。

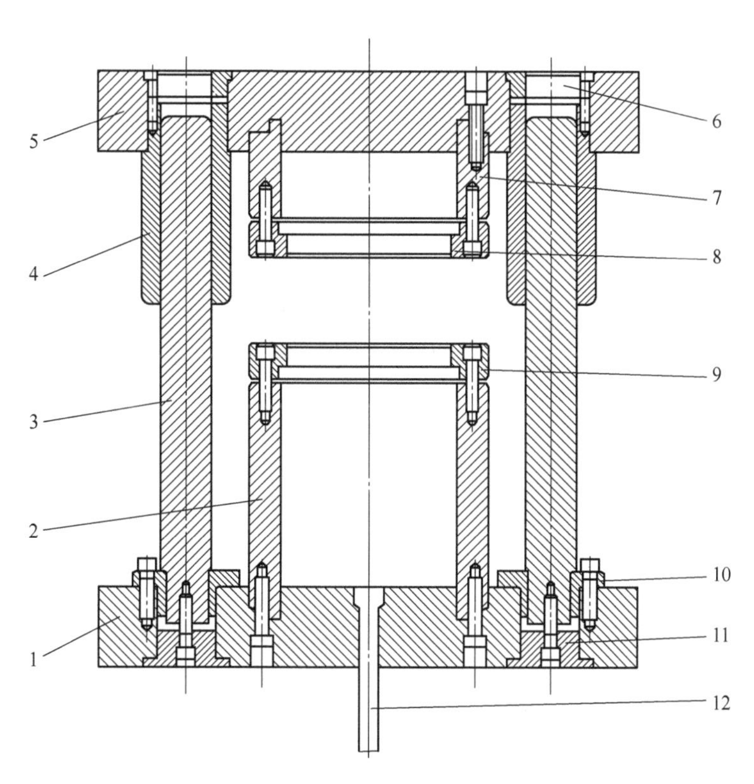

图 9-21 中花键轴复合成形通用模架的结构总装图

1—下模板；2—下模座；3—导柱；4—导套；5—上模板；6—导套紧固套；7—上模座；8—上模压板；9—下模压板；10—导柱定位套；11—导柱紧固套；12—顶杆

该模架具有如下特点：

（1）导柱、导套导向机构。在复合成形过程中，该导向机构能保证上模、凹模之间具有良好的对中性。特别是在矩形外花键的正挤压成形过程中，能很好地保证预成形件在正挤压成形过程中不会发生弯曲变形。

（2）模具零件更换容易。在复合成形过程中，成形工序之间的模具拆卸和安装方便、快捷。若在某成形工艺过程中某一模具零件失效，能快捷、方便地拆除已失效的模具零件，并进行快速更换。

如图 9-22 所示为中花键轴复合成形过程中的各个模具零件图。表 9-1 列出了各个模具零件的材料牌号及热处理硬度。

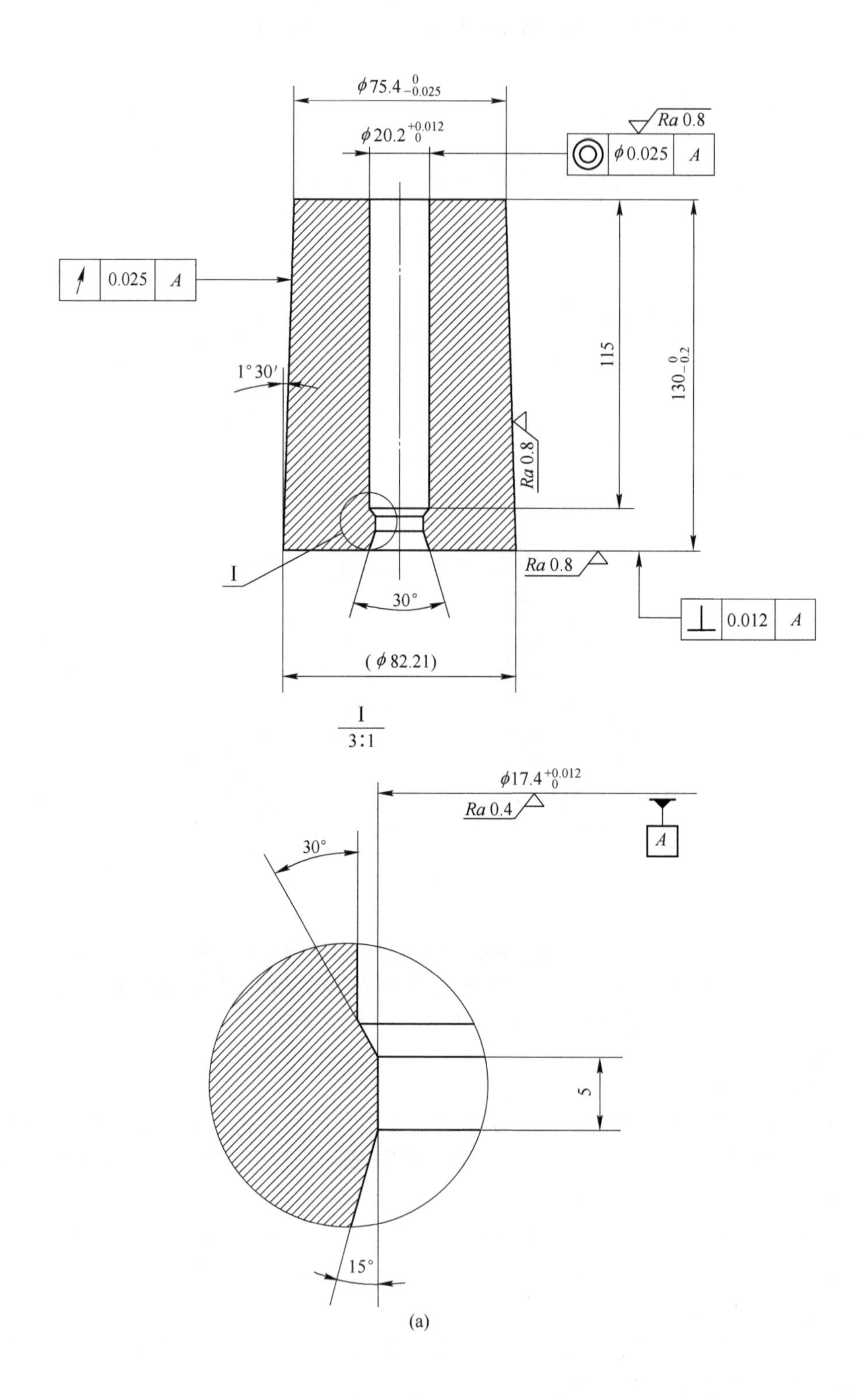

ϕ75.4 0 −0.025
ϕ20.2 +0.012 0
Ra 0.8
ϕ0.025
A
0.025
A
1°30′
115
130 0 −0.2
Ra 0.8
Ra 0.8
I
30°
0.012
A
(ϕ82.21)
I
3∶1
ϕ17.4 +0.012 0
Ra 0.4
A
30°
5
15°

(a)

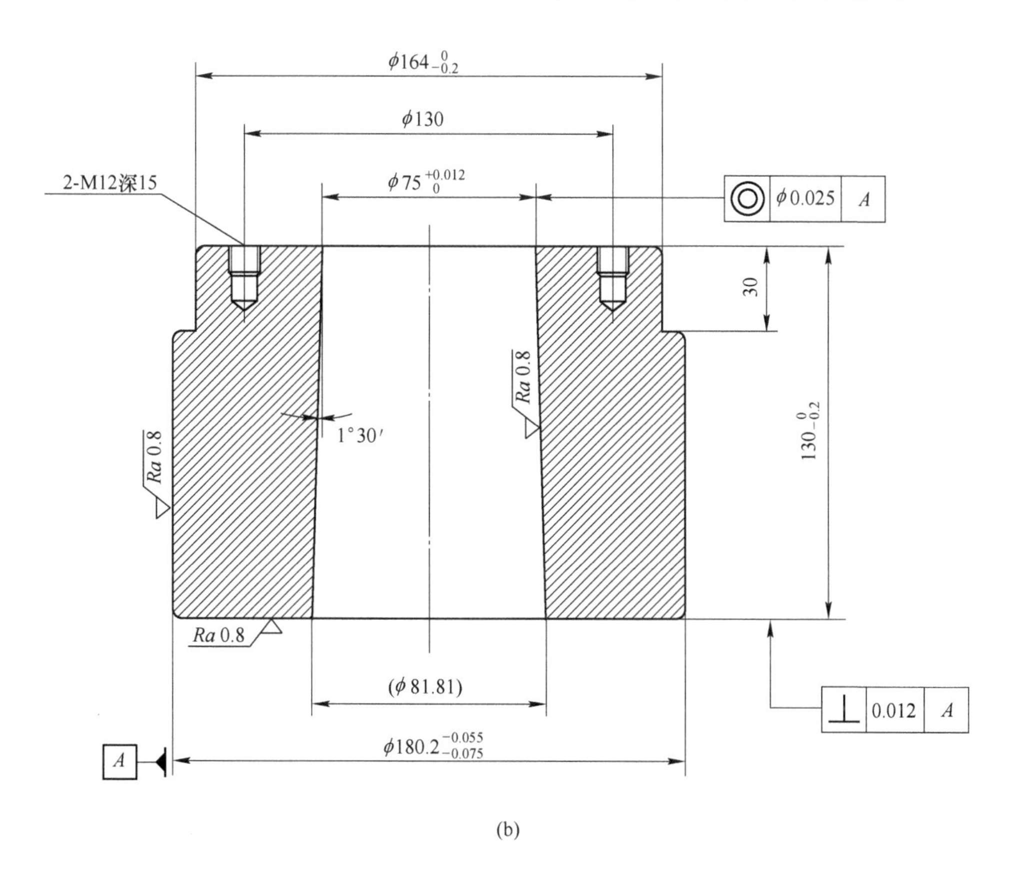

φ164$_{-0.2}^{0}$
φ130
φ75$_{0}^{+0.012}$
2-M12深15
◎ φ0.025 A
30
130$_{-0.2}^{0}$
Ra 0.8
Ra 0.8
1°30′
Ra 0.8
(φ81.81)
⊥ 0.012 A
φ180.2$_{-0.075}^{-0.055}$
A

(b)

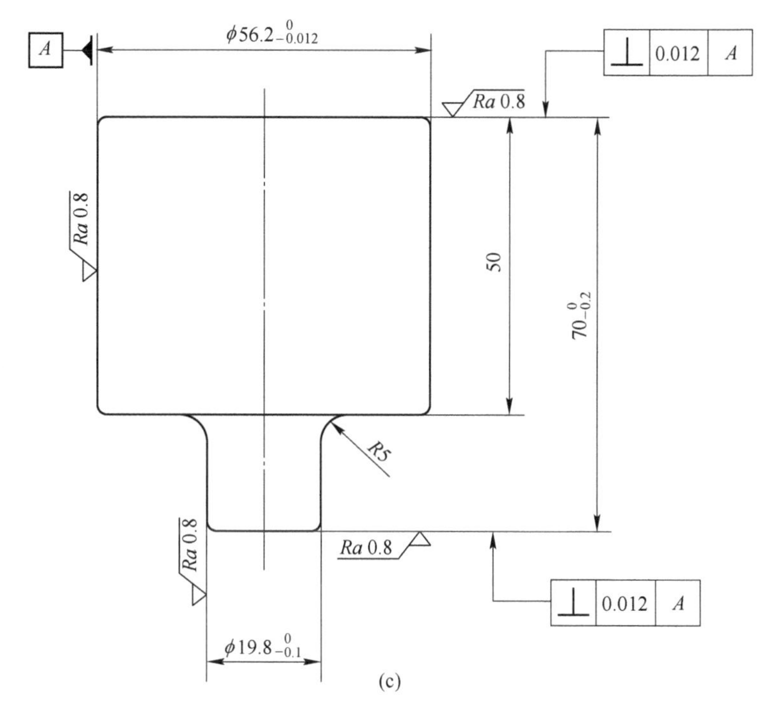

A
φ56.2$_{-0.012}^{0}$
⊥ 0.012 A
Ra 0.8
Ra 0.8
50
70$_{-0.2}^{0}$
R5
Ra 0.8
Ra 0.8
⊥ 0.012 A
φ19.8$_{-0.1}^{0}$

(c)

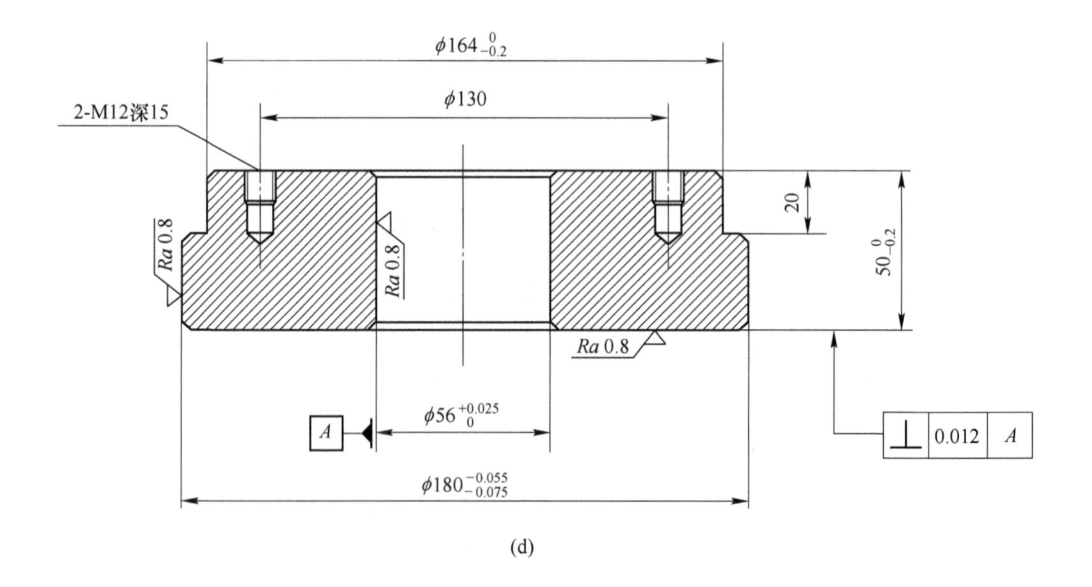

ϕ164 0 −0.2
ϕ130
2-M12深15
20
50 0 −0.2
Ra 0.8
Ra 0.8
Ra 0.8
ϕ56 +0.025 0
A
⊥ 0.012 A
ϕ180 −0.055 −0.075

(d)

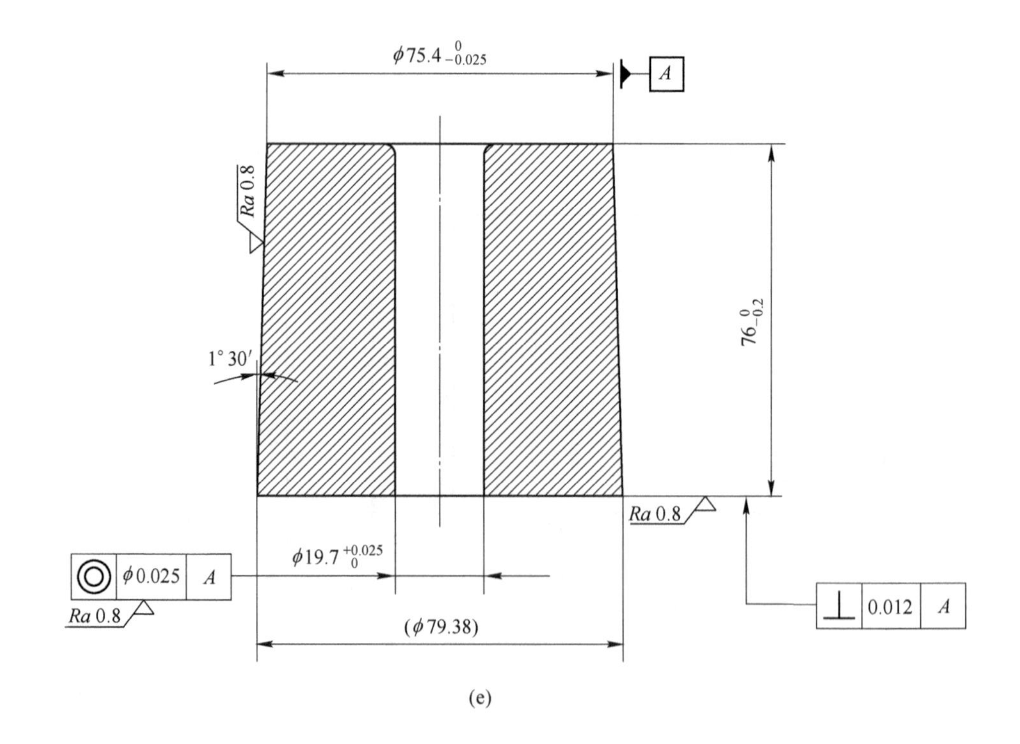

ϕ75.4 0 −0.025
A
Ra 0.8
1°30′
76 0 −0.2
Ra 0.8
ϕ0.025 A
ϕ19.7 +0.025 0
Ra 0.8
(ϕ79.38)
⊥ 0.012 A

(e)

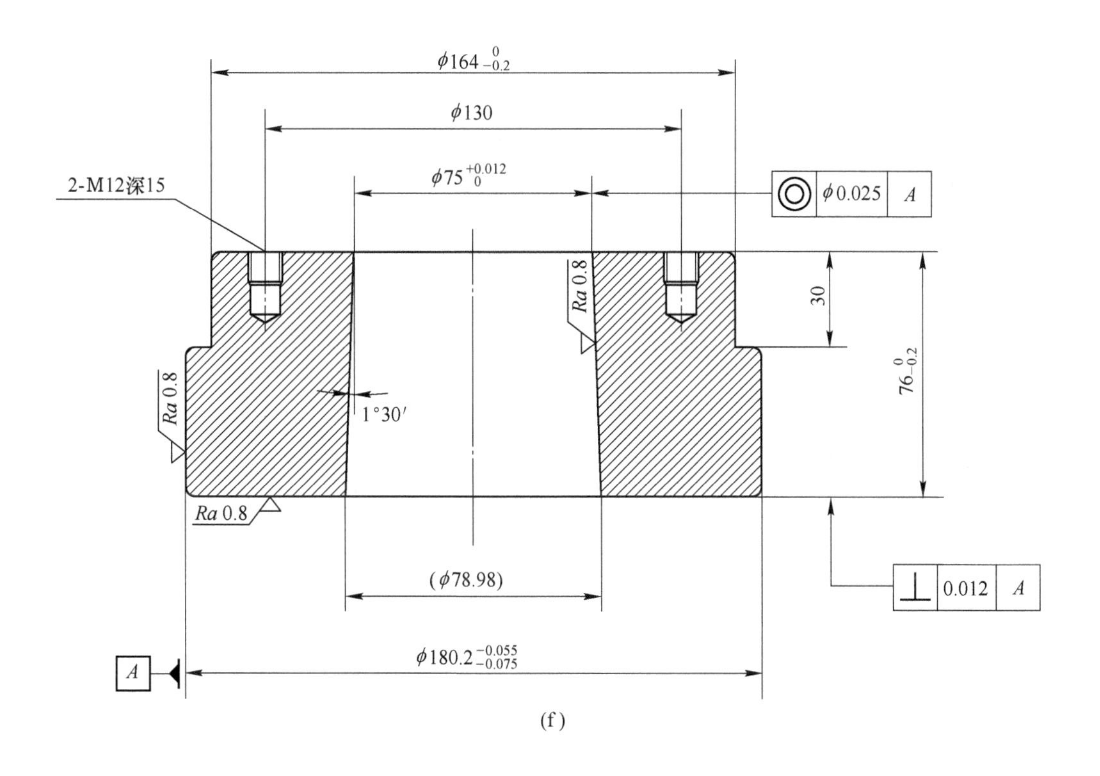

φ164 0 −0.2
φ130
φ75 +0.012 0
φ0.025
A
2-M12深15
30
$76_{-0.2}^{0}$
Ra 0.8
Ra 0.8
1°30′
Ra 0.8
(φ78.98)
0.012
A
A
φ180.2 −0.055 −0.075

(f)

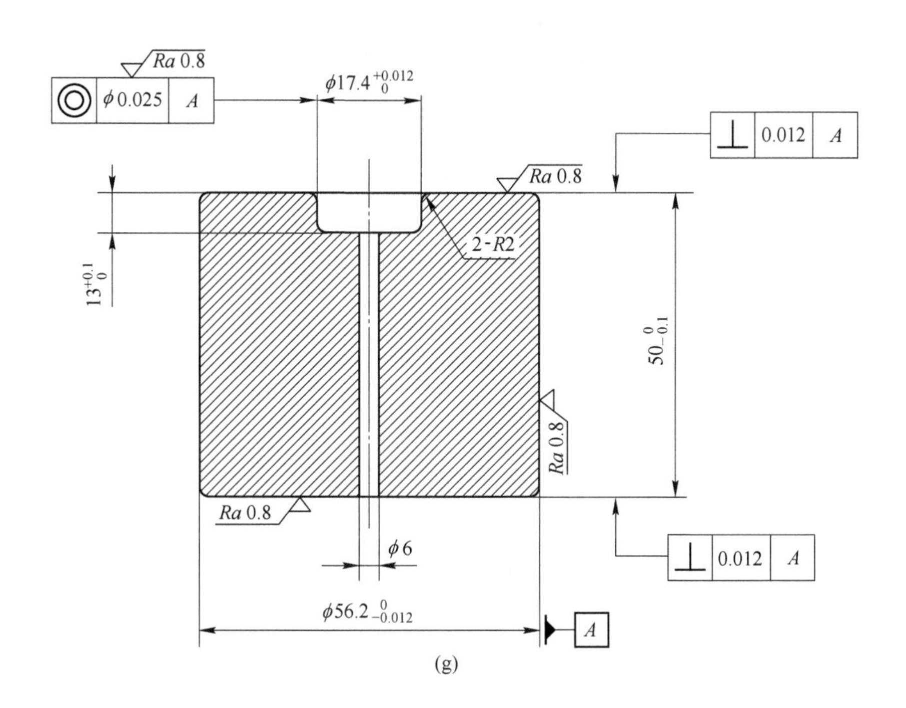

Ra 0.8
φ0.025
A
φ17.4 +0.012 0
0.012
A
Ra 0.8
2-R2
13 +0.1 0
50 0 −0.1
Ra 0.8
Ra 0.8
φ6
0.012
A
φ56.2 0 −0.012
A

(g)

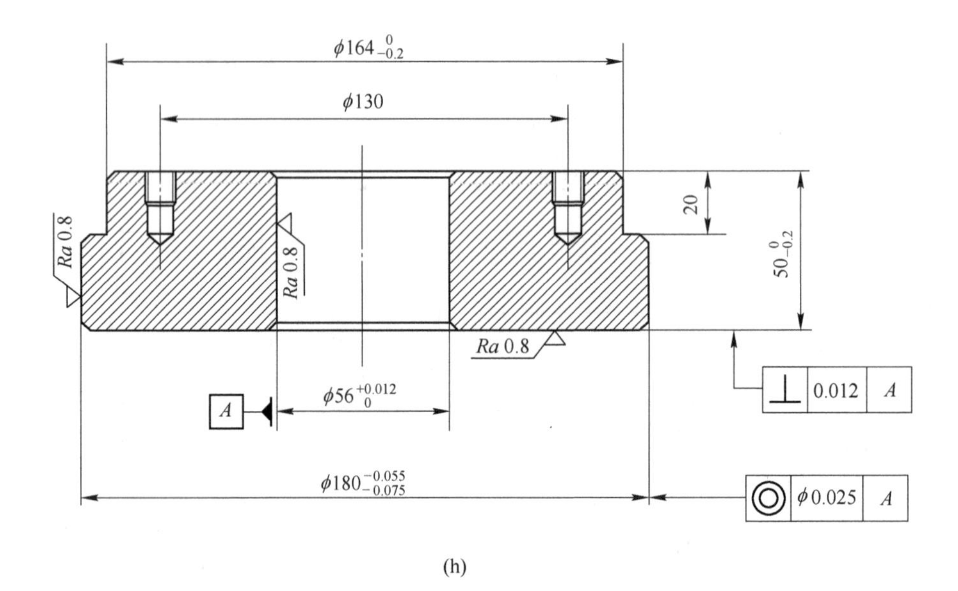
$\phi164_{-0.2}^{0}$
$\phi130$
20
$50_{-0.2}^{0}$
Ra 0.8
Ra 0.8
Ra 0.8
$\phi56_{0}^{+0.012}$
A
⊥ 0.012 A
$\phi180_{-0.075}^{-0.055}$
◎ ϕ0.025 A

(h)

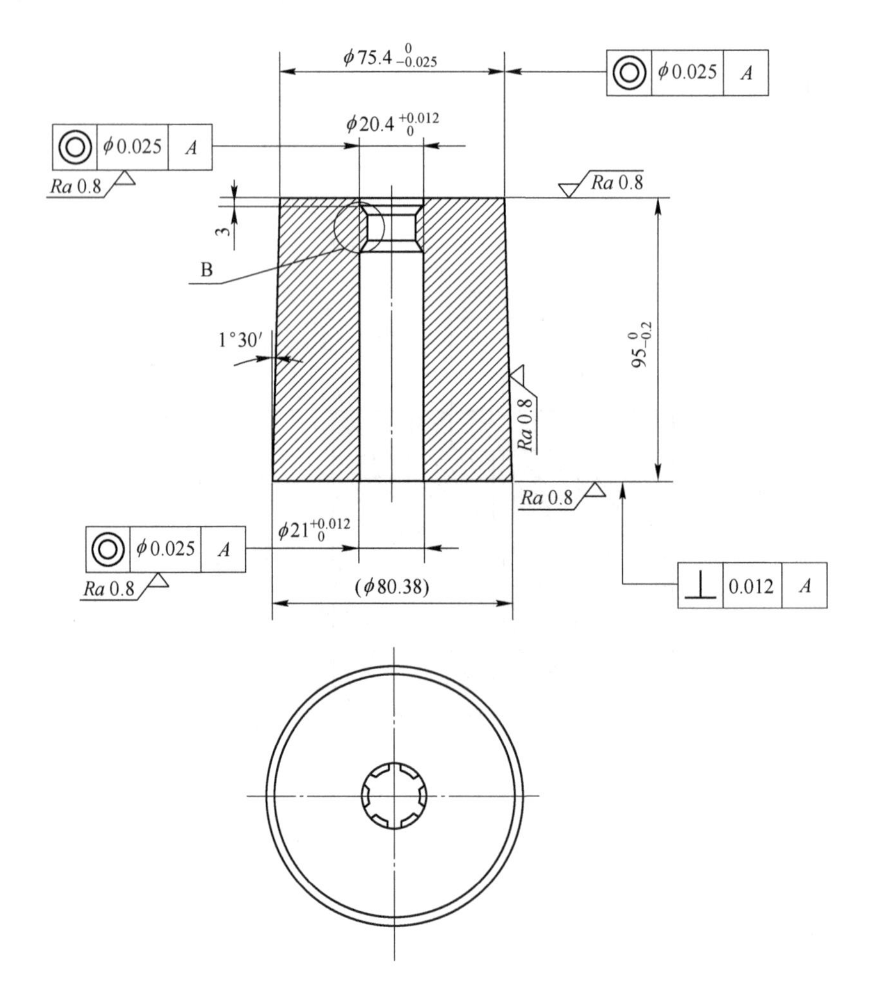
$\phi75.4_{-0.025}^{0}$
◎ ϕ0.025 A
$\phi20.4_{0}^{+0.012}$
◎ ϕ0.025 A
Ra 0.8
Ra 0.8
3
B
1°30′
$95_{-0.2}^{0}$
Ra 0.8
Ra 0.8
$\phi21_{0}^{+0.012}$
◎ ϕ0.025 A
Ra 0.8
(ϕ80.38)
⊥ 0.012 A

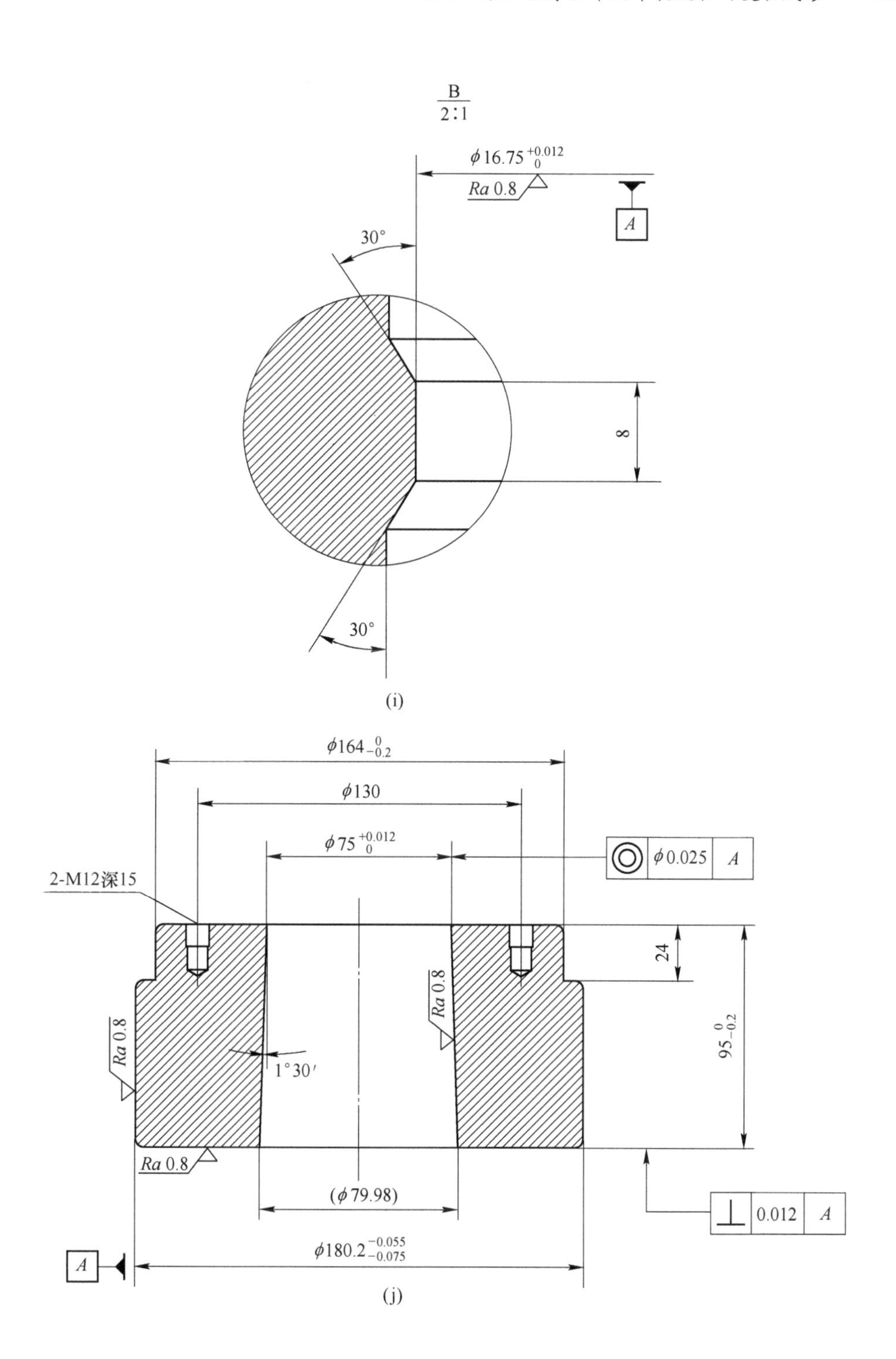

图 9-22 中花键轴复合成形过程中的各个模具零件图

(a) 冷缩径制坯凹模芯；(b) 冷缩径制坯凹模外套；(c) 冷缩径制坯上模芯；(d) 冷缩径制坯上模外套；(e) 冷镦挤预成形凹模芯；(f) 冷镦挤预成形凹模外套；(g) 冷镦挤预成形上模芯；(h) 冷镦挤预成形上模外套；(i) 正挤压成形凹模芯；(j) 正挤压成形凹模外套

表 9-1 模具零件的材料牌号及热处理硬度

成形工序	模具零件名称	材料牌号	热处理硬度（HRC）
冷缩径制坯	凹模芯	LD	56~60
	凹模外套	45	32~38
	上模外套	45	32~38
	上模芯	LD	56~60
冷镦挤预成形	凹模芯	LD	56~60
	凹模外套	45	32~38
	上模外套	45	32~38
	上模芯	LD	56~60
正挤压成形	凹模芯	LD	56~60
	凹模外套	45	32~38

9.4 某摩托车超越离合器本体的复合成形

超越离合器本体是各种 90 型、100 型、125 型等电起动摩托车电装品系统中的关键零件，如图 9-23 所示，其市场需求量很大。它是一种具有复杂内孔型腔的薄盘类零件，其内孔型腔的精度要求高、加工工艺性差。该零件最初的加工工艺为金属切削加工，其内孔型腔是采用 40 t 卧式拉床进行加工的。拉削加工该种内孔型腔不仅需要定制特殊形状的拉刀，而且生产效率低、工艺流程长、生产成本高；同时该拉削加工方法的材料消耗大，其材料利用率仅有 30%左右，难以满足摩托车工业的生产需要。

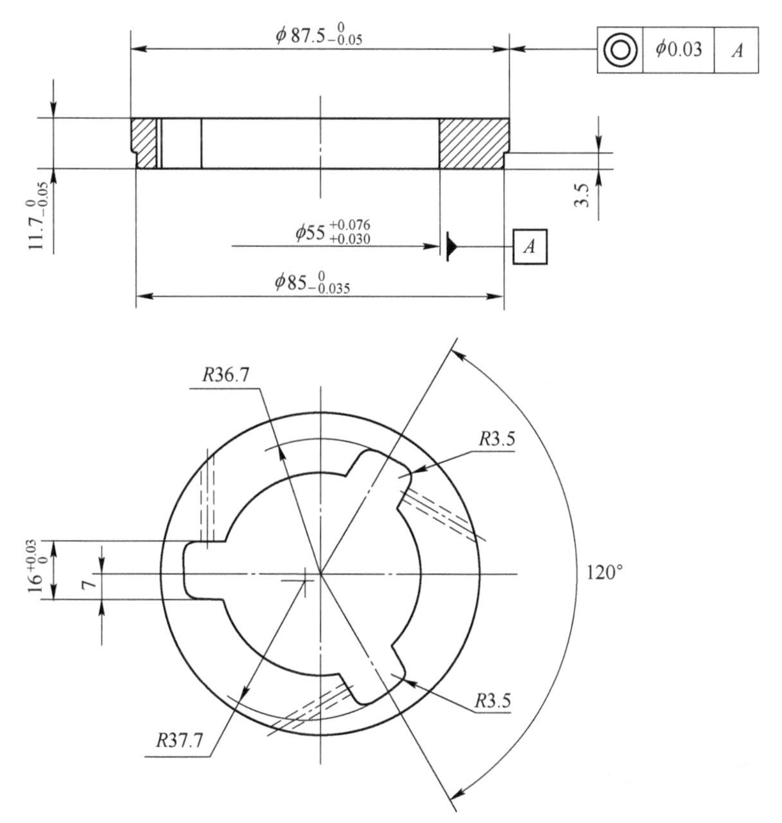

图 9-23 某摩托车超越离合器本体零件简图

对于图 9-23 所示的零件，曾有企业采用热精锻工艺生产出具有复杂内孔型腔的超越离合器本体锻件。与金属切削加工工艺相比，其材料利用率达到 50%左右，且内孔型腔已经完全成形，可以不再进行后续切削加工，从而减少了拉削工序，大幅度地提高了生产效率、缩短了生产周期、显著地降低了生产成本；但是热精锻的超越离合器本体锻件尺寸精度差、表面粗糙度大（有氧化皮存在），因此外表面的机加工余量较大；同时热锻成形的内孔型腔的精度差、表面粗糙度大，且有锥度存在；在实际生产过程中因内孔型腔的尺寸超差以及锥度所造成的产品报废率很高。

某企业采用温锻预制与冷挤压成形相结合的复合成形工艺进行图 9-23 所示超越离合

器本体的精锻件（如图 9-24 所示）大批量生产。经复合成形的超越离合器本体精锻件，其内孔型腔尺寸精度高、尺寸一致性好、轮廓清晰、无锥度存在，不用再进行后续加工就能满足超越离合器本体的设计要求；且外表面的机加工余量也比较少。因此，采用复合成形工艺进行摩托车超越离合器本体精锻件的生产具有显著的节能、节材效果，而且生产效率高、生产成本大幅度降低，经济效益和社会效益十分显著[32-35]。

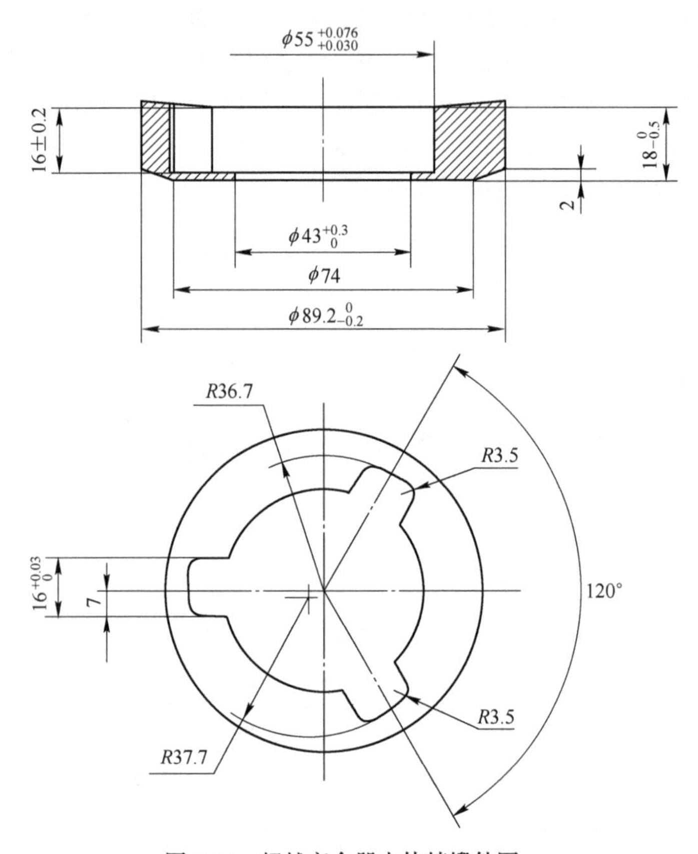

图 9-24 超越离合器本体精锻件图

9.4.1 复合成形工艺方案的确定

对于超越离合器本体这种具有复杂内孔型腔的薄盘类零件，在制订成形工艺方案时考虑了如下因素：

（1）降低材料消耗以提高材料利用率。

（2）合理分配变形程度以利用金属流动，便于成形件各台阶的良好充填。

（3）减少各变形工序的变形力，从而提高模具的使用寿命。

（4）减少中间工序以提高生产效率，保证能够大批量工业生产。

综合以上各因素，本工艺所采用的变形工序如图 9-25 所示，其工艺流程如下：棒料→剪切下料→温锻制坯（一火两锻，先在 160 t 冲床上温镦坯再在 300 t 摩擦压力机上温锻制坯）→退火→表面处理→冷挤压成形。

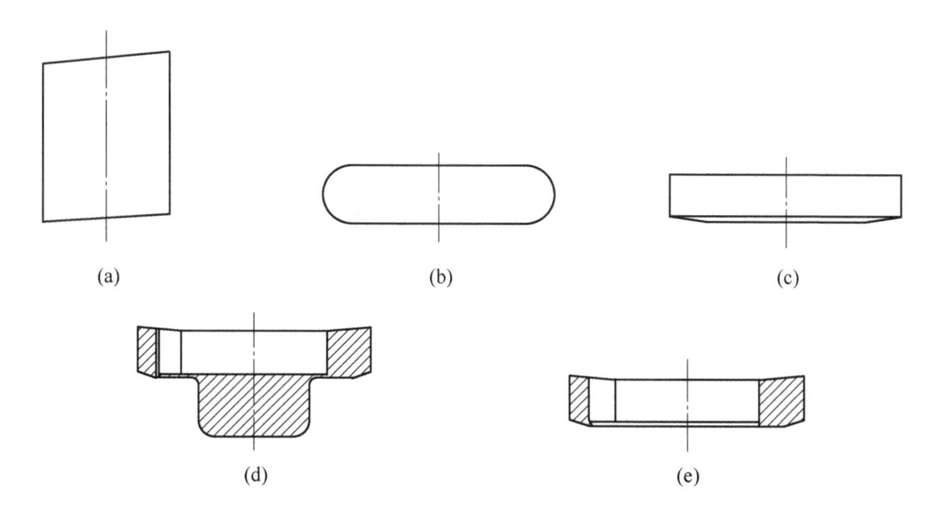

图 9-25 超越离合器本体复合成形的变形工序图
（a）下料坯件；（b）预镦坯件；（c）预制坯件；（d）冷挤压成形件；（e）由冷挤压成形件冲切而成的精锻件

如图 9-25（a）所示为下料工序：采用钢筋下料机剪切下料，要求下料坯件的质量误差为±10 g。

如图 9-25（b）所示为预镦工序：采用冲床预镦，得到预镦坯件；其作用是消除剪切下料时下料坯件端面的歪扭，可以使坯件端面平整，避免由于坯件端面的歪扭所引起的热锻件材料缺料（充不满）；同时预镦坯件应可以平稳地放入下一道温锻制坯工序的凹模型腔内，以保证金属的良好充填。

如图 9-25（c）所示为温锻制坯工序：经预镦成形的预镦坯件立即进行温锻制坯成形，得到所需要的预制坯件。

如图 9-25（d）所示为冷挤压成形工序：在冷挤压成形工序中，冲头在成形内孔型腔形状的同时正挤压成形轴杆部分，得到冷挤压成形件。

如图 9-25（e）所示为冷冲切工序：在冷冲切成形工序中，将冷挤压成形件的轴杆部分冲裁掉，得到如图 9-24 所示的精锻件。

9.4.2 温锻制坯工艺

（1）原始坯料直径的选定。在选择原始坯料直径时既要考虑便于采用 60 型钢筋下料机下料，又要尽量减少坯料的高径比以防止在后续的冲床上自由镦粗成形时的弯曲变形。本工艺所取坯料为 ϕ50 mm 热轧棒料。下料坯件的形状与尺寸如图 9-26 所示。

（2）温锻加热规范的确定。加热设备为中频感应加热炉，其功率为 100 kW；其原始坯料的加热温度为 850 ℃±50 ℃。

（3）温锻制坯成形。采用“一火两锻”工艺来成形如图 9-27 所示的温锻预制坯件。首先将感应加热到 850 ℃左右的下料坯件在 J23-160A 型 160 t 冲床的简单模具上进行自由镦粗，得到预镦坯件（如图 9-28 所示）；然后立即将预镦坯件放入 J53-300A 型 300 t 双盘

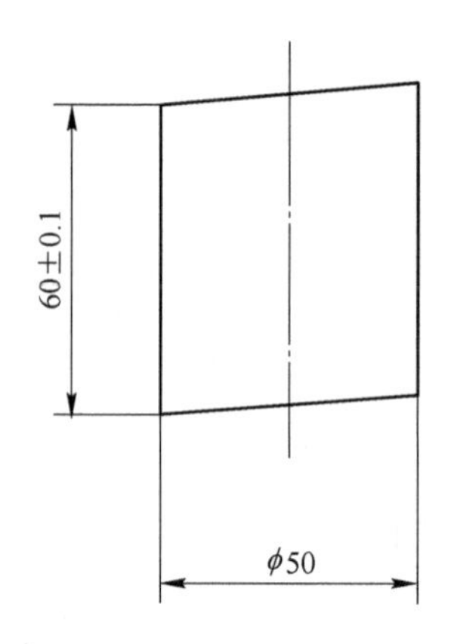

图 9-26　下料坯件的形状与尺寸

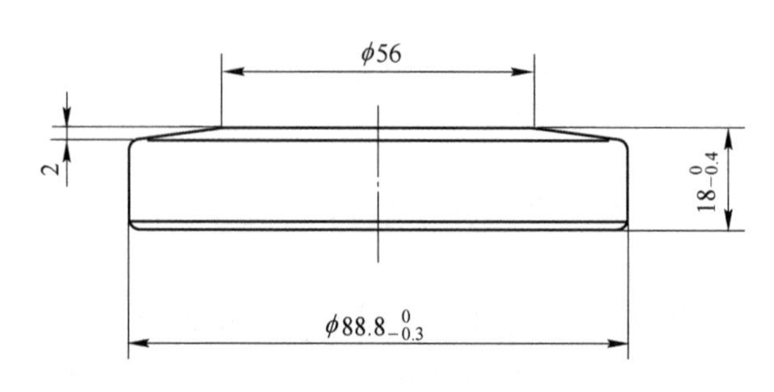

图 9-27　预制坯件

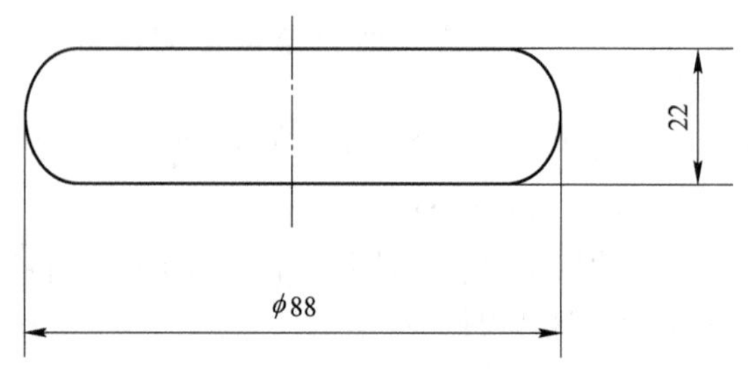

图 9-28　预镦坯件

摩擦压力机上的温锻制坯模具的凹模型腔内进行温锻制坯成形。

9.4.3　冷挤压成形工艺

（1）预制坯件的滚光。温锻制坯成形的预制坯件不仅有毛刺存在，而且还存在着氧化皮等热锻缺陷，且表面粗糙度大，因此在冷挤压成形之前应增加一道抛丸滚光工序，滚光预制坯件的所有外表面，以清除预制坯件的毛刺以及氧化皮等。

（2）预制坯件的退火软化处理。为了减少挤压变形抗力，必须对预制坯件进行退火软化处理，使其硬度（HB）控制在 125~145；为防止预制坯件的氧化和脱碳，将预制坯件装在具有内外盖的铁箱内，用砂子和铸铁屑密封后装入箱式电阻炉内进行退火。

（3）预制坯件的表面润滑处理。对预制坯件进行良好的润滑处理是获得表面质量良好、成形容易、充填饱满以及内齿轮粗糙度小的精锻件所必须的。采用磷化皂化处理工艺对已经退火的预制坯件进行表面处理；同时在冷挤压成形过程中，涂抹锂基润滑脂于冲头工作部分，以保证冷挤压成形后精锻件内孔型腔的尺寸精度和表面光洁。

（4）冷挤压成形。冷挤压成形工序是在 YX32-315A 型四柱液压机上进行的。将已经表面润滑处理的预制坯件放入 YX32-315A 型四柱液压机上的冷挤压成形模具的凹模型腔内进行冷挤压成形，即可得到如图 9-29 所示的冷挤压成形件。为了保证冷挤压成形件内孔型腔的深度一致，避免冷挤压冲头与凹模内孔型腔的底部直接接触，以提高冷挤压冲头的使用寿命，可以在冷挤压成形模具两旁的工作台上各安装一个可以调节高度的刚性限位器。如图 9-30 所示为超越离合器本体的冷挤压成形件实物、由精锻件经后续机械加工而成的精加工坯件实物。

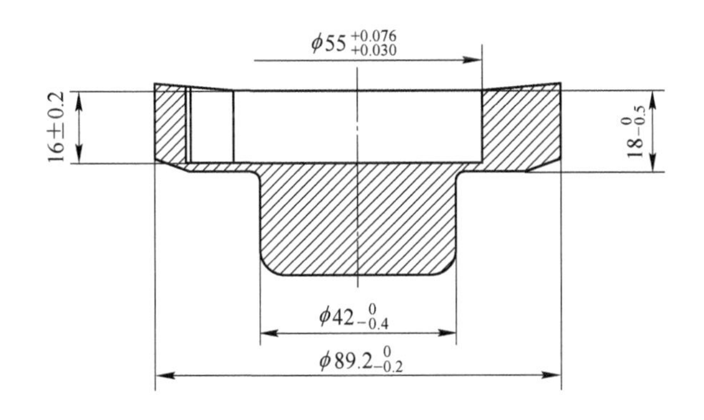

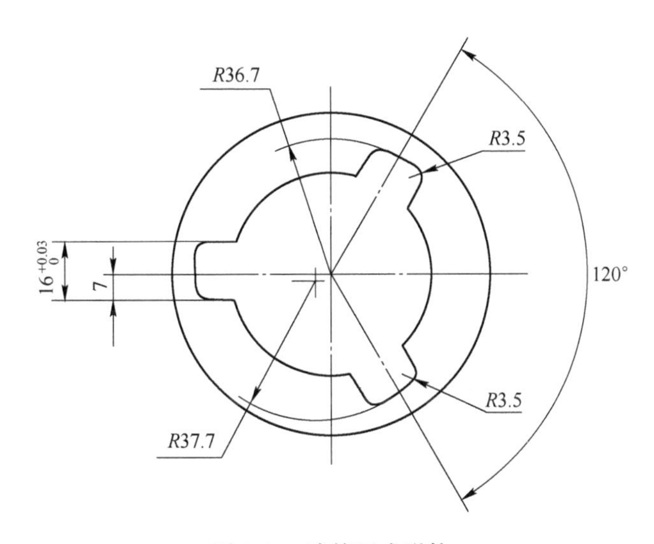

图 9-29 冷挤压成形件

(a) (b)

图 9-30 超越离合器本体坯件实物

（a）冷挤压成形件实物；（b）由精锻件经后续机械加工而成的精加工坯件实物

9.5 某摩托车发动机用驱动轴的复合成形

如图 9-31 所示为某摩托车发动机用驱动轴零件简图，其材质为 20CrMnTi 低碳低合金结构钢。其齿形参数见表 9-2。

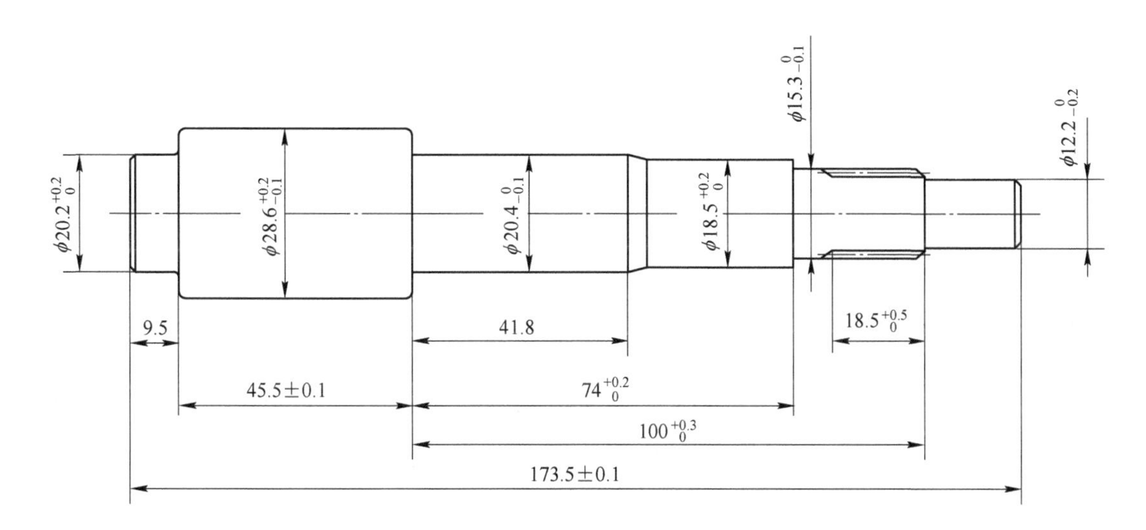

图 9-31　驱动轴零件简图

表 9-2　驱动轴渐开线齿形参数

模数/mm	0.75
齿数	19
压力角/(°)	37.5
分度圆直径/mm	φ14.25
齿根圆直径/mm	φ13.1max
量棒直径/mm	φ1.5
量棒跨距/mm	16.38~16.43
齿圈径向跳动/mm	0.05

对于这种具有渐开线齿形外花键的多台阶轴类零件，可采用圆柱体坯料经冷缩径制坯+冷挤压成形的复合成形方法进行生产。如图 9-32 所示为驱动轴精锻件图，其齿形参数见表 9-2。

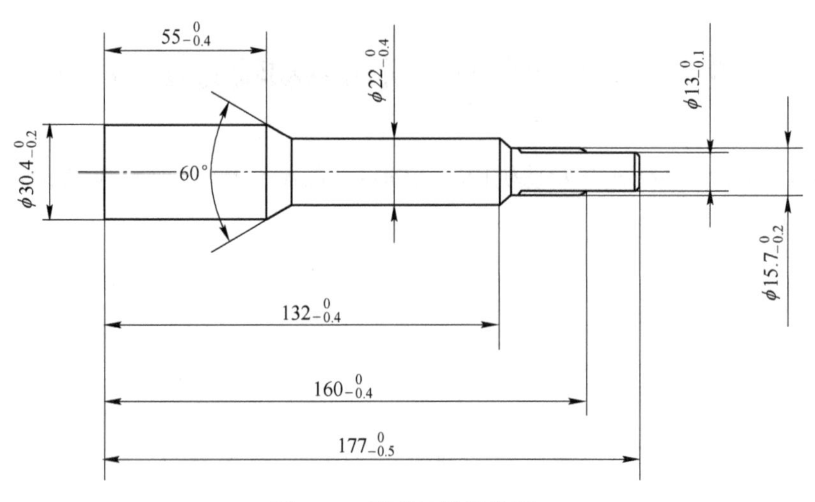

图 9-32　驱动轴精锻件图

9.5.1　复合成形工艺流程

（1）坯料的制备。首先在带锯床上将直径 ϕ30 mm 的 20CrMnTi 低碳低合金结构钢圆棒料锯切成长度为 127 mm 的下料坯件（如图 9-33 所示），再将下料坯件在无心磨床上进行外圆磨削，制成如图 9-34 所示的无心磨坯件。

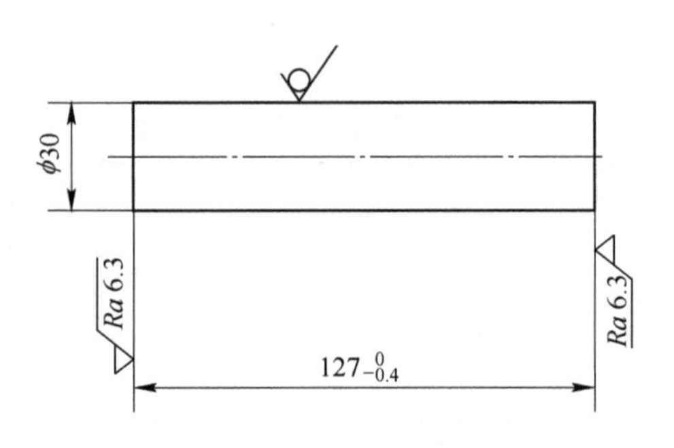

图 9-33　下料坯件

（2）无心磨坯件的光亮退火处理。将图 9-34 所示的无心磨坯件在大型井式光亮退火炉内进行软化退火处理，其退火工艺规范：加热温度为 860 ℃±20 ℃、保温时间为 240~280 min，炉冷；软化退火后的坯料硬度（HB）控制在 120~140。

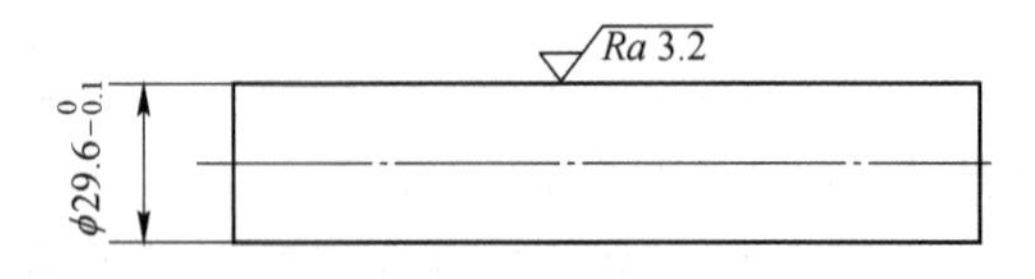

图 9-34　无心磨坯件

（3）无心磨坯件的磷化处理。将已经光亮退火处理的无心磨坯件在磷化生产线上进行磷化处理，使坯件表层覆盖一层致密的、多孔的磷酸盐膜。

（4）润滑处理。用 MoS_2 和少许机油作为润滑剂，将磷化后的无心磨坯件倒入盛有润滑剂的振荡容器中；当振荡容器振荡 3~5 min 后，MoS_2 就会进入该坯件表面的多孔磷酸盐膜层中，使坯件的表面在随后的冷缩径制坯成形过程中起到良好的润滑作用。

（5）冷缩径制坯。将已经润滑处理的无心磨坯件置于冷缩径制坯成形模具的凹模型腔中，随着冲头向下运动，将正挤压出如图 9-35 所示的预制坯件。

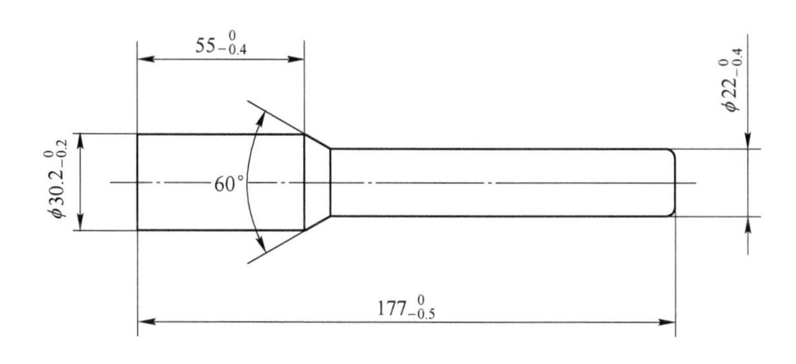

图 9-35 预制坯件

（6）预制坯件的再结晶退火处理。将预制坯件在井式回火炉内进行再结晶退火，其再结晶退火工艺规范：加热温度为 680 ℃±30 ℃、保温时间 4 h，随炉冷却。

（7）预制坯件的粗车加工。将退火后的预制坯件在车床上进行粗车加工，得到如图 9-36 所示的粗车坯件。

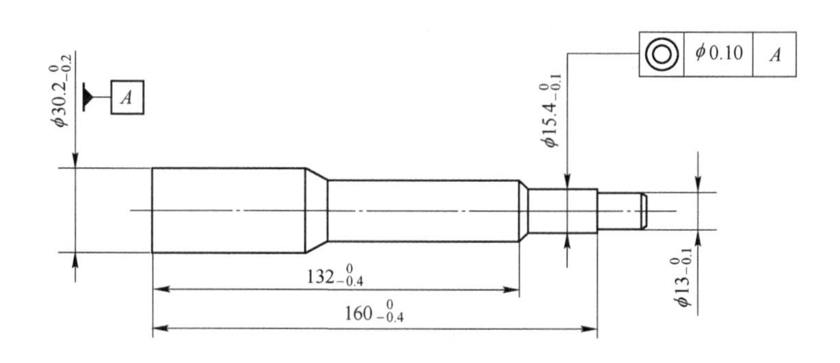

图 9-36 粗车坯件

（8）粗车坯件的表面磷化、皂化处理。本工艺以磷酸锌盐为主要原料的磷化液对粗车坯件进行表面处理，然后用熔融的工业肥皂作皂化液进行表面润滑处理。

（9）冷挤压成形。将已经润滑处理的粗车坯件置于冷挤压成形模具的凹模型腔中，随着上模向下运动，可正挤压出如图 9-32 所示的精锻件。

9.5.2　冷挤压成形模具结构

如图 9-37 所示为驱动轴冷挤压成形模具结构图。如图 9-38 所示为该冷挤压成形模具中的关键零件图。表 9-3 列出了驱动轴冷挤压成形模具中关键零件的材料牌号及热处理硬度。

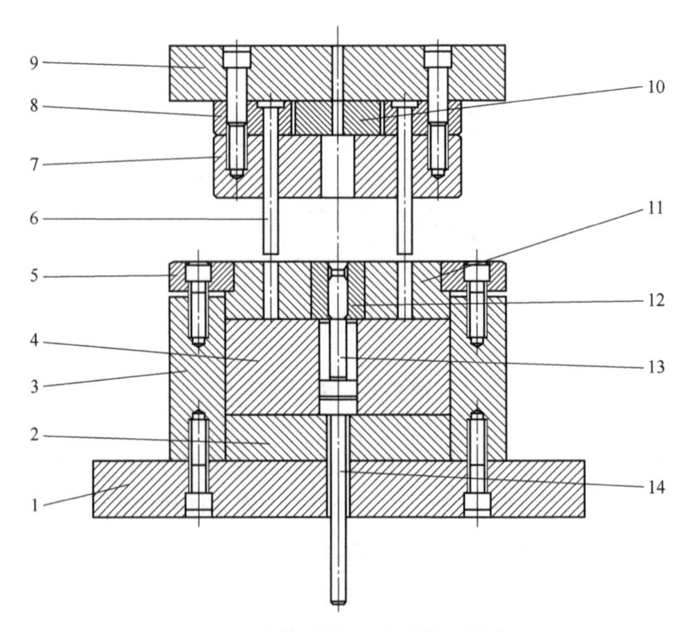

图 9-37　驱动轴冷挤压成形模具结构图

1—下模板；2—顶杆垫块；3—下模座；4—凹模承载垫；5—凹模压板；6—导销；7—上模；8—上模垫圈；9—上模板；10—上模承载垫；11—凹模外套；12—凹模芯；13—顶料杆；14—顶杆

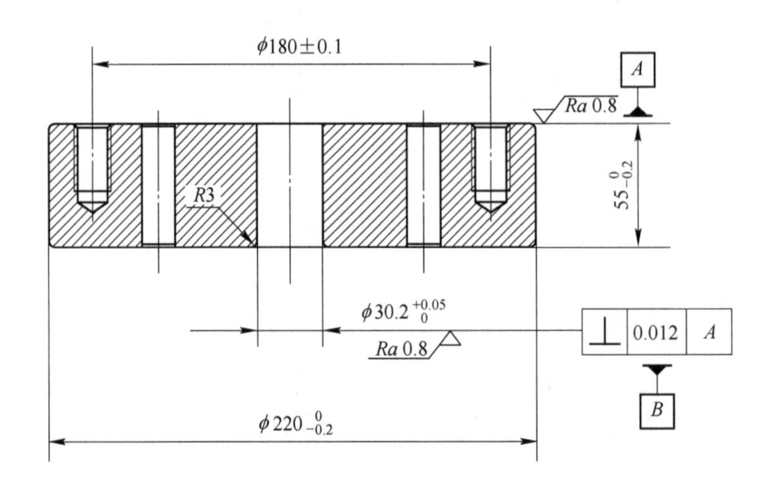

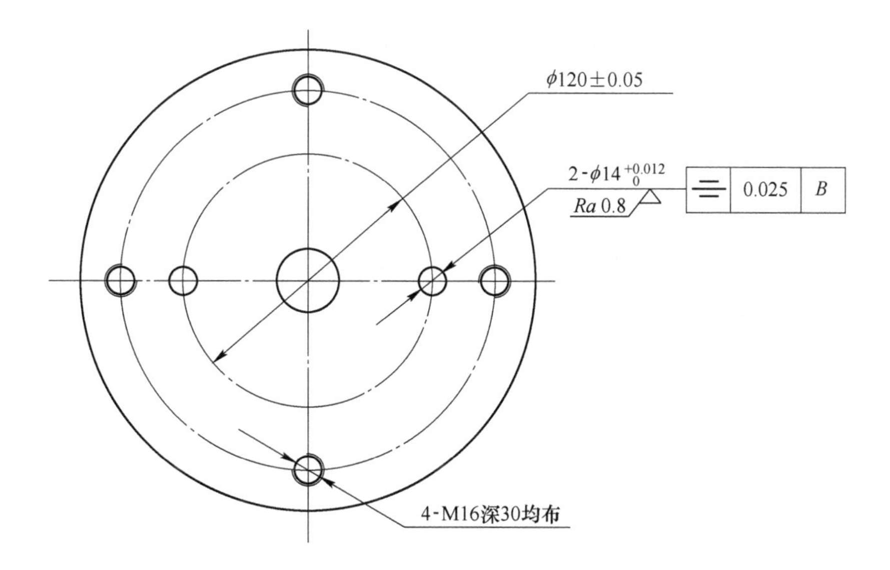

φ120±0.05
2-φ14 +0.012 0
Ra 0.8
0.025
B
4-M16深30均布

(a)

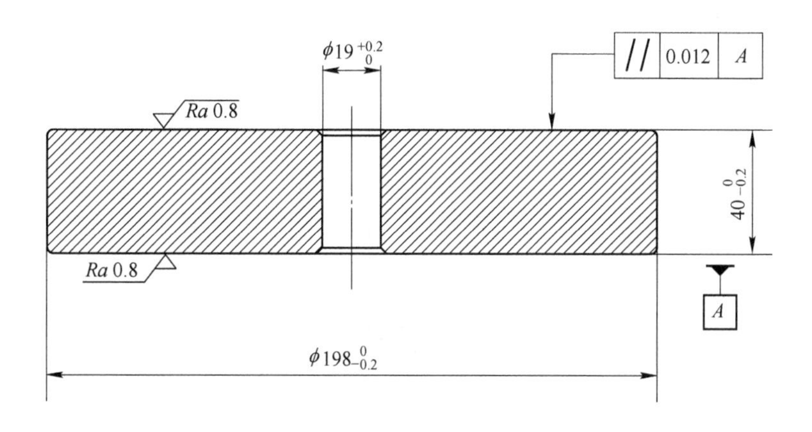

φ19 +0.2 0
0.012
A
Ra 0.8
Ra 0.8
40 0 -0.2
A
φ198 0 -0.2

(b)

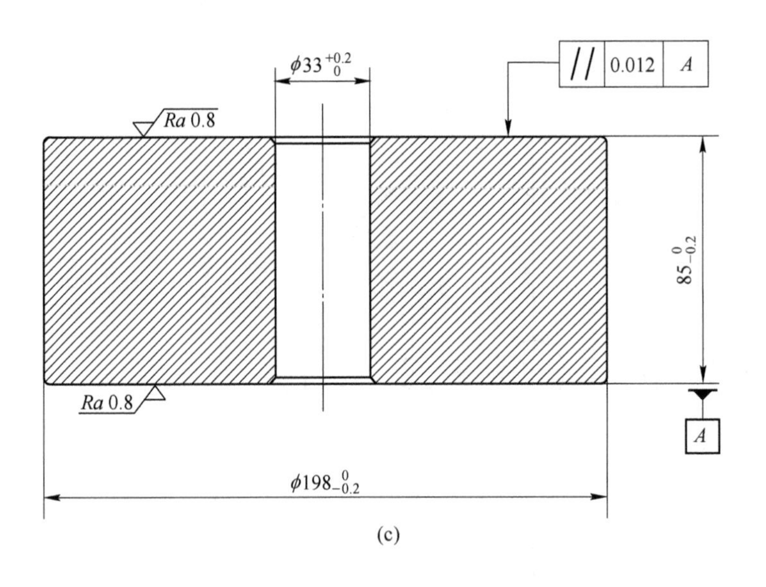

$\phi33^{+0.2}_{0}$
// 0.012 A
Ra 0.8
Ra 0.8
$85^{0}_{-0.2}$
A
$\phi198^{0}_{-0.2}$

(c)

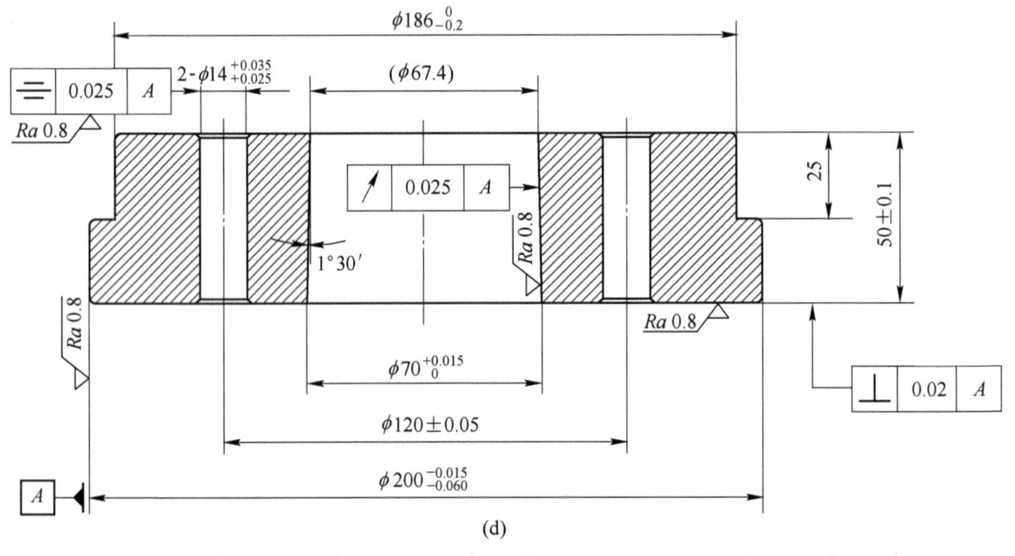

$\phi186^{0}_{-0.2}$
0.025 A
2-$\phi14^{+0.035}_{+0.025}$
(ϕ67.4)
Ra 0.8
0.025 A
Ra 0.8
1°30′
25
50±0.1
Ra 0.8
Ra 0.8
$\phi70^{+0.015}_{0}$
0.02 A
$\phi120\pm0.05$
A
$\phi200^{-0.015}_{-0.060}$

(d)

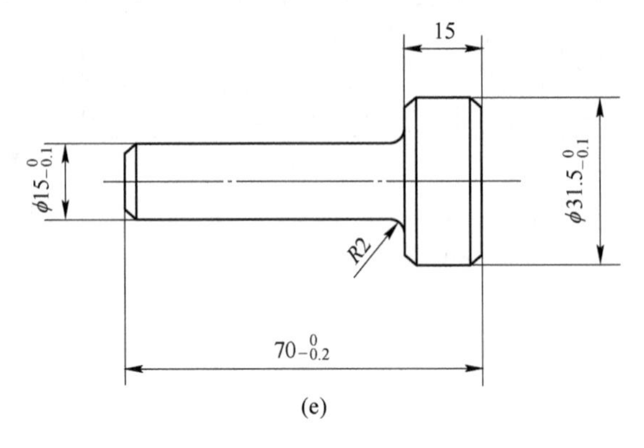

15
$\phi15^{0}_{-0.1}$
$\phi31.5^{0}_{-0.1}$
R2
$70^{0}_{-0.2}$

(e)

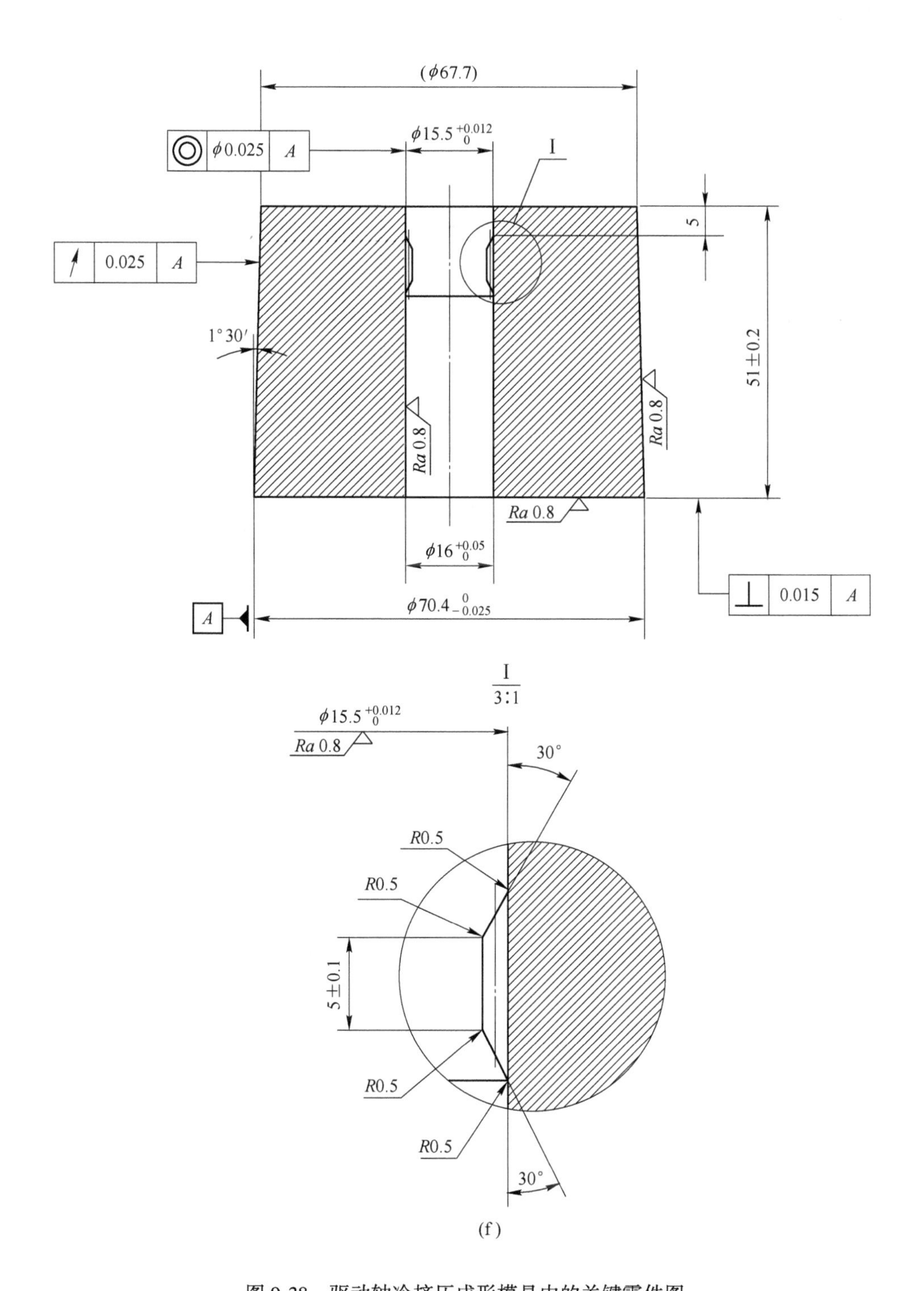

(f)

图 9-38 驱动轴冷挤压成形模具中的关键零件图

(a) 上模；(b) 顶杆垫块；(c) 凹模承载垫；(d) 凹模外套；(e) 顶料杆；(f) 凹模芯

表 9-3 驱动轴冷挤压成形模具中关键零件的材料牌号及热处理硬度

模具零件名称	材料牌号	热处理硬度（HRC）
凹模芯	LD	56～60
顶料杆	GCr15	54～58
凹模外套	40Cr	32～38
顶杆垫块	45	28～32
凹模承载垫	H13	48～52
上模	H13	44～48

参 考 文 献

[1] 杨可桢，程光蕴，李仲生，等. 机械设计基础［M］. 7版. 北京：高等教育出版社，2020.
[2] 高晓丁. 机械设计基础［M］. 2版. 北京：中国纺织出版社，2017.
[3] 北京业余机械学院工人班集体. 齿轮原理与制造［M］. 北京：科学出版社，1973.
[4] 沈其文. 材料成形工艺基础［M］. 3版. 北京：华中科技大学出版社，2003.
[5] 高锦张. 塑性成形工艺与模具设计［M］. 北京：机械工业出版社，2007.
[6] 伍太宾，彭树杰. 锻造成形工艺与模具［M］. 北京：北京大学出版社，2017.
[7] 伍太宾，胡亚民. 冷摆辗精密成形［M］. 北京：机械工业出版社，2011.
[8] 成瀬政男. 歯车の塑性加工［M］. 東京：東京・書肆株式会社，1963.
[9] 朱震午. 齿轮的少无切削加工［M］. 北京：机械工业出版社，1975.
[10] 伍太宾. 精密锻造成形技术在我国的应用［J］. 精密成形工程，2009，1（2）：12-18.
[11] 伍太宾. 一种传动轴花键挤压成型模具：中国，ZL201721213030.6［P］. 2018-04-27.
[12] 伍太宾. 摩托车启动主动齿轮的精密成形［J］. 锻压装备与制造技术，2004（4）：53-55.
[13] 伍太宾. 锯齿状内齿轴套冷挤压模设计［J］. 模具工业，2006，32（6）：25-28.
[14] 伍太宾，孔凡新. 锯齿形内齿主动齿轮冷挤压成型技术研究［J］. 汽车技术，2009（5）：57-60.
[15] 伍太宾. 一种用于生产具有矩形外花键空心轴的冷挤压模具：中国，ZL201520650856.3［P］. 2015-08-26.
[16] 伍太宾. 一种具有矩形外花键空心轴及其制造方法：中国，ZL201510571510.9［P］. 2018-04-03.
[17] 伍太宾. 一种小型电机轴的冷挤压成形模具：中国，ZL202020600097.0［P］. 2021-02-12.
[18] 伍太宾. 一种小型台阶轴的冷镦挤压模具：中国，ZL202020613147.9［P］. 2021-02-02.
[19] 吕炎. 锻压工艺学［M］. 哈尔滨：哈尔滨工业大学出版社，1983.
[20] 伍太宾，任广升. 汽车差速器锥齿轮的温锻制坯/冷摆辗成形加工技术研究［J］. 中国机械工程，2005，16（12）：1106-1109.
[21] 伍太宾，胡亚民，任广升，等. 直齿锥齿轮轮齿体积的计算［J］. 机械，1996，23（1）：21-24.
[22] 伍太宾. 铝及铝合金的近净锻造成形技术［M］. 北京：冶金工业出版社，2020.
[23] 伍太宾. 变形铝合金的精密锻造成形［M］. 北京：北京大学出版社，2023.
[24] 技工学校机械类通用教材编审委员会. 锻工工艺学［M］. 北京：机械工业出版社，1980.
[25] 伍太宾. 一种冷摆辗模具：中国，ZL201721213035.9［P］. 2018-04-10.
[26] 伍太宾. 轻型汽车燃油喷射系统分配凸轮盘的高效加工技术［J］. 汽车技术，2004（4）：31-34.
[27] 伍太宾. VE泵端面凸轮冷/温复合成形技术研究［J］. 金属成形工艺，2003（5）：47-49.
[28] 伍太宾. VE泵端面凸轮冷摆辗模具的设计与加工［J］. 模具工业，2004，276（2）：27-30.
[29] 伍太宾. 沙滩车差速轮的冷摆辗成形工艺［J］. 精密成形工程，2010，2（2）：1-4.
[30] 华林，夏汉关，庄武豪. 锻压技术理论研究与实践［M］. 武汉：武汉理工大学出版社，2014.
[31] 伍太宾，任广升. 汽车半轴锥齿轮的精密成形技术和机加工专用夹具研究［J］. 兵工学报，2007，28（1）：68-72.
[32] 伍太宾. 摩托车超越离合器本体的精密锻造工艺研究［J］. 重型机械，2004（3）：37-40.
[33] 伍太宾. 摩托车超越离合器本体冷挤压毛坯的合理选择［J］. 精密成形工程，2010，2（3）：41-45.
[34] 伍太宾，任广升. 单向器主体的实用制造技术［J］. 农业机械学报，2005，36（12）：159-161.
[35] 伍太宾，孔凡新. 超越离合器壳体的冷挤压成形加工技术［J］. 热加工工艺，2010，39（1）：101-104.